高等院校软件工程专业系列教材

软件工程与计算（卷二）

软件开发的技术基础

骆斌　主编　　丁二玉　刘钦　编著

Software Engineering
and Computing（Volume Ⅱ）
Fundamentals of Software
Development Technology

机械工业出版社
China Machine Press

图书在版编目（CIP）数据

软件工程与计算（卷二）：软件开发的技术基础 / 骆斌主编. —北京：机械工业出版社，2012.12（2023.10 重印）

（高等院校软件工程专业系列教材）

ISBN 978-7-111-40750-8

Ⅰ. 软…　Ⅱ. 骆…　Ⅲ. ①软件工程 - 高等学校 - 教材　②软件开发 - 高等学校 - 教材　Ⅳ. TP311.5

中国版本图书馆 CIP 数据核字（2013）第 048868 号

　　作为国家精品课程"软件工程与计算"系列课程的第二门课程配套教材，本书以经典软件工程方法与技术为主线，软件开发技术与程序设计知识为教学重点，培养学生简单小组级别、中小规模软件系统的软件开发能力。

　　全书主要分为六部分。第一部分介绍软件工程的基本框架。第二部分介绍项目启动阶段的知识。第三部分介绍软件需求开发的基础知识，包括软件需求工程的概要、软件需求的内涵、常见的需求分析方法、软件需求文档。第四部分首先介绍软件设计的基础概念，之后沿着设计过程和设计技术两条主线，深入描述软件设计的相关知识。第五部分介绍软件构造、测试、移交与维护等软件开发的下游工程的基础知识。第六部分是对第一部分的延续，通过总结性回顾，进一步加深读者对软件工程的理解。

　　本书可作为高等院校软件工程、计算机及相关专业本科生软件工程课程的教材，也可作为从事软件开发的相关技术人员的参考书。

机械工业出版社（北京市西城区百万庄大街 22 号　　邮政编码　100037）

责任编辑：姚　蕾

北京捷迅佳彩印刷有限公司印刷

2023 年 10 月第 1 版第 11 次印刷

185mm × 260mm · 28.5 印张

标准书号：ISBN 978-7-111-40750-8

定　　价：55.00 元

客服电话：（010）88361066　68326294

软件工程教材序

软件工程专业教育源于软件产业界的现实人才需求和计算学科教程 CC1991/2001/2005 的不断推动，CC1991 明确提出计算机科学学科教学计划已经不适应产业需求，应将其上升到计算学科教学计划予以考虑，CC2001 提出了计算机科学、计算机工程、软件工程、信息系统 4 个子学科，CC2005 增加了信息技术子学科，并发布了正式版的软件工程等子学科教学计划建议。我国的软件工程本科教育启动于 2002 年，与国际基本同步，目前该专业招生人数已经进入国内高校本科专业前十位，软件工程专业课程体系建设与教材建设是摆在中国软件工程教育工作者面前的一个重要任务。

国际软件工程学科教程 CC-SE2004 建议，软件工程专业教学计划的技术课程包括初级课程、中级课程、高级课程和领域相关课程。

- 初级课程。包括离散数学、数据结构与算法两门公共课程，另三门课程可以组织成计算机科学优先方案（程序设计基础、面向对象方法、软件工程导论）和软件工程优先方案（软件工程与计算概论 / 软件工程与计算 II / 软件工程与计算 III）。
- 中级课程。覆盖计算机硬件、操作系统、网络、数据库以及其他必备的计算机硬件与计算机系统基本知识，课程总数与计算机科学专业相比应大幅度缩减。
- 高级课程。六门课程，覆盖软件需求、体系结构、设计、构造、测试、质量、过程、管理和人机交互等。
- 领域相关课程。与具体应用领域相关的选修课程，所有学校应结合办学特色开设。

CC-SE2004 的实践难点在于：如何把计算机专业的一门软件工程课程按照教学目标有效拆分成初级课程和六门高级课程？如何裁剪与求精计算机硬件与系统课程？如何在专业教学初期引入软件工程观念，并将其在教学中与程序设计、软件职业、团队交流沟通相结合？

南京大学一直致力于基于 CC-SE2004 规范的软件工程教学实践与创新，在专业教学早期注重培养学生的软件工程观与计算机系统观，按照软件系统由小及大的线索从一年级开始组织软件工程类课程。具体做法是：在求精计算机硬件与系统课程的基础上，融合软件工程基础、程序设计、职业团队等知识实践的"软件工程与计算"系列课程，通过案例教授中小规模软件系统构建；围绕大中型软件系统构建知识分领域，组织软件工程高级课程；围绕软件工程应用领域，建设领域相关课程。南京大学的"软件工程与计算"、"计算系统基础"和"操作系统"是国家级精品课程，"软件需求工程"、"软件过程与管理"是教育部 -IBM 精品课程，软件工程专业工程化实践教学体系和人才培养体系分别获得第五届与第六届高等教育国家级教学成果奖。

此次集中出版的五本教材是软件工程专业课程建设工作的第二波，包括《软件工程与计算卷》的全部三分册（《软件开发的编程基础》、《软件开发的技术基础》、《团队与软件开发实践》）和《软件工程高级技术卷》的《人机交互——软件工程视角》与《软件过程与管理》。其中《软件工程与计算卷》围绕个人小规模软件系统、小组中小规模软件系统和模拟团队级中规模软件产品构建实践了 CC-SE2004 软件工程优先的基础课程方案；《人机交互——软件工程视角》是为数不多的"人机交互的软件工程方法"教材；《软件过程与管理》则结合了个人级、小组级、组织级的软件过程。这五本教材在教学内容组织上立意较新，在国际国内可供参考的同类教科书很少，代表了我们对软件工程专业新课程教学的理解与探索，因此难免存在瑕疵与谬误，欢迎各位读者批评指正。

本教材系列得到教育部"质量工程"之软件工程主干课程国家级教学团队、软件工程国家级特色专业、软件工程国家级人才培养模式创新实验区、教育部"十二五本科教学工程"之软件工程国家级专业综合教学改革试点、软件工程国家级工程实践教育基地、计算机科学与软件工程国家级实验教学示范中心，以及南京大学 985 项目和有关出版社的支持。在本教材系列的建设过程中，南京大学的张大良先生、陈道蓄先生、李宣东教授、赵志宏教授，以及国防科学技术大学、清华大学、中国科学院软件所、北京航空航天大学、浙江大学、上海交通大学、复旦大学的一些软件工程教育专家给出了大量宝贵意见。特此鸣谢！

南京大学软件学院

2012 年 10 月

《软件工程与计算》使用说明

如何在软件工程专业教育早期培养学生的工程观念，并为高阶课程提供合理的知识和技能基础是摆在软件工程教育者面前的一个重要问题。我们编写了《软件工程与计算》三卷本教材（《软件开发的编程基础》、《软件开发的技术基础》、《团队与软件开发实践》）作为软件工程本科专业入门课程教材，帮助学生学习以工程化方法构建中小规模软件系统的知识和技能，并为后继高阶课程的学习打下全面基础。

教学实施建议

在使用《软件工程与计算》三卷本作为教材时，应当注意本套教材并不是"程序设计基础"、"面向对象方法"、"软件工程导论"、"软件职业基础"和"团队交流动力学"等课程的简单对应。在教学方式上，"软件工程与计算"的教学应当围绕构建中小规模计算系统（软件）这一主线，体现程序设计、面向对象方法、软件工程技术、软件工程管理、软件职业基础、团队交流技术的教学融合。

- 在教学中结合软件系统构造，培养学生的软件工程观念与职业认知。
- 建立围绕计算系统示例逐次构建不同规模软件系统的教学主线，以软件产品构建示例组织教学活动，借助三个典型的软件开发过程模型（迭代式开发模型、瀑布模型、螺旋模型），从小规模系统向中规模系统构建实践逐步演进。同时应当围绕该教学主线，组织学生进行实践，在实践中学习知识并将知识运用融会贯通。
- 加强学生对软件工程制品和软件工程工具的全面认知，始终强调软件开发制品，而不是在分离课程中分别强调计算系统代码和软件工程文档。
- 强调学生的课后阅读，强化学生的自学习能力。工程标准、语言规范、工具使用、文档格式等材料更多地应该通过课后阅读（而不是课堂讲解）传授给学生，学生通过系统地阅读这些材料并进一步在实践中加以运用，来提高自学习能力。
- 在教学执行过程中还应该考虑对知识产权的尊重，这本身是软件职业基础的一部分。

前驱课程

在完整使用《软件工程与计算》（三卷）作为软件工程专业入门课程教材使用时，考虑到学生对于软件工程的理解难度，建议学生应当先修"计算系统基础"课程（也可以是计算机导论等课程）（下图方案一），使学生了解计算系统的分层构建方法和结构化程序设计基础。如果希望以本教材第一卷《软件工程与计算（卷一）：软件开发的编程基础》作为第一门专业课程教材，教师应当在课程中适当增加内容与课时，为学生建立起计算系统的基本概念并加强程序设计的教学时数（下图方案二），这样学生才能够更好地理解软件系统的构建。

建议"软件工程与计算"课程在大一下、大二上、大二下三个学期实施。

后继课程

本教材注重于中小规模计算系统（软件）构建中适用的软件工程方法和程序设计技术，按照"适与精"的原则组织软件工程与程序设计知识的教学内容。而软件工程学科知识的深度和全面性则应在后继课程中考虑：

- 那些没有被涉及的"系统全面"的软件工程知识与"适用于大规模系统"的软件工程方法，应按照领域组织在面向软件工程的专业核心课程群（例如软件需求、设计、构造、测试、质量、过程、管理等高阶软件工程课程）中。
- 其他程序设计类课程（数据结构与算法、软件设计、软件构造、软件架构等课程）讲解专门程序设计机制的使用。
- 适用于特定计算环境的软件工程高级方法和系统级应用程序设计接口应安排在"数据库系统设计"、"操作系统"、"网络及其计算"等面向计算环境的专业核心课程中。

课程的建议教学次序与建议教学课时数

软件工程专业或计算学科偏软件专业在实施"软件工程与计算"课程教学时，可以参照下图给出的教学顺序。

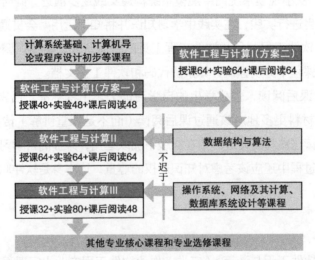

图 《软件工程与计算》在专业教学中的建议执行次序与教学课时数

如上图所示，基于多年的教学实践和总结，我们建议在专业教学中实施"软件工程与计算"课程教学时采用如下执行次序和教学课时数：

- "软件工程与计算 I"有两套教学执行方案：
  - "软件工程与计算 II"可以按照方案一在执行"计算系统基础"先导课程的基础上执行，在大学一年级下学期开设，建议教学课时数为授课 48+ 实验 48+ 课后阅读 48。
  - "软件工程与计算 I"也可以按照方案二作为专业入门课程，在一年级开设，建议教学课时数为授课 64+ 实验 64+ 课后阅读 64。
- "数据结构与算法"在"软件工程与计算 I"之后开设，"软件工程与计算 II"在"数据结构与算法"之后或同步开设，一般在二年级执行，建议教学课时数为授课 64+ 实验 64+ 课后阅读 64。
- "操作系统"、"网络及其计算"、"数据库系统设计"在"数据结构与算法"之后开设，"软件工程与计算 III"与"操作系统"、"网络及其计算"、"数据库系统设计"同步开设，一般在二年级下学期或三年级上学期执行，建议教学课时数为授课 32+ 实验 80+ 课后阅读 48。
- 其他课程在"软件工程与计算 III"之后开设。

独立使用教材

本教材也可以独立使用，但应当注意以下事项。

《软件工程与计算（卷一）：软件开发的编程基础》：如果独立使用本书进行程序设计课程教学，那么需要容纳更多的程序设计知识的教学课时数，但是建议保持对调试、构建等与程序设计联系较为紧密的知识的教学以培养学生的实践能力。

《软件工程与计算（卷二）：软件开发的技术基础》：如果独立使用本书进行软件工程概论或者软件工程导论课程教学，那么可以适当弱化对详细设计和构造知识的教学，并补充过程与管理知识，强化软件需求与软件体系结构知识。

《软件工程与计算（卷三）：团队与软件开发实践》：如果独立使用本书进行软件工程实践课程教学，那么可以适当弱化课程的理论部分，补充技术回顾知识。

前言

软件工程本科教育中的一个重要问题是如何在软件工程教育的开始阶段让学生建立工程观念，并为高阶课程提供合理的知识和技能基础。《软件工程与计算》（三卷）作为软件工程本科专业入门课程教材，帮助学生学习工程化构建中小型软件系统的知识和技能，并为后续高阶软件工程课程的学习打下全面的基础。

本书在写作过程中遵循了以下思路。

1. 围绕计算系统示例按照瀑布模型展开。本书围绕计算系统示例的开发构建，按照典型的瀑布式软件开发过程模型组织教学内容，详细描述了计算系统示例如何完整地逐步构建起来，以及所用到的软件工程开发技术。

2. 强调软件工程过程与软件开发技术的融合。本书融软件工程技术、程序设计技术、面向对象技术、软件工程管理、软件职业素质、团队合作交流等知识教学为一体。传统课程往往以技术主题为线索组织教学，容易使学生割裂理解各种软件开发技术。本课程以计算系统构建示例（计算系统示例与学生实践用例）为线索组织教学活动，让学生带着构建系统的问题，系统地学习知识并在适当的软件工程过程中融会贯通所学的软件开发技术。

3. 重点强调中小规模软件设计。本书的重点和难点是中小规模软件设计，希望读者通过本书的学习能够具有中小规模小组级软件开发构建的能力。而软件需求工程、大规模软件设计、软件构造、软件测试、软件过程与管理等高级知识和技能建议在后续高级课程中讲解。

4. 软件工程制品和软件工程工具的全面认知。软件工程制品不仅仅是代码，也不仅仅是文档，而是一系列紧密相关的软件产物，因此，本书反复强调学生对软件工程制品的认知和综合运用能力。同时，方法与工具是软件工程的两大支柱，因此，本书在传授综合知识和方法技术的同时，在计算系统示例讲解和配套学生实践用例实施过程中重视学生对软件工程工具、软件构造工具、项目管理工具等的使用。"工欲善其事，必先利其器"，本书推荐了一些主流的工具，但各校在执行过程中还应该考虑对知识产权的尊重，这本身也是软件职业基础的一部分。

本书由六个主要部分组成：

第一部分的基本目标是介绍软件工程的基本框架，使不熟悉软件工程的读者建立对软件工程的基本印象。

第二部分的基本目标是掌握项目启动阶段的知识，并能够实际开展相应活动。

第三部分的基本目标是介绍软件需求开发的基础知识，包括了解软件需求工程的概要，理解软件需求的内涵，掌握常见的需求分析方法，能够编写简单的软件需求文档。

第四部分是全书的重点和难点，其基本目标是使读者掌握中小规模软件设计所需的相关技术。本部分首先介绍软件设计的基础概念，之后沿着设计过程和设计技术两条主线，深入描述软件设计的相关知识。其中主要包括软件设计的核心思想，设计模型，体系结构设计、人机交互设计和详细设计的过程，体系结构概念和风格，人机交互设计常用原则和技术，模块化与信息隐藏的思想，设计模式，以及如何编写软件设计描述文档。

第五部分的基本目标就是介绍下游工程的基础知识。软件构造、测试、移交与维护又被称为软件开发的下游工程。相比之下，上游工程更注重创造性，下游工程更注重将上游工程的结果进行成功实施。

第六部分是对第一部分的延续，基本目标是在读者系统地了解整个软件开发过程之后，通过总结性回顾，进一步加深读者对软件工程的理解。

本书面向的主要读者对象包括从事软件开发的相关技术人员，以及学习"软件工程"课程的高等院校的软件工程专业低年级学生。建议读者在学习了《软件工程与计算（卷一）》后学习本书，将开发规模提升到小组开发级别的中等规模软件系统，重点展开对软件工程方法的学习。后续的《软件工程与计算（卷三）》进一步培养学生对软件工程方法和程序设计方法的实际运用能力，同时强化项目管理能力、团队交流沟通能力和对软件工程制品的整体把握能力。

骆斌老师主持策划了本书，参加了书稿写作的全部讨论，并对整个书稿的具体写作内容进行了指导和审阅。丁二玉老师主要负责编写了本书的第1章至第7章、第11章、第17~23章、附录A至附录D.2。刘钦老师主要负责编写了本书的第8章至第10章、第12章至第16章、附录D.3与附录D.4。最后丁二玉老师进行了全书的统稿工作。

前人工作是本书写作的基础，本书借鉴了已有著作和论文的内容，在此对列入引用文献清单的作者表示感谢。同时，本书在写作的过程中，得到了很多人士的帮助。感谢张瑾玉、黄蕾女士，郑滔、邵栋、任桐炜、刘嘉先生，他们参与了本书的内容讨论和评审，对本书提出了宝贵的意见和帮助。

限于编者的水平，错误和不妥之处在所难免，衷心希望读者指正赐教。如对本书有任何意见和建议，可通过 luobin@nju.edu.cn、eryuding@software.nju.edu.cn、qinliu@software.nju.edu.cn 与我们联系。

作者
2012 年 10 月
南京大学北园

目录

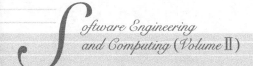

第一部分

软件工程概论

本部分的基本目标是介绍软件工程的基本框架，使不熟悉软件工程的读者建立对软件工程的基本印象。

本部分包括2章，各章主要内容如下：

第1章"软件工程基础"：介绍软件工程的基本特征和知识框架。

第2章"软件工程的发展"：以软件工程的发展历史为主线，梳理和介绍软件工程中的重要知识，使读者建立一个更深入的、立体的软件工程知识框架。

其实本部分还没有完全结束，第六部分是本部分的延续。部分概论性内容放到第六部分，是希望在读者了解很多详细的软件工程知识之后，能够结合各种详细知识，总结性回顾和加深对软件工程基本框架的理解。

第 1 章

软件工程基础

1.1 软件

顾名思义，软件工程是关于软件的工程，应该是与软件密切相关的，下面我们就来了解一下软件。

1.1.1 软件独立于硬件

早期软件是作为计算机硬件的零件来开发的。20 世纪 40 年代中后期和 50 年代早期，计算机硬件是在研究型项目中开发制造的。为了利用计算机硬件进行研究（主要是完成计算任务），人们使用针对专用硬件的指令码和汇编语言编写程序，这也是最早的软件雏形。这时的软件是为最大化发挥专用计算机硬件的能力而编写的，没有独立存在的需求，所以软件是依附于计算机硬件的，被认为是计算机硬件的零件之一。

到了 20 世纪 50 年代中后期和 60 年代早中期，计算机硬件开始进入商业应用，软件也得到了发展，开始被独立地开发、销售和使用。于是，人们认识到软件应该独立于硬件，具有自身的价值。

现在，除了极少数软件还依附于专用硬件之外，绝大多数软件是独立于计算机硬件的。

1.1.2 软件是一种工具

从 20 世纪 50 年代软件产生之日起，人们就认识到软件能够完成复杂的科学计算，是一种有用的计算工具。

20 世纪 60 年代之后，随着商用计算机的普及，软件开始被用于商业计算和批量数据处理，表现为商业计算和数据处理工具。

20 世纪 70 年代之后，越来越复杂的应用软件成为软件的主要形式，它模拟现实的同时改变现实，其核心逻辑是将现实世界的复杂信息建模成（基于数学的）计算模型，然后利用计算机的超强计算能力和信息处理（主要是存储、传输和共享）能力，解决一些"人"所无法完成的任务。应用软件表现为计算和信息处理的工具。

1.1.3 软件的核心是程序

软件虽然运行于通用计算机之上，但是它独立于硬件，主要通过程序的编写逻辑来完成计算和信息处理。程序的编写逻辑不同，完成的计算和信息处理也不同，所以程序是作为计算和信息处理工具的软件的核心。

软件以程序代码为核心，由三个部分组成：①程序，机器指令的集合；②文档，描述程序操作与使用的文档；③数据，程序运行时需要使用的信息。

编程是软件开发的核心活动，一个软件工程师必须首先能够很好地编程。

1.1.4 软件开发远比编程要复杂

20 世纪 50 年代到 60 年代，甚至部分包括 70 年代，编程都是软件开发的主要活动，但是此后的软件发展和变化改变了这个现象。

软件的发展和变化有两个重要的趋势：①软件的规模和复杂度日益增长；②用于解决实际业务问题的应用软件越来越多。

随着软件规模和复杂度的增长，程序的绝对长度也在增长，以至于它远远超出了人类直觉思维的处理范围。为了控制因为程序增长带来的复杂度，开发人员需要首先进行需求开发明确问题与目标，然后进行设计将单个复杂程序分解为多个简单部分以方便编程，并在编程之后进行严谨的测试以发现和修正错误、保证产品质量。

总之，现在复杂软件系统的开发除了编程之外，还有需求开发、软件设计、软件测试等其他活动需要执行。随着软件规模的增长，编程的工作比例会下降，其他工作的工作比例会上升，如表 1-1 和表 1-2 所示。

表 1-1 软件工作量随应用程序规模变化的情况

规模（功能点）	规模（KLOC）	编码（%）	文档编写（%）	缺陷清除（%）	管理和支持（%）
1	0.1	70	5	15	10
10	1	65	7	17	11
100	10	54	15	20	11
1000	100	30	26	30	14
10 000	1000	18	31	35	16

注：源自 [Jones1996]。现在的一些大型项目已经超过 30 万个功能点 [Jones2007]。

表 1-2 大型软件系统（规模为 100 万 LOC）的成本因素排序

排　　名	工 作 内 容
1	缺陷清除（审查、测试、发现并修复 bug）
2	纸质文档编写（计划、规格说明、用户手册）
3	会议和交流（顾客、团队成员、经理）
4	编程或编码
5	项目管理
6	变更控制

注：源自 [Jones2007]。

1.1.5 应用软件基于现实又高于现实

对于软件开发的主要对象——应用软件，还需要深入分析它与现实之间的关系，以便更好地理解应用软件的特性，这也是理解软件开发必需的知识。

总的来说，应用软件与现实的关系是：应用软件始于现实、基于现实并改进现实，实现现实的螺旋式上升，如图1-1所示。

首先，应用软件被开发的目的和意图来源于现实世界的问题。在有问题需要解决时，人们才会要求开发软件。

其次，应用软件必须基于现实才能解决问题。现实世界是问题的发生地，也是最终的问题解决地。软件只有应用到现实世界，与现实世界形成良好的互动，才能解决问题。一个完全独立于现实世界的软件是无法改变现实的，自然也就不能解决现实世界的问题。要想与现实世界建立良好的互动，软件必须分析（抽象）现实世界（现实知识和问题），了解和吸纳现实世界运作规律，并以此为基础定义软件运行方案。即软件需要以现实为基础，然后才能构建能够解决问题的软件方案。

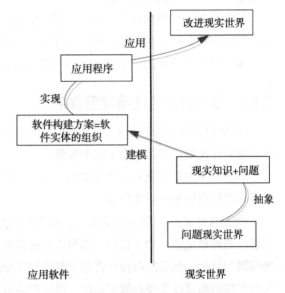

图 1-1　应用软件与现实世界的关系

再次，应用软件最终要用于现实并改进现实。应用软件并不是单纯地模拟现实，它还要解决现实世界的问题，把现实世界变得更美好，所以应用软件基于现实又高于现实。

1.2 软件工程

1.2.1 定义

简单地理解，软件工程就是生产软件的工程学。当然，这不能作为软件工程的定义。

现在应用较为广泛的软件工程定义是 [IEEE610.12-1990] 给出的：

1）应用系统的、规范的、可量化的方法来开发、运行和维护软件，即将工程应用到软件。

2）对1）中各种方法的研究。

事实上，软件工程是一个包含复杂内容的计算科学子学科，其特性不是通过一个或几个有限定义所能概括的。

1.2.2 软件工程是一种工程活动

软件工程是一种工程活动，它具备所有工程学科共同的特性。简单地说，[Shaw1990] 认为所有工程学科共同的特性有 5 点：

1）具有解决实际问题的动机：工程学解决实际问题，而这些问题来源于工程领域之外的人——消费者。

2）应用科学知识指导工程活动：工程学不依赖于个人的技能，而是强调以科学知识为指导，按照特定方法与技术，进行规律性的设计、分析等活动，实现工程活动的可学习性和可重复性。

3）以成本效益比有效为基本条件：工程学不单单只是解决问题，它要有效利用所有资源，至少成本要低于效益，即成本效益比有效。

4）构建机器或事物：工程学强调构建实物工具，例如机器、事物等，并利用实物工具来解决问题。

5）以服务人类为最终目的：工程学考虑的不是单个客户的需要，而是要运用技术和经验实现全社会的进步。

[CCSE2004] 认为工程学科对工程师有着共同的要求：

1）工程师通过一系列的讨论决策，仔细评估项目的可选活动，并在每个决策点选择一种在当前环境中适合当前任务的方法进行工作。可以通过对成本和收益进行折中分析调整相应策略。

2）工程师需要对某些对象进行度量，有时需要定量的工作，他们要校准和确认度量方法，并根据经验和实验数据进行估算。

3）软件工程师强调项目设计过程的纪律性，这是团队高效工作的条件。

4）工程师可胜任研究、开发、设计、生产、测试、构造、操作、管理，以及销售、咨询和培训等多种角色。

5）工程师需要在某些过程中使用工具，选择和使用合适的工具是工程的关键要素。

6）工程师通过专业协会发展和确认原理、标准和最佳实践方法，并提高个人能力。

7）工程师能够重用设计和设计制品。

上述对工程师的要求显然超出了对程序员的职责要求。在学习完本书之后，你可以再次回头来仔细分析上述要求，相信会有更多的收获。

1.2.3　软件工程的动机

软件工程要解决的实际问题范围广泛，没有行业和领域限制，需要客户和用户的紧密合作。相比之下，其他工程领域面对的问题通常是受限的。以生产汽车为例，汽车工程师所要解决的问题都是相对固定的，或者是解决市内交通，或者是解决长途运输，等等。他们不需要考虑汽车的飞行能力，更不用想如何设计一种能够用来建造摩天大厦的汽车。典型情况下，一个工程师经过数年的学习，就可以全面了解一个受限领域中的常见问题。但是软件工程不同，一个软件工程师要能够在不同的行业领域里表现出同等的工作能力，一个开发金融软件出色的工程师就应该有能力在医疗领域进行成功的软件开发。因此，软件工程要解决的实际问题范围广泛，基本覆盖所有的人类活动领域。软件工程师不可能了解所有的领域，所以他们需要与实际问题的来源——客户和用户，进行深入的交流与合作，因为客户和用户最了解领域知识和问题。也就是说，虽然在其他工程领域中客户和用户在付费后就可以回家安心等待产品送货上门了，但是在软件工程领域，客户和用户必须积极参与构建过程才能得到心仪的软件产品。实践情况也一再表明 [Standish1995]，客户和用户的有效参与是软件工程成功的必要因素。

软件工程要解决的实际问题通常还模糊不清，需要在开发开始就得到澄清和明确。仍以汽车生产为例，汽车工程师不需要考虑轿车是否应该有轮子或驾驶员应该坐在轿车的前面还是后面，也就是说，其他工程领域要解决的实际问题界限清晰、特性明确。但是软件工程则不同，最早开发电子商务软件的工程师并不知道电子商务是怎么回事，为一个企业建立 ERP 软件的工程师在开始时也不知道怎样的业务运营方案能够取得最大的效益，也就是说，软件工程要解决的实际问题可能是模糊的，而且通常都是模糊的。这就要求软件工程师在构建软件之前要花大力气澄清要解决的问题，明确项目的目标。反之，如果软件开发忽略澄清问题和明确目标的工作，想求速度、走捷径，就可能会围绕着错误的问题开展工作，终将劳而无功。

1.2.4　软件工程是科学性、实践性和工艺性并重的

软件工程活动不能是仅仅依靠个人技能的小作坊行为，因为这样的生产具有随机性和不可重复性，也无法将少数人的个人行为扩展为大规模的工业行为。所以软件工程需要使用计算机科学知识作为指导，这样才能实现"工程化"软件开发。

1. 工艺、实践方法 / 原则与科学知识

一个常见的分类方法是将知识划分为"科学"（science）、实践方法 / 原则（practice/principle）和"工艺"（craft，又称为艺术 art）。

"科学"是运用范畴、定理、定律等思维形式反映现实世界各种现象的本质规律的知识体系。它重在把握事物的规律性，并按照这些固定的规律指导活动顺利和正确地进行。

和"科学"相对的"工艺"则是那些在科学王国之外依赖于人类天性和创造性的知识。没有什么固定的规律可以保证"工艺"活动的顺利和正确进行。

虽然"工艺"活动没有什么固定的规律，但是人们在长期的实践活动中却可以发现和总结出一些经验，它们被称为实践方法或原则。实践方法和原则不能保证"工艺"活动的顺利和正确进行，但可以在一定程度上指导"工艺"活动更好、更快地进行，能够提高相对的成功率。

成熟的工程学需要科学知识的指导，因为只有科学的规律性，才能给工程行为带来成功保障；只有科学知识的易教育性，才能使一个工程领域在扩大从业人员规模的同时保证从业人员的素质。

但是一个工程领域不是在拥有了科学知识之后才开始的，而是与科学知识同步发展的。

2. 工程学科的发展

如图 1-2 所示为工程学科的演化过程。工艺阶段的从业者大都是有天赋的业余爱好者，他们没有有效的做事办法，只能依赖直觉和非理性能力。这个阶段需要解决的问题很多，但是无法取得系统性的进步，只能是一次次偶然的进展。因为还没有办法保证成功，所以该阶段无法以成本效益比有效的方式大量生产产品以供销售获利，只能是为自己的特殊用途而自行生产，而且不会太计较资源与成本。

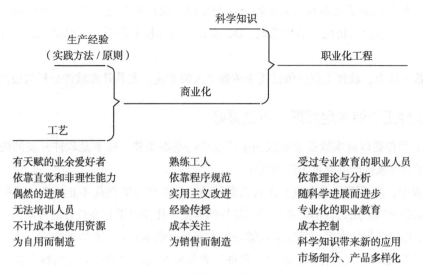

图 1-2　工程学科的演化过程

注：源自 [Shaw1990]。

在工艺阶段的大量实践使人们积累了经验，形成了初步的实践方法与原则。这些实践方法与原则可以指导解决工程中的重点和难点工作，避开常见的陷阱与问题，可以在一定程度上提高生产的成功率，这时的工程学科就开始进入商业化阶段。

商业化阶段主要依靠经验来指导生产，自然就使用具备丰富经验和熟练技能的从业员工。这些员工无法大批量培养，只能通过经验传授和"工艺"锻炼来培养。在实践方法与原则的指导下，工程生产建立了一定的程序规范，使用了一些实用主义技巧。商业生产是追求利润的，所以要大量生产产品用来销售，而且生产成本越低越好。

在商业化阶段中，更多的生产行为和更高的生产要求使得人们进一步积累经验，拓展实践方法与原则。在企业界积累实践方法与原则的同时，学术界会针对工程学科的问题，吸收企业界的经验，发展和建立科学知识。一旦科学知识得以建立和成熟，工程学科就开始进入职业化工程阶段。

在职业化工程阶段，科学知识为工程生产提供理论支持，帮助分析问题和建立解决方案，所以不仅生产成功率有了很好的保障，而且从业人员也可以通过科学知识教育来批量培养。科学知识成了工程行为的驱动力，它的进步驱动工程学科的发展，科学知识的分化和深入带来了新的应用和多样化产品，产生了成熟的市场分割局面。

3. 软件工程的指导知识

从 20 世纪 50 年代产生至今，软件工程经过了长期的积累，已经具备了相当的基础。人们认为软件工程正在进入职业化工程阶段，当然还远不成熟。所以软件工程的指导知识还是"工艺"、实践方法 / 原则和科学知识并立，软件工程行为既有科学性，又有实践性，还有工艺性。

指导软件工程的科学知识主要是计算机科学，它建立了软件生产的知识基础，例如基本的软件实体，再例如软件开发的理论、方法、技术、模型等。这是软件工程学习的重点。

　　软件工程也积累了很多有效的实践方法与原则，既包括配置管理、风险控制、需求管理等管理办法，又包括模块化、信息隐藏、OO 设计原则等技术原则。这也是软件工程学习的一个重点。

　　在少数工作上，软件工程还依然需要依赖个人的才能，尤其是在软件分析与设计活动中。

1.2.5　软件工程追求足够好，不是最好

　　软件工程都要以成本效益比有效为生产成功的基本条件。成本是软件开发的耗费，效益是客户为了得到软件产品愿意付出的费用。

　　在实践中，能够满足成本效益比有效条件的软件生产方案往往不止一个。这些方案都是有效的，都是可以采用的，不需要再分辨最好的方案（往往也不存在最好的方案）。也就是说，软件工程不追求最好的方案，只要求足够好的方案——成本效益比有效的方案。

　　为了达到成本效益比有效，软件工程师一方面要在生产之前进行可行性分析，避免明显的成本效益比失效情况；另一方面要估算和控制重要生产活动的成本，保持总生产成本低于总效益。

1.2.6　软件工程的产品是基于虚拟计算机的软件方案

　　在理论情况下，软件工程应该为每一个独立应用都生产能够满足具体应用要求的机器。但是因为软件的应用范围非常广泛，而且不同软件的功能差异很大，不可能为大量的独立应用都生产专用机器，所以，除极少数例外情况，软件工程并不会在物理结构上构建计算机，而是创建软件方案，描述所需软件系统的特征和行为，然后把软件方案通过编程移植到通用的计算机上面，计算机就会神奇地表现出软件方案所描述的特征和行为。

　　通用的计算机并不是计算机硬件，而是一个包含计算机硬件在内的虚拟计算机，如图 1-3 所示。虚拟计算机以计算机硬件为基础，并辅之以操作系统、编译器、数据库管理系统、网络系统等系统级软件，共同构成软件的运行环境。

　　软件方案是指由模块、对象、函数、数据结构、数据类型等抽象软件实体组成的复杂软件构建方案。通过编程和编译活动，就可以将软件方案安装到通用计算机。软件工程最终使用安装了软件方案的通用计算机解决实际问题。

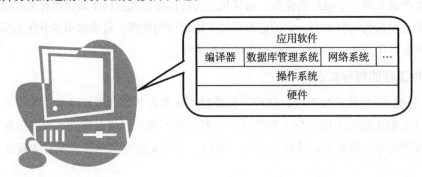

图 1-3　虚拟计算机示意图

因此，软件开发有两个明显不同的活动阶段：

1）分析和设计：分析活动确定软件要做什么，即确定软件的现实世界知识和问题。设计活动利用抽象软件实体组建复杂概念结构，使之既能与现实世界形成良好互动，又能解决问题。

2）编码、调试和编译：在特定的约束下，使用编程语言，将复杂概念结构映射和安装到通用计算机上，即进行编码、调试、编译等活动。

[Brooks1987] 认为第1）阶段的活动更加重要：分析和设计是软件开发的根本（essential）任务，编码等活动是软件开发的次要（accidental）任务。

1.2.7 软件工程的最终目的

虽然相当数量的软件产品都是为特殊用户定制的，但是软件工程的最终目的却不仅仅是为这些具体用户服务，而是要承担社会责任，促进整个社会的进步。所以，软件工程追求生产方式的成功，而不是特定产品的成功。单纯依靠个人天赋，即使生产了成功的产品也不符合软件工程的目的。因为，单纯依赖个人的生产方式是无法复制和普及整个社会的，自然就不足以促成整个社会中大量生产的成功。软件工程要以科学知识为基础，建立成熟的方法与技术，通过可普及和可重复的生产方式开发软件。

软件工程社会责任的最基本要求是软件开发者要对软件产品的质量负责。有很多工程领域的产品会影响使用者和公众的财富、健康甚至生命安全，软件工程就是这些工程领域中的一个。低质量软件产品给使用者造成损失的前例已经不胜枚举了，所以要服务社会，软件开发者就必须保证软件产品的质量。

软件工程社会责任还要求软件工程从业者遵从职业道德。软件产品对个人和公众的安全有重要影响，所以软件开发者不仅要保证软件产品的质量，更不能有意利用自己的技术手段危害他人谋取私利。考虑到软件工程是一个技术性非常强的领域，不懂得软件技术的外界人员难以判断从业者行为是否适当，所以软件工程从业者要有自律精神，遵从职业道德。

1.3 软件工程概览

1.3.1 软件工程知识域

软件工程是一个新兴学科，包含众多知识内容。SWEBOK[SWEBOK2004] 认为软件工程知识主要包括 11 个知识域，其中 5 个软件技术知识域（如图 1-4 所示）和 6 个软件管理知识域（如图 1-5 所示）。关于 11 个知识域的详细内容解释请参见 [SWEBOK2004]。

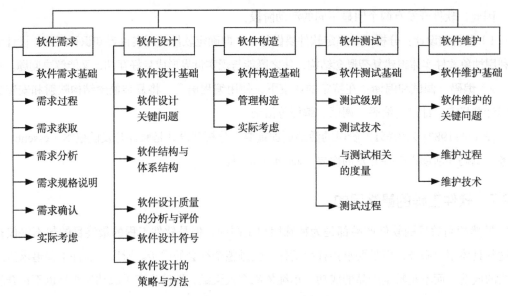

图 1-4   软件技术知识域概览

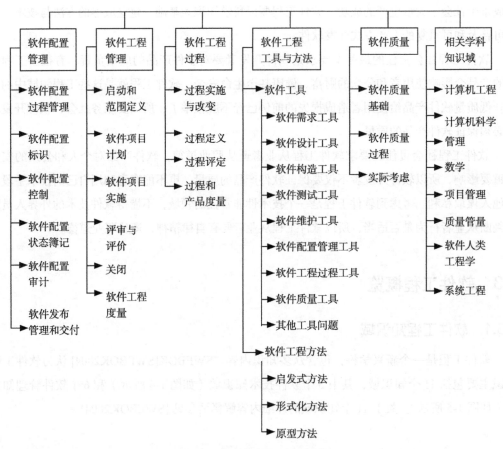

图 1-5   软件管理知识域概览

　　软件工程的 11 个知识域并不是同等重要的，[Lethbridge2000] 对职业软件工程师进行了调查，其结果如图 1-6 所示。

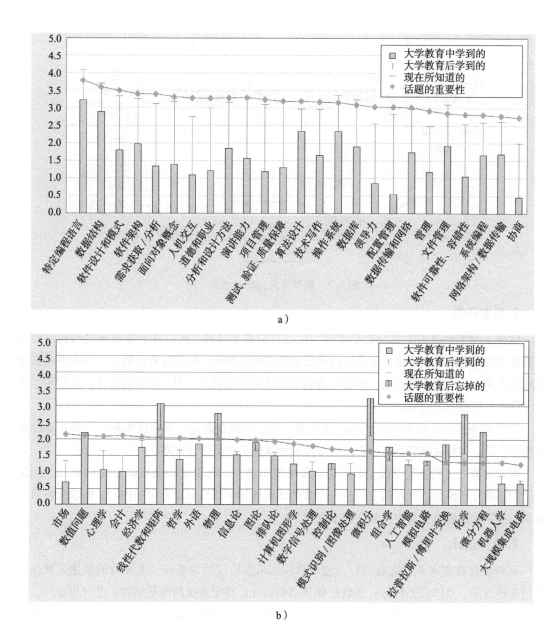

图 1-6　职业软件工程师的软件工程知识重要性评价

　　从中可以发现，程序的确是软件工程的核心，每个软件工程师都要熟悉程序设计语言。同时，完整的软件工程框架也非常重要，软件工程师需要掌握各个知识域，尤其是软件技术知识域，还要具备良好的交流沟通能力（表述、技术写作、协商）和职业素养（道德与职业素养）。

1.3.2　软件开发活动

　　软件开发是软件工程的主要任务，包括需求开发、软件设计、软件构造（construction）、软件测试、软件交付与维护等具体活动，如图 1-7 所示。

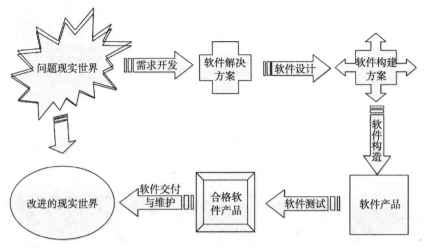

图 1-7   软件开发活动示意图

1. 需求开发

软件工程要解决的实际问题是范围广泛并且模糊不清的，所以在开发软件之初就需要进行需求开发，它从空白开始，主要目的是建立软件解决方案，具体任务包括：①探索并明确描述现实世界信息；②探索并定义问题；③建立软件系统的解决方案，使得将软件系统应用到现实世界之后能够解决问题。

软件解决方案又称为软件产品设计方案。产品设计方案是从用户视角和与外界互动的方式描述产品，例如对服装而言，款式与时尚设计就属于产品设计方案。

需求开发产生的主要制品是软件需求规格说明 (Software Requirements Specification，SRS) 文档和需求分析模型，软件需求规格说明文档详细描述了软件解决方案的内容，需求分析模型重点描述了软件解决方案中的复杂技术方案。

2. 软件设计

软件设计在需求开发之后进行，它以软件需求规格说明为基础，主要目的是建立软件系统的构建方案，具体任务包括：①软件体系结构设计，确定系统的高层结构；②详细设计，将高层结构的部件设计为更详细的模块与类，定义模块与类的功能以及它们的接口；③人机交互设计，设计软件系统与外界的有效交互方案，包括设计用户界面。

软件构建方案又称为软件工程设计方案，是由抽象软件实体组成的复杂概念结构。工程方案是从生产者的角度和产品内部结构的方式描述产品，例如对服装而言，裁缝的服装加工方案就属于工程设计方案。

软件设计产生的主要制品是软件设计描述（Software Design Description，SDD）文档和软件设计模型。SDD 文档详细描述了软件构建方案的内容，软件设计模型重点描述了软件构建方案中的复杂细节。

3. 软件构造

软件构造在软件设计之后进行，它以软件构建方案为基础，主要目的是使用编程语言实现软件构建方案，具体任务包括：①程序设计，以"数据结构＋算法"的方式继续细化和深化软件构建方案基本单位（模块或者类）的设计；②编程，将程序设计方案映射为代码；③调试，修改程序代码，解决程序中发现的问题。

软件构造产生的主要制品是程序源代码和编译后的可执行程序。

4. 软件测试

软件测试的主要目的是验证和确认软件产品的质量，它包含两重含义：①从技术上保证产品的质量是合格的，主要判定产品生产中的技术运用过程是否正确；②保证产品质量是符合需求规格的，主要判定产品生产中的技术运用出发点是否正确。

软件测试产生的主要制品是测试报告，它描述了测试中发现的错误和故障。

5. 软件交付与维护

软件交付在软件产品通过所有测试之后进行，主要目的是将软件产品交付给用户使用。软件交付的主要任务包括：①安装与部署软件系统；②培训用户使用软件并提供文档支持。

软件交付产生的主要制品是用户使用手册，它描述了软件使用方法和常见故障的解决。

软件维护又称为软件演化，在软件产品交付给用户之后进行，直到软件产品消亡才结束，主要目的是保持交付给用户的软件产品能够正常运行。软件维护的主要任务是修改软件使之移除缺陷、适应环境变化、提高软件质量或满足新的需求。

1.3.3　软件工程的角色分工

作为一种复杂的工程活动，软件工程不是由独立个人而是由团队进行的。通常情况下，一个团队可以有多个小组，较小的小组由 3 ~ 4 人组成，较大的小组由 10 余人组成。

在软件工程团队中，常见的分工角色有：

- 需求工程师，又称为需求分析师：承担需求开发任务。软件产品的需求开发工作通常由多个需求工程师来完成，他们共同组成一个需求工程师小组，在首席需求工程师的领导下开展工作。通常一个团队只有一个需求工程师小组。
- 软件体系结构师：承担软件体系结构设计任务。通常也是由多人组成一个小组，并在首席软件体系结构师的领导下开展工作。通常一个团队只有一个软件体系结构师小组。
- 软件设计师：承担详细设计任务。在软件体系结构设计完成之后，可以将其部件分配给不同的开发小组。开发小组中负责所分配部件详细设计工作的人员就是软件设计师。一个团队可能有一个或多个开发小组。一个小组可能有一个或多个软件设计师。
- 程序员：承担软件构造任务。程序员与软件设计师通常是同一批人，也是根据其所分配到的任务开展工作。
- 人机交互设计师：承担人机交互设计任务。人机交互设计师与软件设计师可以是同一批人，也可以是不同人员。在有多个小组的软件工程团队中，可以有一个单独的人机交互设计师小组，也可以将人机交互设计师分配到各个小组。
- 软件测试人员：承担软件测试任务。软件测试人员通常需要独立于其他的开发人员角色。一个团队可能有一个或多个测试小组。一个小组可能有一个或多个软件测试人员。
- 项目管理人员：负责计划、组织、领导、协调和控制软件开发的各项工作。相比于传统意义上的管理者，他们不完全是监控者和控制者，更多的是协调者。通常一个团队只有一个项目管理人员。

- 软件配置管理人员：管理软件开发中产生的各种制品，具体工作是对重要制品进行标识、变更控制、状态报告等。通常一个团队只有一个软件配置管理人员。
- 质量保障人员：在生产过程中监督和控制软件产品质量的人员。通常一个团队有一个质量保障小组，由一个或多个人员组成。
- 培训和支持人员：负责软件交付与维护任务。他们可以是其他开发人员的一部分，也可以是独立的人员。
- 文档编写人员：专门负责写作软件开发各种文档的人员。他们的存在是为了充分利用部分宝贵的人力资源（例如需求工程师和软件体系结构师），让这些人力资源从繁杂的文档化工作中解放出来。

1.4 习题

1. 收集一些嵌入式软件的资料，分析说明嵌入式软件是否独立于硬件。
2. 作为一种有用的工具，软件的作用主要体现在哪些方面？
3. 了解一下 Frederick P. Brooks 对程序（program）和程序系统产品（program system product）的论述，说明程序和软件产品有哪些不同。
4. 在你了解的范围内，有没有脱离现实的应用软件产品？如果有，请说明它在使用中发生了哪些问题。
5. 在你了解的范围内，有没有单纯复制现实但没有改善现实的应用软件产品？如果有，应该如何改变它？
6. 收集资料，了解一下其他关于软件工程的定义。
7. 统计资料表明软件工程师经常跳槽，但他们很少会跨行业跳槽。你能不能解释一下这个现象？
8. 列举你所了解的软件工程知识，分别说明它们哪些是科学知识，哪些是实践方法与原则。
9. 最好的方案能够得到的好处肯定不会低于足够好的方案，那人们为什么不追求最好的方案？试着举例说明。
10. 你认为一个好的虚拟计算机应该具备哪些特征。
11. 列举一下你了解的抽象软件实体。
12. 收集资料，说明软件工程和计算机科学的区别。
13. 收集资料，说明软件工程和信息系统工程的区别。
14. 收集软件产品造成社会危害的案例资料，你认为应该如何对待这些软件产品的开发者。
15. 了解一下 SWEBOK（它是学习的好参考资料）。
16. 美国的实践调查数据表明，软件企业平均每人每月的工作量为 10 个功能点，折合 500 行 Java 代码。根据你自己的编码经验，这个工作量高吗？分析一下为什么会这样。
17. 分析下面的说法：现在连高中生都能学会编程，很多电子系、数学系、物理系的毕业生编程能力不差于软件工程专业的毕业生，所以软件工程专业没有单独存在的必要。

第 2 章

软件工程的发展

2.1 软件工程的发展脉络

从 20 世纪 50 年代至今，软件及软件工程经历了很大的发展，发展过程中出现了很多做出突出工作的人，也发生了很多变革性事件。本章不是要完整呈现这个发展过程，也无法在有限的篇幅内一一介绍重要的人与事。本章的目的是介绍软件工程（主要是软件开发，因为本书较少涉及软件项目管理知识）发展的脉络概要，帮助读者建立一个软件工程知识的立体框架。

如图 2-1 所示，我们将以 10 年为一个期间，从以下几个方面描述软件工程的发展脉络。

1. 基础环境的变化及其对软件工程的推动

软件工程处在一定的环境之中，如图 2-2 所示。抽象软件实体和虚拟计算机是软件工程的基础环境因素。它们能从根本上影响软件工程的软件生产能力，而且是软件工程无法反向影响而只能适应的外界因素。

软件抽象实体的发展其实就是计算机科学知识的发展。计算机科学需要从理论上论证软件抽象实体及其使用规则能够提高程序的正确性、清晰度和开发效率，这样才能保证基于这些软件抽象实体构建的软件产品是高质量的。所以软件抽象实体的变化会直接影响到软件工程的基础构建能力。

虚拟计算机的发展会给予软件工程更强的实现支撑，最为典型的是程序员的精力可以从机器指令模式、性能和效率等与硬件相关的细节中解放出来，更好地集中解决软件抽象实体构建这样一个软件工程的本质任务。不论是硬件水平的提升，还是系统软件的发展，都会要求软件工程方法和技术作出相应的调整。

2. 现实问题的变化及其对软件工程的要求

软件工程的目标是解决现实问题，软件工程的进步能让问题解决的过程更顺利。反过来说，现实问题的变化也会给软件工程提出新的要求。

现实问题的变化主要有两个来源：

- 时代背景导致问题变化。不同的时代会有不同的现实问题，它们对软件工程有着不同的要求。

	20世纪50年代	20世纪60年代	20世纪70年代	20世纪80年代	20世纪90年代	21世纪前10年
硬件变化	研究用大型机	商业大型机	商业微型机	个人计算机 PC	Intranet	Internet　小型设备
系统软件变化		BIOS	操作系统 数据库管理系统	图形化操作系统	网络操作系统 中间件操作平台	面向Web的中间件平台　嵌入式操作系统
问题类型	科学计算 从科学计算转向业务应用	业务应用	业务应用	复杂软件系统 规模增长 数量增长	大规模软件系统 规模大幅增长	转向Web Web应用 大众Web 大规模Web产品
难点	硬件性能	可靠的生产能力 硬件性能 程序正确性、可靠性	复杂系统的复杂性	生产效率	复杂性、时间压力、可变更性、用户价值	同20世纪90年代　创新
软件开发技术	无	工艺方法 构建-修复 程序的正确性 可靠性与生产效率 编程→设计→分析 控制复杂系统的复杂性	结构化编程 结构化分析与设计	现代结构化方法 面向对象编程 软件复用 由程序构建转向系统构建	面向对象方法 编程→设计→分析 大规模系统的复杂性 基于复用的大规模软件开发技术 时间压力 用户价值 软件体系结构 软件需求工程 人机交互 Web应用出现 Web技术	继续发展 基于复用的大规模软件开发技术 继续发展 软件体系结构 软件需求工程 人机交互 继续发展 Web技术 职业成熟 市场分化 分领域的软件开发技术
软件开发过程	软件工程≠硬件工程	生产纪律（工程生产）	瀑布模型 生产纪律（工程生产） 追求生产力与产品质量 过程质量影响产品质量	迭代、并发、快速 的增量或演化模型 时间压力、快速反馈 （可变更）、用户参与 与（用户价值） 整合最佳实践 重视、研究、工具支持 计算机辅助软件工程CASE 过程评价SW-CMM 黑客文化→自由软件	RUP agile 过程改进CMMI 开源软件	继续发展 RUP agile 全球化 外包软件

图 2-1　软件工程发展概览

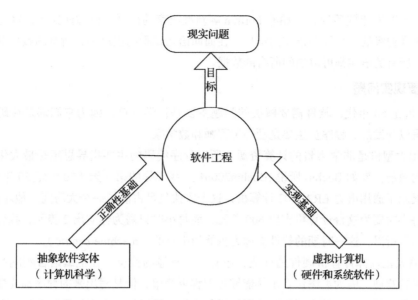

图 2-2　软件工程的环境因素

- 软件工程的发展导致问题变化。每当软件工程的进步能够妥善解决人们一定程度上的问题时，人们就会在更深入、更广泛的程度上给软件工程提出新的要求。

3. 软件工程自身的发展

不论是实践经验的积累，还是研究上的进展，软件工程自身都会不断发展，既包括软件开发方法与技术上的发展，也包括软件开发过程中的发展，还包括一些影响深远的重要观念的形成。

2.2　20 世纪 50 年代的软件工程

1. 基础环境

（1）虚拟计算机

出于科学研究（尤其是军事科学研究）的目的，研究者们从 20 世纪 40 年代就开始探索建立研究用大型机（research mainframe）。到了 50 年代，不少研究项目都建造了自己的大型计算机，并为它们编写程序，主要解决研究中的科学计算问题。

研究用大型机数量有限，不会有开发者专门为它们开发系统软件，所以程序编写都是基于基本输入输出系统（Basic Input Output System，BIOS），甚至是直接基于硬件的，编译环境也只有汇编语言的编译器。

（2）主要的抽象软件实体

这个时期的软件还依赖于硬件，被视为是硬件的零件，所以还没有发展出软件抽象实体的雏形，软件开发者们以语句为单位将程序顺序组织起来，每条语句就是一条研究用大型机专有的指令码（第 1 代语言）或汇编码（第 2 代语言）。

这一时期汇编语言的出现和普及是一个很大的进步，因为汇编语言隐藏了机器特定的细节，使得程序员从一些无关紧要的问题中解放出来，在更高的层次上考虑程序的语义与组织。

在 20 世纪 50 年代后期，开始有 Fortran 等新型语言的出现，但即便如此，这时的程序语言仍然是非常初级的，是面向语句的编程。在面向语句编程的程序中，所有的数据都是可以全局访问的，所有的语句都可以访问所有的数据。

2. 主要现实问题

在 20 世纪 50 年代，软件需要解决的问题主要是科学计算，因为它们都是在研究项目的大型机上得以开发的。程序员主要是硬件工程师和数学家。

研究用大型机是非常宝贵的计算资源，所以程序编码的主要指导思想是最大化的发挥计算机硬件的效能。就如 Boehm 所说 [Boehm2006]："我工作的第一天（20 世纪 50 年代），我的主管向我展示了通用电力 ERA1103 计算机，这个家伙足足占满了一个大房间。他对我说：'听着，我们每小时要为这台计算机支出 600 美元，而每小时只需为你支出 2 美元，我想你知道该怎么做了。'"所以，这一时期的软件被称为机器为中心的（machine-centric）。

关于最大化发挥计算机硬件的性能，还有一个有趣的波折。在汇编语言刚刚产生时，并不受程序员的欢迎。因为汇编语言虽然能够让编程更简单，但是写出来的程序却要慢得多。所以，直到编译器的发展能够很好地完成语句优化之后，程序员才真正接受了汇编语言。

3. 软件开发方法与技术

在这一时期，人们的主要精力集中在硬件上，所以没有出现对软件开发专门方法与技术的需求，也就没有出现被普遍使用的软件开发方法与技术。

4. 软件开发过程

因为软件被认为是硬件的零件，所以 20 世纪 50 年代普遍流行的理论是"制造软件和制造硬件是一样的"。图 2-3 展示了一个参照硬件工程定义的软件开发过程（SAGE 项目）。

因为软件不同于硬件，因此"像生产硬件一样生产软件"肯定是不适宜的，到了 20 世纪60 年代软件开发者们就清楚地认识到了这一点，开始将软件生产独立于硬件生产。

5. 重要思想

重视产品质量，进行评审和测试。虽然"像生产硬件一样生产软件"在总体上是不适宜的，但是"硬件工程"的生产方式还是给最早的软件开发者（程序员）养成了重视产品质量的好习惯，开发者会在编码前后进行规划和测试。

6. 总结

整个 20 世纪 50 年代的软件工程特点可以概括为如图 2-4 所示。总的特点是：科学计算；以机器为中心进行编程；像生产硬件一样生产软件。

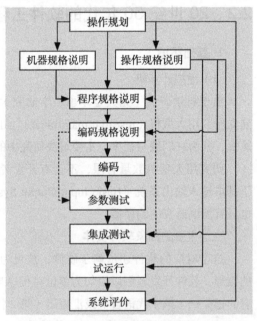

图 2-3 SAGE 软件开发过程（1956）

注：源自 [Boehm2006]。

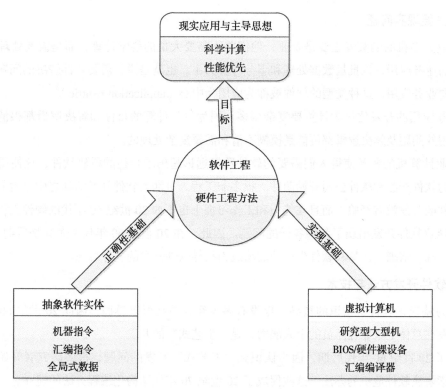

图 2-4 20 世纪 50 年代的软件工程

2.3 20 世纪 60 年代的软件工程

1. 基础环境

（1）虚拟计算机

以 IBM 为代表的生产商在 20 世纪 50 年代后期就开始生产商业大型机了。到了 60 年代，商业大型机得到了大量使用。

商业大型机的购买者主要是企业，对于它们来说一台主机花费巨大，所以只有不多的企业添置了商业大型机。为了充分利用昂贵的大型机，企业将程序员雇用为自己的员工，这样程序员就会更有效地针对企业的业务特点定制软件程序的开发。

为了提高员工的程序开发效率，企业愿意购买一些能够帮助程序员更好地开发程序的系统软件，例如操作系统、高级语言编译器、命令行模式的开发环境、代码工具库等。

（2）主要的软件抽象实体

经过了 20 世纪 50 年代后期的研究和尝试，第 3 代语言在 60 年代被广泛使用。第 3 代语言的一个重大变化是提供了函数（过程）机制，因为编译器已经能够很好地完成对语句的优化工作，程序员可以将相当多的精力转移出来考虑如何利用更高层次的函数（过程）构建程序。

第 3 代语言还提供了更好的类型系统和数据结构化，这使得程序的数据不仅能表征计算数字，还能更好地表征各种复杂信息，例如文字、日期时间、图像等，这促进了软件工程的问题从科学计算向业务应用转化。

2. 主要现实问题

商业大型机的购买者主要是企业，他们并不需要大量的科学计算，而是需要处理数据计算较多的业务应用，以批量数据处理和事务计算为主。也就是说，需要软件解决的问题从科学计算转向业务应用。这种类型的软件被称为应用为中心（application-centric）。

业务应用的开发比科学计算要复杂得多，因为科学计算的目标和解决逻辑都很清晰，而业务应用的问题及解决逻辑都可能是模糊不清和需要复杂处理的。

商业计算机的普及使得人们需要的软件数量远远超出了当初的科研软件，这使得以营利为目的的软件产品和软件公司开始萌芽。很多非工程人员涌入软件开发活动之中，他们对业务应用软件的开发没有经验，而且在能力和工作习惯上也不如 20 世纪 50 年代的硬件工程师和数学家，导致软件开发出现了各种各样的问题。因此，在 20 世纪 60 年代（尤其是后期），保证程序的正确、清晰、质量和软件生产的成功成为指导软件开发的主导思想。

3. 软件开发方法与技术

因为缺乏正确科学知识的指导，也没有多少经验原则可以遵循，因此 20 世纪 60 年代的软件开发在总体上依靠程序员的个人能力，是"工艺式"的开发。

到了 20 世纪 60 年代后期，因为认识到"工艺式"开发的问题，很多研究者开始从编程入手探索解决软件危机的办法，这些促成了 20 世纪 70 年代结构化编程方法的建立。

4. 软件开发过程

"工艺式"的程序员使用"构建 - 修复"（Build-Fix）的过程开发软件。他们充满创造力，依照自己的思考编写程序，但程序后期的修改通常会导致补丁摞补丁式的面条码。

这导致了"个人英雄主义编程"，"牛仔程序员"是最常见的角色。为了赶在截止日期前完工，他们召集一群夜猫子修补有缺陷的代码，然后被当做英雄。

"构建 - 修复"（Build-Fix）式的开发过程显然是有缺陷的，因为它缺乏最基本的开发阶段规划，这个问题将在 20 世纪 70 年代随着瀑布模型的出现而得到解决。

5. 重要思想

（1）软件不同于硬件

在 20 世纪 60 年代，人们发现软件与硬件有显著的不同，软件开发必须尊重这些不同于硬件的特点：

1）软件与现实世界的关系更加密切，对需求的规格化更加困难。

[Royce1970] 提到"生产 500 万美元的硬件设备，30 页的规格说明书就可以为生产提供足够多的细节，生产 500 万美元的软件，1500 页的规格说明书才可以获得相当的控制"。

这要求软件开发必须进行比硬件复杂得多的需求开发活动，更强调用户参与，更注重开发者与用户的沟通能力。尤其是对 20 世纪 90 年代之后的大规模软件系统的实践调查 [Hofmann2001, Young2002] 表明需求开发会耗费整个开发成本的 8% ～ 15%、工作量的 15% ～ 30%、时间的 30% ～ 40%，用户参与度成为影响大规模软件系统开发成败的首要因素

[Standish1995]。

2）软件比硬件容易修改得多，并且不需要昂贵的生产线复制产品。

改变程序之后只需将相同的比特模式加载到另一台计算机即可，而不需要逐个更改每个硬件副本的配置。软件不仅是易于修改的，而且它只有进行持续不断的修改才能保持和增加自身的价值 [Lehman1996]。所以，软件开发者需要始终给予软件可修改性以足够的关注，尤其是在大规模软件系统的开发活动中。

因为不需要昂贵的生产线，所以人力资源是软件开发的最大资源，人力成本是软件开发的主要成本，人的因素是软件开发中的最大因素。

3）软件没有损耗。

"软件维护"和"硬件维护"有很大的不同。硬件维护的主要工作是材料养护和更换，主要成本是材料损耗。而软件维护的主要工作是修改软件，主要成本是修改的人力成本。为了降低维护成本，要求开发者在开发时就要将软件产品设计得易于修改。

4）软件不可见。

很难辨别软件进度是否正常，需要开发者更多地使用模型手段以可视图形的方式反映软件生产，也需要开发者使用更深入的手段（例如度量）监控软件生产过程。

（2）避免"工艺式"生产，用工程的方式生产软件

20 世纪 60 年代"工艺式"的生产方式导致了"软件危机"的出现，其内容包括：

1）对软件开发成本和进度的估计常常不准确。开发成本超出预算，实际进度一再拖延的现象并不罕见。

2）用户对"已完成"系统不满意的现象经常发生。

3）软件产品的质量不可靠。

4）软件的可维护程度非常低。

5）软件通常没有适当的文档资料。

6）软件的成本不断提高。

7）软件开发生产率无法满足人们对软件的生产要求，软件开发生产率的提高落后于硬件的发展。

这一情况迫使 NATO 科学委员会在 1968 年和 1969 年召开两届里程碑式的"软件工程"会议，很多业界领先的研究者和实践者参加了这两届会议。1968 年的会议主要分析了软件生产中的问题，提出了"软件危机"的说法。1969 年的会议着重讨论了"软件危机"的解决方法，指出了"软件工程"的方向 [Naur1969]，用工程的方法生产软件。

软件工程的方法还需要在 20 世纪 70 年代及以后的时期内研究和发展，但是避免"工艺式"生产已经成为共识。

6. 总结

整个 20 世纪 60 年代的软件工程特点可以概括为如图 2-5 所示。总的特点是：业务应用（批量数据处理和事务计算）；软件不同于硬件；用软件工艺的方式生产软件。

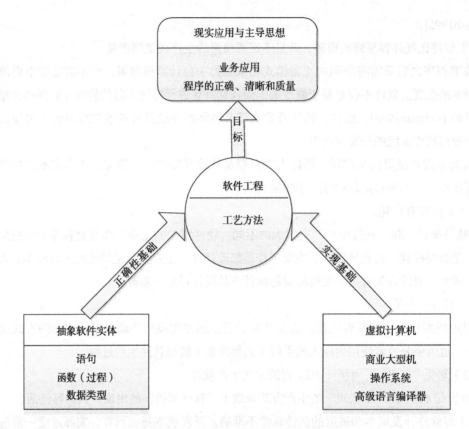

图 2-5 20 世纪 60 年代的软件工程

2.4 20 世纪 70 年代的软件工程

1. 基础环境

（1）虚拟计算机

随着电子电路技术的进步，商业微型计算机在 20 世纪 60 年代后期开始出现，并在 70 年代开始流行。商业微型计算机体积更小，成本更低，众多小企业也可以负担计算机购买和使用费用了。

随着购买商业微型计算机企业的增多，对软件产品的市场需求开始上升。这还导致了商业软件公司的增长和大型商业软件的产生，因为数量众多的商业微型计算机所有者希望能够购买软件，而不是自己编写软件。

在系统软件方面，关系代数和关系演算的成熟产生了数据库管理系统 DBMS 软件，这极大地提高了开发者处理持久化数据的能力。非常成熟的第 3 代语言编译器能够帮助程序员节省在编程细节上的精力，更加关注于程序的整体结构组织。

（2）主要的软件抽象实体

为了解决"工艺式"编程造成的混乱，人们建立了结构化程序设计理论，以高效率地开发正确、清晰和高质量的程序。结构化程序设计理论使用函数（过程）、块结构（block structure）和三种基本控制结构（顺序、分支、循环）为基础构建程序。

结构化程序设计理论促进了编译技术的发展，给结构化程序设计提供了支撑。20 世纪 70 年代的编译器可以很好地完成对循环、递归等复杂控制结构的编译与优化，能够进行基本数据类型的检查。

结构化程序设计理论和编译器技术的发展使得开发人员开始超越函数（过程）和简单数据类型，思考"多个函数组织在一起工作"的模块和记录、结构体等复杂的自定义数据结构类型，以更好地开发复杂的大型商业软件。需要说明的是，模块只是一种组织概念，其使用完全依赖于开发者个人，没有得到编译器充足的支持。所以，结构化方法核心的最大粒度软件抽象实体仍然是函数（过程）。

2. 主要现实问题

相比于之前，20 世纪 70 年代购买商业微型计算机的企业数量众多，这提升了对应用为中心的软件产品的需求：

- 更多的企业意味着更多的业务应用。
- 随着购买商业微型计算机企业的增多，商业软件公司可以通过对一个程序进行复制来将该程序的开发成本分散到几十个或几百个副本上。这增加了商业软件公司利润的同时，降低了企业购买软件的分摊费用，刺激了供需双方的欲望，使得软件公司增多的同时产品需求也在增多。

20 世纪 70 年代出现了一个重要的变化，如图 2-6 所示，人们开始给软件花费更多的费用，并且越来越认识到软件的重要地位。

结构化程序设计理论使得小型程序的开发成功率有了一定的保证，但是并不能保证复杂软件系统开发的成功，因为复杂软件系统需要的工作比编程要复杂得多。所以，保证复杂软件系统开发的成功、解决复杂软件系统的复杂性就成了开发工作的主要指导思想。

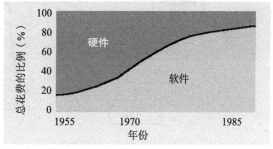

图 2-6　大型机构的软硬件成本趋势图（1973）

注：源自 [Boehm1973]。

3. 软件开发方法与技术

基于结构化程序设计理论，20 世纪 70 年代早期开始广泛使用结构化编程方法，它要求使用函数（过程）构建程序，使用块结构和三种基本控制结构（消除 goto 语句 [Dijkstra1968]）仔细组织函数（过程）的代码，使用程序流程图 [Böhm1966] 描述程序逻辑进行程序设计，使用逐步精化（stepwise refinement）、自顶向下的软件开发方法 [Wirth1971] 进行软件开发。

到了 20 世纪 70 年代中后期，结构化方法从编程活动扩展到分析和设计活动，围绕功能分解思想和层次模块结构，使用数据流图（Data Flow Diagram，DFD）[Yourdon1975]、实体关系图（Entity Relationship Diagram, ERD）[Chen1976] 和结构图（Structure Chart）[Yourdon1975]，

建立了结构化设计 [Yourdon1975]、结构化分析 [Gane1977, DeMarco1979]、JSP（Jackson Structured Programming）[Jackson1975] 等结构化分析与设计方法。

控制复杂软件系统的复杂性是 20 世纪 70 年代追求的目标，这需要超越函数（程序）的层次，因为它的粒度太小。因此，20 世纪 70 年代人们开始在更高抽象的模块层次上探索控制复杂软件系统中的复杂性的方法，产生了"低耦合高内聚"的模块化 [Stevens1974]、信息隐藏 [Parnas1972]、抽象数据类型 [Liskov1974] 等重要思想，它们逐渐被吸收进结构化方法并推动了 20 世纪 80 年代面向对象编程的出现。

4. 软件开发过程

如图 2-7 所示，相对于"简单规划接着编码"的方式，将需求分析、设计和测试等几个活动独立出来，在编码之后进行测试，在编码之前进行设计，在设计之前进行需求分析，这样的开发方式可以提高开发效率、降低开发成本、控制项目风险、提高项目成功率 [Royce1970]。

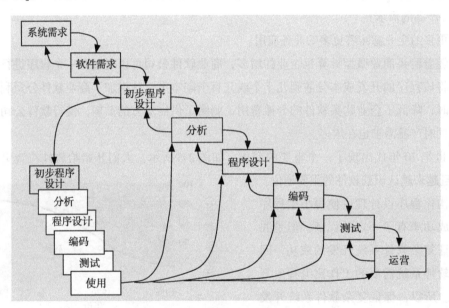

图 2-7 Royce 的瀑布模型

注：源自 [Royce1970]。

Royce 的模型后来被广泛接受，并命名为瀑布模型，虽然 Royce 并没有使用"瀑布"这个名称。瀑布模型被广泛接受的一个重要原因是人们在 20 世纪 60 年代的软件生产实践中发现，在开发过程中越早发现缺陷并进行修复，耗费的工作量和成本越低，所以按照瀑布模型的方式强调一个阶段结束时对其制品进行验证和检验，可以尽早发现并修复缺陷，进而降低成本，提高开发效率（减少了修复工作量），提高项目成功率。

按照图 2-7 所示，Royce 的模型是迭代的，要求每个活动执行至少两次（do it twice）。但是后来被广泛认同的瀑布模型被解释为一个纯顺序的过程：只有在完成完整的需求集合之后才能开始设计，只有在烦琐的关键设计评审完成之后才能开始编码。这种僵硬的顺序要求是不符合软件开发实际的，软件开发实践需要迭代的过程。所以到了 20 世纪 80 年代，各种迭代式的开发过程取代了瀑布模型 [Larman2003]，得到了广泛应用。

5. 重要思想

越早发现和修复问题，代价越低

在 20 世纪 60 年代的生产中人们就发现了关于在不同阶段发现并修复缺陷的相对成本的数据，如图 2-8 所示。

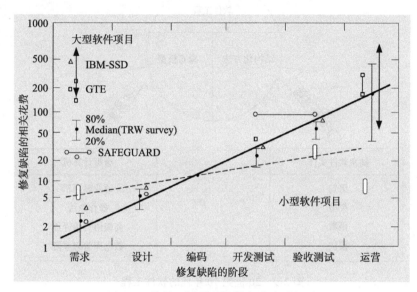

图 2-8　软件不同阶段的修复成本增长图

注：源自 [Boehm1976a]。

从上图可以发现，随着开发阶段的深入，修复缺陷的成本在逐渐增长。如果在需求阶段出现了一个缺陷，那么在需求阶段结束时发现和修复缺陷只需 1 ～ 2 的代价，但是如果到了使用之后才发现和修复缺陷，就需要高达 100 ～ 200 的代价。所以，软件开发强调将整个生产过程划分为很多里程碑，并在每一个里程碑结束之后进行缺陷发现和修复，而不是完全依赖于后期的软件测试阶段。软件测试阶段的作用更多的是保证产品质量合格，而不是用来发现和修复缺陷。

6. 总结

整个 20 世纪 70 年代的软件工程特点可以概括为如图 2-9 所示。总的特点是：结构化方法；瀑布模型；强调规则和纪律。它们奠定了软件工程的基础，是后续年代软件工程发展的支撑。

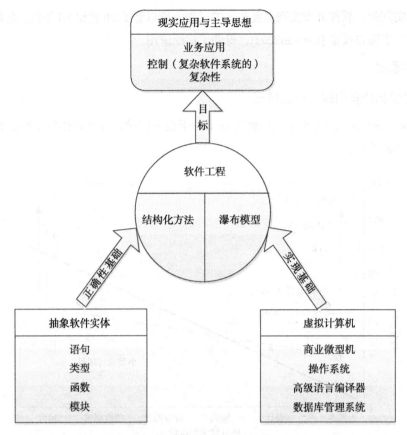

图 2-9　20 世纪 70 年代的软件工程

2.5　20 世纪 80 年代的软件工程

1. 基础环境

（1）虚拟计算机

在 20 世纪 80 年代，商业微型机的成本继续降低，市场继续增长。但一个更重要的趋势是：在 20 世纪 80 年代初，个人计算机开始出现，并迅速普及大众人群。个人计算机的费用是每个消费者都可以承担的，所以人们拥有的计算机数量急剧增长。

在 20 世纪 80 年代还有一个辅助个人计算机普及的技术出现：图形用户界面 GUI。使用了 GUI 技术的软件产品、图形化开发环境和图形化操作系统（Apple 公司 Macintosh，微软公司 Windows X.0）开始出现，这进一步促进了个人计算机的普及。

（2）主要的软件抽象实体

20 世纪 80 年代软件抽象实体的变化主要有两个。一个是在 20 世纪 70 年代中后期人们解决复杂系统复杂性的过程中对"模块"概念有了更深入的认识。另一个是为了应对提高生产力的迫切要求，以 20 世纪 60 年代产生的对象概念为基础，在吸收了信息隐藏、抽象数据类型等重要思想之后，面向对象编程方法开始在 20 世纪 80 年代中后期被广泛使用。在面向对象编程方法中，程序员使用自定义的对象和类来组织软件结构，使用语句、类型和方法（即函数与过程）来实现自定义对象与类。

面向对象编程的核心软件抽象实体"对象/类"比结构化编程的核心软件抽象实体"函数（过程）"粒度更大，因此面向对象编程能够比结构化编程更好地完成复杂软件的构建任务。所以，在一定程度上，面向对象方法增强了人们开发复杂软件的能力。

2. 主要现实问题

业务应用在 20 世纪 80 年代仍然是软件工程面临的主要问题。同时，个人计算机的出现和普及产生了面向大众消费者的商业软件市场，这些软件要解决的问题不是业务应用，而是服务消费大众的工作和生活。

个人计算机的出现和普及，加上商业微型计算机的继续增长和 GUI 的推动作用，使得 20 世纪 80 年代人们对软件产品的需求出现了爆炸性增长，这给软件行业带来了无限机会，众多软件公司纷纷涌现。但是开发人员数量上的增长并不能完全满足需求的增长程度，所以软件行业利润丰厚的同时面临着生产压力，提高生产力成为它们的主要目标之一。

在 20 世纪 70 年代，人们花费在软件上的费用超过了硬件。从 80 年代中期开始，人们花费在软件维护上的费用超过了软件开发。在 80 年代，大多数机构花费 50%~75% 的总成本进行软件维护 [Boehm1981]。这是因为随着软件产品越来越复杂，开发成本越来越高，人们越来越愿意通过维护延长一个软件产品的生存期而不是将其废弃或重新开发。

3. 软件开发方法与技术

在 20 世纪 80 年代重要的技术中，除了少数是延续 70 年代的工作（例如结构化方法）之外，大多数都是为了满足提高生产力的要求。

（1）结构化方法

20 世纪 70 年代中后期基于结构化编程建立了早期的结构化方法，包括结构化分析与结构化设计。但是这时的结构化方法因为刚刚脱离编程，更多地还在关注软件程序的构建。也就是说，20 世纪 70 年代中后期的结构化分析和设计更强调为了最后编程而进行分析与设计，而不是为了解决现实问题而进行分析与设计。

到了 20 世纪 80 年代，随着结构化分析与设计向结构化编程过渡的日益平滑，人们逐步开始将结构化分析与设计的关注点转向问题解决和系统构建，产生了现代结构化方法，代表性的有信息工程（Information Engineering）[Martin1981]、JSD（Jackson System Development）[Jackson1983]、SSADM（Structured Systems Analysis and Design Method）、SADT（Structured Analysis and Design Technique）[Marca1987] 和现代结构化分析（Modern Structured Analysis）[Yourdon1989]。

相较于早期的结构化方法，20 世纪 80 年代的现代结构化方法更注重系统构建而不是程序构建，所以更重视问题分析、需求规格和系统总体结构组织而不是让分析与设计结果符合结构化程序设计理论，更重视阶段递进的系统化开发过程，而不是一切围绕最后的编程进行。

（2）面向对象编程

最早的面向对象编程思想可追溯到 20 世纪 60 年代的 Simular-67 语言 [Nygaard1978]，它是为了仿真而设计的程序设计语言，使用了类、对象、协作、继承、多态（子类型）等最基础的面向对象概念。

相比之下，Simular-67 只是使用了面向对象概念的仿真设计语言，20 世纪 70 年代的 Smalltalk[Kay1993] 就是完全基于面向对象思想的程序设计语言，它强化了一切皆是对象和对象封装的思想，发展了继承和多态。

到了 20 世纪 80 年代中后期，随着 C++[Stroustrup1986] 的出现和广泛应用，面向对象编程成为程序设计的主流。C++ 只是在 C 语言中加入面向对象的特征，并不是纯粹的面向对象语言。但是它在 20 世纪 80 年代的成功并非偶然，一方面是因为 C++ 保留了 C 的各种特性，这种谨慎的设计使得程序员可以更顺利地接受它；另一方面是因为面向对象语言支持复用和更适于复杂软件开发的特点符合了 20 世纪 80 年代的生产要求。

需要特别指出的是，虽然面向对象概念起源很早，并且很多思想与结构化思想是完全不同的，但是面向对象本身不像结构化一样有基于数学的程序设计理论的支撑，所以它是在吸收了很多结构化方法中发展出来的方法与技术之后才得到了程序正确性、清晰性和高质量的保障。[Booch1997] 认为模块化、信息隐藏等设计思想和数据库模型的进步都是促使面向对象概念演进的重要因素。

与结构化方法相比，面向对象方法中的结构和关系（类、对象、方法、继承）能够为领域应用提供更加自然的支持，使得软件的复用性和可修改性更加强大。可复用性满足了 20 世纪 80 年代追求生产力的要求，尤其是提高了 GUI 编程的生产力，这也是推动面向对象编程发展的重要动力 [Graham2001]。可修改性提高了软件维护时的生产力。面向对象方法也为模块内高内聚和模块间低耦合提供了更好的抽象数据类型的模块化，更加适合于复杂软件系统的开发。

（3）软件复用

提高生产力的一种方式是避免重复生产，所以在 20 世纪 80 年代人们为了追求生产力，开始重视软件复用。实践经验表明 [Glass2002]，软件复用是最能提高生产力的方法，可以提高 10% ～ 35%。

除了面向对象方法之外，第 4 代语言、购买商用组件、程序产生器（自动化编程）等都是 20 世纪 80 年代提出的能够促进软件复用的技术。

4. 软件开发过程

（1）过程模型

20 世纪 80 年代是软件开发过程发展较为迅速的时期，因为人们开始重视软件开发过程。重视软件开发过程有两个初衷：①好的开发过程能够充分利用开发者的工作努力，避免不必要的工作损耗，常见的损耗有交流不畅、协同不利、返工等；②人们开始认识到，软件过程的质量能够极大影响软件产品的质量，要保证产品质量就必须重视软件开发过程。

实践表明，下列方法可以建立生产力更高的软件开发过程：①迭代式的开发，它更符合实际情况而且能够减少返工的影响；②并行的开发，最大化缩减整体开发时间；③快速的开发，利用原型等方法缩短开发时间。

基于上述思想，人们在 20 世纪 80 年代建立了原型 [Budde1984]、渐进交付 [Basili1975]、

演化式开发 [Gilb1981]、螺旋 [Boehm1988] 等更加有效的软件开发过程模型。

（2）过程评价

为了降低委托开发的风险，美国国防部希望能够有效评估软件企业的生产能力，就委托 CMU SEI 开发一个可以参照的评估模型。基于过程质量极大影响产品质量的思想，CMU SEI 建立了软件能力成熟度模型（SW-CMM）[Humphrey1988]，它通过评价企业的开发过程来反映企业的生产能力。同一时间，国际标准化机构也完成一个类似的软件过程评价标准 ISO-9001。

（3）使用工具支持软件开发过程

在 20 世纪 80 年代之前，人们就已经生产了很多辅助软件开发的软件工具，包括支持需求分析与软件设计的建模工具、支持软件测试的测试工具、支持编程的集成开发环境、支持团队协作的配置管理工具等。

到了 20 世纪 80 年代，出于对软件开发过程的重视，人们认为有必要仔细研究软件开发过程，建立统一的软件开发过程框架，并以此为基础将之前的各种独立工具集成起来，建立统一的软件开发过程支持工具 [Osterweil1987]。这种思想及其产品被称为计算机辅助软件工程（CASE），它对后续的软件工程发展尤其是过程管理的发展起到了重要的作用。

5. 重要思想

（1）没有银弹

在 20 世纪 80 年代追求生产力的背景下，出现了很多声称能大幅度（数倍、数十倍，甚至数百倍）提高生产率的技术，包括 Ada 和其他高级编程语言、面向对象编程、人工智能专家系统、"自动"编程、图形化编程、程序验证、环境和工具、工作站等。这些技术的拥护者认为它们能够一劳永逸地解决软件生产中的困难，给软件生产带来曙光。但是 Frederick P. Brooks 经过分析后认为，软件开发的根本困难在于软件产品的内在特性，它们是无法回避的，也不是可以轻易解决的，没有技术能够起到银弹的作用——没有银弹。

Frederick P. Brooks 将软件生产落后进度、超出预算、存在大量缺陷的现象比喻为西方传说的恐怖怪物——人狼。只有使用银弹才能杀死人狼，软件问题的银弹应该是能够使得软件开发在生产率、可靠性和简洁性上取得根本性提高的技术。Frederick P. Brooks 认为因为软件有下列无法规避的内在特性，所以没有银弹。

1）复杂度。"规模上，软件可能比任何由人类创造的其他实体都要复杂，因为一个软件中没有任何两个部分是相同的（至少是在语句的级别）。如果有相同的情况，我们会把它们合并成供调用的子函数。在这个方面，软件系统与计算机、建筑或者汽车大不相同，后者往往存在着大量重复的部分。" [Brooks1987]。

如果软件规模增长，我们必须添加更多的不同元素部分，"这些元素以非线性递增的方式交互，因此整个软件的复杂度以更大的非线性级数增长" [Brooks1987]。

"上述软件特有的复杂度问题造成了很多经典的软件产品开发问题。由于复杂度，团队成员之间的沟通非常困难，导致了产品瑕疵、成本超支和进度延迟；由于复杂度，列举和理解所有可能的状态十分困难，影响了产品的可靠性；由于函数的复杂度，函数调用变得困难，导致程序难以使用；由于结构的复杂度，程序难以在不产生副作用的情况下用新函数扩充；由于结构的复杂度，造成很多安全机制状态上的不可见性。" [Brooks1987]

2）一致性。软件开发没有统一的规则与原理，不同的软件产品会有不同的设计结果，并且任意地变化。在开发新的软件时，往往需要基于已有的软件系统，所以它必须遵循各种接口。在这种情况下，"很多复杂性来自保持与其他接口的一致，对软件的任何再设计，都无法简化这些复杂特性"[Brooks1987]。

3）可变性。因为易于修改，所以人们总是期望通过持续修改来保持和增加软件产品的价值。所有成功的软件都会发生变更。究其根本原因，软件的变更是必须的和本质的，"软件产品扎根于文化的母体中，如各种应用、用户、自然及社会规律、计算机硬件等。后者持续不断地变化着，这些变化无情地强迫着软件随之变化"[Brooks1987]。

但是软件系统是复杂的，变更和扩展引起的增长会进一步增加原有系统的复杂度，导致很多产品问题的出现，典型的是质量降低。

4）不可见性。软件不仅是不可见的，而且将其可视化也是困难和无法完备的。"当我们试图用图形来可视化描述软件结构时，我们发现它不仅仅包含不止一个而是很多相互关联、重叠在一起的图形……它们通常不是有较少层次的扁平结构。实际上，在上述结构上建立概念控制的一种方法是强制将链接分割，直到可以层次化一个或多个图形。"[Brooks1987]

这种强制的分割通过简化的手段部分地可视化了软件结构，但是软件在整体上仍然保持着无法可视化的固有特性。这不仅限制了分析和设计工作的思路，也严重地阻碍了开发人员相互之间的交流。

软件的内在特性决定了复杂软件系统开发中的困难是：充分利用多种模型手段，尽可能地将软件的内部元素和外部接口可视化，以推理其正确性、可靠性、完备性和可修改性。这个困难的解决很明显需要人的智力思维过程，不是依靠技术手段能够完全解决的。这也正是[Brooks1987]所指的构建复杂软件概念结构的软件开发本质任务，也是[Brooks1987]论断没有银弹的根本原因。

按照Frederick P. Brooks的分析，软件规模会是软件开发的艰巨挑战，规模越大的软件系统本质任务越困难。实践调查数据证明了这一点，如表2-1所示。

表2-1　不同规模软件项目的结果

规模 （功能点）	不同结果出现的概率			
	提　前	按　时	延　迟	失 败 终 止
1	14.68	83.16	1.92	0.25
10	11.08	81.25	5.67	2.00
100	6.06	74.77	11.83	7.33
1000	1.24	60.76	17.67	20.33
10 000	0.14	28.03	23.84	48.00
10 0000	0.00	13.67	21.33	65.00

注：源自[Jones1995]。

（2）重视人的作用

为了解决20世纪60年代完全依赖于个人的工艺方法产生的问题，70年代转向了规则和纪律，不论是早期结构化方法还是瀑布模型，都主张开发者要按照严格的规则工作。

到了20世纪80年代，人们认识到重视过程的同时也要重视人的作用，人毕竟是项目最大的资产。[Neumann1977] 首先将与人相关的工作列为与软件和硬件并列的"人件"，以强调人的重要性。[DeMarco1987] 系统地分析了软件开发中与人相关的工作，包括开发者生产力、团队工作（teamwork）、团队动力学、项目管理等，提出了能够充分发挥"人件"作用的管理办法。[Brooks1987] 也提出卓越设计人员（great designer）是解决软件开发根本困难的"银弹"之一。

这个思想在后续得到了更进一步的发展。到 20 世纪 90 年代，CMU SEI 在 CMM 的基础上建立了个人软件过程（Personal Software Process，PSP）[Humphrey1995] 和团队软件过程（Team Software Process，TSP）[Humphrey1999]，将个人工作和团队工作也纳入了正式的过程管理。敏捷过程 [Agile2001] 更是明确提出"个人与交互胜过过程与工具"（individuals and interactions over process and tools），将个人与团队工作置于比开发过程更加重要的地位。

6. 总结

整个 20 世纪 80 年代的软件工程特点可以概括为如图 2-10 所示。总的特点是：追求生产力最大化；现代结构化方法 / 面向对象编程广泛应用；重视过程的作用。

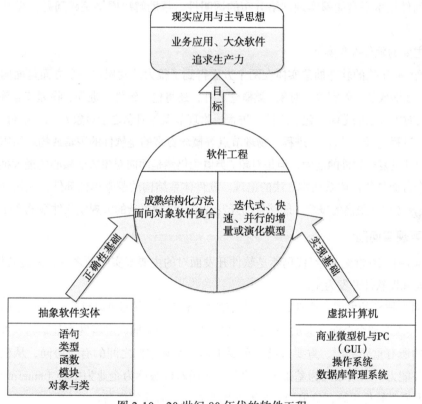

图 2-10　20 世纪 80 年代的软件工程

2.6　20 世纪 90 年代的软件工程

1. 基础环境

（1）虚拟计算机

在 20 世纪 90 年代，商业微型计算机和个人计算机继续飞速发展，同时网络开始进入商业应用。

网络可以追溯到 20 世纪 60 年代美国国防部建立的阿帕网（ARPAnet），其目的是实现网络内计算机的数据交换。到 1990 年关闭时，ARPAnet 试验并奠定了 Internet 存在和发展的基础，较好地解决了异种机网络互联的一系列理论和技术问题。接替 appanet 的是 1986 年美国国家科学基金会（National Science Foundation，NSF）建立的 NSFnet，它成为 Internet 的主干网。

20 世纪 90 年代全球化和信息化的浪潮推动了 Internet 的发展，以美国为中心的 Internet 网络互联也迅速向全球扩展，世界上的许多国家纷纷接入 Internet，网络时代到来。

万维网（World Wide Web，WWW）因为 Internet 的发展而得到了发展。Tim Berners-Lee[Berners-Lee1989] 在 1989 年提出了万维网的构想，并在 Internet 上进行了实现。万维网的基本设想是允许人们使用超文本协议在 Internet 上访问共享的资源信息。万维网大大方便了广大非网络专业人员对网络的使用，驱动了 Internet 的发展。

跟随着 Internet 的脚步，网络操作系统成为主流，各种系统级网络应用软件也纷纷得到应用。20 世纪 80 年代后期开始发展的中间件（middleware）也已经成熟，CORBA、DCOM、RMI 等中间件技术平台能够实现网络分布的透明性，帮助解决网络编程问题，提升人们开发网络软件的能力。

（2）主要的软件抽象实体

20 世纪 90 年代的软件抽象实体在两个方面得到了很大的发展。一个方面是面向对象分析与设计方法逐渐成熟，除完善了对象 / 类概念之外，还将包、组件、进程、物理节点等概念明确纳入了面向对象方法的范畴。包、组件、进程、物理节点等概念之于对象 / 类，就好比模块概念之于函数（过程）。包、组件、进程、物理节点等概念更多的是软件的逻辑或物理组织概念，能够提升人们开发复杂软件的能力，但是对象 / 类概念仍然是面向对象方法核心的最大抽象软件实体。另一个方面是软件体系结构方法的出现。软件体系结构的逻辑单位部件、连接件和配置是比对象 / 类抽象层次更高的概念，能够帮助开发者设计更加复杂的大规模软件系统产品。

2. 主要现实问题

业务应用在 20 世纪 90 年代仍然是软件开发面对的主要现实问题之一，只是其规模更大。该时期以大规模软件开发为主。

随着网络技术的发展，企业建立了内部的局域网，一方面可以整合以前建立的各个"应用孤岛"，实现对整个企业业务的全面整体化管理；另一方面以局域网为基础的软件系统可以覆盖企业的所有重要部门、重要人员和重要工作，实现它们之间的有效协同，从根本上提高企业的业务能力。以局域网为基础建立的业务应用软件被称为企业为中心（enterprise-centric）的，属于大规模软件系统，价值和复杂度都比孤立应用有质的提高。

[Jones2007] 指出，一些大规模软件系统的源代码已超过 2500 万行，可能需要 1000 多名技术人员用 5 年多的时间来完成，开发成本会超过 5 亿美元。

大规模软件系统给 20 世纪 90 年代的软件开发带来了 4 个方面的挑战：

1）复杂度。开发大规模软件系统需要处理的复杂度超越了对象 / 类的抽象层次，因此，人们需要探索新的开发方法与技术。20 世纪 90 年代软件工程的一个发展主题就是建立能够开发大规模软件系统的方法与技术。

2）可修改性。因为大规模软件系统的开发成本很高，因此除非不得已，人们不愿意废弃一个仍有价值的软件系统，而是希望通过维护、修改来延续软件的生存期。这就要求 20 世纪 90 年代生产的软件产品能够具有更好的可修改性和生存能力，因此出现了对软件可变更性的持续追求，这种态势延续至今。很多 90 年代之后出现的软件工程方法与技术、过程与管理都直接针对软件可修改性的提升。

3）开发周期。因为规模较大，所以大规模软件系统的开发周期很长，通常持续数年时间。这不符合客户与用户的利益，因为他们不希望在投入大笔费用后等待太长的时间，冒太大的风险。而且现实世界一直在变化，过长的开发周期之后，产生的产品常常已经落后于现实的发展，已经不能适应新的形势。所以，人们必须解决大规模软件系统开发周期过长的问题，并在 20 世纪 90 年代中后期提出了市场驱动开发（market driven development）的口号。

4）用户价值。大规模软件系统的高成本意味着软件生产企业的高风险，一旦在市场竞争中失败，代价将是惨痛的。为了赢得市场，软件企业不得不停止对生产力的数量要求，转而考虑产品的质量和价值，通过让软件产品为用户创造价值来吸引用户、赢得市场。从 20 世纪 90 年代后期开始，人们认识到了用户价值的重要性，人机交互、涉众分析等很多新的方法与技术都是为了提高软件产品的用户价值而提出来的。

面向大众消费的软件产品也在 20 世纪 90 年代得到了很大的发展，尤其是 90 年代中后期 Internet 的发展增加了普通人接触软件产品的机会。由于万维网的发展，90 年代中后期在面向大众消费的软件产品中出现了一种新型的应用——Web 应用，它们基于万维网的协议，开发语言、工具与模式都与传统业务应用有很大的不同。

20 世纪 90 年代，人们在软件维护上花费的成本继续倾斜，而且维护人员的数量开始超过开发人员的数量 [Jones2006]。

3. 软件开发方法与技术

（1）面向对象方法

与结构化编程的成功促进了结构化分析与设计方法的产生一样，面向对象编程的成功也促进了面向对象分析与设计方法在 20 世纪 90 年代的产生，并迅速被广泛使用 [Booch1994, Capretz2003]。

20 世纪 90 年代的面向对象方法的具体进展有：

- 出现了 OMT[Rumbaugh1991]、Booch 方法 [Booch1997]、OOSE[Jacobson1992]、CRC 卡 [Beck1989, Wirfs-Brock1990] 等一系列面向对象的分析与设计方法。
- 统一的面向对象建模语言 UML[UML] 的建立和传播。
- 设计模式 [Gamma1995]、面向对象设计原则 [Martin2002] 等有效的面向对象实践经验被广泛的传播和应用。

（2）软件体系结构

20 世纪 70 年代开发复杂软件系统的初步尝试 [Brooks1975] 使得人们明确和发展了独立的软件设计体系，提出了模块化、信息隐藏等最为基础的设计思想。到了 20 世纪 80 年代中期，这些思想逐一走向成熟，并且成功融入了软件开发过程。这时，一些新的探索就出现了，其中包括面向对象设计，也包括针对大规模软件系统设计的一些总结与思考 [Shaw2006]。在对大规模系统（尤其是同领域的）的设计经验进行总结时，人们发现越来越需要有一种更高抽象层次的设计体系来进行思想的汇总与提升。

于是，研究者们 [Perry1992,Garlan1993] 在 20 世纪 90 年代初期正式提出了"软件体系结构"这一主题，并结合 90 年代之后出现的软件系统规模日益扩大的趋势，在其后的十年中对其进行了深入的探索与研究。人们在体系结构的基本内涵、风格、描述、设计、评价等方面开展了卓有成效的工作，在 21 世纪初建立了一个比较系统的软件体系结构方法体系 [Kruchten2006, Shaw2006]。

软件体系结构使用部件、连接件和配置三个高抽象层次的逻辑单位，关注如何将大批独立模块组织形成一个"系统"而不是各个模块本身，也就是说更重视系统的总体组织。软件体系结构成为大规模软件系统开发中处理质量属性和控制复杂性的主要手段，改变了大规模软件系统的开发方式，提高了大规模软件系统开发的成功率和产品质量。

（3）人机交互

为了吸引更多的用户，赢得市场竞争，人们在 20 世纪 90 年代开始重视人机交互，提出用户为中心（user-centered design）的设计方法。人机交互的基本目标是开发更加友好的软件产品，最低标准是让普通人在使用软件产品时比较顺畅，较高标准是让用户在使用产品时感到满足和愉悦。

从 20 世纪 50 年代开始人机交互技术就一直在发展，但是直到 90 年代人们才开始重视如何将人机交互技术融入软件工程，并建立了一些人机交互的软件工程方法 [Bass1991]，包括快速原型、参与式设计和各种人机交互指导原则等。

（4）需求工程

自瀑布模型始，人们就已经认识到并强调了需求分析的作用。但是，到了 20 世纪 90 年代，随着"以企业为中心"软件系统规模的增长，人们认识到需求处理除了核心的需求分析活动之外，还有其他的活动也需要慎重的对待，要进行"需求工程" [Siddiqi1996]，即利用工程化的手段进行需求处理，以保证需求处理的正确进行。

相比于传统的需求分析，需求工程将用户价值分析视为基本要求，重视产品分析、问题与目标分析、业务分析、与用户的交流与沟通等 [Nuseibeh2000]。需求工程本质上反映了应用软件与现实联系日益增强的事实。

（5）基于软件复用的大规模软件系统开发技术

在大规模软件系统开发中，为了解决复杂度与开发周期的两难局面，人们充分利用了软件复用思想，建立了多种基于软件复用的大规模软件系统开发技术，其中最为流行的是框架（framework）和构件（component）。

框架是领域特定的复用技术。它的基本思想是根据应用领域的共性和差异性特点，建立一个灵活的体系结构，并实现其中比较固定的部分，留下变化的部分等待开发者补充。简单地说，框架开发者完成了框架的总体设计和部分开发工作，然后将未开发的部分留作空白等待框架的使用者填充。20 世纪 90 年代，很多应用领域都建立了自己的开发框架。

构件是在代码实现层次上进行复用的技术。它的基本思想是给所有的构件定义一个接口标准，就像机械工程定义螺丝和螺母的标准规格一样，这样就可以忽略每个构件内部的因素实现不同构件之间的通信和交互。构件通常是黑盒的二进制代码，带有专门的说明书，可以像机器零件那样被独立的生产、销售和使用。COM 和 JavaBean 就是 20 世纪 90 年代产生并流行起来的构件标准。

（6）Web 开发技术

Web 应用的开发技术不同于传统软件形式。在 20 世纪 90 年代早期，人们主要使用 HTML 开发静态的 Web 站点。到了 90 年代中后期，ASP、JSP、PHP、JavaScript 等动态 Web 开发技术开始流行。人们建立了 Web 程序的数据描述标准 XML。

4. 软件开发过程

（1）过程模型

随着软件规模的增长和市场竞争的加强，一方面使得软件生产面临着生产周期增大和面市时间缩短这个让人左右为难的问题；另一方面使得软件开发失败的成本与风险大大增加。所以人们开始考虑在软件过程与管理中权衡开发时间与风险问题，希望缩短开发时间，提高软件成功率，降低软件开发风险。

20 世纪 80 年代的迭代式、并发、快速的增量或演化软件开发过程并不能妥善解决上述问题。20 世纪 90 年代的思路是以迭代式、并发、快速的增量或演化软件开发过程为基础，充分总结和借鉴已有的最佳实践方法（best practice），并将它们整合到一起，解决上述问题。基于这个思想，20 世纪 90 年代产生了主流的重量级过程方法 RUP（Rational Unified Process）[Jacobson1999] 和很多轻量级过程方法（极限编程（eXtreme Programming，XP）[Beck2001]、特征驱动开发 [Palmer2002]、Scrum [Schwaber2002] 等）。

RUP 的思想是在一个基本的过程框架下组织和使用最佳实践方法，强调在基本过程框架和最佳实践方法集合的基础上进行过程定制与裁剪，RUP 还拥有全程的软件过程工具支持。

轻量级过程方法的思想是抛弃传统上僵化的过程框架，选择一套能够互相配合的最佳实践方法重新组织开发过程，它们在 21 世纪前 10 年发展成为敏捷（agile）方法 [Agile2001]。

（2）过程改进

为了在评价一个企业软件能力成熟度的基础之上，指导企业改进软件过程，提升过程管理能力，CMU SEI 将 SW-CMM 改进为 CMMI [CMMI]。

CMMI 以 SW-CMM 的 5 个等级为基础，建立了系统的过程改进指导方法。

（3）开源软件

开源（open source）软件开发是 20 世纪 90 年代做出巨大革新的工程形式。开源是将软件的源代码公开并置于人们可以访问的地方，允许任何人在不支付版权费的情况下复制和传播源代码。

开源软件具有非营利性质，所以除了特殊软件之外，它的开发过程与传统开发完全不同。特殊软件是指由一个公司按照传统方式开发完成，然后开源的软件。更多的开源软件的开发方式是完全不同于传统软件开发方式的，因为开源软件具有非营利性质，所以没有统一的项目组织，而是要靠大量分散的志愿者的工作来协同完成，[Raymond1999] 对此进行了很好的描述。一个公司将自己的产品开源而不是牟利通常有两个理由：①打击竞争对手，将与竞争对手相似的产品开源；②促进与开源软件相关的其他产品的销售。

5. 重要思想

重视最佳实践方法

软件开发最佳实践是指那些在软件开发实践中被反复证明能够减少开发时间、降低开发成本、提高产品质量的实践方法。最佳实践属于实践方法 / 原则范畴，是离散的，不是系统化的。所以每个最佳实践方法只在某些特定的软件开发活动中发挥作用，很多最佳实践方法一起运用才能显著提升软件开发能力。

经过几十年的发展，到 20 世纪 90 年代，已经形成了很多最佳实践方法，但是却只有少数实践者了解和使用它们。所以在 20 世纪 90 年代，以 James Martin[Martin1991] 和 Steve McConnell[McConnell1996a] 为代表的人士开始总结和传播对最佳实践方法的使用。此后的 RUP 和敏捷过程方法也都重视对最佳实践方法的使用。

6. 总结

整个 20 世纪 90 年代的软件工程特点可以概括为如图 2-11 所示。总的特点是：企业为中心的大规模软件系统开发；追求快速开发、可变更性和用户价值；Web 应用出现。

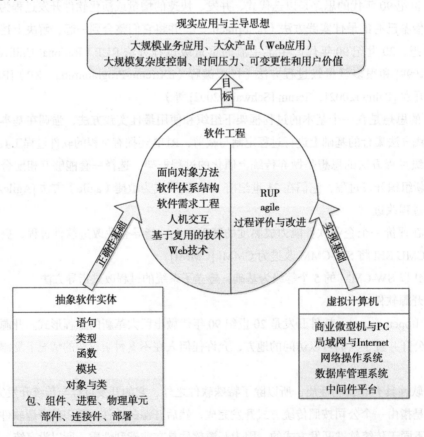

图 2-11　20 世纪 90 年代的软件工程

2.7　21 世纪 00 年代的软件工程

1. 基础环境

（1）虚拟计算机

21 世纪 00 年代的硬件环境在更广和更小两个层次上展开。在更广的层次上，Internet 继续发展。在更小的层次上，嵌入式设备和移动终端大规模普及。

在系统软件方面，更适合 Internet 的构件中间件平台 .NET 和 J2EE 成为主流，它们都实现了具有典型 Web 特征的中间件技术 Web Service。随着嵌入式设备和移动终端的增长，嵌入式操作系统 Linux、WinCE、iOS、Android 等也得到了极大的发展。

（2）主要的软件抽象实体

主要的软件抽象实体在这一时期没有发生大的变化，人们只是基于 20 世纪 90 年代的技术进展，对面向对象的一些概念做了更严谨的规格化，发布了 UML2.0。

2. 主要现实问题

与 20 世纪 90 年代相比，21 世纪 00 年代在软件开发所面对的主要现实问题上，比较大的变化是：

1）基于 Internet 而不是 Intranet 的大规模 Web 应用日益成为主流。

Web 应用不仅能实现一个局域网内的企业业务管理，而且能够扩展实现局域网之间的业务交流与管理。

大规模软件系统的开发除了技术手段转向 Web 之外，问题的基本性质没有发生变化，所以其关键影响因素也没有变化，仍然是：大规模复杂度控制、时间压力、可变更性和用户价值。

2）面向消费大众的软件产品需求出现了爆炸性增长。

Internet 和嵌入式设备、移动终端等小型设备（尤其是后者）的普及，使得面向消费大众的软件产品需求出现了爆炸性增长。

因为不像业务应用那样具有专有性和定制性，所以大众软件产品面向的人群更广，利润更丰厚，竞争更强。要在这样的竞争中胜出，就需要更强的创新能力。

3. 软件开发方法与技术

（1）延续 20 世纪 90 年代的技术进展

20 世纪 90 年代产生的一些重要技术，在 21 世纪 00 年代继续得到发展和完善：

- 软件体系结构：到了 2000 年，软件体系结构设计方法基本成熟，2000 年之后开始广泛使用。但是软件体系结构的研究和探索工作继续深入，转向软件体系结构设计决策的描述和产生过程 [Bosch2004]。
- 需求工程：2000 年之后的软件需求工程逐渐与系统工程相融合，典型表现是越来越重视系统需求而不是软件需求的分析 [Cheng2007]，包括目标分析、背景环境分析、系统属性分析等。
- 人机交互：随着 Web 应用和小型设备应用越来越突出，21 世纪前 10 年人机交互将

Web 的人机交互和小型设备（尤其是移动终端）的人机交互作为工作重点。

- 基于复用的大型软件系统开发技术：Struts、Spring 等针对 Web 的开发框架成为软件开发的主流工具。更适应 Web 的 Web Service 构件类型被应用得越来越广泛。

（2）Web 技术发展

随着 Web 的发展，21 世纪前 10 年很多技术进展都与 Web 有关：

- 20 世纪 90 年代产生的各种动态 Web 开发技术成为软件开发必不可少的部分；
- 适用于 Web 开发的构件中间件平台 .NET 和 J2EE 成为软件开发的主流平台；
- B/S、N-Tier、SOA、消息总线等适合于 Web 应用的体系结构风格被广泛传播；
- 针对 Web 的开发框架成为主流的软件开发工具；
- 博客、Wiki、即时通信等 Web 2.0 技术出现并得到广泛应用。

（3）领域特定的软件工程方法

从 20 世纪 90 年代就开始出现，并在 21 世纪前 10 年成为主流的是软件工程方法开始分领域深入。

在技术领域方面，下列技术领域都出现了明显的进展：

- 以网络为中心的系统；
- 信息系统；
- 金融和电子商务系统；
- 高可信系统；
- 嵌入式和实时系统；
- 多媒体、游戏和娱乐系统；
- 小型移动平台系统。

在应用领域方面，越来越多的领域开始根据自身特点定义参照体系结构、开发框架、可复用构件和领域特定的编程语言。面向应用领域进行软件开发的产品线（product line）方法得到了越来越多的关注和使用。

4. 软件开发过程

在 2001 年成立的敏捷联盟 [Agile2001] 的推动下，敏捷方法继续发展，并产生了广泛的影响，人们开始尝试在传统重视纪律的过程中引入敏捷方法 [Boehm2003, Glazer2008]。一些敏捷开发的规范和工具被开发出来并广泛传播。

随后的另一个变化是：随着全球化的深入，软件开发的外包也越来越普遍 [Olive2004]，人们开始探索外包软件的开发方式，毕竟外包软件开发的地域广泛分布性是不符合传统软件工程基本要求的。

5. 总结

整个 21 世纪前 10 年的软件工程特点可以概括为如图 2-12 所示。总的特点是：大规模 Web 应用；大量面向大众的 Web 产品；追求快速开发、可变更性、用户价值和创新。

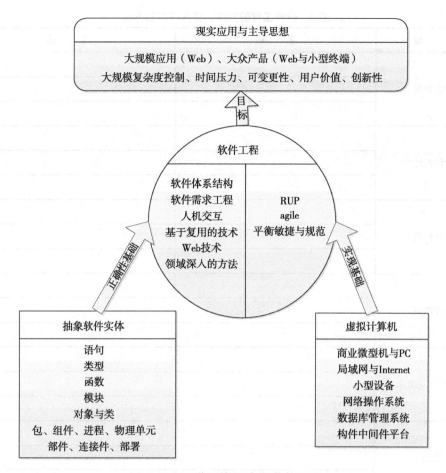

图 2-12 21 世纪前 10 年的软件工程

2.8 习题

1. 硬件的发展是如何影响软件工程发展的？
2. 系统软件的发展是如何影响软件工程发展的？
3. 计算机科学是如何影响软件工程发展的？
4. 软件开发的方法与技术是如何演化的？
5. 软件开发过程是如何演化的？
6. 软件工程对"人"的看法是如何演化的？
7. 不同时代的软件工程产品有哪些不同？
8. 软件开发的主导思想是如何演化的？
9. 查询网络资料，试着猜想一下软件工程未来几年的发展会有哪些特点。
10. 以教材第 1 章和第 2 章的内容为基础，搜索课外资料，尝试完成下面两张表格。

表 1　软件工程的方法、技术与实践方法

阶　　段	名　　称	描　　述
需求开发		
软件设计		
软件构造		
软件测试		
软件交付与演化		
其他		

表 2　软件工程工具

工具类型	产　　品	用途说明	支持的方法和技术

第二部分

项目启动

本部分的基本目标是掌握项目启动阶段的知识，并能够实际开展相应活动。

本部分包括 2 章，各章主要内容如下：

第 3 章示例 "项目描述"：对本书中示例项目的概要性描述，主要包括项目的背景和功能方面的需求。

第 4 章 "项目管理基础"：描述项目启动以及后续开发阶段需要使用的基础性项目管理知识，主要包括团队组织、质量保障、配置管理等方面的内容。

第 3 章

示例项目描述

3.1 背景

A 是一家刚刚发展起来的小型连锁商店，其前身是一家独立的小百货门面店。原商店只有收银部分使用软件处理，其他业务都是手工作业，这已经不能适应它的业务发展要求。首先是随着商店规模的扩大，顾客量大幅增长，手工作业销售迟缓，顾客购物排队现象严重，导致流失客源。其次是商店的商品品种增多，无法准确掌握库存，商品积压、缺货和报废的现象明显上升。再次是商店面临的竞争比以前更大，希望在降低成本、吸引顾客、增强竞争力的同时保持盈利水平。

为了解决连锁商店 A 所面临的问题，管理层决定向软件公司 B 定制开发一套连锁商店管理系统 MSCS。

3.2 目标

在反复讨论之后，A 的管理人员和 B 的开发人员一致同意，连锁商店管理系统 MSCS 要能够达到下列目标：

- 在系统使用 6 个月后，商品积压、缺货和报废的现象要减少 50%。
- 在系统使用 3 个月后，销售人员工作效率提高 50%。
- 在系统使用 6 个月后，店铺需要的员工数量要减少 15%，以降低成本。
- 在系统使用 6 个月后，平均 10 000 元销售额的库存成本要减少 15%，以降低成本。
- 在系统使用 6 个月后，销售额度要提高 10% ～ 40%，预估计是 20% 左右。

3.3 系统用户

MSCS 有 4 类用户，如表 3-1 所示。

表 3-1 MSCS 的用户描述

用户类别	描述
收银员	每个店有 4～6 个收银员，他们每天都要完成大量的销售任务，预估计在顾客流量较大的节假日，他们平均每分钟至少要销售 5 件商品。他们每天还要多次中断销售处理退货，可能一次退回单个商品，更可能一次退回多个商品。因为任务较为频繁，而且涉及钱财事宜，所以他们对软件系统的依赖很大。收银员的计算机操作技能一般，既无法快速熟练地使用鼠标的定位和拖曳等功能，也无法以盲打整个键盘的方式工作。尤其是对新雇用的收银员来说，他们经常因为业务不熟练而出现错误或不知所措，希望新系统尽可能帮他们解决这些问题
客户经理	有 2～3 个客户经理。他们每天都要进行一次店铺的商品库存分析，3～4 天进行一次新购入商品（十几种到几十种）的入库，每周 1～2 次淘汰报废商品，每月多次将损坏或者劣质商品的销库。他们每天还要处理多次发展新会员的业务，每周要多次进行会员礼品赠送业务。分店经理的计算机操作技能较好
总经理	有 1～2 个总经理。他们通常每个季度调整一次商品，包括加入几个新商品、淘汰几十个旧商品和调整几十个商品的价格。在极少数的情况下，会有商品调整名称描述。每个月都会有几个生产厂家针对自己的商品提出赠送或特价促销请求。每次换季时节，都会有几十种商品有积压风险，总经理要通过为这些商品制定赠送或特价促销策略，来及时处理这些商品。每个月也都会有几个销售不佳的商品会存在过期危险，所以总经理也要为它们制定促销策略。在每年的几个重要节日，总经理要制定促进策略，以与其他商家竞争，通常使用总额特价策略和总额赠送策略。总经理要管理店内所有的商品，同时还要负责店内的各种日常管理事务，所以工作繁忙，希望新系统不要太多地浪费他们的时间。总经理的计算机操作技能较好
系统管理员	系统有 1 个系统管理员，他的工作是每月几次处理员工雇用、离职与职位变换带来的用户信息维护。离职和职位变换通常是单个员工行为。系统管理员是计算机专业维护人员，计算机技能很好

3.4 用户访谈要点

1. 收银员

（1）基本情况

店里现在有 4 个收银员（通常是 4～6 人），但是人员更换较快，平均每个月都会有 1 个人发生变化。收银员每天的工作都很忙，高峰期的时候每位收银员都有顾客排队（4～8 人）。

（2）对新系统的态度

1）很希望系统能够帮助收银员减轻销售压力，缩短销售时间，减少高峰期的顾客排队。

2）普遍不能熟练操作计算机，担心不会用新的系统，或者新的系统总让他们陷入误操作的麻烦。

3）对财务比较敏感，因为商店规定如果账单计算错误超过规定幅度，会受到处罚。

（3）工作细节

经过细致的沟通，将收银员使用 MSCS 进行销售的概要过程设计如下：

1）询问顾客是否是会员，如果是，就输入客户编号。

2）使用扫描仪逐个扫描商品条形码。如果扫描仪工作不佳，可以临时用手输入。

3）扫描完成所有商品后，系统自动根据销售情况和特价规则计算总价，告知顾客。

4）顾客付款。

5）系统打印收据，顾客拿到收据离开。

在沟通之后，开发人员在观察收银员销售工作的时候发现以下问题：

1）在销售过程中，顾客突然要求取消交易。

2）在要求结账之前，顾客都可能会因为某个商品太贵、保质期不符合预期、总价超出预期等原因要求不再购买指定商品。

3）在会员顾客结账时，会使用积分支付全部或部分款项。

再次经过细致的沟通，将收银员使用 MSCS 进行退货的概要过程设计如下：

1）将顾客销售收据上的销售记录号输入系统。

2）查看销售情况，选择顾客要求退货的商品，进行退货。

3）系统重新计算账款，并与原来的账款相比对，计算需要退给顾客的款项。

4）打印退货单 2 联，让顾客签字。

5）将 1 联退货单收存，退款给顾客。

在沟通之后，开发人员在观察收银员退货工作的时候发现：

1）有些顾客提供的销售单据超过了退货允许的期限，不能退货。

2）会员顾客使用积分支付了账单，这时不允许退货。

3）享受了赠品和特价的顾客在退货后有可能不再享受赠品和特价。

2. 客户经理

（1）基本情况

有 2 ~ 3 个客户经理。工作相对比较轻松，只有在商品入库的时候比较忙，因为入库时的检查过程比较烦琐。都有大专以上文凭，计算机操作能力较好。

（2）对新系统的态度

1）认为软件是一种新技术，能够促进商品的发展，持支持态度。

2）希望系统能够每天提醒该给哪些顾客赠送礼品了，这个工作一直比较麻烦，因为有多个规则每天都要仔细检查。

（3）工作细节

经过细致的沟通，将客户经理使用 MSCS 进行工作的概要过程设计如下：

1）入库。

- 逐一输入商品的标识、生产日期、报废日期及其数量。
- 系统自动记住商品的入库日期，如果商品信息有保质期，那么系统应该自动根据生产日期计算报废日期。

2）出库。

- 输入出库商品的标识、数量和下架原因。
- 系统自动减少相应商品的库存。

3）库存分析。

系统自动计算并列表展示每个商品的库存分析情况，包括（对于特定商品）：

- 可存天数 = 最后一批入库商品的报废日期 - 当天日期。
- 流通总量 = 最后一批入库商品数量 + 最后一批入库前库存 - 现在库存。
- 尺度天数 = 今天距离最后一批入库商品的入库日期。

- 每天流通量 = 流通总量 / 尺度天数。
- 预计天数

如果每天流通量 >0，

预计天数 = min（库存数量 / 每天流通量，可存天数），

否则，

预计天数无意义。

- 预计报废率

如果预计天数有意义并且预计天数 < 可存天数，

预计报废率 =0，

如果预计天数有意义并且预计天数 > 可存天数，

预计报废率 =（预计天数 - 可存天数）/ 预计天数，

否则，

预计报废率无意义。

- 预计天数和预计报废率的计算规则会经常发生修改。

4）发展会员。

- 产生一个标识。
- 输入新会员顾客的信息。

5）礼品赠送。

- 每天登录系统时，系统提示需要赠送礼品的会员顾客。
- 客户经理逐一查看赠送的原因，决定如何处理赠送；记录赠送情况。

开发人员后续又了解到赠送礼品的规则是：

- 会员生日。
- 会员积分数额超过了档数要求。触发礼品赠送的积分数额档初始为 1000、2000、5000，此后每增加 5000 为一档。积分数额档可能会发生变化。
- 多个条件可以同时发生，例如，既是生日又超出积分数额档或一次超出多个积分数额档，得到多次赠送。

3. 总经理

（1）基本情况

有 1 个正经理、1 个副经理。每天忙于管理和对外事务，预计很少有时间会使用系统。计算机操作技能较好。

（2）对新系统的态度

强烈支持新系统，希望通过新系统加强业务管理，使商店的利润提升一个水平。

（3）工作细节

经过细致的沟通，将总经理使用 MSCS 进行工作的概要过程设计如下。

1）库存分析：与客户经理的客户分析任务相同。

2）调整商品：系统给出现有商品的列表；总经理选中并修改或者移除商品；逐一添加新

商品。

3）制定特价与赠送策略：系统给出现在的特价与赠送策略；总经理选中并修改或者移除特价与赠送策略；逐一输入新的特价与赠送策略。

特价与赠送策略的规则是：

- 产品特价为指定的产品设定统一的打折价。
- 总额特价为购物总额超过指定值的顾客设定统一的打折价。
- 总额赠送为购物总额超过指定值的顾客赠送特定产品。
- 产品赠送为购买指定产品的顾客赠送特定产品。
- 不同赠送可以重复计算。
- 特价与赠送之间可以重复计算。
- 特价商品不计入总额特价。
- 特价与赠送信息通常有时间期限的限制。

特价与赠送策略的触发条件是：

- 适用（商品标识，参照日期）的商品赠送促销策略。

（促销商品标识＝商品标识）而且（（开始日期早于等于参照日期）并且（结束日期晚于等于参照日期））

- 适用（额度，参照日期）的总额赠送促销策略。

（促销额度≤额度）而且（（开始日期早于等于参照日期）并且（结束日期晚于等于参照日期））

- 适用（商品标识，参照日期）的商品特价促销策略。

（促销商品标识＝商品标识）而且（（开始日期早于晚于参照日期）并且（结束日期晚于等于参照日期））

- 适用（额度，参照日期）的总额特价促销策略。

（促销额度≤额度）而且（不存在：本促销额度＜另一个促销额度≤额度）而且（（开始日期早于等于参照日期）并且（结束日期晚于等于参照日期））

4. 系统管理员

（1）基本情况

有 1 个系统管理员，是计算机专业维护人员，计算机技能很好。

（2）对新系统的态度

认为新系统会增加自己的工作负担，不太支持新系统。

（3）工作细节

经过细致的沟通，将系统管理员使用 MSCS 调整用户的概要过程设计如下：

1）系统给出现有用户的列表。

2）系统管理员选中并修改或者删除用户。

3）添加新用户。

3.5 项目实践过程

本书希望读者能够按照图 3-1 所示的项目实践过程，以示例项目为参照，完成实践项目的开发。具体的示例项目的参照章节也在图中随着每个实践步骤被标注出来。

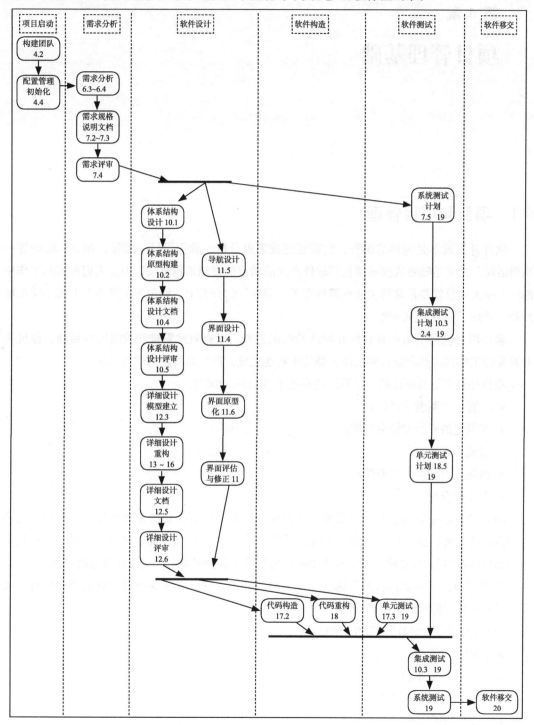

图 3-1 项目实践过程

第 4 章

项目管理基础

4.1 项目和项目管理

软件开发远不是纯粹的编程，它需要完成需求分析、软件设计、编程、测试、维护等一系列活动，尤其是随着规模的增长，软件开发活动也变得越来越复杂。但是人们在实际工作中的一个重大问题就是常常将关注点都放在了"程序"的开发上，而忽视了其他看上去不明显的活动，导致了很多工程问题。

软件项目就是要将所有软件开发活动组织起来，以有效地安排和控制这些活动，保证所有重要的工作都能得到应有的关注，都能顺利地完成，产生高质量的软件产品。

项目是具有下列特征的一系列活动和任务 [Kerzner2009]：

- 具有一个明确的目标；
- 有限定的开始和结束日期；
- 有成本限制；
- 消耗人力和非人力资源；
- 多工种合作。

项目的核心是计划，它建立计划，并跟踪、监督和保证计划的正确执行。计划的重要内容包括：项目需要的资源（人力、金钱、工具、时间等）、项目中需要执行的活动（生命周期模型和过程模型），以及项目中需要产生的交付制品（各种必要的中间制品和最终产品）。

围绕着项目计划而执行的管理活动就是项目管理，它既要保证项目计划的顺利执行，又要根据实际情况持续调整项目计划。

项目管理的目标包括以下几方面：

- 在限定时间内；
- 在一定的成本内；
- 在要求的质量水平上；
- 高效使用资源；
- 获得客户认可。

软件项目管理包括项目启动、项目计划、项目执行、项目跟踪与控制和项目收尾 5 个过程组，需要执行计划制定、团队管理、成本控制、质量保障、度量、过程管理、进度跟踪与控制、风险管理、配置管理等各种具体活动。

因篇幅有限，而且涉及的软件系统复杂度仅为中等规模，所以本书只介绍必要的项目管理知识，需要深入项目管理知识的读者可以参考更专业的著作。

下面的软件项目管理活动需要自始至终在多个过程组内得到执行，所以虽然在项目启动阶段介绍它们的知识，但是在后续开发活动中需要持续执行它们，在本书的后续章节中，还会继续关注这些管理活动。

4.2 团队组织与管理

协作良好的团队是任何项目成功的基础。软件项目尤其依赖于有效的团队组织和管理：软件开发是一个以人为主的活动，人力资源是软件项目最大的资产。有很多实践者认为，比生产高质量产品更大的成功是在生产过程中建立一个有凝聚力的团队。

4.2.1 团队的特征

一群人简单地集合到一起并不能自然形成团队，只有他们的组织和管理具备了某些特征才能称为团队。[Katzenbach1993] 将团队定义为：为了一致的目的、绩效标准、方法而共担责任并且技能互补的少数人。团队具有以下特点：

- 团队成员要具备共同的目标。为此，一个团队需要制定和建立他们的团队章程，明确他们的目标、对象、办事程序与方法等。团队的组织和管理工作，尤其是冲突处理工作，要服从于团队目标，要在团队章程的指导下进行。
- 团队成员要共担责任。团队要明确人员的责任分担，既不能有太多的职责重叠，又不能出现责任缺失。团队成员要认识到如果项目失败就是全体成员的失败，而不是团队中某些特定人员的失败。同样，如果项目成功就是全体成员的成功，而不仅仅是少数骨干人员的成功。
- 团队成员要技能互补。软件开发非常复杂，需要很多不同类型的知识与技能，要求每个团队成员都具备所有的知识和技能是不切实际的，但是整个团队联合起来要具备完备的知识和技能。所以团队成员要能够很好地互补，团队成员要清楚各自的优势与缺陷，并据此开展项目工作。
- 团队是小规模团体。人员数量太多难以进行有效沟通，无法形成团队凝聚力。一般软件开发团队的人员数量在 4 ～ 10 人。
- 团队内部要有一个明确的结构。团队结构一方面协调团队成员之间的工作分工；另一方面保持团队对外的整体性。

4.2.2 团队结构

团队结构体现了团队内部的工作组织方式。在实践中，团队结构有很多复杂的情况，本书只介绍几种适用于中小规模软件系统开发的典型团队结构。

1. 主程序员团队

主程序员团队中有一名技术能力出色的成员被指定为主程序员，主程序员负责领导团队完成任务。具体来说，主程序员完成总体构思和设计，然后分配任务给其他团队成员，并监督、验收和整合其他成员的工作完成情况。

主程序员团队如图 4-1 所示。主程序员团队的优势和缺点都体现在以主程序员为中心的交流路径上。如果项目规模较小，或者主程序员的能力非常突出，主程序员能够很好地独自规划和控制项目工作，那么主程序员团队能够取得很高的工作效率，而且以一个人为主进行项目构思和设计可以最大限度地保证产品不同元素的一致性。

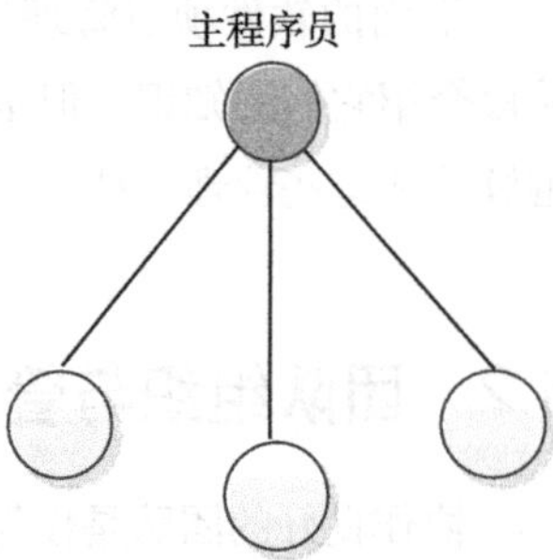

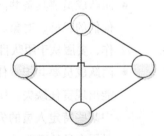

图 4-1　主程序员团队结构

主程序员团队的缺点在于如果项目复杂，或者主程序员的能力不足，那么主程序员就会成为瓶颈。在主程序员团队中，其他团队成员无法发挥主动性，因为交流路径限定了他们只能对主程序员负责，这会降低团队成员的工作积极性。

在实际工作中，如果对团队完成项目的把握性较大，同时时间要求较为紧迫，可以考虑使用主程序员团队。实践调查中发现很多常规项目都使用了主程序员团队的组织方式 [Curtis1988]。

2. 民主团队

民主团队如图 4-2 所示。民主团队的交流路径与主程序员团队完全不同，没有集中的瓶颈。

因为没有集中的交流点，所以每个成员都可以发挥自己的能动性，能取得更高的士气和工作成就感。但是过多的团队交流本身也是一种成本，所以它的工作效率不如主程序员团队，花费在统一思想和解决冲突上的代价不可小视，特别是要防止陷入混乱。

图 4-2　民主团队结构

在民主团队中，项目经理主要负责管理，围绕着项目的计划进行。没有明确的人作为技术领导，所有团队成员都可以在自己擅长的领域担任技术领导。

敏捷过程使用民主团队方式，很多较有挑战性的项目也需要使用民主团队方式以充分发挥所有成员的积极性。

3. 开放团队

开放团队是为了创新而存在的，如图 4-3 所示。开放团队的成员都是有创造性的产品开发者，对他们进行太多的管理会抑制他们的创造性。所以，开放团队使用黑箱管理方式，对于管理者来说，团队内部的交流路径是不可见的。也就是说，作为管理者并不要求知道团队成员的工作进展，因为创造性活动本身是无法掌握进

管理者

图 4-3　开放团队结构

展的，不可能给定一个时间表就要求团队成员按期完成创新。管理者需要知道工作仍在进行之中，如果出现了障碍，管理者就要负责清除，保证团队成员的工作能够继续。

团队可以按照自己认为合适的方式进行自我管理，这能够极大地激励成员的主动性，最大化发挥团队成员的创新能力。

开放团队的问题在于项目进展没有可视度，当然创新活动本身就缺乏可视度。

4.2.3 团队建设

好的团队具有高度的凝聚力，[DeMarco1999] 称为胶冻（Joint）团队。胶冻团队的整体大于部分之和，不仅生产力更高，而且团队成员能够从工作中得到快乐。当然，高度凝聚的胶冻团队不是一天形成的，也不是每个团队成员出于意愿就能形成的，它需要长期持续的团队建设。

典型的团队建设措施包括以下几方面。

1. 建立团队章程

一个成功的团队需要建立明确的团队章程，统一团队成员的目标、绩效和方法，指导团队管理工作的进行。

团队章程的常见内容有：

1）团队的目标。

2）团队的共同追求。这些追求是超出项目之外的所有成员的共同追求，例如追求敏捷理念、开源理念等。

3）团队结构和角色分工。

4）团队的任务、活动与绩效。一定要明确团队的绩效标准，它体现了对团队成员的期望。

5）团队规则与约束。明确团队对成员提出的行为规则要求，例如保持开放氛围、积极参与团队交流活动等。

2. 持续成功

团队建设的最有效手段就是持续成功，这种成功可以是项目整体成功，也可以是项目的阶段性成功，还可以是其他无关项目的团队活动（例如团队性野外游戏）的成功。

持续成功能够促进团队建设的原因在于：

1）持续成功能够积累团队的信心，尤其是面对困难问题时仍然保持成功期望的信心。

2）持续成功能够建立团队成员之间的信任，互相信任的团队才可能成为高凝聚力团队。

3）持续成功能够激励团队的士气，因为成就感是最能够激励软件开发人员士气的因素。

不同人员激励因素比较如表 4-1 所示。

表 4-1 不同人员激励因素比较

顺　　　序	开 发 人 员	项目管理人员	普　通　人
1	成就感	责任感	成就感
2	发展机遇	成就感	受认可程度
3	工作乐趣	工作乐趣	工作乐趣

（续）

顺　　序	开发人员	项目管理人员	普　通　人
4	个人生活	受认可程度	责任感
5	成为技术主管的机会	发展机遇	领先
6	领先	与下属关系	工资
7	同事间人际关系	同事间人际关系	发展机遇
8	受认可程度	领先	与下属关系
9	工资	工资	地位
10	责任感	操控能力	操控能力
11	操控能力	公司政策和经营	同事间人际关系
12	工作保障	工作保障	成为技术主管的机会
13	与下属关系	成为技术主管的机会	公司政策和经营
14	公司政策和经营	地位	工作条件
15	工作条件	个人生活	个人生活
16	地位	工作条件	工作保障

注：源自［Boehm1981］。

利用持续成功手段建设团队的常见做法有：

1）在项目开始和空闲时开展野营、烧烤晚会等能够促进交流，又容易达到成功的团队活动。

2）在项目中设置小里程碑，这样每隔一段时间都能让团队体验成功。

3. 和谐沟通

软件开发是一个需要紧密协作的团队活动，它像是扑克游戏，需要每个参与者都了解其他人的情况，而不是像搬砖头那样每个人都可以独立工作。所以，一个团队只有建立了和谐的交流沟通机制才能取得成功，建立互信，形成高凝聚力团队。

和谐沟通的首要原则是建立开放的环境，鼓励交流，让每个成员都能把自己的工作进展和感知到的情况及时传达给整个团队。例如，实践中有些团队使用匿名白板的方式来保证交流环境的开放性，它允许每个团队成员独自一人时匿名在公共白板上表达自己的意见，告知其他成员和管理者相关信息。

和谐沟通需要有制度保障，需要有定期沟通的制度，保证团队成员之间正确、及时的沟通。例如，敏捷方法提倡每日站立会议，每天开始时所有成员一起开短会交流项目进展，站立是为了防止有些人把持会议把短会变为长会。再例如，很多团队会在公共交流区建立项目状态报告，实时展现工作进展、Top-N 风险等项目状态信息。

项目沟通并不仅仅是个人绩效汇报，很多会影响到其他成员工作的个人决策信息都需要沟通，例如需求变更、设计机制变化、接口调整、关键程序代码修改等。

交流是双向的，团队成员需要告诉管理者自己的工作进展，管理者也要与团队成员交流项目的整体状态，例如客户投资的变化、时间期限的变化等。

会议是最有效的团队沟通手段之一，但是必要的书面交流也是需要的，电子邮件、白板、公告栏等也都是实践中常用的沟通手段。项目沟通有时是非正式的，例如，临时性的技术讨论；有时是正式的，例如达到一个里程碑之后的审查。

4. 避免团队杀手

有很多因素会破坏团队凝聚力的形成，甚至使得一个团队离散解体，这些因素被称为团队杀手。

[DeMarco1999] 认为组织和管理团队时要规避下列团队杀手：

- 防范式管理。管理者要信任团队成员，不能总是担心成员工作不力并据此进行防范式管理，例如过度控制工作过程细节、要求团队成员完全按照僵化的程序工作等。"没有感觉到信任的人是不会融入一个协作团队里的。" [DeMarco1999]
- 官僚主义。官僚主义的管理者会导致团队的和谐交流氛围无法建立，团队的凝聚力也就无法形成。
- 地理分散。地理分散使得团队成员之间无法保持持续、紧密的沟通，无法形成团队氛围和高凝聚力。现在的视频通信等手段能部分缓解地理分散带来的困难，但定期的集中交流仍然是必要的。
- 时间分割。如果团队成员同时参与多个项目，为每个项目分割自己的一部分时间，那么团队就难以形成高凝聚力。"没有人可以成为多个胶冻团队的成员。胶冻团队的紧密人际互动是排他性的。太多分割的团队不会胶冻。" [DeMarco1999]
- 产品质量的降低。这是持续成功的反面，会降低团队成员的成就感和互相信任。
- 虚假的最后期限。之所以虚假是因为这些最后期限根本就不可能完成，完全是管理者为了驱动项目进度而强加的。一个做着自知不可能完成的任务的人会有士气吗？
- 小圈子控制。如果团队中有少数成员建立了小圈子，就会破坏整个团队的信任和沟通氛围，自然也就无法建立高凝聚力。

4.3　软件质量保障

4.3.1　软件质量

作为工程师，要对产品的质量负责，保证产品使用者的生命、健康和经济安全。软件工程师也要对软件产品的质量负责，所以需要在软件开发活动中开展质量保障活动，尤其是在软件开发活动不可见的情况下。

对软件质量的要求可能是显式的，也可能是隐式的。"显式的"是指用户在软件系统创建之前就可以清晰地向开发者表达的要求。"隐式的"是指用户在软件系统创建之前无法清晰地表达却可以在软件系统投入使用之后要求补充的条件。例如，在市场买一双鞋子时，对于鞋子功能（休闲、跑步还是踢足球）的要求是显式的，但是对鞋底是否会脱胶、鞋面坚韧度等特性的要求就是隐式的。虽然不会有明文规定鞋底不能脱胶，但是一旦脱胶就会被认为鞋子质量不合格。隐式要求被默认是职业人员所生产的产品应该具备的特性。

成功的软件系统必须满足显式的及隐式的各种要求。软件系统为满足显式的及隐式的要求而需要具备的要素称为质量。质量是一个过于宏观的概念，无法进行管理，所以人们通常会选用系统的某些质量要素进行量化处理，建立质量特征，这些特征被称为质量属性（quality attribute）。为了根据质量属性描述和评价系统的整体质量，人们从很多质量属性的定义当中选择了一些能够相互配合、相互联系的特征集，它们被称为质量模型。表 4-2 与表 4-3 分别是 [IEEE1061-1992,1998] 和 [ISO/IEC 9126-1] 所定义的质量模型，它们是较为权威的软件质量标准。

表 4-2　IEEE1061-1992,1998 的质量模型

特　　征	子　特　征	简　要　描　述
功能性	完备性	软件具有必要和充分功能的程度，这些功能将满足用户需要
	正确性	所有的软件功能被精确确定的程度
	安全性	软件能够检测和阻止信息泄露、信息丢失、非法使用、系统资源破坏的程度
	兼容性	在不需要改变环境和条件的情况下，新软件就可以被安装的程度。这些环境和条件是为之前被替代软件所准备的
	互操作性	软件可以很容易地与其他系统连接与操作的程度
可靠性（reliability）	无缺陷性	软件不包含未发现错误的程度
	容错性	软件持续工作，不会发生有损用户的系统故障的程度 也包括软件含有降级操作（degraded operation）和恢复功能的程度
	可用性（availability）	软件在出现系统故障后保持运行的能力
易用性（usability）	可理解性	用户理解软件需要花费的精力
	易学习性	用户理解软件时所花费精力的最小化程度
	可操作性	软件操作与目的、环境、用户生理特征相匹配的程度
	通信性	软件被设计的与用户生理特征相一致的程度
效率	时间经济性	在指明或隐含的条件下，软件在适当的时间限度内，执行指定功能的能力
	资源经济性	在指明或隐含的条件下，软件使用适当数量的资源，执行指定功能的能力
可维护性	可修正性	修正软件错误和处理用户意见需要花费的精力
	扩展性	改进或修改软件效率与功能需要花费的精力
	可测试性	测试软件需要花费的精力
可移植性	硬件独立性	软件独立于特定硬件环境的程度
	软件独立性	软件独立于特定软件环境的程度
	可安装性	使软件适用于新环境需要花费的精力
	可复用性	软件可以在原始应用之外的应用中被复用的程度

表 4-3　ISO/IEC9126-1 的质量模型

特　　征	子　特　征	简　要　描　述
功能性	精确性	软件准确依照规定条款的程度，规定条款确定了权利、协议的结果或者协议的效果
	依从性	软件符合法定的相关标准、协定、规则或其他类似规定的程度
	互操作性	软件与指定系统进行交互的能力

（续）

特　　征	子　特　征	简　要　描　述
功能性	安全性	软件阻止对其程序和数据进行未授权访问的能力，未授权访问可能是有意，也可能是无意的
	适合性	指定任务的相应功能是否存在以及功能的适合程度
可靠性	成熟性	因软件缺陷而导致的故障频率程度
	容错性	软件在故障或者外界违反其指定接口的情况下，维持其指定性能水平的能力
	可恢复性	软件在故障后重建其性能水平，恢复其受影响数据的能力、时间和精力
	依从性	软件符合法定的相关标准、协定、规则或其他类似规定的程度
易用性	可理解性	用户认可软件逻辑概念及其适用性需要花费的精力
	可学习性	用户为了学会使用软件需要花费的精力
	可操作性	用户执行软件操作和控制软件操作需要花费的精力
	吸引性	软件吸引用户的能力
	依从性	软件符合法定的相关标准、协定、规则或其他类似规定的程度
效率	时间行为	执行功能时的响应时间、处理时间和吞吐速度
	资源行为	执行功能时使用资源的数量和时间
	依从性	软件符合法定的相关标准、协定、规则或其他类似规定的程度
可维护性	可分析性	诊断软件缺陷、分析故障原因或者识别待修改部分需要花费的精力
	可改变性	进行功能修改、缺陷剔除或者适应环境变化需要花费的精力
	稳定性	因修改导致未预料结果的风险程度
	可测试性	确认已修改软件需要花费的精力
	依从性	软件符合法定的相关标准、协定、规则或其他类似规定的程度
可移植性	适应性	不需采用额外的活动或手段就能适应不同指定环境的能力
	可安装性	在指定的环境中安装软件需要花费的精力
	共存性	在公共环境中同分享公共资源的其他独立软件共存的能力
	可替换性	在另一个指定软件的环境下，替换该软件的能力和需要花费的精力
	依从性	软件符合法定的相关标准、协定、规则或其他类似规定的程度

　　除了软件产品的质量之外，软件过程的质量也是开发者的关注点，因为软件过程的质量能够反映软件产品的质量。但是本书不涉及太多的过程管理知识，所以关于过程质量部分就不再介绍，后续内容也只是关注软件产品的质量，需要了解软件过程质量的读者可以参考专门著作。

4.3.2　质量保障

　　一方面，软件开发过程是不可见的；另一方面，越晚发现缺陷，修复的代价越高。所以，对软件质量的保障活动要贯穿整个开发过程独立、持续地进行，如图 4-4 所示。

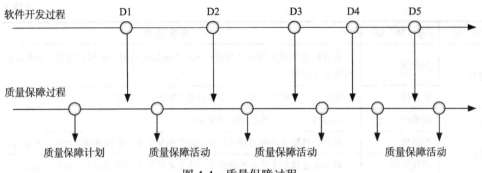

图 4-4　质量保障过程

在项目启动时，就要进行质量保障计划，明确需要执行的质量保障活动，指明质量保障活动的时机和方法。在软件开发过程中，要监控和执行质量保障计划，在开发活动达到一个里程碑时，要及时根据质量保障计划进行质量验证。质量验证的方法主要有评审、测试和质量度量三种。

本书的项目案例使用的主要质量保障活动如表 4-4 所示（在实践中，软件交付完成后还会要求进行交付计划评审，软件维护阶段还会要求进行回归测试和维护度量）。

表 4-4　本书项目案例的质量保障安排

里 程 碑	质量保障活动
需求开发	需求评审、需求度量
体系结构	体系结构评审、集成测试（持续集成）
详细设计	详细设计评审、设计度量、集成测试（持续集成）
实现（构造）	代码评审、代码度量、测试（测试驱动、持续集成）
测试	测试、测试度量

4.3.3　评审

评审（review）又被称为同级评审（peer review），最早由 [Fagan1976] 提出，现在是公认的质量保障最佳实践方法，实践中具有优于测试和质量度量的效果 [Wiegers2002]。评审由作者之外的其他人来检查产品问题，是静态分析手段。

典型的评审过程分为 6 个阶段，如图 4-5 所示。

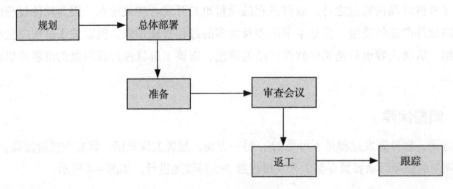

图 4-5　评审过程

1）规划阶段（planning）：制定审查计划，决定审查会议的次数，安排每次审查会议的时间、地点、参与人员、审查内容等。

2）总体部署阶段（overview）：向所有参与审查会议的人员描述待审查材料的内容、审查的目标以及一些假设，并分发文档。

3）准备阶段（preparation）：审查人员各自独立执行检查任务。在检查的过程中，他们可能会被要求使用检查清单、场景等检查方法。检查中发现的问题会被记录下来，以准备开会讨论或者提交给收集人员。

4）审查会议阶段（inspection meeting）：通过会议讨论，识别、确认、分类发现的错误。

5）返工阶段（rework）：修改发现的缺陷。

6）跟踪阶段（follow-up）：要确认所有发现的问题都得到了解决，所有的错误都得到了修正。

在评审中发现问题是整个评审过程的关键。为了更好地发现问题，需要使用一些检查方法来系统化地帮助和引导检查人员。常见的检查方法是使用检查清单（checklist）[Laitenberger2002]，后面的章节会提供各项评审活动的检查清单。

4.3.4　质量度量

度量产生自 Walter A. Shewhart 的统计控制（statistical control）思想 [Shewhart1939]。统计控制的基本原则是：对待一个事物或者一项工作，如果能够用数字量化的方式描述它们，那么就能够掌握和控制它们；如果不能用数字量化的方式描述它们，那么对它们的理解和掌握是无法令人满意的；如果对一个产品或生产活动无法做到统计控制，那么就无法保证最终产品的质量。"你不能控制自己无法度量的东西。" [DeMarco1998]

依据统计控制思想，要保障软件产品的质量，就要用数字量化的方式描述软件产品。测度（measure）就是为了描述软件产品而提供的定量指标。进行测度的活动称为测量（measurement）。度量（metric）是软件产品在特定属性上的量化测度程度。测度是对事实的直接反映，例如可以为软件系统的每个对象都建立一个测度——代码行数。度量是基于众多测度给出的相对分析，例如基于所有对象的代码行数测度可以建立平均代码行数、最大代码行数、最小代码行数等多个度量。

通过给软件产品或中间制品建立度量描述，可以分析和确定它们的质量。所以软件产品质量度量是质量保障的常用手段。

软件产品常用的质量度量将在后续章节中分别介绍。

4.4　软件配置管理

4.4.1　配置管理动机

在软件开发活动中，除了最终产品之外，还会产生很多中间制品，例如，需求规格说明、需求分析模型、软件体系结构设计模型、详细设计模型等。这些制品是不同阶段、不同角色、不同软件开发活动进行协同的基础。

在复杂软件系统开发中，产生的制品数量众多，以至于开发者需要维护一个清单才能清楚项目所处的状态，理解已经完成的工作和将要进行的工作。一个更加糟糕的情况是这些制品会在软件开发过程中发生变化，例如在进行设计、实现、测试等后续工作时可能会发生需求变更。

某个制品发生变化带来的最大挑战是如何确保其使用者能够得到最新的制品，避免开发协同出现问题。软件配置管理就是用来实现这一目的的手段。

IEEE 将配置管理定义为 [IEEE610.12-1990]：“用技术的和管理的指导和监督方法，来标识和说明配置项的功能和物理特征，控制对这些特征的变更，记录和报告变更处理及其实现状态，并验证与需求规格的一致性。”

也就是说，配置管理通过将软件开发的重要制品及其变更纳入管理和监控，保证了在不影响开发活动协同的情况下有效处理变更。

4.4.2 配置项

需要进行配置管理的软件开发制品，包括最终制品和中间制品，都称为配置项。IEEE 将配置项定义为 [IEEE610.12-1990]：“置于软件配置管理之下的软件配置的各种有关项目，包括各类管理文档、评审记录与文档、软件文档、源码及其可执行码、运行所需的系统软件和支持软件以及有关数据等。”

常见的软件开发活动配置项将在后续章节中分别介绍。

4.4.3 基线

因为工作协同是配置管理的出发点，所以某个制品只有进入工作协同中时才能算作是配置项。例如，在需求开发过程中的需求文档还没有得到各方的认同，所以不会被作为设计、测试等后续工作的基础，这个时候的需求文档不是配置项，不会纳入正式的配置管理，对它的修改不需要进行变更控制。但是如果需求开发过程结束，经过评审建立了正式的需求文档，这时它就会被正式地传递给设计人员和测试人员，作为后续开发工作的基础，这时的需求文档就是配置项，需要纳入配置管理，只有通过正式的变更控制过程才能修改它的内容。

经过了评审和验证，可以作为后续开发工作基础而进入协同工作过程，需要纳入配置管理和执行变更控制的制品称为该配置项的基线（baseline）。也就是说，基线的建立意味着一个里程碑，标志着产生基线制品活动的成功结束和后续协同开发活动的开始。

[IEEE610.12-1990] 将基线定义为：“已经经过正式评审的规格说明或制品，可以作为进一步开发的基础，并且只有通过正式的变更控制过程才能变更。”

基线建立之后的配置项被统一存储到存储库中，在配置管理工具的帮助下进行配置管理，如图 4-6 所示。

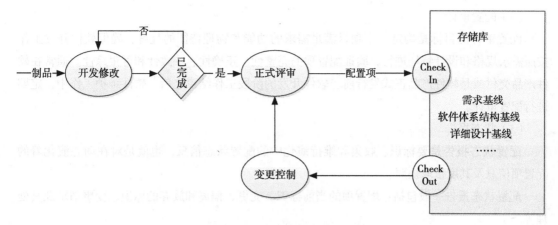

图 4-6　配置管理基线示意图

4.4.4　配置管理活动

软件配置管理主要包括以下活动：

（1）标识配置项

首先要确定有哪些配置项需要被保存和管理。其次要给配置项确定标识，设置唯一的 ID。最后要详细说明配置项的特征，包括生产者、基线建立时间、使用者等。

（2）版本管理

为每一个刚纳入配置管理的配置项赋予一个初始的版本号，并在发生变更时更新版本号。通常初始的版本号为 1.0，随着每次变更，版本号按 1.1、1.2 的方式递增，如图 4-7 所示。

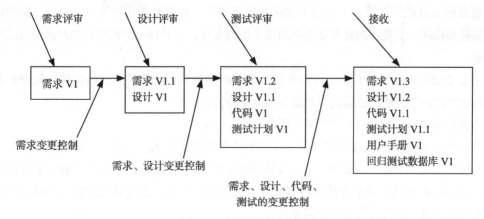

图 4-7　版本管理示意图

在版本更新时，版本管理会保留而不是删除旧的记录，以保证在需要时可返回到旧的版本，避免文件的丢失、修改的丢失和相互覆盖。在复杂项目中，版本管理还要管理分支和多版本情况。

（3）变更控制

已经纳入配置管理中的配置项发生变化时，需要依据变更控制过程进行处理。4.4.5 小节将详细介绍变更控制过程。

（4）配置审计

配置审计的目标是确定一个项目满足需求的功能和物理特征的程度，确保软件开发工作按照需求规格和设计特征进行，验证配置项的完整性、正确性、一致性和可跟踪性。通常在软件产品交付或是软件产品正式发行前、软件开发的阶段工作结束之后、软件维护工作中，定期进行配置审计。

（5）状态报告

配置状态报告是要标识、收集和维持演化中的配置状态信息，也就是对在动态演化着的配置项信息及其度量取快照。

配置状态报告一般包括：配置项的当前标识、变更、偏离和放弃的标识、变更请求及其处理等。

配置状态报告可以反映当前的配置状态，而且它的有些信息还可以作为管理、开发等其他活动的支撑，例如特定制品的变更次数与频率信息。

（6）软件发布管理

软件发布管理是要将软件配置项发布到开发活动之外，例如发布给客户。简单地说，软件发布管理就是要创建和发布可用的产品，具体工作是标识、保证和交付产品的元素，包括可执行程序、文档、数据和注意事项等。

发布过程和产品需要配置管理工具的支持，还需要进行质量验证，保证不同产品元素的质量及其相互间的一致性。

4.4.5　变更控制

变更控制就是以可控、一致的方式进行变更处理，包括对变化的评估、协调、批准或拒绝、实现和验证。变更控制并不是要限制甚至拒绝变化，它是以一种可控制的严格的方式来执行变更。

通过变更控制，项目负责人可以在面对变化时做出周全的决策。这些决策在控制产品生命周期成本的同时，还可以提高客户价值和业务价值。

变更控制的一个典型过程如图 4-8 所示。

在基线建立之后，提请者需要以正式的渠道提请变化要求。接收者接收到请求之后会给每一个请求分配一个唯一的标识。下一步是评估变化可能带来的影响。项目可能会指定固定的评估人员来执行评估。变更评估的内容要以正式文档（例如，变更请求表单，如图 4-9 所示）的方式固定下来，并提交给变更控制委员会。

变更控制委员会（Change Control Board，CCB）依据变更评估的信息做出批准或者拒绝变化的决定。变更控制委员会是在项目中成立的一个团队，它的职责是评价变更，做出批准或者拒绝变化的决定，并确保已批准变化的实现。

经过变更控制委员会批准的变更请求会被通知给需要修改工作产品的团队成员，由他们完成变更的修改工作。可能会受到影响的工作产品包括需求文档、设计文档、模型、用户界面、代码、测试文档、用户手册等。

为了确保变更涉及的各个部分都得到了正确、及时的修改，通常还需要执行验证工作，例如同级评审。验证完成之后，修改者才可以将修改后的工作产品付诸使用。

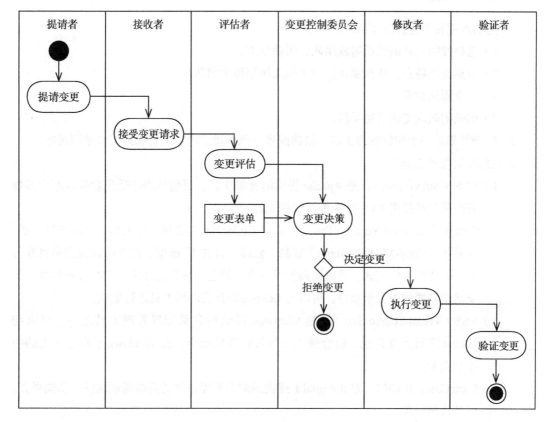

图 4-8　变更控制过程

项目名称：	请求编号：
提请人： 提请理由及优先级： 变更请求描述：	提请日期：
评估人： 评估优先级： 影响范围： 工作量估算： 变更评价：	评估日期： 变更类型：
提交 CCB 日期： CCB 决定：	CCB 决策日期：
修改人： 修改结果：	修改日期：
验证人： 验证结果：	验证日期：
备注：	

图 4-9　变更请求表单

4.5　项目实践

1. 为实践项目组建你的团队：

  1）选择技能互补的成员组成团队，明确分工；

  2）根据成员特点，选择团队结构（建议使用民主团队）；

  3）建立团队章程；

  4）明确团队的交流沟通手段。

2. 选择并熟悉一个配置管理工具，搭建配置管理环境，确定配置管理工具使用规则。

常见的配置管理工具有：

  1）SVN（Subversion）：是 Apache 提供的开源工具，目前越来越受到欢迎，绝大多数开源项目都使用 SVN 作为配置管理工具。

  2）CVS（Concurrent Versions System）：是 CollabNet 提供的开源工具，应用比较广泛。它基于"Copy-Modify-Merge（复制 – 修改 – 合并）"模型，建立可以促进项目并行开发的协作工作模式，可以提高开发效率，适合于项目比较大、产品发布频繁、分支活动频繁的中大型项目。可以与 Eclipse 等开发环境工具进行集成。

  3）VSS（Visual Source Safe）：是 Microsoft 提供的常见配置管理工具之一，可以与 VS.net 进行无缝集成，适合独立项目代码规模较小、在 Windows 平台上开发的中小型企业。

  4）ClearCase：由 IBM（原 Rational）提供的配置管理方面的高端商业软件，功能强大，但是价格较高。

4.6　习题

1. 复杂软件系统的开发为什么需要进行项目管理？你认为简单程序的开发需要项目管理吗？为什么？

2. 与简单的一群人相比，团队具有哪些特征？

3. 你认为怎样才能建设一个高凝聚力的团队？

4. 有一个项目是开发已经被广泛使用的 ERP 软件的新版本，该项目已经规定了紧迫的最后期限并对外公布。假设你是项目经理，你会选择使用哪种团队结构？为什么？

5. 公司 A 计划开发一个非常有竞争力的家庭娱乐产品，它会融合很多新的虚拟图像研究成果。因为家庭娱乐市场竞争激烈，因此该项工作压力很大。假设你被指派为项目经理，你会选择使用哪种团队结构？为什么？

6. 为了击败竞争对手，公司 B 要开发一个全新概念的产品，该产品是面向研究的，涉及的很多技术细节都需要研究和探索。假设你被任命为项目经理，你会选择使用哪种团队结构？为什么？

7. 你被任命为一个将要开始的项目的经理，马上要考虑的事情就是从很多候选者中挑选你的团队成员，你认为理想的团队成员应该具备哪些特征？

8. 实践表明，使用公共白板能让所有团队成员实时了解项目状态，例行的每日站立会议能让团队成员及时了解重要技术决策，它们一起增强了团队的凝聚力，你认为原因是什么？

9. 你所领导的团队中有个非常敏感的程序员，他不愿与别人讨论自己的工作，也不愿意让别人看到自己写的程序。你认为他会是项目的问题吗？为什么？如果是，你打算如何解决？

10. 你负责的项目出现了困难局面，按照目前的工作方式已经赶不上原定交付时间了，但是晚于这个时间交付会给客户造成非常大的损失。如果增加人手可以加快进度赶上预定时间，但是项目费用已经到了极限，除非降薪，否则无法雇用新的人员；如果让现有人员无偿加班也可以加快进度赶上预定时间，但是你知道他们都要照顾家庭，时间安排也很紧张。面对这个困难局面，你打算怎么办？

11. 如何确定某个软件产品是高质量的？

12. 在你了解的软件产品中，有没有功能符合要求但是安全性不足的？

13. 在你了解的软件产品中，有没有功能符合要求但是可靠性不足的？

14. 在你了解的软件产品中，有没有功能符合要求但是易用性不足的？

15. 在你了解的软件产品中，有没有功能符合要求但是性能不足的？

16. 实践经验表明，评审是最有效的质量验证方法，试着解释一下原因。

17. 尝试分析一下各种软件质量属性应该如何度量。

18. 什么复杂项目开发需要进行配置管理？

19. 什么是配置项？什么是基线？为什么要定义基线？

20. 常见的配置管理活动是如何进行的？

21. 变更为什么会发生？能不能在一个制品产生后就进行冻结？为什么？

22. 如果一个团队没有进行配置管理，你认为他们在工作中可能会发生哪些问题？

23. 研究某个现有的软件配置管理工具，分析它是如何进行配置管理的。

第三部分

需求开发阶段

本部分的基本目标是通过介绍软件需求开发的基础知识，使读者了解软件需求工程的概要，理解软件需求的内涵，掌握常见的需求分析方法，能够编写简单的软件需求文档。

本部分包括 3 章，各章主要内容如下：

第 5 章"软件需求基础"：介绍软件需求涉及的诸多基本概念，通过对这些概念的阐述，剖析软件需求的来源、层次、类别、作用等重要知识。让读者对软件需求工程有个概要性认识。

第 6 章"需求分析方法"：介绍常用的需求分析方法，包括结构化分析方法和面向对象分析方法。

第 7 章"需求文档化与验证"：一方面介绍需求文档化的基础知识，包括用例文档和软件需求规格说明文档的模板、技术文档写作要点与需求文档写作要点；另一方面介绍验证需求文档的方法，包括评审、开发功能测试用例等。

第 5 章

软件需求基础

5.1 引言

人们开发软件系统的主要目的是解决实际问题，例如扩大销售额度、提高销售利润、降低成本、提高工作效率等。但是单纯的软件系统是不能解决问题的，它只有和现实世界之间形成有效互动才能实现问题的解决。因此，软件产品的开发并不像机械制造那样纯粹是一个"工厂区域内行为"，它需要分析问题，研究现实世界，找到与现实世界互动的办法，然后才能考虑软件产品的内部构造机理。

需求开发阶段的主要任务就是分析问题，研究问题所发生的现实世界（即问题域），寻找实现软件系统与现实世界有效互动的办法，并严格描述该互动办法（即建立软件解决方案，又称软件规格说明）。

软件需求开发是一个连接现实世界与计算机世界的活动：它既需要从问题出发，分析问题域，研究解决问题所需要的互动效应；又需要关注软件系统的解决方案，建立软件规格说明，保证基于软件规格说明构造的软件产品能够解决用户的问题。

需求开发是软件工程的起始阶段，设计、实现等后续阶段的正确性都以它的正确性为前提。如果需求开发过程中有错误未能解决，则其后的所有阶段都会受到影响，因此与需求有关的错误修复代价较高，需求问题对软件成败的影响较大。统计表明在需求阶段发生的错误，如果到了维护阶段才发现，则在维护阶段进行修复的代价可以高达需求阶段修复代价的100 ~ 200 倍 [Boehm1981]。

所以进行严谨的需求开发是非常重要的，正如 Frederick P. Brooks[Brooks1987] 所说："开发软件系统最为困难的部分就是准确说明开发什么。最为困难的概念性工作便是编写出详细技术需求，这包括所有面向用户、面向机器和其他软件系统的接口。同时这也是一旦做错，将最终会给系统带来极大损害的部分，并且以后再对它进行修改也极为困难。"

但在很多情况下，人们还是会忽略需求开发的重要性，这种忽略现象在学生的校园实践项目当中尤为明显。这是因为有些特定的原因掩盖了需求开发的重要性。常见的情况有两类：

1）问题广为人知或者需求非常明确。面对此类问题时，即使不采用需求开发的方法，开发人员也可以得到对问题的准确理解，进而开发出符合要求的系统。

2）问题小而简单。它们开发的代价较小，因此修复的代价也较小，即使全部推倒重来也不会有太大的影响。

而以上两类问题，偏偏是人们在教学当中最为偏好的示例，所以学生在校园实践项目当中就感觉不到需求开发的重要性。

5.2　需求工程基础

5.2.1　需求工程简介

需求工程就是所有需求处理活动的总和，它收集信息、分析问题、整合观点、记录需求并验证其正确性，最终描述出软件被应用后与其环境互动形成的期望效应。

从细节来看，需求工程有以下三个主要任务 [Zave1997]：

1）需求工程必须说明软件系统将被应用的环境及其目标，说明用来达到这些目标的软件功能，即要同时说明软件"需要做什么"和"为什么需要做"。

2）需求工程必须将目标和功能反映到软件系统当中，映射为可行的软件行为，并对软件行为进行准确的规格说明。

3）现实世界是不断变化的世界，因此需求工程还需要妥善处理目标和功能随着时间演化的变动情况。

5.2.2　需求工程活动

为了完成软件开发的任务，需求工程需要执行一系列的活动，具体如图 5-1 所示。

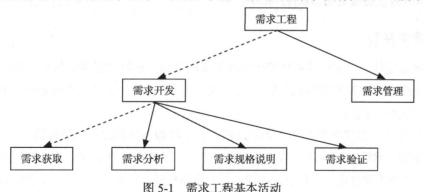

图 5-1　需求工程基本活动

需求工程活动包括需求开发和需求管理两个方面。需求开发是因为需求工程的"需求"特性而存在的，它们是专门用来处理需求的软件技术，包括需求获取、需求分析、需求规格说明和需求验证 4 个具体的活动。需求管理是因为需求工程的"工程"特性而存在的，它的目的是在需求开发活动之后，保证所确定的需求能够在后续的项目活动中有效地发挥作用，保证各种活动的开展都是符合需求的。

一个典型的需求开发过程如图 5-2 所示。需求获取的目的是从空白开始建立最初的原始需求。为此，它需要研究系统将来的应用环境，确定系统的涉众，了解现有的问题，建立新系统的目标，获取为支持新系统目标而需要的业务过程细节和具体的用户需求。需求分析的目的是保证需求的完整性和一致性。它从需求获取阶段输出的原始需求和业务过程细节出发，建立系统模型和系统级需求，标识并修复需求缺陷，发现并弥补遗漏需求。需求规格说明的目的是将完整、一致的软件解决方案以文档的方式固定下来。描述的结果文档是软件需求规格说明文档。需求验证的目的是保证软件需求规格说明文档的质量，它要求文档内的需求正确地反映用户的真实意图，并保证整个文档的完整性和一致性。需求验证之后的软件需求规格说明将作为后续软件开发阶段的工作基础。

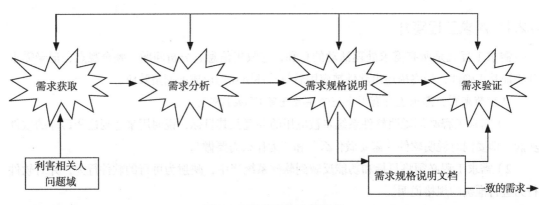

图 5-2　需求开发过程模型

需求管理是对需求开发所建立的需求基线的管理，它在需求基线完成之后正式开始，并在需求开发结束之后继续存在，在设计、测试、实现等后续的软件系统开发中保证需求作用的持续、稳定发挥。它的主要工作是跟踪后续阶段中的需求实现与需求变更情况，确定需求得到正确的理解并被正确地实现到软件产品中。

5.2.3　需求获取

需求获取是从人、文档或者环境中获取需求的过程。获取过程并非是将定义良好的需求从人、文档或者环境中直接转移到获取的结果文档上那样简单，需求工程师必须利用各种方法和技术来"发现"需求。

需求开发的过程包含学习和认知的过程，而学习和认知的过程是递进的，即学习一点，增加一些认知，然后在新的认知的基础上继续学习。因此需求获取和需求分析是交织在一起的，需求工程师需要获取一些信息，随即进行分析和整理，理解、认知到一定程度后再确定要进一步获取的内容。

在需求获取中，需求工程师需要执行的重要任务有以下两方面。

1. 目标分析

需求开发首先要建立软件系统的业务需求，所以需求获取要从目标分析开始。

目标分析需要从两个方面着手：

1）根据问题确定目标。需求是用户在现实与理想之间有差距时产生的一种期望，因此要开发正确的需求，首先要发现这种差距（即用户的问题）。相对于需求而言，用户对问题的感触更加直接和强烈，因此发现问题比发现目标要简单一些。问题的反面就是目标。

2）通过分析利害关系人确定目标。通常情况下，一个软件系统会有很多利害关系人，他们往往会从各自的立场出发考虑问题，具有不同的目标要求。因此，在进行目标分析时首先要寻找和分析可能的利害关系人，发现并解决他们之间在目标上的不一致和冲突。

2. 用户需求获取

在目标的指导下，可以使用合适的需求获取方法从用户那里获得用户需求。

常见的需求获取方法有：

（1）面谈

面谈（interview）是面对面的会见（face-to-face meeting），是最具丰富内容的交流方法，它可以传递所有种类的信息。需求获取的面谈方法就是在需求获取活动当中发生的需求工程师和用户之间的面对面的会见，它是一种使用问答格式，具有特定目的的直接会话。它也是实践当中应用最为广泛的需求获取方法之一。

（2）集体获取方法

集体获取方法将很多用户集中在一起，通过与用户们的讨论发现需求，并在讨论中达成需求的一致，同时它还可以有效地利用时间。常见的有专题讨论会（workshop）、联合应用开发 JAD、联合需求规划 JRP 等。

（3）头脑风暴

头脑风暴（brainstorming，又译为自由讨论）是一种特殊的群体面谈方法，它的目的不是发现需求，而是"发明"需求，或者说是发现"潜在"需求。就像它的名字一样，它鼓励参与者在无约束的环境下进行某些问题的自由思考和自由讨论，以产生新的想法。它是需求获取当中为数不多的用于"发明"需求的想法，它会增加需求的数量。

（4）原型

原型方法建立一个有形的制品来增进用户和需求工程师之间的交流。它一方面可以使用户更好地理解需求工程师的假设；另一方面可以使需求工程师通过观察用户的反馈来加深对用户的理解，并明确自己的一些假设为什么不正确。

5.2.4　需求分析

需求分析的主要工作是通过建模来整合各种信息，以使得人们更好地理解问题。同时需求分析工作还会为问题定义出一个需求集合，这个集合能够为问题界定一个有效的解决方案。需求分析还需要检查需求当中存在的错误、遗漏、不一致等各种缺陷，并加以修正。

在需求分析中，需求工程师需要执行的重要任务有以下两方面。

1. 边界分析

系统的边界定义了项目的范围。系统边界之内定义的是系统需要对外提供的功能，系统边界之外标识的是对系统有功能要求的外部实体或者对系统有所限制的环境要素。

系统边界的定义要保证系统能够和周围环境形成有效的互动，并且在互动中解决用户的问题，满足业务需求。

系统用例图和上下文图通常用来定义系统的边界。

2. 需求建模

建模是为展现和解释信息而进行的抽象描述活动。模型由一些基本元素和元素之间的关系组成，它含有丰富的语义。和文本化的自然语言相比，模型能够在有限的空间内表述更加严谨、准确和高密度的信息。

需求建模是需求分析中最为重要和基础的一项任务。它将大量信息以清晰、条理的方式集成到一个模型当中，让需求工程师对问题形成更为深刻的理解。需求工程师还可以依据模型进行推理，以创建能够界定可行解决方案的需求集合。为系统建立的模型还可以更好地将信息传递给开发人员。

在为需求建模时，常用的技术包括数据流图、实体关系图、状态转换图、类图等半形式化建模技术。在有些要求严格的领域（例如，安全攸关的医疗器械控制），也会应用 Z 模型等更加严格的形式化技术。这些不同的建模技术各自为不同的应用目的而设计，适用于不同的建模要求，所以需求工程师在进行需求建模前需要进行合理的判断与选择。

5.2.5 需求规格说明

获取的需求需要编写成文档，编写文档的主要目的是在系统用户之间交流需求信息，因此编写的文档应该具有一定的质量。这些质量特性有些来自单个需求的质量和，有些来自编写者的写作技巧，最重要的质量要求是简洁、精确、一致和易于理解。

需求工程师在这个阶段的重要工作包括以下两方面。

1. 定制文档模板

开发团队通常都会在其内部为各种需要编写的文档维护一些文档模板，需求规格说明文档也不例外。模板为记录功能说明和其他与需求相关的信息提供了统一的结构。

通常组织都会参考 [IEEE830-1998] 推荐的需求规格说明文档，然后根据自己的特点和需要进行调整，建立组织的参考模板。在进行具体的项目开发时，需求工程师再依据项目的特点对组织的参考模板进行进一步的定制。

2. 编写文档

有了定制的文档模板，就可以开始编写需求文档。在编写的过程中，一方面要选择最准确的表达方式；另一方面要注意保证文档的良好结构和易读性。通常，人们会同时使用模型语言（图形、表达式等）和自然语言（文本）两种表达方式，用模型语言来保证信息传递的准确性，用模型后附加的文本描述保证文档的可读性。

5.2.6 需求验证

为了尽可能地不给设计、实现、测试等后续开发活动带来不必要的影响，需求规格说明文档中定义的需求必须能正确、准确地反映用户的意图。为此，需求规格说明文档至少要满足下面几个标准：

1）文档内每条需求都正确、准确地反映了用户的意图；

2）文档记录的需求集在整体上具有完整性和一致性；

3）文档的组织方式和需求的书写方式具有可读性和可修改性。

为了保证以上标准的满足，需求规格说明文档，尤其是最终定稿的需求规格说明文档，在传递给相关人员之前要进行严格的验证。

执行验证的方法有很多，同级评审是其中最通用、最有效的一个。在有些情况下，也需要使用原型或模拟等代价相对较高的验证方法。

5.2.7 需求管理

在需求开发活动之后，设计、测试、实现等后续的软件系统开发活动都需要围绕需求开展工作。需求的影响力贯穿于整个软件产品的生命周期，而不是单纯的需求开发阶段。所以，在需求开发结束之后，还需要有一种力量保证需求作用的持续、稳定和有效发挥，需求管理就是这样一个管理活动。

而且，在需求开发建立需求基线之后，还需要在设计、实现等后续活动中处理来自客户、管理层、营销部门以及其他涉众群体的变更请求。需求管理会进行变更控制，纳入和实现合理的变更请求，拒绝不合理的变更请求，控制变更的成本和影响范围。

5.3 需求基础

5.3.1 需求

需求就是用户的一种期望，软件系统通过满足用户的期望来解决用户的问题。作为一种期望，需求通常被表述为"系统应该……"、"在……时，系统应该……"、"用户可以通过系统……"等，例如 R1。

R1：系统应该允许顾客退回已经购买的产品。

IEEE 对需求的定义为 [IEEE610.12-1990]：

1）用户为了解决问题或达到某些目标所需要的条件或能力；

2）系统或系统部件为了满足合同、标准、规范或其他正式文档所规定的要求而需要具备的条件或能力；

3）对 1）或 2）中的一个条件或一种能力的一种文档化表述。

5.3.2 需求的层次性

期望可能发生在多个抽象层次上 [Wiegers2003]，可以是针对整个组织或业务的期望（例如 R2），也可以是针对具体任务的期望（例如 R3），还可以是针对用户与系统一次交互的期望（例如 R4）。

R2：在系统使用 3 个月后，销售额度应该提高 20%。

R3：系统要帮助收银员完成销售处理。

R4：收银员输入购买商品的标识与数量时，系统要显示该商品的描述、单价、数量和总价。

R2、R3、R4 所对应的三个层次分别为业务需求、用户需求和系统级需求，即需求最为常见的三个抽象层次，如图 5-3 所示。

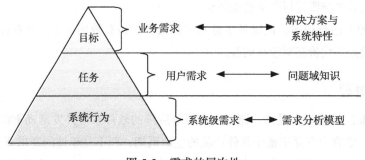

图 5-3　需求的层次性

1. 业务需求

抽象层次最高的需求称为业务需求（business requirement），是系统建立的战略出发点，表现为高层次的目标，它描述了组织为什么要开发系统。

为了满足用户的业务需求，需要描述系统高层次的解决方案，定义系统应该具备的特性（feature）。高层次解决方案与系统特性说明了系统为用户提供的各项功能，限定了系统的范围，帮助用户和开发者确定系统的边界。

例如，对业务需求 R2，结合用户日常工作，可以建立高层次的解决方案，其系统特性如 SF1 ～ SF4 所示。

SF1：管理会员信息。

SF2：提供会员服务，增加回头率。

SF3：使用多样化的特价方案，吸引顾客购买，增加销售额。

SF4：使用多样化的赠送方案，吸引顾客购买，增加销售额。

2. 用户需求

用户需求（user requirement）是执行实际工作的用户对系统所能完成的具体任务的期望，描述了系统能够帮助用户做些什么。用户需求主要来自系统的使用者（用户），也可能来自间接的渠道（例如销售人员、售后支持人员等）。

针对每一个系统特性，都可以建立一组用户需求。例如对 SF1，可以建立用户需求组 UR1.1 ～ UR1.4，它们中每一条都是用户完成具体任务所需要的功能：

UR1.1：系统应该允许客户经理添加、修改或者删除会员个人信息。

UR1.2：系统应该记录会员的购买信息。

UR1.3：系统应该允许客户经理查看会员的个人信息和购买信息。

UR1.4：系统应该允许客户经理查看所有会员的统计信息。

用户需求表达了用户对系统的期望，但是要透彻和全面地了解用户的真正意图，仅仅拥有期望是不够的，还需要知道期望所来源的背景知识。因此，对所有的用户需求，都应该有充分的问题域知识作为背景支持。而在实际工作中，用户表达自己的期望时，通常不会提及需求所涉及的问题域知识，所以需要根据用户的需求整理完整的问题域知识。例如对 UR1.1，需要补充问题域知识如下：

会员的个人信息有：客户编号、姓名、初始日期、性别、联系方式、积分。

3. 系统级需求

系统级需求（system requirement）是用户对系统行为的期望，每个系统级需求反映了一次外界与系统的交互行为，或者系统的一个实现细节。一系列的系统级需求联系在一起可以满足一个用户需求，帮助用户完成任务，进而满足业务需求。系统级需求可以直接映射为系统行为，定义了系统中需要实现的功能，描述了开发人员需要实现什么。

例如，对用户需求 UR1.3，可以依据任务中的交互细节将之转化为系统级需求 SR1.3.1 ~ SR1.3.3。

SR1.3.1：在接到客户经理的请求后，系统应该为客户经理提供所有会员的个人信息。

SR1.3.2：在客户经理输入会员的客户编号时，系统要提供该会员的个人信息。

SR1.3.3：在客户经理选定一个会员并申请查看购买信息时，系统要提供该会员的历史购买记录。

除了将任务细化为系统交互行为之外，系统级需求还可能会补充一些与软件实现相关的细节。例如，对于用户需求 UR1.3，可以补充系统级需求 SR1.3.4。

SR1.3.4：经理可以通过键盘输入客户编号，也可以通过读卡器输入客户编号。

需要切记的是：需求主要是描述用户对系统的期望，它以系统与外界的交互为主，所以即使是系统级需求也尽可能不要涉及系统的内部构造细节，例如方法、参数、按钮、菜单、界面布局等。

将用户需求转化为系统级需求的过程是一个复杂的过程，在该过程中，首先需要分析问题领域的特性，建立系统的需求分析模型。然后将用户需求部署到分析模型中，即定义一系列的系统行为，让它们联合起来实现用户需求，每一个系统行为即为一个系统级需求。该过程就是需求工程中最为重要的需求分析活动。

5.3.3　结合层次性的需求开发

需求开发通常是结合需求的不同抽象层次进行的，而不是单纯使用某一个层次，不同抽象层次需求之间的联系如图 5-4 所示。

软件需求的开发从业务需求开始，它们具有明显的目的性，比较容易进行获取和确认。

业务需求直接影响着用户需求的获取，因为即使在同样的问题域中，如果所要满足的目标不同，那么软件系统的解决方案就会有比较大的差异，从而涉及的用户任务和用户需求也就会有比较大的差异。例如，

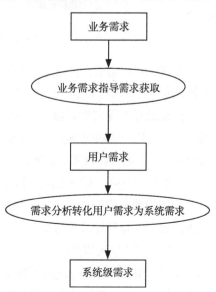

图 5-4　不同抽象层次需求之间的联系

对同一销售企业利润不高的问题，如果目标分别是"提高销售额度"和"降低成本"，那么它们的解决方案就会分别倾向于"市场分析、顾客分析和提高服务质量"和"减少浪费、自动化取代人工、降低库存等特定环境开销"两个不同的方向，最终的用户需求自然也就会大不一样。所以实际工作中，人们需要先得到业务需求，确定系统的最终目标和努力方向，然后再进行用户需求的发现与获取。

在很多情况下，得到用户需求之后就可以结束需求开发，进入设计阶段。但是在系统比较复杂的情况下，开发者还需要继续细化用户需求，将其处理为等价的系统级需求。这是因为用户需求是从用户角度进行的任务期望描述，而任务本身可能含有前后相继的多个逻辑处理过程，即一个任务需要进行多次的系统交互才能够完成。可是计算机系统理想中的需求是单一逻辑的，也就是说每个需求都能唯一映射到一个系统行为，而不是多个系统行为。

5.3.4 区分需求、问题域与规格说明

需求、问题域与规格说明是需求开发中的三个重要内容，而且相互联系紧密，但是需求开发工作需要对它们进行清晰的区分 [Jackson1995]（如图 5-5 所示）。

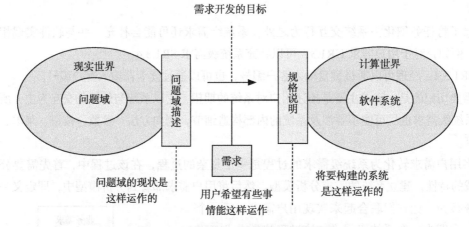

图 5-5　区分需求、问题域与规格说明

需求是一种期望，它们源于现实又高于现实。需求因为是一种期望，所以它是多变和可调整的，项目可以依据实际情况调整需求的实现程度。业务需求和用户需求都是需求的典型形式。

问题域是对现实世界运行规律的一种反映，是需求的产生地，也是需求的解决地。问题域的变化可能性依赖于现实世界的稳定性，有些领域会频繁变化，有些领域会相对比较稳定。最终的软件产品要在现实中部署，它能够部分影响问题域，但不能任意改变现实，所以软件开发必须尊重问题域，不能因为技术原因妄自修改现实世界的实际情况。

规格说明是软件产品的方案描述，它以软件产品的运行机制为主要内容。它不是需求但实现需求，不是问题域但需要与问题域互动。软件产品必须与现实建立有效互动才能解决问题，所以规格说明要以关注对外交互的方式描述软件解决方案，它既需要从软件产品的角度而不是用户的角度进行描述，又不能太多地涉及软件产品的内部构造机制。系统级需求虽然名为需求，但它实际上是软件规格说明的主要内容，体现了软件规格说明对需求的吸纳。需求分析

模型是软件规格说明的另一个主要内容，体现了软件规格说明对问题域的吸纳。

如果混淆需求与问题域，在开发中就无法清晰地区分必须尊重的（问题域）和可以调整的（需求）。

如果搞不清规格说明与需求、问题域的关系，一个可能的极端（忽视需求）是用软件系统单纯模拟现实而不是改变现实，丢失了软件产品的价值；另一个可能的极端（忽视问题域）是脱离现实构建软件系统，使得软件产品无法投入应用。

5.4 需求分类

5.4.1 需求谱系

人们在软件开发中谈论"需求"时，通常是指软件需求，本书中使用"需求"一词时也主要用来指称软件需求。但有时"需求"一词也会用来指称其他类型的需求，为了能够更清晰地理解后面的需求分类，这里还是要区分一下不同的"需求"指称，如图 5-6 所示。

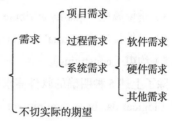

图 5-6 "需求"一词的常见含义及其关系

"需求"一词可能用来指称针对项目的期望，例如 R5、R6，它们被称为项目需求。

"需求"一词可能用来指称针对开发过程的期望，例如 R7、R8，它们被称为过程需求。

R5：项目的成本要控制在 60 万元人民币以下。

R6：项目要在 6 个月内完成。

R7：在开发中，开发者要提交软件需求规格说明文档、设计描述文档和测试报告。

R8：项目要使用持续集成方法进行开发。

要解决一个问题，人们需要将软件、硬件和人力资源联合起来，这种联合的形式被称为系统工程，包括软件工程、硬件工程和人力资源管理。虽然在系统工程中，软件可能处于最为重要的地位，但是硬件与人力也不可忽视。因此，人们在表述需求时，除了会表达对软件的期望之外，也可能会表达对硬件、人力等因素的期望。这样，所有针对系统工程的需求都被称为系统需求，其中与硬件相关的需求被称为硬件需求（如 R9），与软件相关的需求被称为软件需求，与人力资源相关的需求以及软件、硬件、人力之间协同的需求被称为其他需求（如 R10）。

R9：系统要购买专用服务器，其规格不低于……

R10：系统投入使用时，需要对用户进行 1 个星期的集中培训。

在软件开发项目中还有一个不得不强调的"需求"形式是不切实际的期望。严格来说，不切实际的期望不属于需求，因为它虽然表达了一种期望，但却是根本无法实现的期望。常见的不切实际的期望有三种类型：技术上不可行，例如 R11；在有限的资源条件下不可行，例如 R12（财务分析系统非常复杂，比整个销售系统都要复杂）；超出了软件所能影响的问题域范围，例如 R13（因为软件系统根本无法限制收银员的行为，正确的形式应该如 R14 所示）。

　　R11：系统要分析会员的购买记录，预测该会员将来一周和一个月内会购买的商品。

　　R12：系统要能够对每月的出入库以及销售行为进行标准的财务分析。

　　R13：在使用系统时，收银员必须在 2 个小时内完成一个销售处理的所有操作。

　　R14：如果一个销售处理任务在 2 个小时内没有完成，系统要撤销该任务的所有已执行操作。

5.4.2　软件需求的分类

　　针对软件需求，也可以分为不同的类别，因为不同的类别有不同的特性和不同的处理要求。

　　根据不同的分类标准，可以将软件需求分成不同的种类。在各种软件需求的分类中，最常见的是 [IEEE830-1998] 的分类，[IEEE830-1998] 将软件需求分成 5 种明确的类别：

　　1）功能需求（functional requirement）。

　　2）性能需求（performance requirement）。

　　3）质量属性（quality attribute）。

　　4）对外接口（external interface）。

　　5）约束（constraint）。

　　除了上述 5 种明确的软件需求类别之外，[IEEE830-1998] 还指出项目中也可能会出现数据需求（logical database requirement）等其他特殊类型的需求，并专门描述了数据需求。因为本书的案例是信息系统案例，所以本节后面也将描述数据需求。

　　其中，除功能需求（和数据需求，数据需求是功能需求的补充）之外的其他 4 种类别的需求又被统称为非功能需求（non-functional requirement）。在非功能需求中，质量属性对系统成败的影响极大，因此在某些情况下，非功能需求又被用来特指质量属性。

1. 功能需求

　　功能需求是软件系统需求中最常见、最主要和最重要的需求，同时它也是最为复杂的需求。

　　功能需求是和系统主要工作相关的需求，即在不考虑物理约束的情况下，用户希望系统所能够执行的活动，这些活动可以帮助用户完成任务。5.3.2 小节所述的需求（R1 ～ R4、UR1.1 ～ UR1.4、SR1.3.1 ～ SR1.3.4）都是功能需求。

　　随着软件规模的增长，软件的功能需求也变得日益复杂，所以它是最需要按照三个抽象层次进行展开的需求类别，也就是说，功能需求的开发要围绕"目标→任务→交互"（例如 R2 → UR1.1 ～ UR1.4，UR1.3 → SR1.3.1 ～ SR1.3.4）的路线进行，对"目标"、"任务"和"交互"三个概念的关注是功能需求开发的重中之重。

　　功能需求是一个软件产品能够解决用户问题和产生价值的基础，所以它也是整个软件开发工作的基础。

2. 性能需求

　　[IEEE610.12-1990] 对性能的定义是："一个系统或者其组成部分在限定的约束下，完成其指定功能的程度，例如速度、内存使用程度等。"性能需求定义了系统必须多好和多快地完成专门的功能。

常见的性能需求包括：

1）速度（speed），系统完成任务的时间，例如 PR1。

PR1：所有的用户查询都必须在 10 秒内完成。

2）容量（capacity），系统所能存储的数据量，例如 PR2。

PR2：系统应该能够存储至少 100 万个销售信息。

3）吞吐量（throughput），系统在连续的时间内完成的事务数量，例如 PR3。

PR3：解释器每分钟应该至少解析 5000 条没有错误的语句。

4）负载（load），系统可以承载的并发工作量，例如 PR4。

PR4：系统应该允许 50 台营业服务器同时从集中服务器上进行数据的上传或下载。

5）实时性（time-critical），严格的实时要求，例如 PR5。

PR5：监测到病人异常后，监控器必须在 0.5 秒内发出警报。

性能需求的定义要适合于运行环境，过于宽松的性能需求会带来用户的不满，过于苛刻的性能需求会给系统的设计造成不必要的负担，所以给出一个合适的量化目标是非常关键的，但同时也是非常困难的。更加常见的方法是在限定性能目标的同时给出一定的灵活性（例如 PR6）或者给出多个不同层次的目标要求（例如 PR7）。

PR6：98% 的查询不能超过 10 秒。

PR7：（最低标准）在 200 个用户并发时，系统不能崩溃；

（一般标准）在 200 个用户并发时，系统应该在 80% 的时间内能正常工作；

（理想标准）在 200 个用户并发时，系统应该能保持正常的工作状态。

性能需求被划分为单独的类别是因为普通情况下在最终软件能实际运行之前都无法判断其需求是否被满足，所以人们通常会基于软件模型进行性能预测，预测工作超出了本书的范围，但这可以解释性能需求被单独列为一个类别的原因。

3. 质量属性

质量更多的时候是隐式的；因为用户并不了解软件系统的开发过程，不知道后续工作会影响哪些质量，无从判断哪些质量会有不满足的风险，所以他们只能默认为所有的质量都是会被满足的，自然也就不会明确地提出他们对产品质量的期望。

虽然质量更多的时候是隐式的，但它仍然是一种重要的需求，因为它是用户的期望，而不是开发者可以任意操纵的内容。质量属性是需求开发中一类比较困难的需求，也是因为它多数时候是隐式的。

一方面质量属性需求是隐式的；另一方面在后续的软件开发活动中，质量属性需求会极大地影响软件体系结构的设计，所以它被归为单独的一种需求类型。

常见的质量属性有：

1）可靠性（reliability）：在规格时间间隔内和规定条件下，系统或部件执行所要求功能的能力，例如 QA1。

QA1：在客户端与服务器端通信时，如果网络故障，系统不能出现故障。

2）可用性（availability）：软件系统在投入使用时可操作和可访问的程度或能实现其指定系统功能的概率，例如 QA2。

QA2：系统的可用性要达到 98%。

3）安全性（security）：软件阻止对其程序和数据进行未授权访问的能力，未授权的访问可能是有意的，也可能是无意的，例如 QA3。

QA3：收银员只能查看，不能修改、删除会员的信息。

4）可维护性（maintainability）：为排除故障、改进质量或适应环境变化而修改软件系统或部件的容易程度，包括可修改性（modifiability）和可扩展性（extensibility），例如 QA4。

QA4：如果系统要增加新的特价类型，要能够在 2 个人月内完成。

5）可移植性（portability）：系统或部件能从一种硬件或软件环境转换至另外一种环境的特性，例如 QA5。

QA5：服务器要能够在 1 个人月内从 Windows 7 操作系统更换到 Solaris 10 操作系统。

6）易用性（usability）：与用户使用软件所花费的努力及其对使用的评价相关的特性，例如 QA6。

QA6：使用系统 1 个月的收银员进行销售处理的效率要达到 10 件商品 / 分钟。

4. 对外接口

对外接口是指系统和环境中其他系统之间需要建立的接口，包括用户界面、硬件接口、软件接口、网络通信接口等。

按照软件设计的原则，对外接口部分通常需要被封装起来，以防止接口的另一方发生变化时，尽可能少地影响软件系统内部。所以对外接口也被独立为一种单独类型的需求。

重要的用户界面接口需要提供界面原型。

对系统之间的软硬件接口和通信接口需要说明以下内容：

- 接口的用途。
- 接口的输入、输出。
- 数据格式。
- 命令格式。
- 异常处理要求。

5. 约束

约束是指进行系统构造时需要遵守的约定，例如编程语言、硬件设施等。

约束是不受软件系统影响的，却会给软件系统带来极大影响的问题域特性。因为不受软件系统的影响，所以从解决问题的角度来看约束不会要求软件系统为其进行专门的设计。但是如果软件系统不满足约束，那就意味着问题域并不能够提供软件系统要求的运行环境，软件系统将无法在问题域内成功部署和运行。因此，约束是在总体上限制开发人员设计和构建系统时的选择范围。

因为不需要进行专门的设计，所以开发者常常会遗漏对约束的说明，再加上约束本身的特殊性，就需要将约束独立为单独的一种需求类型。

常见的约束主要有三类：

- 系统开发及运行的环境，包括目标机器、操作系统、网络环境、编程语言、数据库管理系统等。

- 问题域内的相关标准，包括法律法规、行业协定、企业规章等。
- 商业规则。用户在任务执行中的一些潜在规则也会限制开发人员设计和构建系统的选择范围。

例如，连锁商店管理系统就在开发语言（例如 C1）等方面存在约束：

C1：系统要使用 Java 语言进行开发。

6. 数据需求

数据需求不是标准类型的软件需求类别，而是功能需求的补充。在实际的需求开发中，如果软件功能不涉及数据支持，或者在功能需求部分明确定义了相关的数据结构，那么就不需要再行定义数据需求。如果功能需求需要数据支持并且没有定义数据结构，那么就需要定义专门的数据需求。

数据需求是需要在数据库、文件或者其他介质中存储的数据描述，通常包括下列内容：

- 各个功能使用的数据信息；
- 使用频率；
- 可访问性要求；
- 数据实体及其关系；
- 完整性约束；
- 数据保持要求。

例如，连锁商店管理系统可以使用数据需求 DR1 和 DR2。

DR1：系统需要存储的数据实体及其关系为图 6-14 的内容。

DR2：系统需要存储 1 年内的销售记录和退货记录。

5.5 项目实践

1. 需求开发阶段的团队组织：
   1）A、B、C、D 都扮演需求工程师角色，组成小组，共同完成需求开发工作。
   2）B 扮演首席需求工程师角色，是需求开发工作的负责人和协调人。
   3）C 扮演项目管理人员。
   4）D 扮演质量保障人员。
   5）A 扮演文档编写人员。
2. 项目管理人员：
   1）召集和主持团队交流例会。
   2）控制项目的任务分配与进度安排。
   3）监控各项任务的执行情况。
   4）审核开发结束后提交到项目配置库的需求制品。
3. 需求工程师：
   1）开发业务需求。
   2）界定粗略的软件解决方案与问题域范围。

3）开发初步的用例图和用例描述。

4）明确问题域知识，开发用例图、用例描述、类图、ERD 等需求分析模型进行细化。

5）明确用户任务和用户需求，开发用例图、用例描述、系统顺序图、状态图等需求分析模型进行细化。

6）细化软件解决方案，建立系统级软件需求，编写用例文档和软件需求规格说明书。

7）验证用例文档与软件需求规格说明文档，包括评审、度量和为需求开发功能测试用例。

8）将需求开发制品按时提交到项目配置库。

4. 文档编写人员：

1）组织讨论制定用例文档规范和软件需求规格说明模板。

2）制定文档写作规则，监控文档的写作情况。

5. 质量保障人员：

1）组织对需求文档的评审。

2）分析需求开发阶段的度量数据。

3）确定为需求开发功能测试用例的基本策略，并分配测试用例的开发工作。

6. 学习本章之后需求工程师可以进行的项目实践工作：

1）明确项目的业务需求。

2）界定粗略的软件解决方案与问题域范围。

3）规划各种可能的需求类别。

5.6 习题

1. 为什么要重视需求开发？

2. 软件需求工程包括哪些活动？请分别进行详细描述。

3. 什么是需求？

4. 业务需求、用户需求与系统级需求有什么区别和联系？

5. 需求为什么要区分为不同的层次？

6. 问题、需求、问题域与规格说明有什么区别和联系？

7. 软件需求有哪些类别？为什么需要将需求区分为这些类别？

8. 为下列需求类别各举一例，注意书写规范：

1）项目需求。

2）过程需求。

3）不切实际的期望。

4）硬件需求。

5）其他需求。

6）性能需求。

7）质量属性需求。

8）对外接口需求。

9）约束。

10）数据需求。

9. 分析本章中使用的需求示例，并收集相关资料，试着说明需求书写有哪些规范。

10. 下列描述中哪些是有效的功能性需求？请给出你选择的理由。

1）在销售商品之后，系统应该更新库存的商品数量，如果库存的数量低于最低限值，系统应该发出警示信号。

2）用户在使用喷嘴给汽车加过油之后，应该将其放回原处。

3）每一个收银员都应该有一个记录，记录的内容包括名字和 ID 号。记录应该被建立成链表的形式。

4）开发组应该创建完整、有效的需求规格说明文档、体系结构设计文档、详细设计文档和测试过程记录日志。

11. 说明下列需求分别属于哪种类型：

1）开发团队需要给出 SRS 文档。

2）经过 10 天培训的收银员就能够熟练使用系统。

3）一个从没有使用过 ATM 的新顾客，也能够顺利使用系统完成自助取款。

4）系统开发的成本不超过 10 万元人民币。

5）顾客使用信用卡付款时，系统必须使用银联专用刷卡设备与银行交易。

6）使用银联专用刷卡设备，向银行传递的交易数据格式为……

7）当订单数量大于现有数量时，系统必须通知操作员。

8）产品在发布 1 年之后，必须在出版的 A、B、C 三个产品评论刊物中被评为最可靠的产品。

9）系统每小时必须处理至少 3000 次呼叫。

10）每日报表中，标题的形式必须是“每日报告：dd-mm-yyyy”。

11）过期商品的每日报表必须列出其名称、制造商和批号。

12）商品的标识是由 0 ～ 24 位字母、数字混合组成的字符串。

13）电梯的默认停运楼层必须是最低楼层到最高楼层范围内的某个整数。

14）付款单上，默认的信用卡类型是“银联”。

12. 以 ATM 为例，举例说明它是否有下列需求类型：

1）业务需求。

2）用户需求。

3）约束。

4）对外接口。

5）性能需求。

6）质量需求。

13. 在检查需求文档时，你发现有一条需求是现有资源条件下无法做到的，但是客户又认为该条需求非常重要，你该怎么办？

14. 如何理解下面这句话：好的需求应该是描述软件系统与外界环境交互的，而不是描述现实世界的或者软件内部构造的。举例说明单纯描述现实世界或者软件内部的错误需求可能会是什么样子。

第6章

需求分析方法

6.1 需求分析基础

6.1.1 需求分析的原因

需求获取中，需求工程师可以得到需求和问题域信息，但这些信息都是用户对现实世界的理解与描述，使用的是实际业务的表达方式。换句话说，需求获取中得到的信息仅仅解释了用户对软件系统的期待，它们还不是开发者能够立即加以实现的解决方案。而且，开发者与用户具有不同的知识背景，他们无法从获取信息中轻易地把握用户的真实意图，为其创建软件解决方案的工作就更是无从谈起了。

所以，需求工程师需要在需求获取之后进行需求分析，以解决获取信息与软件系统解决方案之间的差距，如图6-1所示。

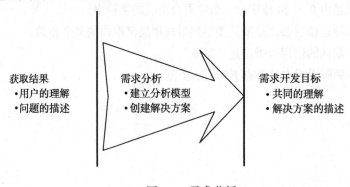

获取结果　　　　需求分析　　　　需求开发目标
·用户的理解　　·建立分析模型　　·共同的理解
·问题的描述　　·创建解决方案　　·解决方案的描述

图6-1　需求分析

需求分析的任务是 [Bin2009]：

1）建立分析模型，达成开发者和用户对需求信息的共同理解。

分析可以将复杂的系统分解成为简单的部分以及它们之间的联系，确定本质特征，并抛弃次要特征。这样，分析就可以抽取出信息的本质含义，帮助开发者准确理解用户的意图，和用户达成对信息内容的共同理解。分析的活动主要包括识别、定义和结构化，它的目的是获取某个可以转换为知识的事物的信息,这种分析活动被称为**建模**(modeling)——建立需求分析模型。

2)依据共同的理解,发挥创造性,创建软件系统解决方案。

分析可以将一个问题分解成独立的、更简单和易于管理的子问题来帮助寻找解决方案。分析可以帮助开发者建立问题的定义,并确定被定义的事物之间的逻辑关系。这些逻辑关系可以形成信息的推理,进而可以用来验证解决方案的正确性。

创建解决方案的过程是创造性的。

6.1.2 需求分析模型

1. 模型

在遇到复杂信息时,人们都会使用模型的手段,它可以帮助人们准确、严格地理解知识。以森林生态系统为例,在那里,各种各样的动物、植物、微生物等构成了一个紧密联系的有机整体。它们互相依赖、互相依存,每一个都为另一个提供一些得以繁荣的要素。而且所有的物体,不论大小,都还要受到其所处的环境和气候的影响。面对这些复杂性,任何人要想在其中掌握某些细节的知识都不是一件容易的事情。这个时候,人们就会分析问题的重点所在,对复杂系统进行有意识的简化处理,建立复杂系统的模型。

模型是对事物的抽象,帮助人们在创建一个事物之前可以有更好的理解。例如,为了理解生态系统的运行规律,可以集中关注它的一些重要生物类型以及它们之间的相互作用,建立概念模型;为了理解天体的运行规律,可以集中关注天体之间的力学作用,建立数学模型;为了理解飞机的各项特性,可以进行特殊部分的模拟,建立物理模型……同样,为了更好地理解需求获取所得到的复杂信息,需要集中关注问题的计算特性(数据、功能、规则等),建立相关的软件模型。

2. 建模

建立模型的过程被称为建模,它是对系统进行思考和推理的一种方式。建模的目标是建立系统的一个表示,这个表示以精确一致的方式描述系统,使得系统的使用更加容易。

抽象(abstraction)和**分解**(decomposition / partitioning)是建模最为常用的两种手段。抽象一方面要求人们只关注重要的信息,忽略次要的内容;另一方面也要求人们将认知保留在适当的层次,屏蔽更深层次的细节。这样,抽象通过强调本质的特征,就减少了问题的复杂性。进一步来说,它可以在问题的各元素之间推断出更广泛和更普遍的关系,帮助人们寻找解决方案。

分解将单个复杂和难以理解的问题分解成多个相对容易的子问题,并掌握各子问题之间的联系。分解的手段体现了问题求解中的"分而治之"思想,它不仅是降低问题复杂性的有效方法,而且分解的方案往往还能提供问题的解决思路。

3. 需求分析模型的特点及常见需求分析模型

需求分析模型是专门用来描述软件解决方案的模型技术。因为软件解决方案介于用户描述与软件内部构造之间,所以需求分析模型也是介于用户概念和软件内部实体之间的模型形式,如图 6-2 所示。需求分析模型一方面使用了软件的内部实体,以对象、类、函数、过程、属性等作为模型的基本元素；另一方面使用问题域的概念来描述软件内部实体，使用问题域语言来表现语义。

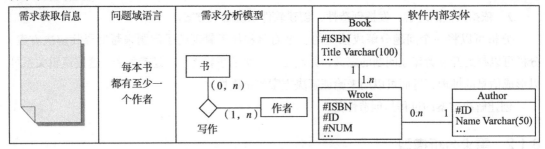

图 6-2   需求分析模型的定位

常见的需求分析模型如表 6-1 所示。

表 6-1   常见的需求分析模型

方　法	模　　型	描　　述
结构化方法	数据流图 Data Flow Diagram，简称 DFD	从数据传递和加工的角度，描述了系统从输入到输出的功能处理过程。运用功能分解的方法，用层次结构简化处理复杂的问题
	实体关系图 Entity Relationship Diagram，简称 ERD	描述系统中的数据对象及其关系，定义了系统中使用、处理和产生的所有数据
面向对象方法	用例图 Use-Case Diagram	描述用户与系统的交互。从交互的角度说明了系统的边界和功能范围
	类图 Class Diagram	描述应用领域中重要的概念以及概念之间的关系。它捕获了系统的静态结构
	交互图（顺序图） Interaction（Sequence）Diagram	描述系统中一次交互的行为过程，说明了在交互中的对象协作关系
	状态图 State Diagram	描述系统、用例或者对象在其整个生命期内的状态变化和行为过程

6.2   结构化分析

6.2.1   结构化分析方法

结构化分析方法把现实世界描绘为数据在信息系统中的流动，以及在数据流动过程中数据向信息的转化。它帮助开发人员定义系统需要做什么（处理需求），系统需要存储和使用哪些数据（数据需求），需要什么样的输入和输出，以及如何把这些功能结合在一起来完成任务。

数据流图（DFD）是结构化分析方法的核心技术，它表明系统的输入、处理、存储和输出，以及它们如何在一起协同工作。实体关系图（ERD）是结构化分析方法的另一个核心技术，用来描述系统需要存储的数据信息。状态转移图（State Transition Diagram，STD）也是结构化分析方法常用的技术，可以通过识别系统需要做出响应的所有事件来定义系统的处理需求。状态转移图后来发展成为面向对象方法的状态图，所以本节就不再专门介绍状态转移图了。

结构化分析的简单过程如图 6-3 所示。

图 6-3 结构化分析的简单过程

6.2.2 数据流图

数据流图（Data Flow Diagram，DFD）是结构化分析方法的典型技术，它将系统看做过程的集合，其中一些由人来执行，另一些由软件系统来执行。过程的执行就是对数据的处理，它接收数据输入，进行数据转换，输出数据结果。过程执行时可能需要和软件系统外的实体尤其是人进行交互，会要求外界提供数值输入或者将数据结果提供给外部实体。

1. 基本元素

DFD 的基本模型元素有 4 种：外部实体（external entity）、过程（process）、数据流（data flow）和数据存储（data store）。最终建立的数据流图会以图形的方式表现出来，它的表示法主要有两种：DeMarco-Yourdon 表示法和 Gane-Sarson 表示法，如图 6-4 所示。

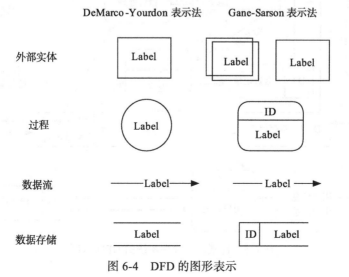

图 6-4 DFD 的图形表示

外部实体是指处于待构建软件系统之外的人、组织、设备或者其他软件系统，它们不受系统的控制，开发者不能以任何方式操纵它们。在数据流图中需要进行建模的外部实体是那些和待构建软件系统之间存在着数据交互的外部实体，它们从待构建软件系统中获取数据或者为待构建软件系统提供数据，即它们是待构建软件系统的数据源或者数据目的地。

过程是指施加于数据的动作或者行为，它们使得数据发生变化，包括被转换、被存储或者被分布。过程是系统中发生的数据处理行为，它可能是由软件系统控制的，也可能是由人工执行的，它重视数据发生变化的效果而不是其执行者。所以在建模的时候，人们会将现有系统中的人工处理任务也作为系统行为的一部分描述为过程，并将这些部分作为重点关注部分，以期在新的系统中实现自动化支持。

数据流是指数据的运动，它是系统与其环境之间或者系统内两个过程之间的通信形式。DFD 的数据流是必须和过程产生关联的，它要么是过程的数据输入，要么是过程的数据输出。

数据存储是软件系统需要在内部收集、保存，以供日后使用的数据集合。如果说数据流描述的是运动的数据，那么数据存储描述的就是静止的数据。

需要指出的是，数据存储区的数据流入和流出通常表示实际的数据流入和流出。因此，如果流入和流出存储区的数据流包含与存储区相同的信息，则不用为数据流专门指定名称。但是如果流入或流出存储区的数据流包含存储区中信息的子集，就必须指定这个数据流的名称。

例如，连锁商店管理系统的 DFD 如图 6-5 所示，其中左上角带有斜线的外部实体"总经理"表示重复出现，是为了图形整体布局美观使用的手段。

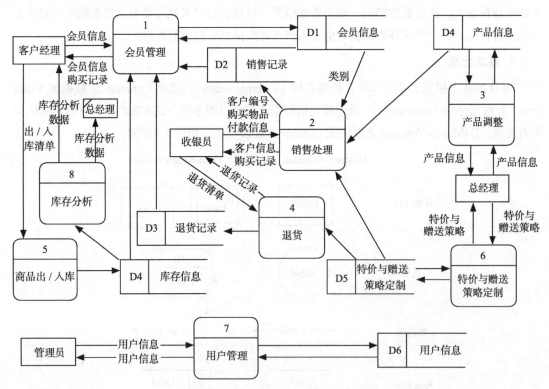

图 6-5   连锁商店管理系统的 DFD 示例

2. 语法规则

在使用 DFD 描述系统过程模型时，有一些必须遵守的规则。这些规则可以保证过程模型的正确性，具体如下：

1）过程是对数据的处理，必须有输入，也必须有输出，而且输入数据集和输出数据集应该存在差异，如图 6-6 所示。

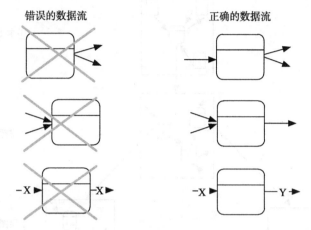

图 6-6　DFD 的描述规则 1

2）数据流是必须和过程产生关联的，它要么是过程的数据输入，要么是过程的数据输出，如图 6-7 所示。

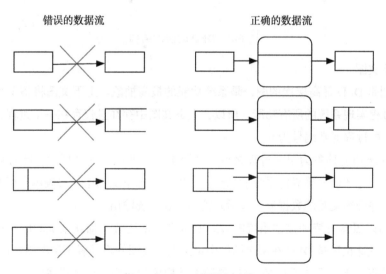

图 6-7　DFD 的描述规则 2

3）DFD 中所有的对象都应该有一个可以唯一标识自己的名称。过程使用动词，外部实体、数据流和数据存储使用名词。

3. 分层结构

DFD 使用简单的 4 种基本元素来描述所有情况下的过程模型，因此它简单易用。不过在它遇到复杂的系统时，它也会产生过于复杂的 DFD 描述，以至于难以理解。而且要在一个平面图上表示出所有的系统过程也是困难的。解决的方法就是分而治之，即利用过程具有不同抽象层次表述能力的特点，依据过程的功能分解结构，建立层次式的 DFD 描述。

在分层结构中，DFD 定义了三个层次类别：上下文图（context diagram）、0 层图（level-0 diagram）和 N 层图（level-N diagram，$N>0$）。DFD 的层次结构如图 6-8 所示。

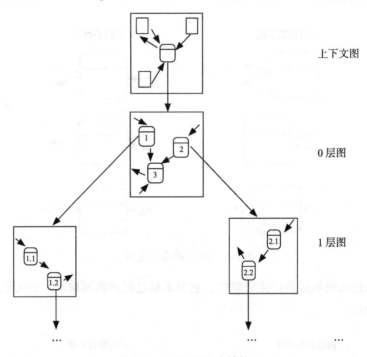

图 6-8　DFD 的层次结构

（1）上下文图

上下文图是 DFD 最高层次的图，是系统功能的最高抽象。上下文图将整个系统看做一个过程，这个过程实现系统的所有功能。所以，上下文图中存在且仅存在一个过程，表示整个系统。这个单一的过程通常编号为 0。

将整个系统功能抽象为单一过程之后，系统本身就变成了一个黑盒，此时只有依据系统与外界的所有交互才能准确界定系统的功能。所以，在上下文图中需要表示出所有和系统交互的外部实体，并描述交互的数据流，包括系统输入和系统输出。

上下文图以黑盒看待和描述系统的方式使得它非常适合于描述系统的应用环境、定义系统的边界，而且这也正是 DFD 在层次结构中定义上下文图并将其置于层次结构最高层的原因。这个特性也使得上下文图常常脱离 DFD 的层次结构单独使用，用来描述系统的上下文环境和定义系统的边界。

例如，连锁商店管理系统的上下文图如图 6-9 所示。

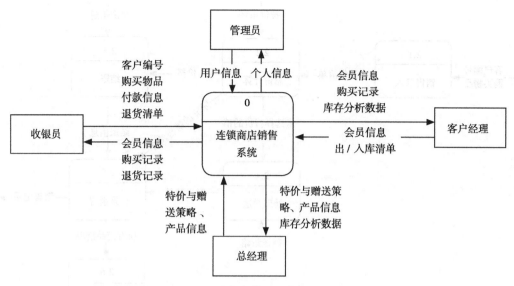

图 6-9　连锁商店管理系统的上下文图

（2）0 层图

在 DFD 的层次结构中，位于上下文图下面一层的就是 0 层图。它被认为是上下文图中单一过程的细节描述，是对该单一过程的第一次功能分解，它需要在一个图中概括系统的所有功能。例如图 6-5 就是一个 0 层图，它很好地描述了图 6-9 中"连锁商店管理系统"过程的功能，也是整体系统的所有功能。

0 层图通常被用来作为整个系统的功能概图。为了概述整个系统的功能，建立 0 层图时需要分析需求获取的信息，归纳出系统的主要功能，并将它们描述为几个高层的抽象过程，并在 0 层图中加以表述。有一些重要的数据存储也会在 0 层图中得到表述。

（3）N 层图

0 层图中的每个过程都可以进行分解，以展示更多的细节。被分解的过程称为父过程，分解后产生的揭示更多细节的图称为子图。对 0 层图的过程分解产生的子图称为 1 层图。

对子图中的过程还可以继续分解，即过程分解是可以持续进行的，直至最终产生的子图都是原始 DFD 图。原始 DFD 图是指图中的所有过程都是无法再次分解的。对 N 层图的过程分解后产生的子图称为 N+1 层图（N>0）。

在低于 0 层图的子图上通常不显示外部实体。父过程的输入输出数据流称为子图的接口流，在子图中从空白区域引出。如果父过程连接到某个数据存储，则子图可以不包括该数据存储，也可以包括该数据存储。

子图中过程的编号需要以父过程的编号为前缀。例如，图 6-10 是对图 6-5 中过程"2 销售处理"分解得到的子图，其过程的编号规则为 2.×。

（4）过程分解的平衡原则

在过程分解过程中，最重要的是要保证分解的平衡性。平衡性是保证分解过程不会出现需求偏差的方法，它要求 DFD 子图的输入流、输出流必须和父过程的输入流、输出流保持一致。

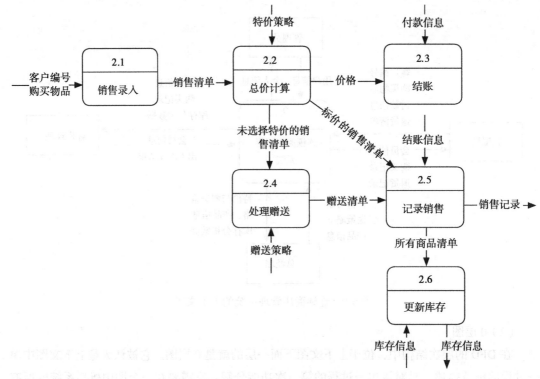

图 6-10   DFD 的 N 层图示例

例如，在图 6-11 所表示的过程
分解中，父过程的输入流为 a，父过
程的输出流为 b，子图的输入流为 a
和 c，子图的输出流为 b。这样，它
们的输入流存在差异，破坏了平衡
性，是一个错误的过程分解。

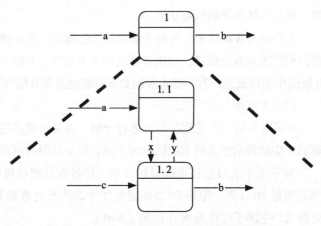

6.2.3   实体关系图

数据流图（DFD）以数据在系
统中的产生和使用为着重点，以进行
数据转换的过程为核心，建立层次结

图 6-11   一个破坏了平衡性的过程分解示例

构的模型来描述系统，它同时描述了系统的行为和数据。不过在数据说明方面，DFD 更多的
是侧重数据产生与使用的时间、地点和方式，而没有描述数据的定义、结构和关系等特性。实
体关系图（Entity Relationship Diagram，ERD）是能够弥补过程建模在数据说明方面的缺陷，
描述数据的定义、结构和关系等特性的技术。

实体关系图使用实体、属性和关系三个基本元素来描述数据模型，它最常见的两个图形
表示法是 Peter Chen 表示法和 James Martin 表示法。图 6-12 是 ERD 的 James Martin 表示法。

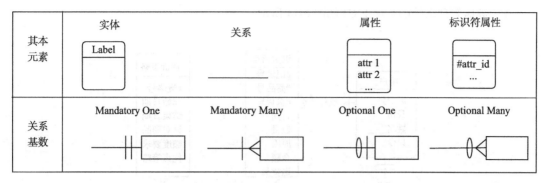

图 6-12 ERD 的 James Martin 表示法

实体是需要在系统中收集和存储的现实世界事物的类别描述。例如在连锁商店管理系统中，会员的信息需要被存储起来，于是就存在一个实体"会员"。每个会员都有一些购买记录，这些记录也需要系统存储起来，于是就存在另一个实体"购买记录"，如图 6-13 所示。

实体并不是孤立存在的，它们之间相互交互、相互影响。关系就是存在于一个或多个实体之间的自然业务联系。例如实体"会员"与实体"购买记录"之间就存在着"主体与行为"的关系。

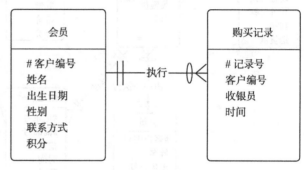

图 6-13　实体示例

参与关系的每个实体都针对关系拥有最大基数和最小基数。最大基数是指：对关系中任意的其他实体实例，该实体可能参与关系的最大数量。在最大基数为"1"时，实体在关系中的最大基数会被标记为"One"。在最大基数超过"1"时，实体在关系中的最大基数会被标记为"Many"。最小基数是指：对关系中任意的其他实体实例，该实体可能参与关系的最小数量。在最小基数为"0"时，实体在关系中的最小基数被标记为"Optional"。在最小基数为"1"时，实体在关系中的最小基数会被标记为"Mandatory"。例如，在"会员 – 购买记录"关系中，对于任意一个会员，最大可能有多个购买记录，最小可能有 0 个购买记录；对于任意一个购买记录，最大可以由 1 个会员执行，最小也要由 1 个会员执行。

属性是可以对实体进行描述的特征。属性以数字、代号、单词、短语、文本乃至声音和图像的形式存在，一系列属性的存在集成起来就可以描述一个实体的实例。例如实体"会员"需要被系统存储的属性特征有：客户编号、姓名、出生日期、性别、联系方式、积分，如图 6-13 所示。

一个实体通常有很多实例，因此在把这些实例归类为实体进行统一形式的描述之后，有必要提供一种唯一确定和标识每个实例的手段。为此可以使用实体的一个属性或者多个属性唯一确定和标识每个实例，这些属性或者属性组合就被称为实体的**标识符**（identifier），又称为**键**（key）。例如实体"会员"使用"客户编号"作为键，因为任何两个会员的客户编号都不相同，根据客户编号能够辨别出不同的会员。

连锁商店管理系统的整体 ERD 如图 6-14 所示。

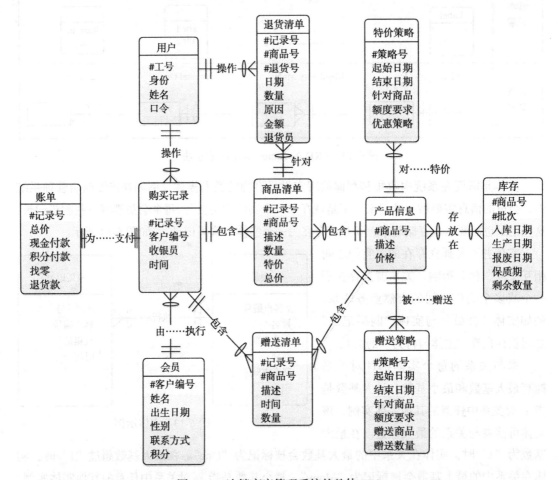

图 6-14 连锁商店管理系统的整体 ERD

6.3 面向对象分析

6.3.1 面向对象分析方法

面向对象分析方法认为系统是对象的集合，这些对象之间相互协作，共同完成系统的任务。也就是说，面向对象分析方法和结构化分析方法有着完全不同的建模思路，前者是以对象为基础，后者是以功能和数据为基础。

面向对象分析方法有几个主要的优点，其中包括自然性和可复用性。对人而言，面向对象分析方法是自然的和直观的，因为人们倾向于按照可感知的对象来思考世界。而且和结构化分析方法相比，面向对象分析方法能更容易地实现分析到设计的转化。

统一建模语言（Unified Modeling Language，UML）是面向对象分析的主要模型技术。UML 其实是很多种技术的综合体，而非一种单一的技术。

在需求分析中常见的 UML 技术有类图、用例图、交互图（顺序图）、状态图和对象约束语言（OCL）。这些技术在一个统一的框架下，能够很好地实现相互之间的协同，共同构成完整的面向对象分析方法。

本书涉及的 UML 内容遵循 UML 2.0 语法，而且因为本书没有涉及复杂度较高的大规模系统，所以只描述了较为核心的 UML 知识，需要复杂 UML 知识的读者请参考《UML 用户指南》[Booch2005]、《UML 用户参考手册》[Rumbaugh2004] 等专门著作，需要非常完备 UML 知识的读者可以自行阅读 OMG 发布的 UML 规范。

面向对象分析的简单过程如图 6-15 所示。

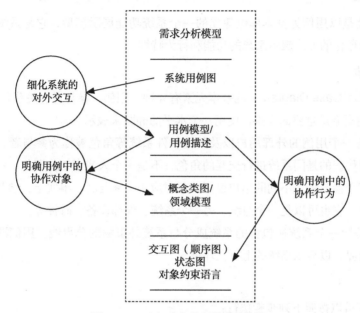

图 6-15　面向对象分析的简单过程

6.3.2　用例

面向对象分析方法主张使用用例作为需求获取和组织的主要手段。用例最初由 [Jacobson1992] 在 Objectory 方法中提出。UML 将用例定义为"在系统（或者子系统或者类）和外部对象的交互中所执行的行为序列的描述，包括各种不同的序列和错误的序列，它们能够联合提供一种有价值的服务" [Rumbaugh2004]。[Cockburn2001] 认为用例描述了在不同条件下系统对某一用户的请求的响应。根据用户的请求和请求时的系统条件，系统将执行不同的行为序列，每一个行为序列被称为一个场景。一个用例是多个场景的集合。

换句话说，每个用例是对相关场景的集合，这些场景是用户和系统之间的交互行为序列，帮助实现用户的目的。更精确地说，一个用例承载了所有与用户某一个目标相关的成功和失败场景的集合。用例是一个理想的容器，以交互的方式记录系统的需求。

例如，连锁商店管理系统的收银员为了完成一次销售任务，会使用软件系统处理销售过程，那么就可以建立一个用例"销售处理"。考虑实际销售时的不同条件，会发生不同的行为：

- 在一切顺利时是一种正常行为流程。
- 购买多个同样商品时可以逐一输入每个商品，也可以分别输入商品号与数量。
- 销售过程中可能会发现某个商品无法识别。
- 有可能一个商品被纳入销售清单后用户又提出退回。

上述的每一个行为都是一个场景。所有的行为联合起来就构成了场景的集合——用例，它的目标与价值是完成销售任务。

6.3.3 用例图

用例模型就是以用例为基本单位建立的一个系统功能展示模型，它是系统所有用例的集合，以统一、图形化的方式展示系统的功能和行为特性。

1. 基本元素

用例图（Use-Case Diagram）的基本元素有 4 种：用例、参与者、关系和系统边界。

用例是用例模型最重要的元素，使用一个水平的椭圆来表示。

发起或参与一个用例的外部用户以及其他软件系统等角色被称为参与者。它的图示是一个小人。参与者代表的是同系统进行交互的角色，不是一个人或者工作职位。一个实际用户可能对应系统的多个参与者。不同的用户也可以只对应一个参与者。事实上，参与者也不必非得是一个实际用户，它也可以是一个组织、另一个系统、外部设备、时钟等。

系统边界是指一个系统所包含的系统成分与系统外事物的分界线。用例图使用一个矩形框来表示系统边界，以显示系统的上下文环境。

2. 建立

建立用例图可以按照下列步骤执行：

（1）进行目标分析与确定解决方向

进行目标分析，确定项目的目标，定义高层次解决方案的系统特性。这一点在前面一章已有论述。

（2）寻找参与者

根据上一步确定的目标与系统特性，可以发现与系统功能相关的参与者。例如，连锁商店管理系统的参与者有总经理、客户经理、收银员和管理员。

（3）寻找用例

可以根据找到的参与者来寻找用例。每个参与者的一个目标（或任务）就是一个系统用例。当然，参与者的目标或任务必须与项目的目标与系统特性相一致，否则就不能为其建立用例。该步骤会将系统所有用例都表示在一个用例图中，该图就是系统用例图。

例如，在连锁商店管理系统中，总经理的目标有产品调整、特价策略制定、赠送策略制定、库存分析；客户经理的目标有会员管理、库存管理、库存分析；收银员的目标有销售处理、退货；管理员的目标有用户管理。这样，连锁商店管理系统的系统用例图就如图 6-16 所示。

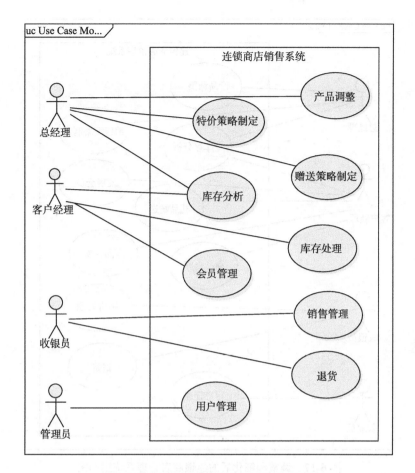

图 6-16 连锁商店管理系统的系统用例图

（4）细化用例

在简单的情况下，得到上一步的系统用例图之后就可以结束，但是在复杂系统的开发中，往往会因为系统用例图中用例粒度不适宜而需要进一步细化用例。

用例粒度合适的判断标准是：用例描述了为应对一个业务事件，由一个用户发起，并在一个连续时间段内完成，可以增加业务价值的任务 [Larman2002]。

例如图 6-16 中：

- "特价策略制定"、"赠送策略制定"两个用例的业务目的、发起源和过程基本相同，仅仅是业务数据不同，所以可以合并为一个用例"销售策略制定"。
- "会员管理"用例有两个明显不同的业务事件，可以被细化为"发展会员"和"礼品赠送"两个更细粒度的用例。
- 客户经理的"库存管理"用例也有三个不同的业务目标：出库、入库和库存分析，所以也应该细化为三个用例"商品出库"、"商品入库"和"库存分析"，其中"库存分析"用例与总经理的"库存分析"用例相同。

最终细化和调整后的系统用例图如图 6-17 所示。

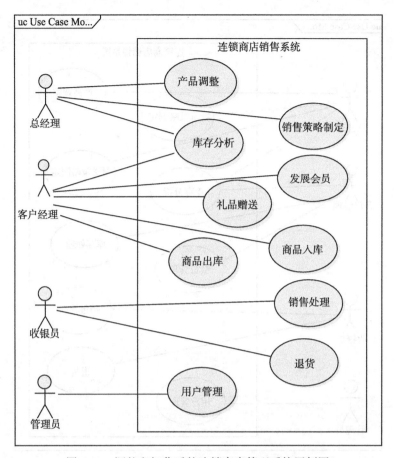

图 6-17 调整和细化后的连锁商店管理系统用例图

在细化用例时应注意以下几点：

- 不要将粒度细化得过小，不要将用例细化为单个操作。例如，不要将"用户管理"细化为"增加"、"修改"和"删除"三个更小的用例，因为它们要联合起来才能体现出业务价值。
- 不要将同一个业务目标细化为不同用例，例如"特价策略制定"用例和"赠送策略制定"用例应合并为一个用例。
- 不要将没有业务价值的内容作为用例，常见的错误有"登录"（应该描述为安全性质量需求）、"数据验证"（应该描述为数据需求）、"连接数据库"（属于软件内部实现而不是需求）等。

在迭代式开发中，通常第一次迭代产生系统用例图，而在后续的迭代中会逐步调整和细化系统用例图中的复杂用例。

6.3.4 用例描述

找到用户之后就要描述用例，用文本的方式将用例的参与者、目标、场景等信息描述出来。一个简单的用例描述模板如表 6-2 所示。

表 6-2　简单的用例描述模板

项　　目	内　容　描　述
ID	用例的标识
名称	对用例内容的精确描述，体现了用例所描述的任务
参与者	描述系统的参与者和每个参与者的目标
触发条件	标识启动用例的事件，可能是系统外部的事件，也可能是系统内部的事件，还可能是正常流程的第一个步骤
前置条件	用例能够正常启动和工作的系统状态条件
后置条件	用例执行完成后的系统状态条件
正常流程	在常见和符合预期的条件下，系统与外界的行为交互序列
扩展流程	用例中可能发生的其他场景
特殊需求	和用例相关的其他特殊需求，尤其是非功能性需求

使用表 6-2 的模板，可以描述用例"销售处理"，如表 6-3 所示。

表 6-3　销售处理用例描述

UC1 销售处理	
参与者	收银员，目标是快速、正确地完成商品销售，尤其不要出现支付错误
触发条件	顾客携带商品到达销售点
前置条件	收银员必须已经被识别和授权
后置条件	存储销售记录，包括购买记录、商品清单、赠送清单和付款信息；更新库存和会员积分；打印收据
正常流程	1. 如果是会员，收银员输入客户编号 2. 系统显示会员信息，包括姓名与积分 3. 收银员输入商品标识 4. 系统记录并显示商品信息，商品信息包括商品标识、描述、数量、价格、特价（如果有商品特价策略）和本项商品总价 5. 系统显示已购入的商品清单，商品清单包括商品标识、描述、数量、价格、特价、各项商品总价和所有商品总价 收银员重复 3～5 步，直到完成所有商品的输入 6. 收银员结束输入，系统根据总额特价策略计算并显示总价 7. 系统根据商品赠送策略和总额赠送策略计算并显示赠品清单，赠品清单包括各项赠品的标识、描述与数量 8. 收银员请顾客支付账单 9. 顾客支付，收银员输入收取的现金数额 10. 系统给出应找的余额，收银员找零 11. 收银员结束销售，系统记录销售信息、商品清单、赠品清单和账单信息，并更新库存 12. 系统打印收据
扩展流程	1a. 非法客户编号： 　　1. 系统提示错误并拒绝输入 3a. 非法标识： 　　1. 系统提示错误并拒绝输入 3b. 有多个具有相同商品类别的商品（如 5 把相同的雨伞） 　　1. 收银员可以手工输入商品标识和数量

（续）

UC1 销售处理	
扩展流程	5-8a. 顾客要求收银员从已输入的商品中去掉一个商品： 　　1. 收银员输入商品标识并将其删除 　　1a. 非法标识 　　　　1. 系统显示错误并拒绝输入 　　　　2. 返回正常流程第 5 步 5-8b. 顾客要求收银员取消交易 　　1. 收银员在系统中取消交易 9a. 会员使用积分 　　1. 系统显示可用的积分余额 　　2. 收银员输入使用的积分数额，每 50 个积分等价于 1 元人民币 　　3. 系统显示剩余的积分和现金数额 　　4. 收银员输入收取的现金数额 11a. 会员 　　1. 系统记录销售信息、商品清单、赠品清单和账单信息，并更新库存 　　2. 计算并更新会员积分，累计积分总额并更新可使用的积分和现金数额
特殊需求	1. 系统显示的信息要在 1 米之外能看清 2. 因为在将来的一段时间内，商店都不打算使用扫描仪设备，所以为输入方便，要使用 5 位 0～9 数字的商品标识格式。将来如果商店采购了扫描仪，商品标识格式要修改为标准要求：13 位 0～9 的数字

在描述用例时，一定要注意：

- 围绕"交互"进行场景描述。
- 保持"规格说明"级别，尽可能不要涉及界面、按钮、方法等软件系统的内部构造机制。

6.3.5　概念类图（领域模型）

UML 的**类图**（Class Diagram）是面向对象分析方法的核心技术，它以对象和类的概念为基础，描述系统中的类（对象）和这些类（对象）之间的关系。

在进行系统分析时，开发人员关注系统与外界的交互，而不是软件系统的内部构造机制，所以分析阶段的类图与设计阶段的类图有所不同，它关注用户的业务领域，称为**概念类图**（Conceptual Class Diagram），又称为领域模型（domain model）。类型、方法、可见性等复杂的软件构造细节都不会在概念类图中出现。

1. 基本元素

概念类图的基本元素有对象、类、链接、关联（聚合）、继承。

（1）对象

对象的概念是面向对象分析方法的基础。在面向对象分析模型中，对象是对具体问题域事物的抽象，例如，1 号店铺、会员张三、一次具体的销售事件、一个详细的购买清单等都可以被抽象为对象。

对象有三个方面的内容：

1）标识符。面向对象分析方法使用对象的引用作为标识符，用以唯一地标识和识别对象。

2）状态。状态是对象的特征描述，包括对象的属性和属性的取值，属性是描述对象时使用的特征选项。

3）行为。行为是对象在其状态发生改变或者接收到外界消息时所采取的行动。对象的行为是基于其状态的，而其状态又是历史行为的累积，所以对象的多个行为之间往往具有相关性。

（2）类

问题域由具体的事物组成，但是人们在观察现实世界时总会下意识地进行分类，例如，不是单独看待一个一个的顾客，而是将所有具体顾客归类为顾客类别，然后分析顾客类别的特点。类就是对象分类思想的结果，是共享相同属性和行为的对象的集合，它为属于该类的所有对象提供统一的描述。

每个类都有能够唯一标识自己的名称，同时包含有属性和行为方法。类的 UML 的表示如图 6-18a 所示。

对象是类的实例，对象的 UML 图示如图 6-18b 所示。因为对象的行为都是和类的方法声明保持一致的，所以在对象的图示中没有方法列表。

概念类图中的类大多是概念类，是一个能够代表现实世界事物的概念，来自对问题域的观察。如图 6-18c 所示，概念类会显式地描述自己的一些重要属性，但不是全部的详细属性，而且概念类的属性通常没有类型的约束。概念类不会显式地标记类的行为，即概念类不包含明确的方法。

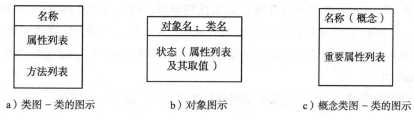

a）类图－类的图示　　　　b）对象图示　　　　c）概念类图－类的图示

图 6-18　类与对象的 UML 图示

（3）链接

系统中的对象不是孤立存在的，它们需要互相协作完成任务。对象之间的这种互相协作的关系称为**链接**（link），它描述了对象之间的物理或业务联系。

链接通常是单向的，也可以是双向的。如果一个对象 a 存在指向 b 的链接，那就意味着 a 能够在链接的指引下，正确地找到并将消息发送给 b。

（4）关联

类之间的关系被称为**关联**（association），它指出了类之间的某种语义联系。类是对象集合的抽象，关联则是对象之间链接的抽象。对象依据关联所带有的信息进行链接的建立和撤销，如果两个类之间没有关联，那么两个类的对象实例之间就不存在链接，就无法实现相互协作。

关联拥有一个能够表达其语义内涵的名称和多个终端（end），每个终端包含有角色和基数特征。

UML 使用类（对象）之间的直线来表示关联（链接），它可以是单向的（带有方向箭头），也可以是双向的（无方向箭头），如图 6-19a 所示。

类之间有一种特殊的关联被称为**聚合**（aggregation），表示部分与整体之间的关系，UML 通过在"整体"的关联端使用空心菱形来表示聚合，如图 6-19b 所示。如果整体除了包含部分之外，还对部分有完全的管理职责，即一旦一个部分属于某个整体，那么该部分就无法同时属于其他整体，也无法单独存在，则这种聚合关联被称为**组合**（composition），UML 通过在"整体"的关联端使用实心菱形来表示组合，如图 6-19c 所示。

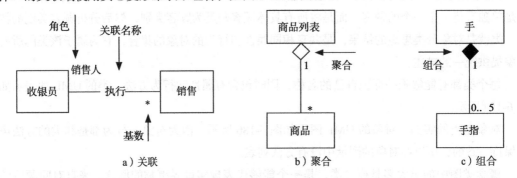

图 6-19 关联的 UML 图示

（5）继承

除了关联之外，类之间还有一种比较基本的关系是**继承**（inheritance）。如果一个类 A 继承了类 B，那么 A 自然就具有 B 的全部属性和服务，同时 A 也会拥有一些自己特有的属性和服务，这些特有部分是 B 所不具备的。其中，A 被称为子类，B 被称为父类（或者超类）。在继承关系中，可以认为子类是父类的**特化**（specialization），或者说父类是子类的**泛化**（generalization）。

UML 类图使用带有三角形箭头的实线描述继承关系，如图 6-20 所示。

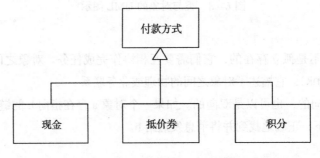

图 6-20 继承的 UML 图示

2. 建立概念类图

概念类图的建立有很多方法，有些适用于常见情况，有些则适用于复杂情况。这里介绍的概念类图建立方法适用于常见情况，它起始于用例描述文本，包含两个处理步骤。

1）对每个用例文本描述，尤其是场景描述，建立局部的概念类图。

● 根据用例的文本描述，识别候选类。

- 筛选候选类，确定概念类。
- 识别关联。
- 识别重要属性。

2）将所有用例产生的局部概念类图进行合并，建立软件系统的整体概念类图。

下面，本书重点讲述局部概念类图建立方法所包含的 4 个步骤。

（1）识别候选类

用例文本描述反映了软件需求的详细信息，所以通过分析用例（尤其是场景）的文本描述，可以发现软件系统与外界交互时可能涉及的对象与类，它们就是候选类。

行为分析、名词分析、CRC 等很多种方法都可以用来分析用例文本描述，产生候选类。在这些方法中，[Abbott1983] 提出的名词分析是一种比较容易使用而且有效的方法，能够帮助解决常见情况下的候选类识别工作。但是这种方法不够严谨，因为它比较依赖于用例文本的写法 [Booch2007]。

名词分析方法从用例文本描述中识别出有关的名词和名词短语，然后将它们作为候选类。

例如，如图 6-21 所示为对用例 UC1 销售处理的正常流程描述，下划线部分为识别出的名词与名词短语。（需要强调的是：图 6-21 的示例仅针对 UC1 的部分内容，如果需要进行完整的 UC1 分析，请自行使用整个用例文本进行，后面的相关示例皆同）。

用例描述（部分）：

1. 如果是会员，收银员输入客户编号
2. 系统显示会员信息，包括姓名与积分
3. 收银员输入商品标识
4. 系统记录并显示商品信息，商品信息包括商品标识、描述、数量、价格、特价（如果有商品特价策略的话）和本项商品总价
5. 系统显示已购入的商品清单，商品清单包括商品标识、描述、数量、价格、特价、各项商品总价和所有商品总价

收银员重复 3～5 步，直到完成所有商品的输入

6. 收银员结束输入，系统计算并显示总价，计算根据总额特价策略进行
7. 系统根据商品赠送策略和总额赠送策略计算并显示赠品清单，赠品清单包括各项赠品的标识、描述与数量
8. 收银员请顾客支付账单
9. 顾客支付，收银员输入收取的现金数额
10. 系统给出应找的余额，收银员找零
11. 收银员结束销售，系统记录销售信息、商品清单、赠品清单和账单信息，并更新库存
12. 系统打印收据

图 6-21　候选类识别示例

（2）确定概念类

上一步识别出来的还只是候选类，它们是否是系统真正需要的概念类还需要进行分析和确定。

确定一个候选类为概念类的准则是：依据系统的需求，该类的对象实例的状态与行为是否全部必要。

1）如果候选类的对象实例既需要维护一定的状态，又需要依据状态表现一定的行为，那么该候选类就可以被确定为一个概念类。

2）如果候选类的对象实例只需维护状态，不需要表现行为，那么该候选类就不能被确定为概念类，而是会成为其他概念类的属性。

3）如果候选类的对象实例不需要维护状态，却需要表现行为，那么

- 首先要重新审视需求是否有遗漏，因为没有状态支持的对象无法表现行为。
- 如果确定没有需求的遗漏，就需要剔除该候选类，并将行为转交给具备状态支持能力的其他概念类。

4）如果候选类的对象实例既不需要维护状态，又不需要表现行为，那么该候选类就不能被确定为概念类，而是应该被完全剔除。

候选类的对象实例是否具备状态和行为要完全依据软件系统的需求来确定。例如，在图 6-21 所识别的候选类中，如果系统只打印收据一次，那么它就不需要存储收据的信息，收据的对象实例就不需要维护状态，自然会被剔除；可是如果系统需要重复打印收据，那么收据的对象实例就需要维护（存储）状态，同时执行打印行为，这时它就可以被确定为一个概念类。

再例如，在常见情况下，候选类商品标识的对象实例需要维护状态（商品标识信息），但是不表现行为，这时它会成为商品概念类的属性。但是如果系统需要根据一些复杂的规则检查商品标识信息是否正确（就像检查身份证号一样），那么商品标识候选类的对象实例就拥有了行为（检查数据正确性），这时它就可以确定为一个独立的概念类，虽然它只有一个属性。

因为名词分析方法比较依赖于用例文本的写法，所以在使用名词分析方法时还需要适当地进行一些词语加工，例如合并具有相同含义的不同词语、调整说法不准确的词语等。

对图 6-21 所确定的候选类，可以确定概念类如图 6-22 所示。

| 候选类：

会员；收银员；会员信息；姓名；积分；客户编号；商品标识；商品信息；商品的描述、数量、价格、特价和本项商品总价；商品特价策略；商品清单；各项商品总价；所有商品总价；总价；总额特价策略；商品赠送策略；总额赠送策略；赠品清单；赠品的标识、描述、数量；顾客；账单；现金数额；余额；销售信息；账单信息；库存；收据 | 被作为属性的候选类：
姓名、积分→会员
客户编号→销售信息、会员
商品的标识、描述、数量、价格、特价、本项商品总价→商品清单
总价、现金数额、余额→账单
赠品的标识、描述、数量→赠品

被剔除的候选类：
收据；顾客

词语加工：
会员；会员信息→会员
各项商品总价；本项商品总价→总价
账单；账单信息→账单
所有商品总价；总价→总价
现金数额→现金付款
余额→找零 | 概念类：

收银员
销售信息（客户编号）
会员（客户编号、姓名、积分）
商品清单（标识、描述、数量、价格、特价、总价）
商品特价策略
总额特价策略
赠品清单（标识、描述、数量）
商品赠送策略
总额赠送策略
账单（总价、支付额、找零）
库存 |

图 6-22 确定概念类示例

（3）识别关联

在得到孤立的概念类之后，要建立它们之间的关联，把它们联系起来。发现概念类之间的关联可以从几个方面着手：

1）分析用例文本描述，发现概念类之间的协作，需要协作的类之间需要建立关联。

2）分析和补充问题域内的关系，例如概念类之间的整体、部分关系和明显的语义联系。对问题域关系的补充要适可而止，不要把关系搞得过于复杂化。

3）去除冗余关联和导出关联。

例如，针对图 6-22 确定的概念类，可以进行如图 6-23 所示的分析，建立如图 6-24 所示的关联关系。

```
协作：
1. 商品 根据 商品特价策略 确定特价
2. 商品 根据 商品赠送策略 确定赠品
3. 总额特价策略 用于计算 总价（账单）
4. 总额赠送策略 根据总额（账单）计算赠品
5. 库存 去除 商品和赠品

补充的问题域关系：
1. 商品清单 包含 商品
2. 赠品清单 包含 赠品
3. 销售信息包括收银员工号（收银员）和客户编号（会员）
4. 销售信息 包括 简要销售信息 和 商品清单、赠品清单、账单
```

图 6-23　关联分析示例

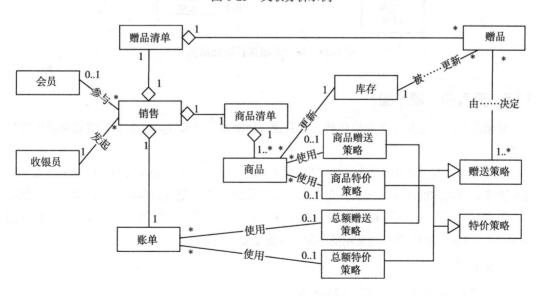

图 6-24　概念类图关联关系示例

（4）识别重要属性

建立概念类图的最后一个步骤是添加概念类的重要属性。这些属性往往是实现类协作时

必要的信息，是协作的条件、输入、结果或者过程记录。

通过分析用例的描述，并与用户交流，补充问题域信息，可以发现重要的属性信息。

在分析每个单独的用例（场景）描述时，为各个概念类发现的重要属性可能不多，甚至有些概念类没有任何重要属性。但是，系统通常有多个用例和很多场景，会建立多个局部的概念类图，只有在合并所有局部概念类图之后，各个概念类的重要属性才能得到全面的体现。

例如，可以为图 6-24 的概念类图添加重要属性，建立如图 6-25 所示的概念类图。

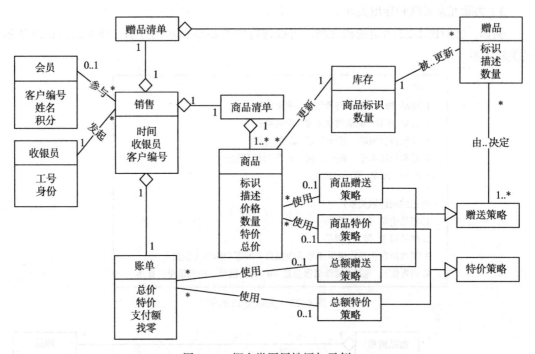

图 6-25 概念类图属性添加示例

6.3.6 交互图（顺序图）

对象需要相互协作才能完成任务，**交互图**（Interaction Diagram）就是描述对象协作的技术。

顾名思义，交互图用于描述在特定上下文环境中一组对象的交互行为，这个上下文环境通常被指定为用例的场景。所以，交互图通常描述的是单个用例的典型场景，它也因此被称为"用例的实现"。交互图有顺序图、通信图、交互概述图和时间图 4 种类型，其中**顺序图**（Sequence Diagram）是最为常用的一种。在此主要讲述顺序图。

1. 顺序图

一个简单的顺序图示例如图 6-26 所示。

顺序图将交互表示成一个二维图表。纵向是时间轴，时间沿纵轴向下延伸。横轴表示了参与协作的对象。图的内容以交互行为中的消息序列为主，消息以时间顺序在图中从上到下排列。

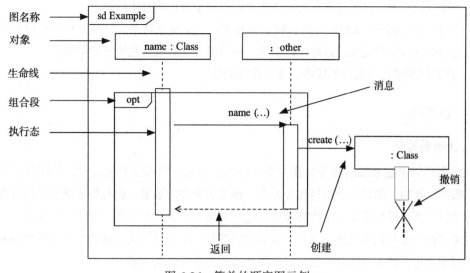

图 6-26　简单的顺序图示例

同步消息　　　　　异步消息　　　　　返回消息

图 6-27　顺序图的消息类型

消息有同步消息、异步消息和返回消息之分，分别用不同的图形符号进行表示，如图 6-27 所示。消息箭头的标注语法为：[attribute=] name[(argument）][:return-value]，其中 attribute 是生命线所代表对象的可选属性名称，用于保存返回值。

2. 系统顺序图

在需求分析阶段的通常做法是开发系统顺序图，而不是包含多个对象的详细顺序图。

系统顺序图是将整个系统看做一个黑箱的对象而描述的简单顺序图形式，它强调外部参与者和系统的交互行为，重点展示系统级事件。

例如，用例 UC1 销售处理的正常流程描述的系统顺序图如图 6-28 所示。

建立系统顺序图的步骤如下：

1）确定上下文环境。例子中的场景描述相对比较独立，没有对其

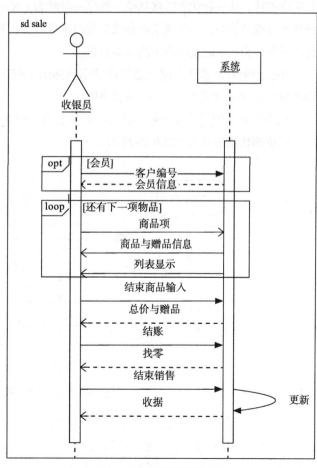

图 6-28　系统顺序图示例

他用例或场景的引用，因此建立系统顺序图的过程和结果也相对比较简单。

2）根据用例描述可以找到会员、收银员和系统三个交互对象。仔细分析后可以发现会员和系统之间没有直接的交互，因此可以剔除。最后的交互对象为收银员和系统。

3）按照用例描述中的流程顺序，逐步添加消息。

6.3.7 状态图

1. 状态图简介

顺序图可以描述常见的对象协作与交互行为，但是在遇到复杂情况时，顺序图还是有较大的局限性。比如，如果一个用例比较复杂，涉及非常多的场景，而且各个场景之间存在复杂的流转关系，那么很难建立一个能够清晰描述所有流转关系的顺序图。再比如，如果一个复杂类的对象实例会参与很多用例的交互，那么就很难用一个顺序图描述该类对象实例的所有对外交互。对于上述两种复杂情况，就可以使用状态图来进行需求分析。

有限状态机 [Booth1967] 是状态图的基础。有限状态机理论认为，系统总是处于一定的状态之中。而且，在某一时刻，系统只能处于一种状态之中。系统在任何一个状态中都是稳定的，如果没有外部事件触发，系统会一直持续维持该状态。如果发生有效的触发事件，系统将会响应事件，从一种状态转移到唯一的另一种状态。依据有限状态机理论，如果能够罗列出系统所有可能的状态，并发现所有有效的外部事件，那么就能够从状态转移的角度完整地表达系统的所有行为，这就是状态图的基本思想。

[Harel1987] 对基于有限状态机的状态转移图（STD）进行了发展，建立了**状态图**（State Diagram），并最终演变为 UML 的状态图。

状态图常用的简单元素包括状态、开始状态、结束状态、事件、监护条件、活动和转换。一个简单的状态图示例如图 6-29 所示。

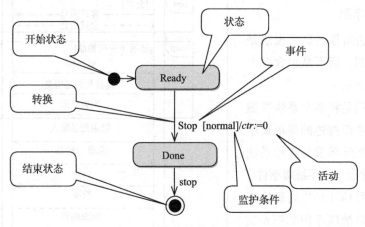

图 6-29 简单的状态图示例

依据对"系统"范围的不同定义，状态图可以描述不同的方面：如果以整个系统为"系统"，那么它描述的就是整个系统的行为；如果以一个（或者几个）用例为"系统"，那么它描述的就是一个（或者几个）用例所包含的行为；如果以一个类（对象）为"系统"，那么它描述的就是一个类（对象）的行为。

2. 建立状态图

可以按照下列步骤建立状态图：

1）确定上下文环境。状态图是立足于状态快照进行行为描述的，因此建立状态图时首先要搞清楚状态的主体，确定状态的上下文环境。常见的状态主体有类、用例、多个用例和整个系统。

2）识别状态。状态主体会表现出一些稳定的状态，它们需要被识别出来，并且标记出其中的初始状态和结束状态集。在有些情况下，可能会不存在确定的初始状态和结束状态。

3）建立状态转换。根据需求所描述的系统行为，建立各个稳定状态之间可能存在的转换。

4）补充详细信息，完善状态图。添加转换的触发事件、转换行为和监护条件等详细信息。

例如，针对用例 UC1 销售处理，可以按照下面的步骤建立状态图：

1）明确状态图的主体：用例 UC1 销售处理。

2）识别用例 UC1 销售处理可能存在的稳定状态：

- 空闲状态（开始状态）：收银员已经登录和获得授权，但并没有请求开始销售工作的状态；
- 销售开始状态：开始一个新销售事务，系统开始执行一个销售任务的状态；
- 会员信息显示状态：输入了客户编号，系统显示该会员信息的状态；
- 商品信息显示状态：刚刚输入了一个物品项，显示该物品（和赠品）描述信息的状态；
- 错误提示状态：输入信息错误的状态；
- 列表显示状态：以列表方式显示所有已输入物品项（和赠品）信息的状态；
- 账单处理状态：输入结束，系统显示账单信息，收银员进行结账处理的状态；
- 销售结束状态：更新信息，打印收据的状态。

3）建立状态转换。可能的状态转换如表 6-4 所示，其中如果第 i 行第 j 列的元素被标记为 Y，则表示第 i 行的状态可以转换为第 j 列的状态。

表 6-4 状态转换表建立示例

状 态	空 闲	销售开始	会员信息显示	商品信息显示	错误提示	列表显示	账单处理	销售结束
空闲		Y						
销售开始	Y		Y	Y	Y			
会员信息显示		Y						
商品信息显示						Y		
错误提示	Y							
列表显示	Y			Y	Y		Y	
账单处理	Y							Y
销售结束	Y							

4）在已识别状态和转换的基础上，添加详细的信息说明，建立如图 6-30 所示的状态图。

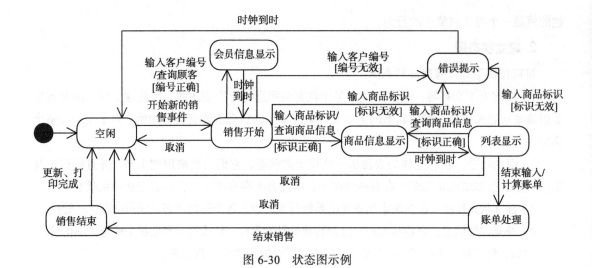

图 6-30 状态图示例

6.4 使用需求分析方法细化和明确需求

6.4.1 细化和明确需求内容

需要着重强调的是需求分析模型并不是简单机械地对已有内容进行转述，不是像图 6-25 与图 6-28 那样仅仅用类图语言与顺序图语言简单重复 UC1 用例的文本描述而已。图 6-25 与图 6-28 的内容是为了展示概念类图与系统顺序图的建立方法，所以使用了忠于 UC1 文本描述内容的做法，而在实践中，需求分析模型的建立是为了改进用例文本描述的内容。也就是说，需求分析的目的是细化和明确需求，发现其中的遗漏、冲突、冗余和错误，以便及时纠正。

例如，在需求开发早期，依靠用户任务的概要情况建立的销售用例描述如图 6-31 所示。

为图 6-31 的用例建立系统顺序图，可以发现：描述内容的交互性不足，即没有清晰的"外界请求→系统响应→外界再请求→系统再响应……"的过程；顾客是无法直接与系统发生交互的，所以其步骤 5、6、9 都需要修正。

通过系统顺序图的建立，可以将图 6-31 的销售用例细化和明确为图 6-32 所示。

1. 收银员输入会员编号； 2. 收银员输入商品； 3. 系统显示购买信息； 收银员重复 2～3 步，直至完成所有输入 4. 系统显示总价和赠品信息； 5. 顾客付款； 6. 系统找零； 7. 系统更新数据； 8. 系统打印收据； 9. 顾客离开。	1. 收银员输入会员编号； 2. 系统显示会员信息； 3. 收银员输入商品； 4. 系统显示输入商品的信息； 5. 系统显示所有已输入商品的信息； 收银员重复 3～5 步，直至完成所有输入 6. 收银员结束商品输入； 7. 系统显示总价和赠品信息； 8. 收银员请求顾客付款； 9. 顾客支付，收银员输入支付数额； 10. 系统显示应找零数额，收银员找零； 11. 收银员结束销售； 12. 系统更新数据，并打印收据。

图 6-31　销售用例的简单描述　　　　　　　　图 6-32　销售用例的改进

为图 6-32 的用例建立概念类图，可以发现其描述内容仍然不足，在问题域知识方面有着较大的欠缺：

- 部分信息的使用不准确，例如步骤 3 中输入的是商品标识，而不是商品，第 5 步显示的已输入商品列表信息和总价。
- 部分信息不明确，例如会员信息、商品信息、商品列表信息、赠品信息、更新的数据、收据等各自的详细内容并没有描述。
- 遗漏了重要内容，例如总价的计算需要使用商品特价策略和总额特价策略，赠品的计算需要使用商品赠送策略和总额赠送策略。

按照上述思路，可以将销售用例进一步改进为表 6-3 所示的用例正常流程文本描述。

再次强调，需求分析的首要目标是帮助细化和明确需求，发现已有需求中的缺陷并加以改正，所以需求获取与需求分析常常是交织进行的：获取、分析、发现需要进一步明确的内容，再继续获取、分析、发现……

在上述的例子中，经过 1 次需求分析就明确了需求的内容，而在实际软件项目中，往往需要重复多次需求获取与分析的交织过程才能得到明确的结果。

6.4.2　建立系统级需求

基于最后建立的需求分析模型，还可以顺利地将用户需求转化为系统级需求。

例如，通过分析图 6-28，可以发现系统与外界的基本交互序列为：

刺激 1：收银员输入会员的客户编号

　　响应：系统标记销售任务的会员

刺激 2：收银员输入商品标识

　　响应：系统显示商品信息，计算价格

刺激 3：收银员要求结账，输入付款信息

　　响应：系统计算账款，显示赠品、找零

刺激 4：收银员取消销售任务

　　响应：系统关闭销售任务

刺激 5：收银员删除已输入商品

　　响应：系统在商品列表中删除该商品

需要注意的是，需要分析用例所有流程的系统顺序图，才能得到所有的刺激与响应。上述例子中刺激 4 和刺激 5 是完整分析 UC1 销售用例的异常流程后才能得到的。如果只分析图 6-28 的正常流程，那么只能得到刺激 1～刺激 3。

用例是从用户的角度描述交互（刺激 / 响应）的，系统级需求需要从软件解决方案的角度描述交互，所以需要设计一个解决方案实现用例中的交互（刺激 / 响应）序列。

例如，对于 UC1 所描述的交互序列，设想存在一个主界面，可以接收和响应上述的刺激 1～刺激 5。假设发生了刺激 1，解决方案进入了会员信息输入状态，再依据 UC1 的进一步细节可以设想存在"输入正确"、"输入错误"和"取消输入"3 种后续的刺激，细化解决方案如图 6-33 所示。依照同样的方式逐一转化 UC1 中的交互序列。

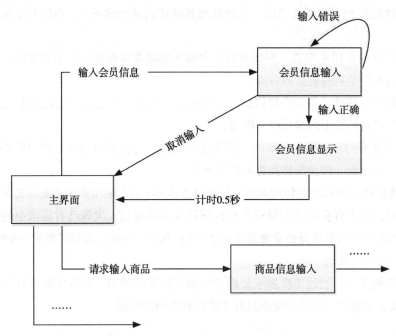

图 6-33 依据用例明确解决方案细节示例

参照图 6-33，再结合图 6-25 所描述的领域知识内容，就可以将销售用例涉及的部分用户需求转换为表 6-5 所示的部分系统级需求。完整的销售用例转换后的系统级需求如表 6-6 所示。

表 6-5 销售用例的部分系统级需求

编　号	需　求　描　述
Sale.Input	系统应该允许收银员在销售任务中进行键盘输入
Sale.Input.Member	在收银员请求输入会员客户编号时，系统要标记会员，参见 Sale.Member
Sale.Input.Payment	在收银员输入结束商品输入命令时，系统要执行结账任务，参见 Sale.Payment
Sale.Input.Cancle	在收银员输入取消命令时，系统关闭当前销售任务
Sale.Input.Del	在收银员输入删除已输入商品命令时，执行删除已输入商品命令，参见 Sale.Del
Sale.Input.Goods	在收银员输入商品目录中存在的商品标识时，系统执行商品输入任务，参见 Sale.Goods
Sale.Input.Invalid	在收银员输入其他标识时，系统显示输入无效
Sale.Member.Start	在销售任务最开始时请求标记会员，系统要允许收银员进行输入
Sale.Member.Notstart	不是在销售任务最开始时请求标记会员，系统不予处理
Sale.Member.Cancle	在收银员取消会员输入时，系统关闭会员输入任务，返回销售任务，参见 Sale.Input
Sale.Member.Valid	在收银员输入已有会员的客户编号时，系统显示该会员的信息
Sale.Member.Valid.List	显示会员信息 0.5 秒之后，系统返回销售任务，并标记其会员信息
Sale.Member.Invalid	在收银员输入其他输入时，系统提示输入无效
……	……

表 6-6　销售用例的完整系统级需求

编　　号	需　求　描　述
Sale.Input	系统应该允许收银员在销售任务中进行键盘输入
Sale.Input.Member	在收银员请求输入会员客户编号时，系统要标记会员，参见 Sale.Member
Sale.Input.Payment	在收银员输入结束商品输入命令时，系统要执行结账任务，参见 Sale.Payment
Sale.Input.Cancle	在收银员输入取消命令时，系统关闭但当前销售任务，开始一个新的销售任务
Sale.Input.Del	在收银员输入删除已输入商品命令时，执行删除已输入商品命令，参见 Sale.Del
Sale.Input.Goods	在收银员输入商品目录中存在的商品标识时，系统执行商品输入任务，参见 Sale.Goods
Sale.Input.Invalid	在收银员输入其他标识时，系统显示输入无效
Sale.Member.Start	在销售任务最开始时请求标记会员，系统要允许收银员进行输入
Sale.Member.Notstart	不是在销售任务最开始时请求标记会员，系统不予处理
Sale.Member.Cancle	在收银员取消会员输入时，系统关闭会员输入任务，返回销售任务，参见 Sale.Input
Sale.Member.Valid	在收银员输入已有会员的客户编号时，系统显示该会员的信息
Sale.Member.Valid.List	显示会员信息 0.5 秒之后，系统返回销售任务，并标记其会员信息
Sale.Member.Invalid	在收银员输入其他输入时，系统提示输入无效
Sale.Payment.Null	在收银员未输入任何商品就结束商品输入时，系统不做任何处理
Sale. Payment.Goods	在收银员输入一系列商品之后结束商品输入时，系统执行结账任务
Sale.Payment.Goods.Gift	系统要处理赠品任务，参见 Sale.Gift
Sale.Payment.Goods.Check	系统要计算总价，显示账单信息，执行结账任务，参见 Sale.Check
Sale.Payment.Goods.End	系统成功完成结账任务后，收银员可以请求结束销售任务，系统执行结束销售任务处理，参见 Sale.End
Sale.Del.Null	在收银员未输入任何商品就输入删除已输入商品命令时，系统不予响应
Sale.Del.Goods	在收银员从商品列表中选中待删除商品时，系统在商品列表中删除该商品
Sale.Goods	系统显示输入商品的信息
Sale.Goods.Num	如果收银员同时输入了大于等于 1 的整数商品数量，系统修改商品的数量为输入值，否则系统设置商品数量为 1
Sale.Goods.Subtotal.Special	如果存在适用（商品标识、今天）的商品特价策略（参见 BR3），系统将该商品的特价设为特价策略的特价，并计算分项总价为（特价 × 数量）
Sale.Goods.Subtotal.Common	在商品是普通商品时，系统计算该商品分项总价为（商品的价格 × 商品的数量）
Sale.Goods.List	在显示商品信息 0.5 秒之后，系统显示已输入商品列表，并将新输入商品信息添加到列表中
Sale.Goods.List.Calculate	系统计算商品列表的总价，参见 Sale.Calculate
Sale.Gift	系统显示赠品列表
Sale.Gift.Goods	对于每一个销售任务商品列表中的商品，如果有适用（商品标识、今天）的商品赠送策略（参见 BR1），系统将商品赠送策略的赠送商品信息添加到赠品列表，赠送策略中的赠送数量 × 商品列表中的商品数量为赠品数量
Sale.Gift.Amount	对于销售任务的普通商品总价，如果有适用（普通商品总价、今天）的总额赠送策略（参见 BR2），系统将所有适用总额赠送策略的赠品信息和数量添加到赠品列表

（续）

编　号	需求描述
Sale.Calculate	系统逐一处理销售任务的商品列表，计算购买商品的总价
Sale.Calculate.Null	在销售任务中没有购买商品时，系统计算总价为 0
Sale.Calculate.Amount	如果存在适用（普通商品总价、今天）的总额特价策略（参见 BR4），系统计算销售总价为（普通商品总价 × 折扣率 + 特价商品总价）
Sale.Calculate.Amount.Null	在没有符合上述条件的总额特价策略时，系统计算销售总价为（普通商品总价 + 特价商品总价）
Sale.Check	系统计算并显示销售的账单信息（参见 Usability1）
Sale.Check.Cancle	在收银员输入取消命令时，系统回到销售任务，参见 Sale.Input
Sale.Check.Cash	系统允许收银员输入支付现金数额
Sale.Check.Member	如果销售任务标记了会员，系统允许收银员输入使用积分兑换数额
Sale.Check.Member.Valid	在收银员输入有效数额时：（大于等于 0）并且（小于等于可用积分总额）并且（按 BR5 兑换数额小于等于总价），系统更新账单的积分数额及其显示
Sale.Check.Member.Invalid	在收银员输入其他内容时，系统提示输入无效
Sale.Check.End	在收银员请求结束账单输入时，系统计算账单
Sale.Check.End.Invalid	在（现金数额 + 按 BR5 兑换的积分额度）< 总价时，系统提示费用不足
Sale.Check.End.Valid	在（现金数额 + 按 BR5 兑换的积分额度）>= 总价时，系统显示应找零数额
Sale.End	系统应该允许收银员要求结束销售任务
Sale. End.Timeout	在销售开始两个小时后还没有接到收银员请求时，系统取消销售任务
Sale. End.Update	在收银员要求结束销售任务时，系统更新数据，参见 Sale.Update
Sale. End.Close	在收银员确认销售任务完成时，系统关闭销售任务，参见 Sale.Close
Sale.Update	系统更新重要数据，整个更新过程组成一个事务，要么全部更新，要么全部不更新
Sale.Update.Sale	系统更新销售信息
Sale.Update.SaleItems	系统更新商品清单
Sale.Update.GiftItems	系统更新赠品清单
Sale.Update.Catalog	系统更新库存信息
Sale.Update.Payment	系统更新账单信息
Sale.Update.Member	如果销售系统标记了会员，系统更新会员信息
Sale.Close.Print	系统打印销售收据，参见 IC1
Sale.Close.Next	系统关闭本次销售任务，开始新的销售任务

6.5　项目实践

根据本章所介绍的需求分析方法，完成以下实践内容。

1. 分析实践项目的用户及其目标、任务，建立系统用例图。

2. 小组讨论，进行用例的细化与调整。

3. 小组分工，完成用例的文本描述，并进行交叉评审。

4. 小组讨论，确定比较复杂、需要进一步明确的用例。

5. 为上一步的用例建立需求分析模型，细化和明确用例。

　1）使用概念类图，细化和明确领域知识。

2）在多个交互行为相对独立时，使用系统顺序图，细化和明确外界与系统的交互。

3）在多个交互行为互相依赖时（例如第一个交互行为的结果会导致后续交互行为的次序发生变化），使用状态图，细化和明确系统对外的交互。

4）如果项目使用关系数据库管理系统，建立 ERD。

6. 以所有明确的用例和分析模型为基础，分工完成系统级需求的建立。

6.6 习题

1. 为什么要进行需求分析？
2. 需求分析的主要目标是什么？
3. 为什么要建立需求分析模型？
4. 结构化需求分析方法的思路是什么？
5. DFD 是怎样体现功能分解思想的？
6. ERD 描述的数据与软件功能有什么关系？
7. 面向对象需求分析方法的思路是什么？
8. 什么是用例？什么是用例图？什么是用例描述？它们有哪些区别与联系？
9. 如何为一个软件系统建立用例图？
10. 用例描述包含哪些重要内容？
11. 概念类图的基本元素有哪些？
12. 如何为一个用例建立概念类图？
13. 系统顺序图的作用是什么？如何为一个用例建立系统顺序图？
14. 状态图的作用是什么？如何为一个用例建立状态图？
15. 需求分析方法是如何帮助细化和明确需求的？
16. 需求分析方法是如何帮助建立系统级需求的？
17. 为下列描述建立用例模型，要求明确给出建模过程。

现在需要开发一个简化了的大学图书馆系统，它有几种类型的借书人，包括教职工借书人、研究生借书人和本科生借书人等。借书人的基本信息包括姓名、地址和电话号码等。对于教职工借书人，还要包括诸如办公室地址和电话等信息。对于研究生借书人，还要包括研究项目和导师信息等。对于本科生借书人，还要包括项目和所有学分信息等。

图书馆系统要跟踪借出图书的信息。当一个借书人捧着一堆书去借书台办理借书手续时，借出这个事件就发生了。一个借书人可以多次从图书馆中借书，也可以一次借出多本图书。

如果借书人想要的书已被借出，他可以预约。每个预约只针对一个借书人和一个书名。预约日期、优先权和完成日期等信息需要维护。当借书完成，系统会将这本书与借出联系起来。

借书人根据图书馆的信息来检索书名，同时检索这本书是否可以被借出。如果一本书的所有副本都被借出了，那么借书人可以根据书名预订这本书。当借书人把书拿到借书台的时候，管理员可以为这些书办理归还手续。管理员要跟踪新书到达的情况。

　　　　图书馆的管理者有属于自己的活动。他们要分类打出关于书名的表格，还要在线检查所有过期未还的书，标记出来。而且，图书馆系统还可以从另外一个大学的数据库中访问和下载借书人的信息。

18. 1）简要描述：ATM 可能有哪些用户？他们分别使用 ATM 的哪些功能？

　　2）以你对 1）的回答为依据，建立 ATM 的系统用例图。

19. 下面是一段需求描述，请依据其建立 ATM 系统的概念类图。

　　　　A 银行计划在 B 大学开设银行分部，计划使用 ATM 提供全部服务。 ATM 系统将通过显示屏幕、输入键盘（有数字键和特殊符号键）、银行卡读卡器、存款插槽、收据打印机等设备与客户交互。客户可以使用 ATM 进行存款、取款、余额查询等操作，它们对账户的更新将交由账户系统的一个接口来处理。安全系统将为每个客户分配一个 PIN 码和安全级别。每次事务执行之前都需要验证该 PIN 码。在将来，银行还计划使用 ATM 支持一些常规的操作，例如地址和电话号码修改。

20. 有一条南北向的路和一条东西向的路形成了一个直行十字路口（不允许左转和右转）。南北向的路有一组交通信号灯，绿灯 45 秒，黄灯 3 秒，红灯 30 秒。东西向的路也有一组交通信号灯，绿灯 27 秒，黄灯 3 秒，红灯 48 秒。请用状态图描述该十字路口的交通信号灯的行为（要求给出建立状态图的过程）。

21. 下面是连锁商店管理系统的一段用例，请分析这段用例，给出分析类图。

ID	1	名　称	处 理 销 售
创建者		最后一次更新者	
创建日期		最后更新日期	
参与者	收银员，目标是快速、正确地完成商品销售，尤其不要出现支付错误		
触发条件	顾客携带商品到达销售点		
前置条件	收银员必须已经被识别和授权		
后置条件	存储销售记录，包括销售信息、商品清单和付款信息；打印收据		
优先级	高		
正常流程	1. 收银员输入商品标识 2. 系统记录商品，并显示商品信息，商品信息包括商品标识、描述、数量、价格和本项商品总价 3. 系统显示已购入的商品清单，商品清单包括商品标识、描述、数量、价格、各项商品总价和所有商品总价 4. 收银员重复 2～4 步，直到完成所有商品的输入 5. 收银员结束输入，系统计算并显示总价 6. 收银员请顾客支付账单 7. 顾客支付，收银员输入收取的现金数额 8. 系统给出应找的余额，收银员找零 9. 系统记录销售信息、商品清单和账单信息 10. 系统打印收据		
扩展流程	1a. 有多个具有相同商品类别的商品（如 5 把相同的雨伞） 　　2. 收银员可以手工输入商品标识和数量 1-3a. 顾客要求收银员取消交易 　　2. 收银员在系统中取消交易		
特殊需求	无		

第 7 章

需求文档化与验证

7.1　文档化的原因

[Brooks1975] 认为在进行一项任务时，有三种常见的分工方式：

1）将任务分解为多个独立子任务，分配给不同人员，这样参与人员之间就不需要进行任何交流，例如割小麦或搬砖头。

2）任务可以按照执行次序关系分解为多个子任务，但是由于次序上的限制，一次只能有一个子任务被执行，始终只能由一个人员开展工作。

3）任务可以分解为多个子任务并分配给不同的人员，但是分解的子任务之间需要相互沟通和交流，例如团队运动项目或打扑克。

软件开发本质上属于第 3）种类型的工作，它的子任务与人员之间存在着错综复杂的关系，存在大量的沟通与交流，所以软件系统开发中需要编写多种不同类型的文档，每种文档都针对项目中需要进行广泛交流的内容。软件需求是项目中需要进行广泛交流的内容之一，所以需求开发阶段需要进行需求的文档化。

7.2　需求文档基础

7.2.1　需求文档的交流对象

需要阅读需求文档，进行需求信息交流的常见读者有：

- 用户。用户要验证文档内描述的需求信息是否与其最初的意图相一致。
- 项目管理者。软件需求文档全面、准确地定义了软件的功能和非功能要求，因此，项目管理者可以基于它进行软件估算，并根据估算数据安排项目进度和人员分工。
- 设计人员和程序员。设计人员和程序员需要依据软件需求文档来完成自己的任务。文档内容是其工作是否正确的一个重要判断标准。
- 测试人员。测试人员需要根据文档的需求内容进行验收测试，确保最终产生的软件系统能够满足用户的要求。

- 文档编写人员。用户使用手册的编写人员需要依据需求信息编写用户使用手册，包括确定手册的内容和要点。
- 维护人员。在软件维护当中，维护人员需要在充分理解软件原有需求的基础上进行信息的修改。

为了将需求信息一致、准确、重复地传递给不同读者，需求文档的写作必须清晰、准确和易读。

7.2.2　用例文档

用例文档和软件需求规格说明文档是最为常见的两种需求文档，用例文档从用户的角度以用例文本为主描述软件系统与外界的交互，软件需求规格说明文档则从软件产品的角度以系统级需求列表的方式描述软件系统解决方案。

用例文档以用例的文本描述为主组织需求的文档化，常见格式如模板 7-1 所示，示例项目连锁商店管理系统（MSCS）的用例文档请参见附录 D.1。

一、文档的信息
1. 对文档本身特征的描述信息，例如文档的标题、作者、更新历史等；
2. 为了方便读者阅读的导读性信息，例如写作的目的、主要内容概述、组织结构、文档约定、参考文献等。
二、用例图或者用例列表
使用一个和几个用例图来概括文档中出现的所有用例及用例间的关系。在文档内用例比较多的情况下，也可能使用一个列表来代替用例图，列表内逐一列出文档内所有用例的 ID、名称和其他需要的概括性信息。
三、用例描述
用例 1
对用例 1 的详细描述。描述的方式如第 6 章所述。
……
用例 n

模板 7-1　用例文档模板

用例文档从用户的角度描述软件系统与外界的交互，它的基本职责是把问题域信息和需求传达给软件系统解决方案的设计者，它的书写方法和内容精确度不同于软件需求规格说明文档。

在现代软件开发中，用例在面向对象开发方法中的作用越来越重要，所以用例文档的地位也越来越重要，相当数量的项目会书写用例文档。在遇到时间压力时，有些项目甚至会使用用例文档来代替软件需求规格说明文档，来完成对需求信息的交流作用。

7.2.3　软件需求规格说明文档

软件需求规格说明文档描述了软件系统的解决方案，有很多不同的格式类型，比较权威的是 [IEEE830-1998] 给出的模板格式（如模板 7-2 所示），其详细解释参见附录 A，示例项目连锁商店管理系统（MSCS）的软件需求规格说明文档请参见附录 D.2。

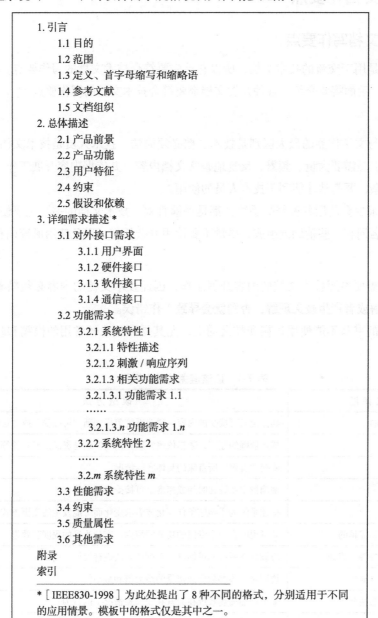

1. 引言
　1.1 目的
　1.2 范围
　1.3 定义、首字母缩写和缩略语
　1.4 参考文献
　1.5 文档组织
2. 总体描述
　2.1 产品前景
　2.2 产品功能
　2.3 用户特征
　2.4 约束
　2.5 假设和依赖
3. 详细需求描述 *
　3.1 对外接口需求
　　3.1.1 用户界面
　　3.1.2 硬件接口
　　3.1.3 软件接口
　　3.1.4 通信接口
　3.2 功能需求
　　3.2.1 系统特性 1
　　　3.2.1.1 特性描述
　　　3.2.1.2 刺激／响应序列
　　　3.2.1.3 相关功能需求
　　　3.2.1.3.1 功能需求 1.1
　　　……
　　　3.2.1.3.*n* 功能需求 1.*n*
　　3.2.2 系统特性 2
　　……
　　3.2.*m* 系统特性 *m*
　3.3 性能需求
　3.4 约束
　3.5 质量属性
　3.6 其他需求
附录
索引
―――――――――――――――――――
* ［IEEE830-1998］为此处提出了 8 种不同的格式，分别适用于不同
的应用情景。模板中的格式仅是其中之一。

模板 7-2　软件需求规格说明文档模板

　　[IEEE830-1998] 推荐的模板很好地组织和安排了软件需求规格说明文档应该包含的内容，可以适用于多种项目。但是软件需求规格说明文档的最佳内容组织方式应该是依软件产品的应用领域不同而有所不同的，所以 [IEEE830-1998] 推荐的模板更多的是起到参考作用，开发者还需要根据项目的类型、规模等因素对其进行调整。除了 [IEEE830-1998] 推荐的模板之外，还有很多其他的软件需求规格说明文档模板可以使用。这些其他的模板大多也是对 [IEEE830-1998] 推荐的模板进行调整后得出的。

7.3　需求文档化要点

7.3.1　技术文档写作要点

需求文档是用于交流的技术文档，所以它首先要符合技术文档的写作要点。（当然，除了需求文档之外，后面将要介绍的各种开发文档都要符合技术文档的写作要点。）

1. 简洁

技术文档与文学作品的最大区别是技术文档必须简洁。技术人员是技术文档的主要读者，他们的工作特点是需要大量、频繁、反复地查阅文档内容，并依据内容开展工作，所以文档内容不能过于复杂，要简洁才能利于技术人员的使用。

技术文档很少会使用各种修辞手法，都是平铺直叙。技术文档的书写主要使用简单语句，主要由动词、名词和一些辅助词组成，尽量不要使用复杂长句，避免使用形容词和副词。

2. 精确

技术人员需要参照技术文档的内容开展工作，因此技术文档的内容必须精确，不能让技术人员无法理解或者产生歧义理解，否则就会导致工作错误。

精确文档的书写不能使用模糊和歧义词汇，尤其是那些比较常用的模糊和歧义词汇（如表 7-1 所示）。

表 7-1　应该避免的歧义词汇

歧 义 词 汇	改 进 方 法
可接受的、足够的	具体定义可接受的内容，说明系统怎样判断"可接受"或"足够"
依赖	描述依赖的原因，数据依赖？服务依赖？还是资源依赖？等等
有效的	明确"有效"所意味的具体实际情况
快的、迅速的	明确指定系统在时间或速度上可接受的最小值
灵活的	描述系统为了响应条件变化或需求变化而可能发生的变更方式
改进的、更好的、优越的	定量说明在一个专门的功能领域内，充分改进的程度和效果
包括但不限于、等等、诸如	应该列举所有的可能性，否则就无法进行设计和测试
最大化、最小化、最优	说明对某些参数所能接受的最大值和最小值
一般情况下、理想情况下	需要增加描述系统在异常和非理想情况下的行为
可选择地	具体说明是系统选择、用户选择还是开发人员选择
合理的、必要的、适当	明确怎样判断合理、必要和适当
健壮的	显式定义系统如何处理异常和如何响应预料之外的操作
不应该	试着以肯定的方式陈述需求，描述系统应该做什么
最新技术水平的	定义其具体含义，即"最新技术水平"意味着什么
充分的	说明"充分"具体包括哪些内容
支持、允许	精确地定义系统的功能，这些功能组合起来支持某些能力
用户友好的、简单的、容易的	描述系统特性，用这些特性说明词汇所代表的用户期望的实质

注：修改自 [Wiegers2003]。

3. 易读（查询）

技术文档被使用的主要目的是进行交流与沟通，所以它必须具有易读性。技术人员大量、频繁、反复的查阅方式又进一步要求技术文档必须具有可查询的易读性，即可以在很短的时间内找到需要的信息，并且能够很容易地理解。

技术文档的易读性使得它的书写有两个特点：

1）有效使用引言、目录、索引等能够增强文档易读性的方法。

引言是增强技术文档的典型部分，它介绍文档的书写目的、主要内容、主要读者、组织结构和其他相关内容。在使用技术文档时，通过阅读引言部分，读者就能够确定文档是否含有自己需要的信息以及包含该信息的章节。

技术文档通常长达几十页甚至几百页，所以目录、索引这些能够增强查询能力的方法也是技术文档要求使用的。

2）使用系统化的方式组织内容信息，提供文档内容的可读性。

系统化的方式是指：使用相同的语句格式来描述相似、关联的信息；使用列表或者表格来组织独立、并列的信息；使用编号来表达繁杂信息之间的关系，包括顺序关系、嵌套关系和层次关系。其中，使用编号包括对图、表进行编号；对文档的章节进行编号；对信息内容进行标识和编号。

系统化的方式一方面可以帮助读者更好地查询和定位信息内容；另一方面也可以让读者既能全面把握信息之间的关系，又能快速建立对目标信息的独立理解。

所以写作技术文档时，在对内容表达能力相同的情况下，要尽量使用系统化的表达方式。

4. 易修改

技术文档通常会随着开发工作的持续而被不断修改，所以技术文档还要易于修改。

能够增强技术文档易读性的目录、索引和系统化表达方式都能有效提高文档的可修改性，因为它们使得文档能够以相对独立的方式组织信息内容。

使得技术文档易修改的另一个注意事项是用引用代替重复。重复是指在文档的不同地方出现相同内容，它们可能会增强文档的易读性，但也会造成维护上的困难。如果后续修改时没能够同步更新所有地方，就可能造成文档内容的不一致。

对于文档中必要的冗余重复信息，可以考虑使用引用：在文档中交叉引用相关的各项。这样，所有的信息内容就只会出现一次，而且在进行更改时也只需修改一个地方。

7.3.2　需求书写要点

在书写需求文档，尤其是软件需求规格说明文档时，对每一条需求的书写要注意下列事项：

1. 使用用户术语

需求文档有一个极其重要、不可忽视的读者——用户，他们要验证需求文档的内容是否符合自己的最初意图。因此，在书写需求时，要首先保证能够对用户易读，尽量使用用户的语言和问题域的概念。

不要使用"计算机术语"，如函数、参数、对象、类等。这些词汇除了让用户为难之外，并不能提高文档的可理解性。

2. 可验证

需求应该是可验证的，通过分析、检查、模拟或者测试等方法能够判断需求是否被满足。如果需求不可验证，就无法判断一项工作是否满足了需求，开发人员也无法去选择一个能够实现需求的方法。

通常，不可验证的需求往往是因为描述模糊或者过于抽象，所以在进行需求的描述时要让需求具体化，小心形容词和副词的使用，避免程度词的使用。

例如，下面的需求 R1 就是一个不可验证的需求，因为"友好"是一个形容词，所以应该将"友好"转化为一些明确的量化标准，然后才可以进行需求的验证。需求 R2 则是对 R "友好"的量化，它是可验证的。

R1：用户查询的界面应该友好。

R2：用户完成任何一个查询任务时的鼠标点击数都不能超过 5 次。

3. 可行性

需求必须能够在系统及其运行环境的已知条件和约束下实现。用户无法判断需求的技术可行性，所以需求的可行性是由开发人员进行检查的。在检查的过程中，开发人员可能需要进行一定的分析和研究，而不是单纯的凭借经验和直觉。对于难以判断的需求，必要的时候要通过开发原型来加以验证。

需求可行性不仅要考虑理论上的技术实现可能性，更要考虑在限定的成本、时间和人员约束内，实现需求的可能性。

下面的 R3 是一个不可行的需求。

R3：系统必须持续可用，即每周 7 天，每天 24 小时都是可用的。

7.3.3 软件需求规格说明文档书写要点

用例文档的编写相对简单，因此在整个文档的组织写作上，这里只强调对软件需求规格说明文档的书写要点，具体包括：

1）充分利用标准的文档模板，保持所有内容位置得当。

文档的组织结构可以被看做一组承载信息内容的槽，大槽承载抽象内容，小槽承载细节内容。在一份好的软件需求规格说明文档之中，槽的选择与顺序设定不是可以任意组织的，一个明显的原因是随意组织的结构很难保证文档的质量，更大的原因是它不利于文档的可读（查询）性。每个人在长期使用同一类型文档时，难免会在意识中建立一个惯例的文档结构，因此一个文档最佳的可读（查询）方式是符合人们惯例的组织方式，这样读者就能够在自己倾向的位置找到想要的信息。通过借鉴和使用标准的文档模板，可以使得文档组织最大化地适应读者的惯例，能够保证所有细节内容都适得其所。

2）保持文档内的需求集具有完备性和一致性。

需求集的完备性要求不能遗漏重要的需求或者必要的信息。为避免需求的遗漏，要求需求工程师做好业务需求的分析，根据业务需求发现需求的遗漏现象。

在各种原因的影响下，常常会使得在编写软件需求规格说明文档时并不能给所有的需求和问题都盖棺定论，此时就需要将这些内容显著地标记为待解决问题（To Be Determined，TBD），并指定解决的时间和人员。在文档内所有的 TBD 问题全部解决之前，软件需求规格说明文档都是不完备的。

需求集的一致性是指不同需求之间不能互相冲突。为了保证软件需求规格说明文档的一致性，由开发人员和非开发人员对其进行手工评审是非常必要的。

3）为需求划分优先级。

项目都是有时间、成本和人员约束的，因此难免会有某些项目的需求无法被全部实现，而且实践情况表明无法全部实现需求的项目比例很高。所以，在需求文档中，要根据重要性、必要性、风险、成本等因素给所有需求划分优先级。这样，如果现有资源不足以实现进度和预算中的所有需求，那么至少可以保证实现了最为重要和必要的需求，可以减少部分需求未能实现的损失。

需求优先级的划分要充分考虑用户的意见，因为他们是需求是否重要和必要的唯一评判者。可以将需求划分为高、中、低等定性的优先级，也可以将需求划分为 1 ～ 10 等定量的优先级。

7.4 评审软件需求规格说明文档

7.4.1 需求验证与确认

软件需求规格说明文档是项目交流的最重要内容，众多开发人员都需要以其为基础进行工作。如果软件需求规格说明文档存在错误，那么会给后续开发工作带来很多问题。经验也表明需求开发阶段产生的错误如果没有及时发现和修复，那么到了后续阶段再发现和修复的代价会非常高。所以，软件需求规格说明文档需要进行严谨的验证与确认，然后才能提交到项目配置库，供其他人员使用。

评审是进行需求验证与确认的主要方法，原则上每一条需求都应该进行评审。

7.4.2 评审需求的注意事项

进行软件需求规格说明文档评审时，要注意以下事项：

1. 重视需求评审

调查表明坚实的需求基础（firm basic requirement）是影响项目成败的重要因素 [Standish1999, Standish2001]。这一方面重申了需求在软件开发中的重要性，另一方面也说明了坚实的需求基础并不易得。从这个侧面也可以看到需求验证在实践中的重要性。[Lawrence2001] 也将忽视需求验证视为是需求工程中的最大风险之一。

2. 需求评审的组织

与普通的技术评审相比，需求评审的组织在下列方面有自己的要求：

1）评审的人员不能仅由技术人员组成，必须包括客户和用户。[Hofmann2001] 调查发现技术人员、领域专家、客户以及用户进行的需求评审可以帮助需求工程团队定义更准确的需求，建立更有效的分析模型。

2）在评审中使用线索。[Lubars1993, Hofmann2001] 调查发现评审中客户、用户对线索（threads）和场景（scenarios）表现出了最大的兴趣。

3）使用需求检查列表。在评审中发现问题是整个评审过程的关键。为了更好地发现问题，需要使用一些检查方法来帮助和引导检查人员。一个推荐的需求检查列表如图 7-1 所示。

一、组织和完整性
    1）所有对其他需求的内部交叉引用是否正确？
    2）编写的所有需求其详细程度是否一致和合适？
    3）需求是否能为设计提供足够的基础？
    4）是否确定了每个需求的优先级？
    5）是否定义了所有对外的硬件、软件和通信接口？
    6）软件需求规格说明中是否包括了所有已知的需求？
    7）需求中是否遗漏了必要的信息？如果有，有没有标记为待确定问题？
    8）是否对所有预期错误产生的系统行为都编制了文档？
二、正确性
    9）是否有需求与其他需求相冲突或与其他需求重复？
    10）是否清晰、简洁、准确地表达了每个需求？
    11）是否每个需求都能通过测试、演示、评审或者分析等方法得到验证？
    12）是否每个需求都在项目的范围内？
    13）是否每个需求都没有内容上和语法上的错误？
    14）在现有的资源限制内，是否能实现所有的需求？
三、质量属性
    15）是否合理地确定了所有的性能目标？
    16）是否合理地确定了防护性和安全性方面要考虑的问题？
    17）在对质量属性进行了合理地折中之后，是否对其他相关的质量属性目标也定量地进行了
        编档？
四、可跟踪性
    18）是否每个需求都具有唯一性标识可以正确识别？
    19）是否每个业务需求都得到了软件功能需求的满足？
    20）是否每个软件功能需求都可以被跟踪到高层需求？
五、特殊问题
    21）是否所有的需求都是名副其实的需求，而不是设计或者实现方案？
    22）都是使用了用户语言，而不是计算机术语吗？

图 7-1　需求评审检查列表

注：修改自 [Wiegers2003]。

7.5　以需求为基础开发系统测试用例

在需求开发完成之后，测试人员就可以以需求为基础开发系统测试用例（主要是功能测试）了。这些测试用例将在软件系统实现之后的测试阶段得到执行。在实践中发现，在为需求开发测试用例的过程中可以发现软件需求规格说明文档的缺陷与问题。因此，为需求开发测试用例也被看做有效的需求验证方法。

以需求为基础开发系统测试用例有两个步骤 [Lewis2008]：①以需求为线索，开发测试用例套件；②使用测试技术确定输入/输出数据，开发测试用例。

7.5.1 开发测试用例套件

以需求列表为线索，可以开发测试用例套件。测试用例套件是测试用例的集合，它将相关的测试用例组织在一起，通常每个测试用例套件是目标明确的一项功能。

例如，针对表 6-5 的销售处理需求，可以开发测试用例套件 TUS1，其线索是：非会员顾客购买一批商品，收银员逐一输入商品后现金结账，整个销售过程处理正确。测试用例套件对需求的覆盖情况如表 7-2 所示。

表 7-2 测试用例套件对需求的覆盖情况

编　　号	测试用例套件 1	测试用例套件 2	测试用例套件 3
Sale.Input	TUS1	TUS2	TUS3
Sale.Input.Member		TUS2	
Sale.Input.Payment	TUS1	TUS2	
Sale.Input.Cancle			TUS3
Sale.Input.Del	TUS1		
Sale.Input.Goods	TUS1	TUS2	TUS3
Sale.Input.Invalid	TUS1	TUS2	TUS3
Sale.Member.Start		TUS2	
Sale.Member.Notstart		TUS2	
Sale.Member.Cancle		TUS2	
Sale.Member.Valid		TUS2	
Sale.Member.Valid.List		TUS2	
Sale.Member.Invalid		TUS2	
Sale.End.Null	TUS1	TUS2	
Sale.Payment.Goods	TUS1	TUS2	
Sale.Payment.Goods.Gift	TUS1	TUS2	
Sale.Payment.Goods.Check	TUS1	TUS2	
Sale.Payment.Goods.End	TUS1	TUS2	
Sale.Del.Null	TUS1		
Sale.Del.Goods	TUS1		
Sale.Goods	TUS1	TUS2	TUS3
Sale.Goods.Num	TUS1	TUS2	TUS3
Sale.Goods.Subtotal.Special	TUS1	TUS2	TUS3
Sale.Goods.Subtotal.Common	TUS1	TUS2	TUS3
Sale.Goods.List	TUS1	TUS2	TUS3
Sale.Goods.List.Calculate	TUS1	TUS2	TUS3
Sale.Gift	TUS1	TUS2	TUS3

（续）

编　　号	测试用例套件 1	测试用例套件 2	测试用例套件 3
Sale.Gift.Goods	TUS1	TUS2	TUS3
Sale.Gift.Amount	TUS1	TUS2	TUS3
Sale.Calculate	TUS1	TUS2	TUS3
Sale.Calculate.Null	TUS1		
Sale.Calculate.Amount	TUS1	TUS2	TUS3
Sale.Calculate.Amount.Null	TUS1	TUS2	TUS3
Sale.Check	TUS1	TUS2	
Sale.Check.Cancle	TUS1	TUS2	
Sale.Check.Cash	TUS1	TUS2	
Sale.Check.Member		TUS2	
Sale.Check.Member.Valid		TUS2	
Sale.Check.Member.Invalid		TUS2	
Sale.Check.End	TUS1	TUS2	
Sale.Check.End.Invalid	TUS1	TUS2	
Sale.Check.End.Valid	TUS1	TUS2	
Sale.End	TUS1	TUS2	
Sale.End.Timeout			
Sale.End.End.Update	TUS1	TUS2	
Sale.End.End.Close	TUS1	TUS2	
Sale.Update	TUS1	TUS2	
Sale.Update.Sale	TUS1	TUS2	
Sale.Update.SaleItems	TUS1	TUS2	
Sale.Update.GiftItems	TUS1	TUS2	
Sale.Update.Catalog	TUS1	TUS2	
Sale.Update.Payment	TUS1	TUS2	
Sale.Update.Member		TUS2	
Sale.Close.Print	TUS1	TUS2	
Sale.Close.Next	TUS1	TUS2	TUS3
BR1	TUS1	TUS2	
BR2	TUS1	TUS2	
BR3	TUS1	TUS2	
BR4	TUS1	TUS2	
BR5	TUS1	TUS2	
Usability1	TUS1	TUS2	TUS3
IC1	TUS1	TUS2	

　　原则上，除测试代价过高或者测试难度过大的需求之外 [Kotonya1998]，所有的需求都应该有测试用例套件覆盖。使用用例描述的正常流程和异常流程作为线索可以很好地满足这一点。

例如，基于用例描述，可以为销售处理确定测试用例套件，如表 7-3 所示。

表 7-3 销售处理需求的测试用例套件

测试用例套件	覆 盖 流 程						
TUS1	正常流程		3a	3b	5-8a		
TUS2	正常流程	1a				9a	11a
TUS3	正常流程				5-8b		

7.5.2 开发测试用例

对确定的测试用例套件，使用软件测试技术，主要是基于规格的技术，设计测试场景的输入与输出数据，建立测试用例。

例如，对测试用例套件 TUS1，可以建立部分的测试用例，如表 7-4 所示。其中：TUS1-1 ～ TUS1-3 是对输入 1（商品信息）按照等价类划分方法设计的数据；TUS1-4 ～ TUS1-6 是对输入 2（特价情况）按照等价类划分方法设计的数据。

表 7-4 TUS1 的测试用例

ID	输 入				预 期 输 出
	商品信息	特价情况	赠品情况	支付现金	
TUS1-1	无商品	无	无	无	系统不做任何处理，关闭销售任务
TUS1-2	商品 1（1、1（双）、35（RMB）） 商品 2（2、1（双）、50（RMB））	无	无	85	无找零，系统行为满足后置条件
TUS1-3	商品 1（1、1（双）、35（RMB）） 商品 2（2、1（双）、50（RMB））	无	无	150	找零 15，系统行为满足后置条件
TUS1-4	商品 1（1、1（双）、35（RMB）） 商品 2（2、1（双）、50（RMB））	商品 1 特价 20RMB		100	找零 30，系统行为满足后置条件
TUS1-5	商品 1（1、1（双）、35（RMB）） 商品 2（2、1（双）、50（RMB））	总额特价 50RMB 以上 0.8 折		100	找零 32，系统行为满足后置条件
TUS1-6	商品 1（1、1（双）、35（RMB）） 商品 2（2、1（双）、50（RMB））	商品 1 特价 20RMB 总额特价 50RMB 以上 0.8 折		100	找零 44，系统行为满足后置条件
......					

表 7-4 的测试用例还应该基于余下的输入（赠品情况与支付现金）继续扩展，如有必要，不同输入之间的交叉也应该被扩展（例如同时存在特价与赠品时的交叉）。

7.6 度量需求

以需求文档为基础，可以在需求阶段要收集的重要度量数据有：

- 用例的数量。
- 平均每个用例中的场景数量。
- 平均用例行数。
- 软件需求数量。

- 非功能需求数量。
- 功能点数量。

如果平均的用例场景数量过低，那么就存在对异常流程考虑不周的。如果平均用例行数过多或者过少，那么可能对用例的细分粒度过大或者过小。

用例数量、软件需求数量和功能点数量应该是相对比例均衡的，如果三者之间有着非常大的差距，那么可能会有需求的遗漏。

在整个项目结束之后，也可以根据用例数量、软件需求数量和功能点数量来分析它们对软件规模估算的计算方法。

功能点不是功能，功能点数不是功能数。功能点是 [Albrecht1979] 提出的用于估算和度量软件系统规模与复杂度的抽象单位。在需求开发阶段，估计代码行数误差较大，使用功能点来估算和度量软件系统的规模与复杂度则有较好的效果。

功能点的测度包括下列 5 个部分：

1）输入数量：用户输入的数据项组，每一组数据代表一次有意义的输入，往往需要程序员进行一次编程处理，进行数据验证、格式化与接收。

2）输出数量：系统需要对外展示的内容组，每个内容组需要一次内聚的程序处理，表现为屏幕界面、打印输出、错误提示等。

3）查询数量：由用户执行的交互式查询，是用户的"命令"输入，通常表现为鼠标点击（菜单、按钮、链接、右键、双击等）和键盘输入（热键），它们需要专门的程序进行响应。

4）逻辑文件数量：系统内部的持久化数据，包括文件、数据表等，它们需要专门的读/写或处理程序段。

5）对外接口数量：与外部系统交换数据的软硬件通信接口。

例如，如表 7-5 所示，可以得到 MSCS 系统销售功能需求的测度值为：

- 输入：5
- 输出：13
- 查询：8
- 逻辑文件：13
- 对外接口：1

表 7-5　需求度量示例

编　号	需求描述与度量
Sale.Input	系统应该允许收银员在销售任务（输出：销售任务主界面）中进行键盘输入
Sale.Input.Member	在收银员请求输入（查询）会员客户编号时（输入），系统要标记会员，参见 Sale.Member
Sale.Input.Payment	在收银员输入结束商品输入命令（查询）时，系统要执行结账任务，参见 Sale.Payment
Sale.Input.Cancle	在收银员输入取消命令（查询）时，系统关闭当前销售任务（输出），开始一个新的销售任务
Sale.Input.Del	在收银员输入删除已输入商品命令时（查询），执行删除已输入商品命令，参见 Sale.Del

（续）

编　号	需求描述与度量
Sale.Input.Goods	在收银员输入商品目录中存在的商品标识时（输入），系统执行商品输入任务，参见 Sale.Goods
Sale.Input.Invalid	在收银员输入其他标识时，系统显示输入无效
Sale.Member.Start	在销售任务最开始时请求标记会员，系统要允许收银员进行输入
Sale.Member.Notstart	不是在销售任务最开始时请求标记会员，系统不予处理
Sale.Member.Cancle	在收银员取消会员输入（查询）时，系统关闭会员输入任务，返回销售任务，参见 Sale.Input
Sale.Member.Valid	在收银员输入已有会员的客户编号时（逻辑文件），系统显示该会员的信息（输出）
Sale.Member.Valid.List	显示会员信息 0.5 秒之后，系统返回销售任务，并标记其会员信息
Sale.Member.Invalid	在收银员输入其他输入时，系统提示输入无效
Sale.Payment.Null	在收银员未输入任何商品就结束商品输入时，系统不做任何处理
Sale.Payment.Goods	在收银员输入一系列商品之后结束商品输入时，系统要进行结账
Sale.Payment.Goods.Gift	系统要处理赠品任务，参见 Sale.Gift
Sale.Payment.Goods.Check	系统要计算总价，显示账单信息，执行结账任务，参见 Sale.Check
Sale.Payment.Goods.End	系统成功完成结账任务后，收银员可以请求结束销售任务（查询），系统执行结束销售任务处理，参见 Sale.End
Sale.Del.Null	在收银员未输入任何商品就输入删除已输入商品命令时，系统不予响应
Sale.Del.Goods	在收银员从商品列表中选中待删除商品时，系统在商品列表中删除该商品（输出）
Sale.Goods	系统显示输入商品的信息（逻辑文件；输出）
Sale.Goods.Num	如果收银员同时输入了大于等于 1 的整数商品数量，系统修改商品的数量为输入值，否则系统设置商品数量为 1（输入）
Sale.Goods.Subtotal.Special	如果存在适用（商品标识、今天）的商品特价策略（参见 BR3）（逻辑文件），系统将该商品的特价设为特价策略的特价，并计算分项总价为（特价 × 数量）
Sale.Goods.Subtotal.Common	在商品是普通商品时，系统计算该商品分项总价为（商品的价格 × 商品的数量）
Sale.Goods.List	在显示商品信息 0.5 秒之后，系统显示已输入商品列表（输出），并将新输入商品信息添加到列表中
Sale.Goods.List.Calculate	系统计算商品列表的总价，参见 Sale.Calculate
Sale.Gift	系统显示赠品列表（输出）
Sale.Gift.Goods	对于每一个销售任务商品列表中的商品，如果有适用（商品标识、今天）的商品赠送策略（参见 BR1）（逻辑文件），系统将商品赠送策略的赠送商品信息添加到赠品列表，赠送策略中的赠送数量 × 商品列表中的商品数量为赠品数量
Sale.Gift.Amount	对于销售任务的普通商品总价，如果有适用（普通商品总价、今天）的总额赠送策略（参见 BR2）（逻辑文件），系统将所有适用总额赠送策略的赠品信息和数量添加到赠品列表
Sale.Calculate	系统逐一处理销售任务的商品列表，计算购买商品的总价
Sale.Calculate.Null	在销售任务中没有购买商品时，系统计算总价为 0
Sale.Calculate.Amount	如果存在适用（普通商品总价、今天）的总额特价策略（参见 BR4）（逻辑文件），系统计算销售总价为（普通商品总价 × 折扣率 + 特价商品总价）
Sale.Calculate.Amount.Null	在没有符合上述条件的总额特价策略时，系统计算销售总价为（普通商品总价 + 特价商品总价）

（续）

编　号	需求描述与度量
Sale.Check	系统计算并显示销售的账单信息（参见 Usability1）（输出）
Sale.Check.Cancle	在收银员输入取消命令时（查询），系统回到销售任务，参见 Sale.Input
Sale.Check.Cash	系统允许收银员输入支付现金数额（输入）
Sale.Check.Member	如果销售任务标记了会员，系统允许收银员输入使用积分兑换数额（输入）
Sale.Check.Member.Valid	在收银员输入有效数额时：（大于等于 0）并且（小于等于可用积分总额）并且（按 BR5 兑换数额小于等于总价）（逻辑文件），系统更新账单的积分数额及其显示
Sale.Check.Member.Invalid	在收银员输入其他内容时，系统提示输入无效
Sale.Check.End	在收银员请求结束账单输入（查询）时，系统计算账单
Sale.Check.End.Invalid	在（现金数额＋按 BR5 兑换的积分额度）＜总价时，系统提示费用不足（输出）
Sale.Check.End.Valid	在（现金数额＋按 BR5 兑换的积分额度）＞＝总价时，系统显示应找零数额（输出）
Sale.End	系统应该允许收银员要求结束销售任务
Sale. End.Timeout	在销售开始两个小时后还没有接到收银员请求时，系统取消销售任务（输出）
Sale. End.Update	在收银员要求结束销售任务时，系统更新数据，参见 Sale.Update
Sale. End.Close	在收银员确认销售任务完成时，系统关闭销售任务，参见 Sale.Close
Sale.Update	系统更新重要数据，整个更新过程组成一个事务，要么全部更新，要么全部不更新
Sale.Update.Sale	系统更新销售信息（逻辑文件）
Sale.Update.SaleItems	系统更新商品清单（逻辑文件）
Sale.Update.GiftItems	系统更新赠品清单（逻辑文件）
Sale.Update.Catalog	系统更新库存信息（逻辑文件）
Sale.Update.Payment	系统更新账单信息（逻辑文件）
Sale.Update.Member	如果销售系统标记了会员，系统更新会员信息（逻辑文件）
Sale.Close.Print	系统打印销售收据（输出），参见 IC1（对外接口）
Sale.Close.Next	系统关闭本次销售任务，开始新的销售任务（输出）

软件系统总的功能点是上述 5 个测度的计算：

$$FP = 功能点测度总数 \times \left[0.65 + 0.01 \times \sum_{1}^{14} F_i \right]$$

功能点测度总数是各个测度的权重和：

$$功能点测度总数 = \sum_{j=1}^{5} (C_j \times f_j)$$

加权因子 f_j 是经过分析历史数据形成的，如表 7-6 所示。

表 7-6 功能点计算的加权因子 f_j

功能点测度		加权因子 f_j		
		简 单 系 统	中 等 系 统	复 杂 系 统
C_1	输入数量	3	4	6
C_2	输出数量	4	5	7
C_3	查询数量	3	4	6
C_4	逻辑文件数量	7	10	15
C_5	对外接口数量	5	7	10

商店销售系统（MSCS）属于中等系统，所以其功能点测度总数 $=5 \times 4+13 \times 5+8 \times 4+13 \times 10+1 \times 7=254$。

F_i 是调整系统复杂度的因子，如表 7-7 所示。每项都是经验估计数值，从 0（不重要或不需要）到 5（必须而且重要）。商店销售系统（MSCS）的复杂度调整因子合计为 40。

表 7-7 复杂度调整因子

系统复杂度因子 F_i	描　　述	MSCS 估计值
1	系统需要备份和恢复吗?	0
2	需要专门的网络数据通信吗?	0
3	存在分布式处理功能吗?	5（RMI）
4	性能关键吗?	2
5	系统将运行在一个现有的、使用困难的操作环境吗?	3（收银员）
6	系统需要在线数据项吗?	5（领域数据都是在线的）
7	在线数据项目需要对多个屏幕或操作建立输入事务吗?	4（多客户端）
8	逻辑文件在线更新吗?	5
9	输入、输出、文件或查询是复杂的吗?	2（都较为独立）
10	内部处理是复杂的吗?	3（特价与赠品计算）
11	所设计的代码要求可复用吗?	4（课程要求）
12	设计要求包括交付与安装吗?	3
13	系统需要设计为多个安装以适应不同组织吗?	0
14	系统设计要求易于修改和易于使用吗?	4（课程要求）

基于上述公式和数据，就可以计算销售用例的功能点了：

$$\text{FP(sale)} = 254 \times (0.65 + 0.01 \times 40)$$
$$= 254 \times 1.05$$
$$= 266.7$$

得到系统所有功能的功能点之后，合计就能得到系统的总体功能点数了。

7.7 将需求制品纳入配置管理

在完成需求开发之后，要及时地将需求阶段的重要制品纳入配置管理。这些重要的制品包括：

- 需求分析模型；
- 需求文档；
- 系统测试用例。

纳入配置管理之后，对这些制品的修改就必须经过正式的变更控制过程。

7.8 项目实践

1. 文档编写人员制定需求文档模板与编写规范，交小组讨论。
2. 依据讨论通过的模板与规范，分工完成需求文档的编写。
3. 质量保障人员组织进行需求文档评审。
4. 质量保障人员组织进行系统测试用例的开发。
5. 质量保障人员分配需求度量任务，并收集数据进行分析。

7.9 习题

1. 为什么需要将需求编写成文档？
2. 收集资料，列举一下软件开发有哪些重要的文档。试着分析一下它们各自的交流目的是什么，交流对象有哪些。
3. 技术文档写作有哪些要点？为什么？
4. 软件需求规格说明文档有哪些读者？分析一下他们各自需要从文档中得到什么信息？
5. 每一条独立需求的书写有哪些要点？请各给出一个不满足的例子。
6. 软件需求规格说明文档的书写有哪些要点？
7. 相较于软件开发中的其他制品评审，需求评审有哪些注意事项？
8. 你认为除了图 7-1 所包含的条目之外，还有哪些事项应该被纳入需求评审检查列表？
9. 应该如何为需求开发系统测试用例？
10. 什么是功能点？它有什么作用？
11. 如何计算功能点？

第四部分

软件设计

　　本部分是全书的重点和难点，其基本目标是使读者掌握中小规模软件设计所需的相关技术。本部分首先介绍软件设计的基础概念，之后沿着设计过程和设计技术两条主线，深入描述软件设计的相关知识。其中主要包括软件设计的核心思想，设计模型，体系结构设计基础、人机交互设计基础和详细设计的基本过程、模块化与信息隐藏思想、简单设计模式、软件设计描述文档等。

　　本部分包括9章，各章主要内容如下：

　　第8章"软件设计基础"：介绍了软件设计的发展历史、核心思想、过程，让读者明白软件设计是一个决策的过程，介绍了软件设计的模型与方法，以及如何描述软件设计。

　　第9章"软件体系结构基础"：介绍了体系结构的基本概念，简要描述了几种常见的体系结构风格，描述了软件体系结构文档概要。

　　第10章"软件体系结构设计与构建"：描述了软件体系结构的设计过程和体系结构原型的构建过程，并说明了软件体系结构的集成策略与验证方法。

　　第11章"人机交互设计"：介绍了软件交互设计的背景和目标，概述了人机交互的设计因素和常见设计原则，描述了人机交互设计的典型过程。

　　第12章"详细设计的基础"：介绍了详细设计的上下文背景，简单描述了结构化详细设计过程，详细描述了面向对象详细设计过程，说明了详细设计的文档化及其验证方法。

　　第13章"详细设计中的模块化与信息隐藏"：介绍了模块化与信息隐藏思想的初衷与发展，分析了模块化与信息隐藏思想的基本内容。

　　第14章"详细设计中面向对象方法下的模块化"：介绍了面向对象方法中模块化的概念，分析了面向对象的耦合与内聚类型，详细介绍了在面向对象详细设计中能够降低耦合和增加内聚的方法。

　　第15章"详细设计中面向对象方法下的信息隐藏"：使用信息隐藏思想分析面向对象方法中的职责抽象和接口与实现的分离，详细介绍了在面向对象详细设计中能够实现信息隐藏的方法。

　　第16章"详细设计的设计模式"：从模块化和信息隐藏的思想出发，分析典型问题，介绍了策略、抽象工厂、单件、迭代器等设计模式，详细阐述了每种模式的典型问题、设计分析、解决方案和应用案例。

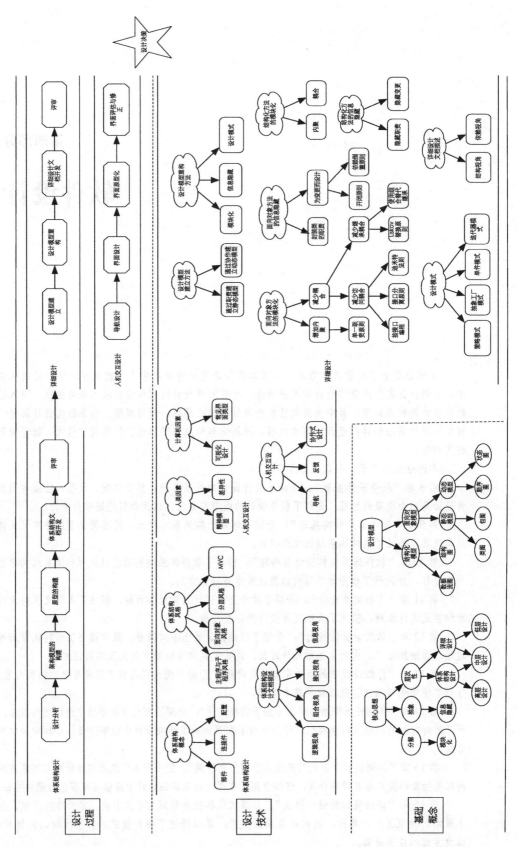

设计概览

第 8 章

软件设计基础

8.1 软件设计思想的发展

"软件"（software）这个名词最早由 Tukey 于 1958 在公开刊物上使用 [Leonhardt2000]，之前还被称为"程序"（program）。最初，程序被用来模仿硬件的分步操作，那时的语言是面向语句的编程：使用机器代码和汇编语言，所有的数据都是全局的，所有的语句能够访问所有的数据。那个时候人们认为软件设计和硬件设计一样，采用硬件开发中"度量两次之后才动手"和桌面检查等方法逐行逐句地设计和开发软件，软件设计还处于原始发展时期。

从 20 世纪 60 年代中后期到 70 年代前中期，随着函数语言的出现，程序的组织结构从语句升级为函数，数据被分为全局的和本地的两种类型，程序员可以限制对本地数据的访问。这时的软件设计也从语句层次提升到函数层次，主要进行"函数"（function）和"过程"（procedure）的设计，是"程序设计"（program design）的年代。结构化编程理论和 Wirth 提出的逐步求精、自顶向下理念是程序设计的主要方法 [Wirth 1971]。

从 20 世纪 70 年代中后期开始到 90 年代，随着软件结构的组织层次从函数进一步提升为模块，设计师开始将相当一部分精力从函数级别的程序设计转向模块级别的"软件设计"（software design）：首先进行概要设计，根据功能设计软件的整体模块结构；其次进行详细设计，建立模块的层次化分解，定义高质量、可实现的细化模块，并设计各细化模块内部的程序结构。这一时期出现了很多设计思想，比较重要的有：

- 软件设计是独立于软件实现（程序设计）的活动，需要独立的方法、模型和工具 [Freeman1976, Riddle1980, Bergland1981]。
- 结构化设计方法 [Stevens1974] 的提出，使得软件设计有了第一个完整的体系，软件设计能够按照一定的原则、步骤和方法来完成。数据流图和结构图是结构化设计方法的核心技术。
- 随着软件越来越复杂，对可修改性和可扩展性要求越来越高，面向对象设计逐渐发展起来。抽象数据类型 [Liskov1974]、信息隐藏 [Parnas1972]、封装、继承和多态等思想的提出为 20 世纪 90 年代面向对象设计的形成和发展做出了很大的贡献。

- 从 20 世纪 60 年代后期到 80 年代，人们开始重视将设计、设计过程融入完整的软件开发过程与管理活动。1968 年，Conway 就提出：系统设计中的模块、子系统、层等必定和设计团队的人员组织互相影响 [Conway 1968]。1975 年，Brooks 主张在软件项目管理过程中描述设计与过程的关系而不是单纯地看待设计活动 [Brooks1975]。到了 20 世纪 80 年代，设计和开发过程、项目管理的融合得到了广泛认同，集成化开发环境将设计模型与分析模型、编程语言进行了很好的衔接。

20 世纪 90 年代之后，除了面向对象设计方法形成和发展 [Booch1994] 之外，随着软件产品的大规模化，软件设计也进入了"大规模软件设计"年代：

- 更适用于大规模软件系统设计的严谨的软件体系结构方法开始出现和成熟，代替了之前不严谨的概要设计。
- 复用的思想越来越得到重视，包括产品线、框架、设计模式等"基于复用的设计"和"为复用而设计"的重要设计思想被提出和广泛应用。

2000 年年初至今，在意识到过度强调过程、文档、合同、计划的传统开发方法带来的弊端之后，随着更强调最佳实践方法的 RUP 和敏捷软件开发方法的发展，人们也革新了设计的思路。以重视体系结构（RUP）、设计建模（RUP 强调使用 UML 语言）、重构（敏捷方法）等为代表的最佳设计实践方法被广泛应用。

8.2 软件设计的核心思想

软件开发的最大挑战是软件的复杂性 [Brooks1987]，所以控制系统复杂度是软件设计方法的核心问题。"分而治之"是软件设计解决复杂度难题的主要思路，抽象和分解是软件设计的核心思想 [Freeman1980]。**分解**（decomposition）是横向上将系统分割为几个相对简单的**子系统**（subsystem）以及各子系统之间的关系。分解之后每次只需关注经过抽象的相对简单的子系统及其相互间的关系，从而降低了复杂度。**抽象**（abstraction）则是在纵向上聚焦各子系统的接口。这里的**接口**（interface）和**实现**（implementation）相对，是各子系统之间交流的契约，是整个系统的关键所在、本质所在。抽象可以分离接口与实现，让人更好地关注系统本质，从而降低复杂度。分解和抽象一般是一起使用的，比如我们既将系统分解为子系统，又通过抽象分离接口与实现。图 8-1 给出分解与抽象示意图。

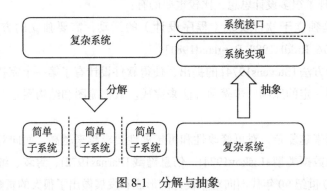

图 8-1　分解与抽象

无论分解还是抽象，其实都是有层次性（hierarchy）的，即我们可以不断地分解和抽象，在子系统的内部，我们还可以再分解出更小的子系统，再抽象出更小的接口，这就形成了层次，直到其分出的每个部分都足够简单。比如图 8-2 中，我们可以先将复杂系统 1 分解为简单子系统 1.1、简单子系统 1.2 和简单子系统 1.3，这是第一层分解。接着我们继续分解简单子系统 1.3，将其分解为简单子系统 1.3.1、简单子系统 1.3.2 和简单子系统 1.3.3。

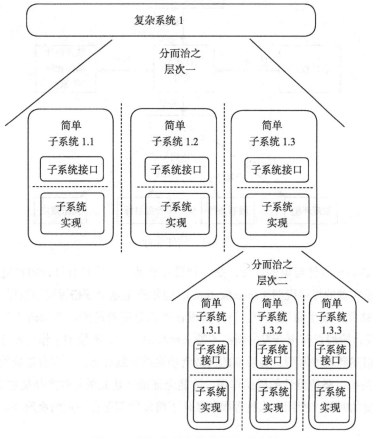

图 8-2　分解与抽象的并用和层次性

8.3　理解软件设计

8.3.1　设计与软件设计

《牛津英文词典》对于设计做出了如下解释：

对……形成计划或者模式，运用思维整理或考量……，以便后续执行。

[Brooks 2010] 认为上述定义的精髓在于计划、思维和后续执行。

[Ralph 2009] 将设计定义为：

- 设计（名词）：一个对象的规格说明。它由人创造，有明确的目标，适用于特殊的环境，由一些基础类型构件组成，满足一个需求集合，受一定的限制条件约束。
- 设计（动词）：在一个环境中创建对象的规格说明。

设计师以对象的目标和用户的需求为指引，在一定客观约束条件下，考虑艺术、科学、工程等各方面因素，通过分析、研究、思索、建模、交互、重构等环节来完成设计，产生的设计规格说明能够体现对象的结构性和质量，为后续的构建活动提供指导和规划。

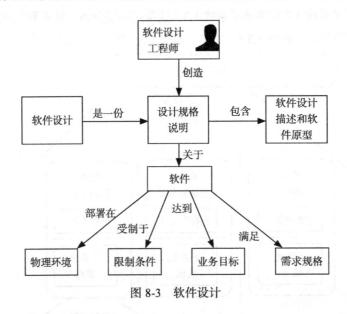

图 8-3 软件设计

软件设计是关于软件对象的设计，是一种设计活动，自然具有设计的普遍特性。软件设计既指软件对象实现的规格说明（specification），也指产生这个规格说明的过程。

在传统的软件开发生命周期中，设计阶段在需求分析阶段的后面和构造阶段的前面。如图 8-3 所示，设计阶段以需求开发的制品（需求规格说明和分析模型）作为设计的基础，构建软件设计方案描述和软件原型，为后期的构造活动提供规划和蓝图。只有正确处理需求、设计和构造之间的关系，坚持设计的桥梁作用，才能保证最后建立的软件产品能够满足需求规格，才能保证在一定的时间、费用、人员等限制条件下将软件部署在一定的物理环境内，达到涉众的业务目标。

8.3.2　工程设计与艺术设计

人们常常争论软件设计到底是工程设计（engineering design）更重要一些还是艺术设计（artist design）更重要一些。这很难给出一个比较，对于软件设计来说，工程设计和艺术设计都很重要 [Winograd1996]。

从工程设计角度讲，[Faste2001] 认为软件设计要：时刻保持以用户为中心，为其建造有用的软件产品；将设计知识科学化、系统化，并能够通过职业教育产生合格的软件设计师；能够进行设计决策与折中，解决设计过程中出现的不确定性、信息不充分、要求冲突等复杂情况。

Vitruvius（《De Architectura》，公元前 22 年）认为好的建筑架构要满足"效用（useful）、坚固（solid）与美感（beautiful）"三个方面的要求。参照这个看法，除了效用（功能）和坚固（即高质量，包括质量模型中的各个维度）之外，软件设计还需要考虑软件产品的美感因素，这就是软件设计的艺术角度。[Brooks2010] 认为重要的美感因素包括：简洁、结构清晰和一致。

更看重艺术性的 [Smith1996] 认为在软件设计（尤其是人机交互设计）中艺术始终都处于中心地位，比工程性更加重要，为此设计师需要学会：发散性思维和创新；与用户共情，体会他们的内心感受；进行相关因素的评价和平衡，例如可靠性与时尚、简洁性与可修改性等；构思与想象，设计软件产品的可视化外观。

综合来说，一方面软件设计要从工程师的视角出发，使用系统化方法构建软件的内部结构，进行折中的设计决策，生产对用户有用的产品。这时，软件设计工程师关心的是软件产品的效用和坚固性。[Coyne1991] 认为工程设计主要使用理性、逻辑分析的科学化知识。另一方面软件设计也要从艺术人员的视角出发，注重效率与优雅，强调设计所带来的愉悦和所要传达的意境。[Coyne1991] 认为艺术设计依赖于设计师的直觉、感性（非理性）等人的因素。

8.3.3 理性主义和经验主义

对设计活动中工程性和艺术性的不同看法产生了两种不同的设计观点 [McPhee1996, Brooks2010]：理性主义（rational）和经验主义（pragmatic）。

理性主义更看重设计的工程性，希望以科学化知识为基础，利用模型语言、建模方法、工具支持，将软件设计过程组织成系统、规律的模型建立过程 [McPhee1996]。在考虑到人的因素时，理性主义认为人是优秀的，虽然会犯错，但是可以通过教育不断完善自己 [Brooks2010]。设计方法学的目标就是不断克服人的弱点，持续完善软件设计过程中的不足，最终达到完美 [McPhee1996]。形式化软件工程的支持者是典型的理性主义者。

经验主义者则在重视工程性的同时，也强调艺术性，要求给软件设计过程框架添加一些灵活性以应对设计中人的因素。[Parnas1986] 曾指出没有过程指导和完全依赖个人的软件设计活动是不能接受的，因为不能保证质量和工程性。但是 [Parnas1986] 也指出一些人的因素决定了完全理性的设计过程是不存在的。这些人的因素包括：①用户并不知道他们到底想要怎样的需求；②即使用户知道需要什么，仍然有些事情需要反复和迭代才能发现或理解；③人类的认知能力有限；④需求的变更无法避免；⑤人类总是会犯错的；⑥人们会固守一些旧有的设计理念；⑦不合适复用。所以，[Parnas1986] 认为软件设计需要使用一些方法弥补人的缺陷，以建立一个尽可能好的软件设计过程。文档化、原型、尽早验证、迭代式开发等都被实践证明能够有效弥补人类的缺陷 [Parnas1986, Brooks 2010]。

8.3.4 软件设计的演化性

完美的理性设计过程并不存在，那么真实的设计过程是怎样的呢？真实的设计过程是演化和迭代的，而不是一次完成的。

如图 8-4 所示，真实的设计分离了使用和实现，分离了外部表现和内部结构。设计过程总是先依据外部表现进行初步设计，主要目的是保证设计与需求规格相符，所以简称为需求分配。需求分配之后再强调实现的内部结构是否具有坚固性和美感，简称为质量反思。质量反思可能会发现外部表现的设计需要调整，于是两个步骤会反复迭代，直到最后的设计很好地兼顾了功效、坚固和美感三个方面。

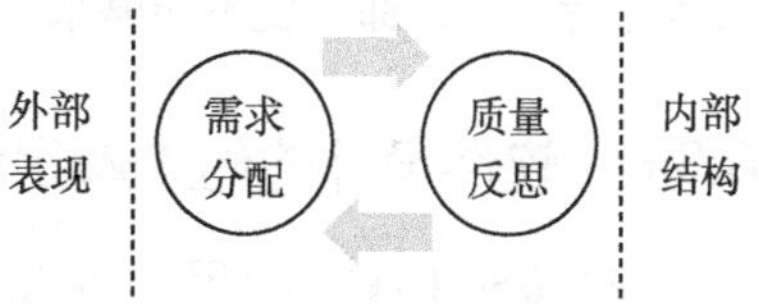

图 8-4 真实的软件设计的演化过程

8.3.5 软件设计的决策性

[Freeman1980] 认为：软件设计是问题求解和决策的过程；问题空间是用户的需求和项目约束，解空间是软件设计方案；从问题空间到解空间的转换是一个跳跃性的过程，需要发挥设计师的创造性，设计师跳跃性地建立解决方案的过程被称为决策。

软件设计的问题求解与决策比普通数学问题的求解与决策要困难得多，因为软件设计面对的问题通常都是不规则的 [Simon1978]，包含很多的不确定性和信息不充分的情景，所以进行设计决策时并不能保证决策的正确性，往往需要在很长时间之后才能通过验证发现之前决策的正确与否。

如图 8-5 所示，软件设计通常以下列知识为决策依据：设计师自身的从业经验、类似系统的设计、参考模型、设计约定、设计原理、现有的体系结构风格和设计模式等 [Pfleeger2009]。

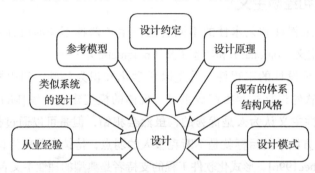

图 8-5　软件设计的决策依据

如图 8-6 所示，软件设计的不同设计决策之间有顺序性要求 [Jansen2005]，因而整个设计的过程其实是一个设计决策链。相同的决策，如果决策的顺序不同，最后产生的设计就会不同。而且决策链具有不可逆性，一旦做了某一个决策，很难通过回退来完全消除它的影响。

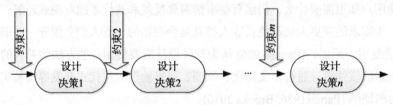

图 8-6　决策过程与约束

当几个设计师共同完成设计时，所有设计师的设计决策必须确保团队中其他人员都能够理解，所有设计师所做的决策都必须保持一致（概念完整性）。如果一个新的决策不能与已有决策保持一致，那么就不能够采纳这个决策。

8.3.6 软件设计的约束满足和多样性

设计决策的目标是解决功能问题，实现特定的功效。但是与数学问题只有一个答案不同的是，设计问题往往有多种解决方案，即能够实现某一功效的解决方案往往有很多种，这称为软件设计的多样性 [Willem1991]。

设计的多样性使得不同的软件设计师解决同一个问题时会产生不同的软件设计方案，而且这些方案都是合理的。软件设计的合理结果并不是唯一的，它依赖于软件设计师自身的特点。不同设计师的决策往往是不一样的，这种不一样并没有绝对"好"与"坏"之分，不同的只是设计师在决策中对多个指标的取舍（权衡与折中）倾向不同。

如图 8-6 所示，约束可以帮助设计师暂时验证解空间中多样设计方案的合理性。也就是说，依据暂时拥有的信息，符合约束的设计解决方案都是合理的。所以 [Brooks2010] 说：约束是设计师的朋友，可以帮助简化设计方案的选择决策。

质量是主要的设计约束 [Freeman1980]，项目环境（例如成本、时间、市场大小等）也是重要的设计约束。最为常见的质量约束是可修改性、易用性、性能、可靠性、安全性、可用性、保密性等，尤其是 20 世纪 90 年代之后的软件工程发展对可修改性有着特别的关注（参见第 2 章）。

[Brooks2010] 提到了需要注意的两个约束特点：①约束是随着设计过程的深入逐渐发现的，而不是在一开始就能完全明确的；②在不同的设计时间点，约束会发生变化。上述两个特点决定了设计过程不会是线性的，而是迭代的。

8.4 软件设计的分层

在处理复杂性时，分解、抽象和层次结构是基本的思路 [Booch1997]。软件设计也遵循这个思路解决设计中的复杂性。根据抽象程度的不同，软件设计可以分为高层设计、中层设计和低层设计 [Fox2006]，如图 8-7 所示。高层设计基于反映软件高层抽象的构件层次，描述系统的高层结构、关注点和设计决策；中层设计更加关注组成构件的模块的划分、导入 / 导出、过程之间调用关系或者类之间的协作；低层设计则深入模块和类的内部，关注具体的数据结构、算法、类型、语句和控制结构等。通过设计分层，可以减少需要同时关注的细节，降低设计师同一时间需要处理的复杂度，从而更好地完成设计工作。在设计过程中，按照抽象和分解的思想，一般先进行高层设计，接着进行中层设计，最后完成低层设计。体系结构设计阶段主要完成高层设计和部分中层设计。详细设计阶段主要完成中层设计和部分低层设计。部分低层设计是在构造阶段完成的。

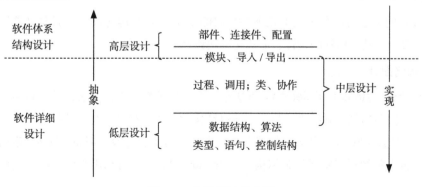

图 8-7　软件设计的分层

8.5　软件设计过程的主要活动

软件设计过程一般分为 4 个主要活动：分析设计出发点、建立候选方案、生成最终方案、评价，如图 8-8 所示。

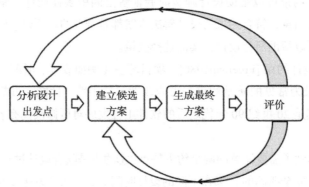

图 8-8　软件设计过程的活动

分析设计出发点，不仅仅是了解系统的主要功能性需求和非功能性需求，还要了解整个项目的环境、人员等限制条件，从而获得设计的出发点。在此之后，以上述因素为考量点，尝试建立多种候选设计方案，并经过决策形成设计原型和文档作为最终方案。最后，使用有效的设计评价方法评价最终设计方案。评价主要是检查软件设计是否满足需求和约束，尤其要关注是否有缺漏。如果发现有未满足的情况，就需要重新进行软件设计。这样在不断的迭代过程中，不断地演化软件设计，从而使得设计的方案变得越来越符合用户需求和约束。

通过图 8-8 可以看出，返工的现象在设计中很常见。这是因为，现实中很多需求问题可能会在体系结构设计或者详细设计过程中才浮出水面，从而不得不重新考虑设计问题。而体系结构的缺陷可能会在详细设计中才被发现，从而不得不返工调整体系结构。

8.6　软件设计的方法和模型

8.6.1　软件设计的方法

软件设计的方法可以分为以下几种 [SWEBOK2004]：结构化设计、面向对象设计、数据结构为中心设计、基于构件的设计、形式化方法设计。

1. 结构化设计

结构化设计（structured design）方法是一个经典的软件设计方法，采取自下向上和逐步求精的思路，按照功能对系统进行分解。通过结构化分析，得到系统的数据流图和相关的过程描述；然后利用各种策略（例如，转换分析、事务分析）和经验（例如，扇入 / 扇出、影响范围与控制范围）将数据流图转换为结构图（structure chart）；再利用结构图指导设计之后的开发活动。

2. 面向对象设计

面向对象设计（object-oriented design）的思想源于数据抽象和职责驱动，利用封装、继承、多态等方法，提高软件的可扩展性和可复用性。依据抽象和模块化的思想，利用面向对象设计模型表现出对象的职责分配和协作。

3. 数据结构为中心设计

数据结构为中心设计（data-structure centered design）方法，开始于系统操纵的数据结构而不是它所表现的功能。软件工程师首先描述的是输入 / 输出的数据结构和基于这些数据结构的控制逻辑。

4. 基于构件的设计

软件构件是一个具有良好定义的结构和依赖的独立单元，能够独立组装和部署。**基于构件的设计**（component-based design）重点在于构件的提供、开发和集成，以提高系统的可复用性。

5. 形式化方法设计

形式化方法设计（formal method design）通过数学方法来对复杂系统进行建模。通过严格的数学模型来验证系统的相关属性。

8.6.2　软件设计的模型

描述软件设计的模型通常可以分为两类：静态模型和动态模型。静态模型是通过快照的方式对系统进行描述。通常描述的是状态，而不是行为。比如，一个数字的列表是按大小排序好的。动态模型通常描述的是系统行为和状态转移。比如，排序的过程中如何进行排序。

在结构化设计中，人们通常使用实体关系图、数据流图和结构图等模型来描述软件设计方案，实体关系图描述静态模型，数据流图和结构图描述动态模型。

在面向对象设计中，人们使用 UML 来描述软件设计方案。其中，静态模型通常使用类图、对象图、构件图、部署图；动态模型通常使用交互图（顺序图和通信图）、状态图、活动图等。

8.7　软件设计描述

早在 1998 年，IEEE 就提出了 IEEE 1016-1998 号标准 [IEEE1016-1998] 以规范软件设计的文档化描述。在 2009 年 3 月，IEEE-SA 标准委员会修订了 1016 号标准 [IEEE1016-2009]。IEEE 的标准并没有限定设计描述文档的具体结构，而是通过解释一系列概念说明了软件设计描述文档应该遵循的思路和基本内容。

下面我们就着重解释 [IEEE1016-2009] 中的基本概念及其关系。

图 8-9 中给出了软件设计描述相关的重要概念及其关系。其基本内容如下：

- 软件设计描述是由一个或多个设计视图（design view）组成的。
- 每一个设计视图都是从一个设计视角（design viewpoint）出发的。
- 设计视角必须符合在需求（requirement）中反映出来的涉众（stakeholder）的设计关注点（design concern）。

- 每一个设计视图都是用设计语言中的设计元素（design element）来描述的。
- 所有的设计元素组成了设计语言（design language）。
- 每一个设计元素是由设计实体（design entity）、设计属性（design attribute）、设计关系（design relationship）和设计限制条件（design constraint）组成的。
- 软件设计图（diagram）就是由设计语言和一些设计附加信息（design overlay）组成的。
- 每一个设计视图，都应该有具体的设计理由。

8.7.1　设计视图和设计图

　　如图 8-10 所示，[IEEE1016-2009] 要求软件设计描述由一个或多个软件设计视图组成。软件设计视图是从一个软件视角出发，表述设计关注的软件元素及其关系。每一个设计视图又是由多个设计图组成。设计图中主要表现的是设计元素及其之间的关系和限制条件。设计图是软件设计视图的一个逻辑片段，通常用图表的方式来表示。但是有时候图不能完全展现所有细节，所以会为设计图配上相应的文字定义和说明。

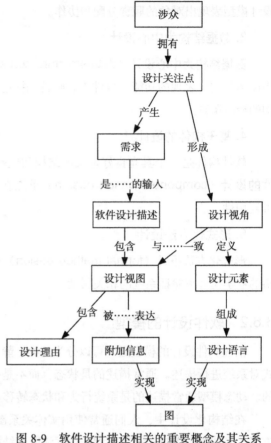

图 8-9　软件设计描述相关的重要概念及其关系

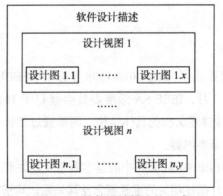

图 8-10　软件设计描述的组成

　　例如，如图 8-11 和图 8-12 所示，可以通过以下几个设计视图来描述连锁商店管理系统的设计：逻辑设计视角的设计视图、组合设计视角的设计视图、信息视角的设计视图、接口视角的设计视图、结构视角的设计视图和依赖视角的设计视图等。每一个设计视图都是由一个或者多个设计图组成的。

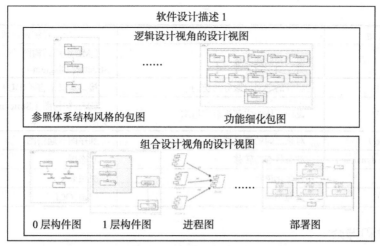

图 8-11 软件设计描述 1

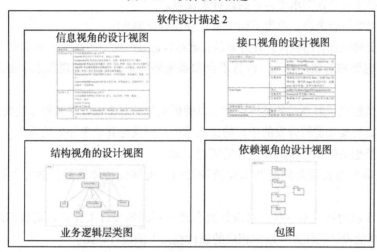

图 8-12 软件设计描述 2

8.7.2 设计视角和设计关注

每一个设计视图都是从一个设计视角出发的。[IEEE1016-2009] 列举了设计中的常见视角，解释了其相关的设计关注，以及可以使用哪些设计语言进行表达，如表 8-1 所示。

表 8-1 设计视角、设计关注及样例设计语言

设计视角	设计关注	样例设计语言
上下文（context）	系统服务和用户	UML 用例图、结构化分析上下文图
组合（composition）	功能分解和运行时分解、子系统的构造、购买与建造，构件的复用	UML 包图、构件图、体系结构定义语言（ADL）
逻辑（logical）	静态结构（类、接口及其之间的关系），类型和实现的复用（类、数据类型）	UML 类图、对象图
依赖（dependency）	互联、分享、参数化	包图、构件图
信息（information）	持久化信息	实体关系图、类图

（续）

设 计 视 角	设 计 关 注	样例设计语言
模式（pattern）	模式和框架的重用	UML 组织结构图（Composite Structure Diagram）
接口（interface）	服务的定义，服务的访问	接口定义语言（IDL）
结构（structure）	设计主体的内部构造和组织	UML 结构图（Structure Diagram），类图
交互（interaction）	对象之间的消息通信	顺序图、通信图
动态状态（state dynamic）	动态状态的转移	状态图
算法（algorithm）	程序化逻辑	决策表
资源（resource）	资源利用	UML OCL

8.7.3　需求和涉众

设计视角必须符合在需求中涉众的设计关注点。

设计对不同的涉众来讲，有着不同的意义 [Pfleeger2009]：

- 顾客想要确认现有的软件设计方案是否能够保证其所期望的系统的功能和行为可以实现。
- 架构师想要知道软件单元、计算平台和系统环境是否足够实现需求中要求的非功能性需求。
- 设计人员想要了解系统的整体设计，以确保系统的每个设计决策和系统功能都能实现。
- 开发人员想要知道所开发的单元的精确描述，以及与其他单元的关系。
- 测试人员想要确认怎样测试设计的所有方案。
- 维护人员想要在修复问题和添加新特性时，能够保持体系结构的完整性和设计的一致性。

因为每个涉众的目的不一样，对设计就会产生不同的设计关注点。而我们的设计必须全面考量各个涉众的设计关注点，给出相应的设计视角下的设计视图。

8.7.4　设计理由

对于每一个设计都有设计理由（design rationale）。记录设计理由也是好的习惯，因为这会帮助人更好地理解设计 [Lee1997]。表 8-2 是一个设计理由的样例 [Eeles2010]。

表 8-2　设计理由样例 1

难点	YourTour 系统将应用于少量（可能少于 50 条）必须定期更新的业务规则。它的目的是允许业务用户（而不是开发人员）更新这些规则。这些规则将用于检查某些条件（例如，根据以往的预定是否可以得到折扣）或执行计算（例如，计算一个旅行线路的全部费用，包括所有的税和附加费）
架构决策	开发一个定制规则引擎组件，而不是使用一个封装的解决方案或将规则写入代码
假设	需要管理的业务规则数量相对较少（少于 50 条），并且变化频率较低（每年少于两次）
可替代方法	选项 1：在代码中嵌入规则 选项 2：开发一个定制规则引擎组件 选项 3：购买规则引擎库
选取的选项	选项 2
理由	在代码中嵌入规则是一个糟糕的方法，因为这不符合软件工程分解问题的原则，而且使规则难以维护。购买一个规则引擎的性价比不高，因为规则的数量很少且发生变化的频率也不高

表 8-3 是连锁商店管理系统中部分的设计理由。

表 8-3　设计理由样例 2

难点	系统分为服务器端和客户端，分别部署在不同的机器上。应用非 Web 技术
架构决策	对体系风格的选择
假设	客户端机器数量 4～6 台。预估计在顾客流量较大的节假日，它们平均每分钟至少要销售 10 件商品。它们每天还要多次中断销售处理退货，可能一次退回单个商品，也可能是一次退回多个商品
可替代方法	选项 1：主程序与子程序风格 选项 2：分层风格 选项 3：MVC 风格
选取的选项	选项 2
理由	系统对实时性要求不高；但对修改性和灵活性要求比较高；不是基于 Web 应用；用 Java 语言开发。所以，选用分层风格更加合适

8.7.5　设计描述的模板

模板 8-1 是 [IEEE1061-2009] 给出的设计描述文档模板。这是一个所有设计文档都适用的通用模板。

```
1. 前言
    1.1 发布的日期和状态
    1.2 发布的组织机构
    1.3 作者
    1.4 变更历史
2. 介绍
    2.1 目的
    2.2 范围
    2.3 参考
    2.4 总结
3. 引用
4. 词汇表
5. 主体
    5.1 利益相关者和设计关注
    5.2 设计视角 1 和设计视图 1
    ……
    5.n+1 设计视角 n 和设计视图 n
    5.n+2 设计理由
```

模板 8-1　设计描述文档模板

其中主体部分可以参考表 8-1 中的设计视角和设计关注，进行适当的裁剪来完成整个设计的描述。对于软件系统结构文档和软件详细设计文档来说，其设计视角不同，因而产生的视图也有区别，具体细节参见第 10 章和第 12 章。

8.7.6　软件设计文档书写要点

1）充分利用标准的文档模板，根据项目特点进行适当的裁剪。

对于设计文档来说，包含的内容相对比较多，也比较细，因此选择合适的文档模板就很重要。有了好的模板，就可以保持设计内容的完备性，特别是对于没有过多实战经验的编写者。但是也不能完全盲目照搬模板，因为每个项目的设计都有其独特性、创造性和美学诉求。

所以，我们也得根据项目的不同，对模板进行适当的裁剪。

2）可以利用体系结构风格示意图，让读者更容易把握高层抽象。

体系结构风格是人们总结出来的常见的高层抽象模式。所以，如果项目的设计遵循某种设计风格，我们可以在文档的开始通过其体系结构风格示意图，更好地展示软件的高层抽象。

3）利用完整的接口规格说明定义模块与模块之间的交互。

在体系结构文档中，需要定义模块与模块之间的交互，即描述模块的接口。接口一般可以分为两种：需接口（required interface）和供接口（provided interface）。对于每个接口，我们要描述出其语法接口、前置条件和后置条件。

4）要从多视角出发，让读者感受一个立体的软件系统。

没有任何设计可以做到：从一个角度出发就能描述清楚，所以有时候设计文档会稍带冗余。建议从多个不同的静态视角和动态视角出发来描述设计，从而让读者产生立体、生动的认识。

5）在设计文档中应体现对于变更的灵活性。

设计变更无法避免，所以设计时应该更多地为潜在的变更选择更加灵活的设计。

8.8　项目实践

根据本章对于设计描述知识的理解，完成以下实践内容。

1．选择和裁剪适当的设计描述模板为将来设计文档的编写做准备。

2．分析实践项目的涉众、需求、设计关注点。

3．熟悉描述各种视角的 UML 图的画法和注意事项。

4．将本阶段制品提交至配置管理服务器。

8.9　习题

1．描述什么是设计以及设计的作用。

2．如何理解软件设计的艺术性和工程性？

3．概述软件设计的发展史中的重要人物和代表成就。

4．软件设计的核心思想是什么？

5．分解与抽象如何共同使用？

6．代码就是设计，所以我们可以直接编写代码而不用设计。这种说法对吗？

7．如何评价软件的质量？

8．高层设计、中层设计、低层设计的关注点分别在哪里？

9．软件设计中决策的来源有哪些？

10．软件设计的常见方法有哪些？

11．结构化分析方法和面向对象分析方法的常见模型有哪些？

12．如何描述软件设计？

13．有哪些常见的设计视角？它们分别关注什么？

14. 设计和需求以及利益相关者（涉众）有什么关系？

15. 设计的理由有哪些常见的内容？

16. 复杂软件系统的设计为什么需要文档化？

17. 设计文档有哪些读者？他们对文档各自有哪些要求？

18. 如何描述接口？

19. 软件体系结构设计文档一般包含哪些部分？

20. 软件详细设计文档一般包含哪些部分？

21. 设计文档书写有哪些要点？

第 9 章
软件体系结构基础

9.1 软件体系结构的发展

　　1975 年 [DeRemer1975] 就意识到小规模编程（programming-in-the small）和大规模编程（programming-in-the large）存在差别：小规模编程的重点在于模块内部的程序结构非常依赖于程序设计语言提供的编程机制；大规模编程的重点在于将众多模块组织起来实现需求，需要特别关注模块之间的关系，这些关系应该是不依赖于编程机制的另一项完全不同的技术。

　　[Shaw1989] 进一步详细分析了小规模编程机制在大规模编程中的不适用性，明确提出需要为大规模编程定义（比模块、类）更高层次的抽象，以完成大规模软件系统的整体结构设计。

　　到了 20 世纪 90 年代，[Perry1992, Garlan1993] 正式提出将软件体系结构作为重要的研究主题。此后的时间里，人们对软件体系结构进行了广泛的研究与应用，并取得了明显的进展 [Shaw2006, Kruchten2006]。

　　到了 2000 年之后，软件体系结构方法开始在实际开发中得到广泛应用，软件体系结构设计变成了大规模软件系统开发中必须和核心的工作，它改变了大规模软件系统的开发方式，提高了大规模软件系统开发的成功率和产品质量。

9.2 理解软件体系结构

9.2.1 定义

　　软件体系结构目前还没有统一的定义，这里介绍一种比较常见的定义。[Shaw1995] 将软件体系结构模型定义为：

　　软件体系结构 ={ 部件（component），连接件（connector），配置（configuration）}

　　其中：

- "部件"是软件体系结构的基本组成单位之一，承载系统的主要功能，包括处理与数据；
- "连接件"是软件体系结构的另一个基本组成单位，定义了部件间的交互，是连接的抽象表示；

- "配置"是对"形式"的发展，定义了"部件"以及"连接件"之间的关联方式，将它们组织成系统的总体结构。

按照这个模型，[Shaw1996] 给出了一个简洁的软件体系结构定义："一个软件系统的体系结构规定了系统的计算部件和部件之间的交互。"

理解软件高层结构需要注意的第一个内容：连接件是一个与部件平等的单位。在软件的详细设计中，交互与计算是交织在一起的——过程、对象和模块是第一等级的软件抽象实体，实现交互的程序调用、消息协作、导入/导出等则都是嵌入在第一等级软件抽象实体内部的，处于附属和派生的地位。而在软件体系结构中，连接件将交互从计算中独立出来进行抽象和封装，这使得实现交互的连接件与部件一样，都是第一等级的元素单位。

理解软件高层结构需要注意的第二个内容：部件与连接件是比类、模块等软件单位更高层次的抽象。就像类既拥有抽象规格，又拥有"数据结构 + 算法"的具体实现一样，部件和连接件也既拥有抽象规格，又拥有"模块 + 连接"的具体实现。

9.2.2 区分软件体系结构的抽象与实现

要正确理解软件体系结构就必须能够区分软件体系结构的抽象与实现。以部件、连接件和配置为基本单位组织的模型就是软件体系结构的抽象，基本目的是描述软件系统的整体功能组织，不涉及程序设计语言提供的各种编程机制。要最终建立软件产品，就必须考虑如何利用编程机制实现抽象的软件体系结构，这需要从部件、连接件、配置等单位向模块、构件、进程等传统单位进行转换。模块、构件、进程等传统单位是依赖于编程机制的，它们组成的模型就被称为软件体系结构的实现。

软件体系结构设计是先使用抽象机制完成软件系统的总体功能部署，然后再将抽象模型等价转换为实现模型。这既保证了软件系统的效用和质量（依靠抽象机制），又顺利实现了从总体结构设计到详细设计的过渡（依靠抽象机制向实现的转换）。

例如，[Allen1997] 提到了一个简单的字符大写转换系统 Capitalize，它将输入字符流中的候选字符转换为大写，并将其他字符转换为小写。图 9-1a 就是以部件和连接件抽象规格形式表示的 Capitalize 体系结构。split、upper、lower 和 merge 四个部件（图中表现为矩形框），分别进行读取并分割字符、大写转换、小写转换与重新拼合并输出。连接件是连接这四个部件的管道（图中表现为线），分别是 split → upper、split → lower、upper → merge 和 lower → merge，它们负责完成字符流的传送。整个结构的布局体现了软件体系结构的总体功能组织，这就是配置。

很明显，图 9-1a 所描述的软件体系结构模型是无法实现的，因为基本的程序设计语言机制中并没有能够实现数据流传输的手段，而且 split、upper、lower 和 merge 四个功能在执行中的先后顺序和衔接也需要规范，因为程序设计语言支持的是顺序结构，不是并行结构。所以，图 9-1a 的抽象模型需要被转换为图 9-1b 的实现模型。四个过滤器被实现为 split、upper、lower 和 merge 四个功能模块。四个连接件的实现则与其抽象规格之间有较大的差别，它们都被实现为 config 和 i/o library 两个模块，其中 config 模块帮助各功能模块定位自己的输入和输出字符流，i/o library 模块帮助各功能模块读和写字符流。main 模块负责控制各模块的执行顺序。

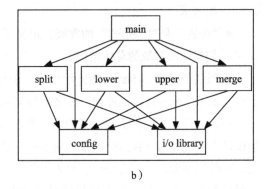

图 9-1 Capitalize 系统体系结构示例

比较图 9-1a 和图 9-1b 可以发现，基于抽象的体系结构（图 9-1a）能够更好地表现系统整体结构的组织，它抓住了系统的基本功能（部件）和主要协作机制（连接件，数据流），并且利用部件和连接件之间的依赖关系将部分（部件与连接件）有机地联系起来形成整体。图 9-1b 则更多的关注系统的软件实现机制——模块划分与模块间连接（控制与数据），它会使人们更多地考虑实现细节而不是整体结构的组织。

9.2.3 部件

部件可以分为原始（primitive）和复合（composite）两种类型。原始类型的部件可以直接被实现为相应的软件实现机制，具体的实现粒度要视部件的复杂度而定，常见的软件实现机制如表 9-1 所示。复合类型的部件则由更细粒度的部件和连接件组成，通过局部配置将其内部的部件和连接件连接起来，构成一个整体。图 9-1a 中的 Capitalize 的四个部件都是用模块实现的原始类型的部件。

表 9-1 原始类型的部件常用的软件实现机制

软件实现机制	示 例
模块 (module)	Routine, SubRoutine, Filter
层 (layer)	View, Logical, Model
文件 (file)	DLL, EXE, DAT
数据库 (database)	Repository, Center Data
进程 (process)	Sender, Receiver
物理单元 (physical unit，即网络节点)	Client, Server

9.2.4 连接件

与部件相似，在实现上连接件也可以分为原始和复合两种类型。原始类型的连接件可以直接被实现为相应的软件实现机制，常见的软件实现机制如表 9-2 所示。复合类型的连接件则由更细粒度的部件和连接件组成，通过局部配置将其内部的部件和连接件连接起来，构成一个整体。

表 9-2　原始类型的连接件常用的软件实现机制

实现类型	软件实现机制	提供方
隐式（implicit）	程序调用（procedure call）	编程语言机制
	共享变量（shared variable）	
	消息（message）	平台、框架或高级语言机制
	管道（pipe）	
	事件（event）	
	远程过程调用（rPC）	
	网络协议（network protocol）	
	数据库访问协议（database access protocol）	
显式（explicit）	适配器（adaptor）	复杂逻辑实现
	委托（delegator）	
	中介（intermediate）	

　　连接件的软件实现机制可以分为隐式和显式两种类型。隐式类型的机制通常由编程语言、操作系统、中间件、数据库管理系统、软件框架等提供方提供，开发者可以直接使用。在软件体系结构实现时，隐式实现的连接件不需要专门开发，它们附属在部件的实现之上，部件实现完成，连接件的实现也就自然完成。显式类型的机制则通常需要进行一些复杂的逻辑处理，需要开发者进行专门的实现。例如，图 9-1a 中 Capitalize 的连接件就是显式的用模块 config 和 i/o library 实现的原始连接件（如果该系统的操作系统平台能够提供管道机制，那么其实现又会是另一种方式，会变为隐式的管道实现）。

9.2.5　配置

　　既然部件和连接件都是软件体系结构独立元素单位，互相之间没有直接的关联，那么就需要一种专门机制将部件和连接件整合起来，构成系统的整体结构，达到系统的设计目标，这种机制就是配置。配置机制如图 9-2 所示。

　　配置通过部件端口与连接件角色相匹配的方式，将系统中部件和连接件的关系定义为一个关联集合，这个关联集合可以形成系统整体结构的一个拓扑描述。

　　为了对软件体系结构进行更严格、准确的描述，人们建立了体系结构描述语言（Architecture Description Language，ADL）。顾名思义，ADL 是用于描述软件体系结构的形式化模型语言。ADL 描述的对象是软件系统的高层结构（即抽象规格），不涉及软件系统的实现（即体系结构的实现）。

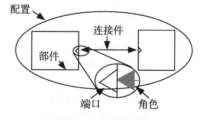

图 9-2　配置机制

　　例如，利用软件体系结构的描述语言 Wright[Allen1997] 可以将图 9-1a 中 Capitalize 的配置描述为如图 9-3 所示。

　　利用配置将相互独立的部件和连接件联系起来，而不是直接指定部件与连接件的关系，可以具有下列好处：

- 可以实现部件和连接件的一次定义，多处使用；
- 在具体交互中，参与的部件不再固定，可以随时发生变化；
- 对具体部件而言，其所参与的交互也不再固定，部件随时可以参与或退出一个交互。

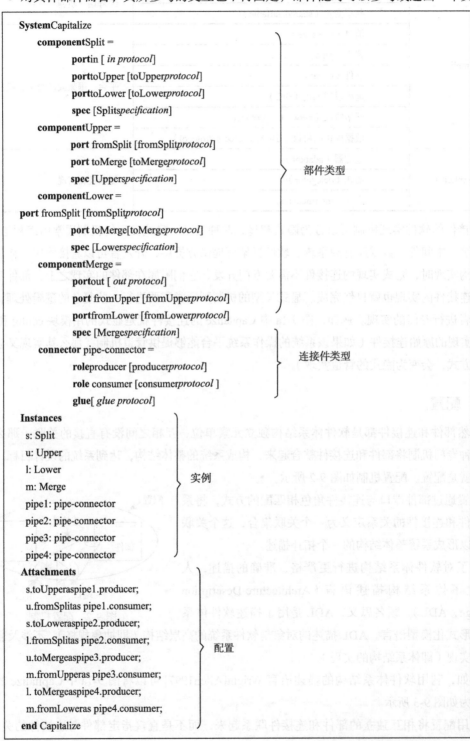

图 9-3 Capitalize 系统的 Wright 体系结构描述语言样例

9.3　体系结构风格初步

在设计建筑的时候，人们往往会参考借鉴一些常见的风格，例如中式建筑、西式建筑、拜占庭建筑等。在开始体系结构设计的时候，也是一样。人们往往会参考一些已有的常见的风格 [Garlan1994, Shaw1996, Buschmann2002]，下面是几个常用的典型模式。

9.3.1　主程序 / 子程序

1. 名称

主程序 / 子程序风格（main program/subroutine style）。

2. 简要描述

如图 9-4 所示，主程序 / 子程序风格将系统组织成层次结构，包括一个主程序和一系列子程序。主程序是系统的控制器，负责调度各子程序的执行。各子程序又是一个局部的控制器，负责调度其子子程序的执行。

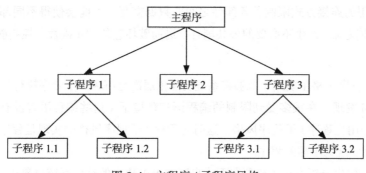

图 9-4　主程序 / 子程序风格

主程序 / 子程序风格的重要设计决策与约束有：

- 基于声明 – 使用（程序调用）关系建立连接件，以层次分解的方式建立系统部件，共同组成层次结构。
- 每一个上层部件可以"使用"下层部件，但下层部件不能"使用"上层部件，即不允许逆方向调用。
- 系统应该是单线程执行。主程序部件拥有最初的执行控制权，并在"使用"中将控制权转移给下层子程序。
- 子程序只能够通过上层转移来获得控制权，可以在执行中将控制权转交给下层的子子程序，并在自身执行完成之后将控制权交还给上层部件。

3. 实现

主程序 / 子程序风格的主要实现机制是模块实现，它将每个子程序都实现为一个模块，主程序实现为整个系统的起始模块（在很多语言中，即为包含 main 函数的模块）。依照抽象规格的层次关系，实现模块也被组织为相应的层次机构，通过导入 / 导出关系相连接。

需要强调的是，虽然主程序 / 子程序风格非常类似于结构化程序的结构，但是主程序 / 子程序风格是基于部件与连接件建立的高层结构。它的部件不同于程序，而是更加粗粒度的模块。而且，在部件的实现模块内部，可以使用结构化分析方法，也可以使用面向对象方法，这并不妨碍整个系统的高层结构符合主程序/子程序风格的约定。

4. 效果

主程序/子程序风格的优点有：

- 流程清晰，易于理解。严格的层次分解使得整个系统的结构组织非常符合功能分解和分而治之的思维方式，从而能够清晰地描述整个系统的执行流程，易于理解。
- 强控制性。严格的层次分解和严格的控制权转移使得主程序/子程序风格对程序的实际执行过程具备很强的控制能力，这使得如果一个子程序所连接的子子程序是正确的，那么就很容易保证该子程序的"正确性"。所以，主程序/子程序风格比其他常见风格更能控制程序的"正确性"。

主程序/子程序风格的缺点有：

- 程序调用是一种强耦合的连接方式，非常依赖交互方的接口规格，这会使得系统难以修改和复用。
- 程序调用的连接方式限制了各部件之间的数据交互，可能会使得不同部件使用隐含的共享数据交流，产生不必要的公共耦合，进而破坏它的"正确性"控制能力。

5. 应用

主程序/子程序风格主要用于能够将系统功能依层次分解为多个顺序执行步骤的系统。

[Shaw1996] 发现，在很多受到限制的编程语言环境下（这些编程语言没有模块化支持），系统通常也会使用主程序/子程序风格，这时主程序/子程序风格的实现是程序实现，即主程序和子程序都被实现为单独的程序。

一些使用结构化分析方法（自顶向下或自底向上）建立的软件系统也属于主程序/子程序风格。

9.3.2 面向对象式

1. 名称

面向对象式风格（object-oriented style）。

2. 简要描述

如图 9-5 所示，面向对象式风格借鉴面向对象的思想组织整个系统的高层结构。面向对象式风格将系统组织为多个独立的对象，每个对象封装其内部的数据，并基于数据对外提供服务。不同对象之间通过协作机制共同完成系统任务。

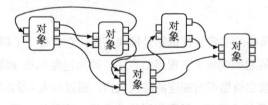

图 9-5　面向对象式风格

面向对象式风格的重要设计决策与约束有：

- 依照对数据的使用情况，用信息内聚的标准为系统建立对象部件。每个对象部件基于内部数据提供对外服务接口，并隐藏内部数据的表示。
- 基于方法调用（method invocation）机制建立连接件，将对象部件连接起来。
- 每个对象负责维护其自身数据的一致性与完整性，并以此为基础对外提供"正确"的服务。
- 每个对象都是一个自治单位，不同对象之间是平级的，没有主次、从属、层次、分解等关系。

3. 实现

关于面向对象式风格的实现，需要强调说明的是它的"对象"是部件，属于高层结构的元素，虽然名称相同，但它并不是面向对象分析方法中所述的"对象"实体。"面向对象式"风格的命名是因为它借鉴了面向对象分析方法的思想，而不是因为它使用面向对象分析方法实现体系结构，这也是在该风格名称中有一个"式"字的原因。

面向对象式风格的主要实现机制是模块实现，它将每个对象部件实例都实现为一个模块。存在连接的对象部件实例之间会存在模块的导入 / 导出关系。

每个模块内部可以是基于面向对象分析方法的实现，也可以是基于结构化方法的实现。

4. 效果

面向对象式风格的优点有：

- 内部实现的可修改性。因为面向对象式风格要求封装内部数据，隐藏内部实现，所以它可以在不影响外界的情况下，变更其内部实现。
- 易开发、易理解、易复用的结构组织。面向对象式风格将系统组织为一系列平等、自治的单位，每个单位负责自身的"正确性"，不同单位之间仅仅是通过方法调用相连接，这非常契合模块化思想，能够建立一个易开发、易理解、易复用的实现结构。

面向对象式风格的缺点有：

- 接口的耦合性。虽然面向对象式风格有利于对象修改自己的内部实现，但是其所用的方法调用连接机制使得它无法消除接口的耦合性。
- 标识（identity）的耦合性。除了接口的耦合性之外，方法调用机制带来的还有标识的耦合性，即一个对象要与其他对象交互，就必须知道其他对象的标识。
- 副作用。面向对象式风格借鉴了面向对象的思想，也引入了面向对象的副作用，因此更难实现程序的"正确性"。例如，如果 A 和 B 都使用对象 C，那么 B 对 C 的修改可能会对 A 产生未预期的影响。再例如，对象的重入（reentry）问题：如果 A 的方法 f() 调用了 B 的方法 p()，而 p() 又调用了 A 的另一方法 q()，那么就可能使得 q() 失败，因为在 q() 开始执行时，A 正处于 f() 留下的执行现场，这个现场可能是数据不一致的。

5. 应用

面向对象式风格适用于那些能够基于数据信息分解和组织的软件系统，这些系统主要是标识和保护相关的数据信息；能够将数据信息和相关操作联系起来，进行封装。

实践中，基于抽象数据类型建立的软件系统大多属于面向对象式风格。

9.3.3 分层

1. 名称

分层风格（layered style）。

2. 简要描述

分层风格如图 9-6 所示。

分层风格根据不同的抽象层次，将系统组织为层次式结构。每个层次被建立为一个部件，不同部件之间通常用程序调用方式进行连接，因此连接件被建立为程序调用机制。

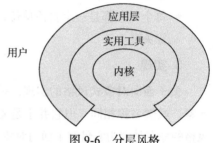

图 9-6　分层风格

分层风格的重要设计决策与约束有：

- 从最底层到最高层，部件的抽象层次逐渐提升。每个下层为邻接上层提供服务，每个上层将邻接下层作为基础设施使用。也就是说，在程序调用机制中上层调用下层。
- 两个层次之间的连接要遵守特定的交互协议，该交互协议应该是成熟、稳定和标准化的。也就是说，只要遵守交互协议，不同部件实例之间是可以互相替换的。
- 跨层次的连接是禁止的，不允许第 I 层直接调用 $I+N$（$N>1$）层的服务。
- 逆向的连接是禁止的，不允许第 I 层调用第 J（$J<I$）层的服务。

3. 实现

分层风格通常是不限粒度的模块实现。每个层次部件可以被实现为一个模块，也可以被实现为包含多个细粒度模块的组合模块，还可能是一个粗粒度的子系统。所以，每个层次部件可以表示为一个包，包内部含有它的所有实现模块。

模块之间使用导入 / 导出关系连接。子系统之间使用《use》关系连接，层之间使用依赖关系连接。

因为分层风格的连接要遵守特定的交互协议，所以在实现中要着重完成层之间的交互接口定义，并适当允许层内部实现的多样性。

4. 效果

分层风格的优点有：

- 设计机制清晰，易于理解。通过将系统按照不同的抽象层次组织为层次结构，分层风格可以将混杂的耦合逻辑分解为几个不同的部分（例如网络通信协议的分层），每个部分变得更简单、纯粹和易于理解，从而使得整个设计机制非常清晰。
- 支持并行开发。分层风格的不同层次之间遵守成熟、稳定和标准化的交互协议，也就是说一旦层次之间的连接明确下来，就很少会发生改变。而且只要不破坏交互协议，每个层次内部的开发决策不会对其他层次内部的开发决策产生影响。所以分层风格能够支持并行开发，它的每个层次都可以交给一个团队进行独立开发。

- 更好的可复用性与内部可修改性。因为不同层次之间通过成熟、稳定的交互协议通信，因此，只要遵守其交互协议，不同的层次部件就能够互相替换，具有很好的可复用性。在不影响交互协议的情况下，每个层次可以自由安排其内部实现机制，因此分层风格也具有很好的内部可修改性。

分层风格的缺点有：

- 交互协议难以修改。虽然分层风格能够很好地实现内部可修改性，但是它难以修改交互协议，这也是它要求交互协议比较成熟和稳定的原因。因为，一方面，对交互协议的修改意味着层次的对外行为需要变更；另一方面，不同层次是对同一系统的不同程度的抽象，因此对外行为常常存在于所有层次，只是抽象程度不同而已。最后，如果交互协议需要改变，那么就可能需要改变所有的层次。
- 性能损失。分层风格禁止跨层调用，这使得每一个外界请求都需要沿着层次逐一深入，多次调用，这可能会产生冗余的调用处理，带来不必要的性能损失。
- 难以确定层次数量和粒度。如果层的粒度太大，就只会有少数几个层次，不能完全发挥分层风格的可复用性和内部可修改性。反之，如果层的粒度太小，层次的数量就会太多，引入不必要的复杂性，带来额外的性能损失。

5. 应用

分层风格适用于具备下列特性的系统：

- 主要功能是能够在不同抽象层次上进行任务分解的复杂处理；
- 能够建立不同抽象层次之间的稳定交互协议；
- 没有很高的实时性要求，能够容忍稍许的延迟。

此外，那些需要进行并行开发的软件系统也可能会使用分层风格，以便于任务分配和工作开展。

在现有的软件系统中，分层风格是一种经常被用到的体系结构风格，像网络通信、交互系统、硬件控制系统、系统平台等都会使用分层风格。例如，ISO 网络通信模型、TCP/IP 网络通信模型等都使用了分层风格。

9.3.4 MVC

1. 名称

模型 – 视图 – 控制（Model-View-Control，MVC）风格。

2. 简要描述

如图 9-7 所示，模型 – 视图 – 控制风格以程序调用为连接件，将系统功能组织为模型、视图和控制三个部件。模型封装了系统的数据和状态信息，实现业务逻辑，对外提供数据服务和执行业务逻辑。视图封装了用户交互，提供业务展现，接收用户行为。控制封装了系统的控制逻辑，根据用户行为调用需要执行的业务逻辑和数据更新，并且根据执行后的系统状态决定后续的业务展现。

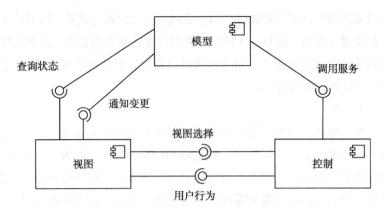

图 9-7   模型 – 视图 – 控制风格

模型 – 视图 – 控制风格的重要设计决策与约束有：

- 模型、视图、控制分别是关于业务逻辑、表现和控制的三种不同内容抽象。
- 如果视图需要持续地显示某个数据的状态，那么它首先需要在模型中注册对该数据的兴趣。如果该数据状态发生了变更，模型会主动通知视图，然后再由视图查询数据的更新情况。
- 视图只能使用模型的数据查询服务，只有控制部件可以调用可能修改模型状态的程序。
- 用户行为虽然由视图发起，但是必须转交给控制部件处理。对接收到的用户行为，控制部件可能会执行两种处理中的一种或两种：调用模型的服务，执行业务逻辑；提供下一个业务展现。
- 模型部件相对独立，既不依赖于视图，也不依赖于控制。虽然模型与视图之间存在一个"通知变更"的连接，但该连接的交互协议是非常稳定的，可以认为是非常弱的依赖。

3. 实现

模型 – 视图 – 控制风格需要为模型、视图和控制的每个部件实例建立模块实现，各模块间存在导入 / 导出关系，程序调用连接件不需要显式的实现。

4. 效果

模型 – 视图 – 控制风格的优点有：

- 易开发性。模型、视图、控制分别是关于业务逻辑、表现和控制的三种不同内容抽象，设计机制清晰，易于开发。
- 视图和控制的可修改性。模型封装了系统的业务逻辑，所以是三种类型中最为复杂的系统部件。MVC 中模型是相对独立的，所以对视图实现和控制实现的修改不会影响到模型实现。再考虑到业务逻辑通常比业务表现和控制逻辑更加稳定，所以 MVC 具有一定的可修改性优势。
- 适宜于网络系统开发的特征。MVC 不仅允许视图和控制的可修改性，而且其对业务逻辑、表现和控制的分离使得一个模型可以同时建立并保持多个视图，这非常适用于网络系统开发。

模型 – 视图 – 控制风格的缺点有：

- 复杂性。MVC 将用户任务分解成了表现、控制和模型三个部分，这增加了系统的复杂性，不利于理解任务实现。

- 模型修改困难。视图和控制都要依赖于模型，因此，模型难以修改。

5. 应用

因为有适宜于网络系统开发的特征，所以 MVC 风格主要用于网络系统的开发。

比较分层风格与 MVC 风格，如表 9-3 所示。

表 9-3　分层风格与 MVC 风格比较

特　征	分 层 风 格	MVC 风格
界面响应	需要逐层调用，每一层都有性能损耗	View 可以直接从 Model 中读取数据
可修改性	如果发生接口修改，每一层的修改只会影响上一层，Presentation 层可以随意修改	如果发生接口修改，Model 会影响 Controller 和 View，Controller 会影响 View，View 通常不会影响另外两个
Web 条件	受到 Web 技术（HTTP）限制，难以实现 Logic 向 Presentation 的数据传递	比较适合
大概模块对应	Presentation	View
	Logic	Controller
	Data	Model
关联方向	上层拥有下层模块的引用	互相持有引用

9.4　项目实践

根据本章对于软件体系结构设计基础知识的理解，完成以下实践内容。

1. 尝试分析实践项目的部件、连接件和配置。
2. 为实践项目选择出合适的软件体系结构风格，并解释原因。

9.5　习题

1. 描述一种常见的软件体系结构模型的定义及其组成部分。
2. 部件有哪些常见的软件实现机制？
3. 连接件有哪些常见的软件实现机制？
4. 配置的定义是什么？
5. 如何表达配置？
6. 理解常见的体系结构风格，画出相应的示意图，并分析其优缺点。
7. KWIC 系统完成 4 个功能：输入、循环位移、字母排序、输出。系统的输入接收的是一个有序的行的集合，每个行是一个有序的单词的集合，每个单词又是一个有序的字母的集合。循环位移是对每行的第一个单词移动到行尾，形成新的一行。然后不断重复，直到不再产生新的行。最后输出的结果是将循环位移后的所有行进行字母排序，然后输出。例如，输入 bar sock; car dog; town fog。最后输出 bar sock; car dog; dog car; fog town; sock bar; town fog。利用主程序 / 子程序风格、面向对象式风格实现 KWIC 系统。
8. 分层风格与 MVC 风格的区别是什么？

第 10 章

软件体系结构设计与构建

10.1 体系结构设计过程

软件体系结构设计有着复杂的方法与过程 [Bachmann2005, Hofmeister2005]，它们涉及的知识也非常广泛。本书只针对中小规模软件系统开发，裁剪使用下面简单的软件体系结构设计过程：

1）分析关键需求和项目约束；

2）选择体系结构风格；

3）进行软件体系结构逻辑（抽象）设计；

4）依赖逻辑设计进行软件体系结构物理（实现）设计；

5）完善软件体系结构设计；

6）定义构件接口；

7）迭代过程 3）～ 6）。

首先，正如第 8 章中提到的设计是一个迭代的过程，上述体系结构的设计过程也不是顺序的，不是一个步骤完成了才能进行下一个步骤。而是通过不断的迭代，逐渐地清晰、明确软件的体系结构。其次，以上这个过程也并不是绝对的，读者可以根据具体项目的情况，进行适当的裁剪改变该设计过程。

10.1.1 分析关键需求和项目约束

在体系结构设计开始之前，我们必须首先明确体系结构设计有哪些输入要素。因为这些输入要素是我们体系结构设计的出发点，也是我们体系结构设计决策的重要依据。一般来说，体系结构设计的输入要素主要有两个来源：软件需求规格说明和项目约束。

软件需求规格说明作为表述用户实际需求的制品，告诉软件开发人员应该"做什么"，是得到用户认可的唯一条件。如果我们不想做出来的软件得不到用户的认可，那么作为表述"怎么做"的体系结构设计必须从"做什么"出发。当然，并不是所有的需求都会影响到软件体系结构设计，实际上只有很少一部分会影响到整体结构设计的需求才是关键性需求 [Taylor2009]。

而且，如图 10-1 所示，体系结构设计时不仅要考虑功能性需求，还需要考虑其他需求（在复杂系统开发中尤其要关注质量需求 [Clements2006]）。

- 软件需求规格说明中的关键性需求
  - 概要功能需求
  - 非功能性需求
    - 质量
    - 性能
    - 约束
    - 接口

图 10-1　体系结构设计的输入要素 I ——软件需求规格说明

除了需求因素之外，项目本身还有很多环境约束会对体系结构设计的选择产生影响 [Hofmeister2005]，如图 10-2 所示。比如，开发团队的现状、项目预算的金额、项目的进度计划、项目存在的风险和开发环境等。

- 项目约束
  - 开发团队
  - 市场大小
  - 项目预算
  - 项目进度
  - 项目风险
  - 开发环境
  - 开发技术
  - ……

图 10-2　体系结构设计的输入要素 II ——项目约束

体系结构设计必须落实所有的功能性需求和非功能性需求，并且必须满足项目的约束条件。在所有的需求和约束中，如果有些对项目特别关键，就需要设计时格外注意。例如，如果系统对响应时间要求特别高，那么在体系结构设计时就需要多采取一些设计策略来减少系统响应时间；如果系统对安全性要求较高，那么在体系结构设计时就必须增加相应的安全模块；如果项目工期比较紧并且人员的开发技术比较单一，那么在体系结构设计时会选择项目开发人员熟悉的、比较成熟的技术方案。

例如，对于连锁商店管理系统（MSCS），可以发现它的关键需求和项目约束如图 10-3 所示。

1. 需求
   a) 概要功能需求：10 个功能
   b) 非功能性需求
      i. 安全需求：Security1~3
      ii. 约束：IC2
2. 项目约束
   a) 开发技术：Java
   b) 时间较为紧张
   c) 开发人员：不熟悉 Web 技术

图 10-3　MSCS 的关键需求和项目约束

10.1.2　选择体系结构风格

体系结构风格封装了已重复验证、可复用并且语义内聚的一组设计机制 [Clements2002]，是成功软件设计经验的总结，所以如果能够选择到满足关键需求和项目约束的软件体系结构风格就能够充分复用前人的设计成果。

不同的风格有不同的特点，选择的依据是风格的特点是否能与关键需求和项目约束相兼容。比如，如果系统需要基于 Web 开发，团队也熟悉 Web 开发技术，那么更加偏向 Web 应用的 MVC 风格就是选择之一；如果系统对实时性能要求不高，但对修改性和灵活性要求比较高，且用户不希望使用 Web 技术，那么选用分层风格就更加合适。选择了体系结构风格，可以用 UML 包图来描述。

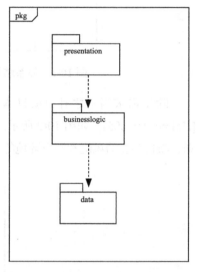

例如，因为连锁商店管理系统是典型的信息系统，那么 MVC 和分层就是两种最为常见的选择，又因为开发人员不熟悉 Web 技术，这时分层体系结构风格就可以作为最终的选择。分层体系结构风格将系统分为 3 层：展示层（presentation）、业务逻辑层（businesslogic）、数据层（data），能够很好地示意整个高层抽象，如图 10-4 所示。展示层负责用户交互的实现、业务逻辑层负责业务逻辑处理的实现、数据层负责数据的持久化和访问。

图 10-4　参照体系结构风格的包图
表达逻辑视角

10.1.3　软件体系结构逻辑设计

逻辑设计的目的是建立能够满足概要功能需求、质量需求与项目约束的软件体系结构抽象设计方案。

1. 依据概要功能需求与体系结构风格建立初始设计

在实际工作中，大部分系统的软件体系结构设计工作都不是从空白开始的，它们通常有很多可以借鉴的已有资源。10.1.2 小节选择体系结构风格就是在利用已有资源，它结合概要功能需求，就能够给出初始的逻辑设计方案。

例如，连锁商店管理系统的主要功能有：销售处理、退货处理、会员发展、商品入库、商品出库、库存分析、礼品赠送、制定销售策略、产品调整、用户调整等。简单分析就可以发现下列功能可以在设计时进行合并处理，因为它们使用的信息与行为是相似的：

- 销售与退货→销售
- 产品调整、入库、出库与库存分析→库存
- 会员发展与礼品赠送→会员
- 特价策略制定、赠送策略制定→销售策略

这样最终需要考虑的概要功能为：销售、库存、会员、销售策略和调整用户，它与体系结构风格相结合可以建立如表 10-1 所示的逻辑模块，其中，_ui 为相应功能的展示层设计，_data

为相应功能的数据层设计，_bl 为相应功能的业务逻辑层设计。

表 10-1 连锁商店管理系统的初步概要功能设计

功　　能	对应逻辑包
销售	salesui, salesbl, salesdata
库存	commodityui, commoditybl, commoditydata
会员	memberui, memberbl, memberdata
销售策略	promotionui, promotionbl, promotiondata
调整用户	userui, userbl, userdata

不相似的功能也可能会部分地使用相同的信息或行为，例如：

- 销售或退货工作中，需要：使用商品信息、调整商品库存、使用会员信息、调整会员积分、使用促销策略、使用用户信息（收银员信息）；
- 库存分析工作中，需要：使用销售记录信息；
- 会员管理中，需要：使用会员的销售记录、使用商品进行礼品赠送并调整库存。

软件设计的结果中不能将相同的信息或行为同时分布在多个地方，所以对上述的信息或行为相同的情况，可以将信息或行为放在一个模块中，让其他的模块依赖于该模块即可。这样，可以将表 10-1 的方案改进为表 10-2 所示。

表 10-2 连锁商店管理系统的改进概要功能设计

功　　能	对应逻辑包
销售	salesui, salesbl, salesdata commoditybl, commoditydata memberbl, memberdata promotionbl, promotiondata userbl, userdata
库存	commodityui, commoditybl, commoditydata salesbl, salesdata
会员	memberui, memberbl, memberdata salesbl, salesdata commoditybl, commoditydata
销售策略	promotionui, promotionbl, promotiondata
调整用户	userui, userbl, userdata

体系结构初始逻辑设计的包图如图 10-5 所示。在展示层是各个功能的展示子包；在业务逻辑层是各个负责处理业务逻辑的领域对象的子包；在数据层是各个负责持久化数据的子包。

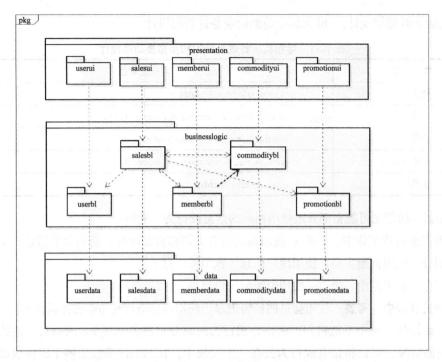

图 10-5 体系结构初始逻辑设计包图表达逻辑视角

2. 使用非功能性需求与项目约束评价和改进初始设计

建立初始的软件体系结构方案之后，还需要逐一检查其是否满足非功能性（质量）需求与项目约束，如果满足就结束设计过程，否则就对不满足的地方进行改进。

例如，对如图 10-5 所示的连锁商店管理系统初始设计进行分析后可以发现：

1）能够满足项目约束。

- 分层风格能促进并行开发，从而缩短开发时间。
- 分层风格可以使用 Java 技术，而不使用 Web 技术。

2）无法满足安全需求（Security1~Security3）和网络分布约束（IC2），所以需要改进。

- 为使其满足安全需求，可以增加用户登录与验证功能，可以建立专门的三个模块（Presentation、Logic、Data），也可以将该功能并入用户管理功能，即为 userui、userbl、userdata 三个模块增加新的职责。
- 为满足网络分布约束，需要将模块分布到客户端和服务器端组成的网络上。可以将 Presentation 层模块部署在客户端，将 Logic 层和 Data 层模块部署在服务器端。也可将 Presentation 层和 Logic 层模块部署在客户端，将 Data 层模块部署在服务器端。一旦相邻两层被部署到网络两端，那么它们之间的交互就无法通过程序调用来完成，可以考虑将简单的程序调用转化为远程方法调用 RMI。

在上述步骤之后，最终建立的软件体系结构逻辑设计方案如图 10-6 所示。

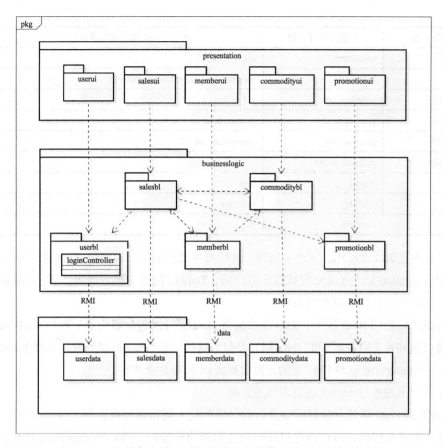

图 10-6　连锁商店管理系统最终的软件体系结构逻辑设计方案

10.1.4　软件体系结构实现

逻辑视角描述的是一个概念上的抽象的系统，并不是一个实实在在的物理上的系统。所以，需要将软件体系结构的逻辑设计从开发（开发包、物理模块）、发布（进程）、部署（网络部署）三个角度进行实现，建立软件体系结构的物理设计。

1. 开发包（构件）设计

简单的情况下，逻辑设计中每一个包都可以转化为一个开发包，所以可以将连锁商店管理系统的初始开发包设计为表 10-3 所示。

表 10-3　连锁商店管理系统的初始开发包设计

逻　辑　包	开发（物理）包	依赖的其他开发包
salesui	salesui	salesbl
salesbl	salesbl	salesdata, commoditybl, memberbl, promotionbl, userbl
salesdata	salesdata	
commodityui	commodityui	commoditybl
commoditybl	commoditybl	commoditydata, salesbl
commoditydata	commoditydata	

（续）

逻　辑　包	开发（物理）包	依赖的其他开发包
memberui	memberui	memberbl
memberbl	memberbl	memberdata, salesbl, commoditybl
memberdata	memberdata	
promotionui	promotionui	promotionbl
promotionbl	promotionbl	promotiondata
promotiondata	promotiondata	
userui	userui	user
userbl	userbl	userdata
userdata	userdata	

与抽象的逻辑设计相比，实现（物理）设计要考虑更多的实现细节，这些细节有：

1）Presentation 层与 Logic 层被置于客户端，Data 层被置于服务器端，那么 Logic 层的开发包已不可能依赖于 Data 层的开发包。

- 可以考虑使用 RMI 技术，RMI 技术会将 Data 层开发包分解为置于客户端的 dataservice 接口包和置于服务器端的 Data 层开发包。这样一来，Logic 层开发包依赖于 dataservice 包，dataservice 包和 Data 层的开发包都依赖于 RMI 类库包。
- 也可以考虑通过 socket 通信来传递数据。

2）所有的 Data 层开发包都需要进行数据持久化（例如读写数据库、读写文件等），所以它们会有一些重复代码，可以将重复代码独立为新的开发包，然后所有的 Data 层开发包都依赖于 databaseutility，databaseutility 会依赖于 JDBC 类库包或者 IO 类库包。

3）所有的 Presentation 层开发包都需要使用图形类型建立界面，都要依赖于图形界面类库包。

4）此外，Presentation 层实现时，由 mainui 包负责整个页面之间的跳转逻辑。其他各包负责各自页面自身的功能。

5）在分层风格的典型设计中，不希望高层直接依赖于低层，而是为低层建立接口包，实现依赖倒置原则（参见 15.2.3 小节），所以应该调整为：各 Presentation 层开发包（调用）依赖于 Logic 层接口包 businesslogicservice 包，Logic 层开发包也依赖于（实现了）Logic 层接口包 businesslogicservice 包。

6）在分层风格的典型设计中，Presentation 层与 Logic 层之间、Logic 层与 Data 层之间可能会传递复杂数据对象，那么相邻两层都需要使用数据对象声明，所以需要将数据对象声明独立为开发包（VO 包与 PO 包），或者将数据对象声明放入接口包（VO 包放入 Logic 层接口包，PO 包独立）。

7）开发包的循环依赖现象需要消除，对此可以使用依赖倒置原则将循环依赖变为单向依赖：

- Sales 与 Commodity：将部分 Commodity 类抽象接口 commodityInfoService 置入 Sales 包，这样 Commodity 单向依赖于 Sales（实现接口 + 调用）。

- Sales 与 Member：将部分 Member 类抽象接口置入 Sales 包，这样 Member 单向依赖于 Sales（实现接口＋调用）。

8）在 Logic 层中，一些关于初始化和业务逻辑层上下文的工作被分配到 utilitybl 包中。

经过细节改进，最终建立的连锁商店管理系统开发包设计如表 10-4 所示，其局部包图如图 10-7 所示。

表 10-4　连锁商店管理系统的最终开发包设计

开发（物理）包	依赖的其他开发包
mainui	userui, salesui, memberui, commodityui, promotionui, vo
salesui	salesblservice, 界面类库包 , vo
salesblservice	
salesbl	salesblservice, salesdataservice, po, promotionbl, userbl
salesdataservice	Java RMI, po
salesdata	databaseutility, po, salesdataservice
commodityui	commodityblservice, 界面类库包
commodityblservice	
commoditybl	commodityblservice, commoditydataservice, po, salesbl
commoditydataservice	Java RMI, po
commoditydata	Java RMI, po, databaseutility
memberui	memberblservice, 界面类库包
memberblservice	
memberbl	memberblservice, memberdataservice, po, salesbl, commoditybl
memberdataservice	Java RMI, po
memberdata	Java RMI, po, databaseutility
promotionui	promotionblservice, 界面类库包
promotionblservice	
promotionbl	promotionblservice, promotiondataservice, vo
promotiondataservice	Java RMI, po
promotiondata	Java RMI, po, databaseutility
userui	userblservice, 界面类库包
userblservice	
userbl	UserInterface, UserDataClient, UserPO
userdataservice	Java RMI, po
userdata	Java RMI, po, databaseutility
vo	
po	
utilitybl	
界面类库包	
Java RMI	
databaseutility	JDBC

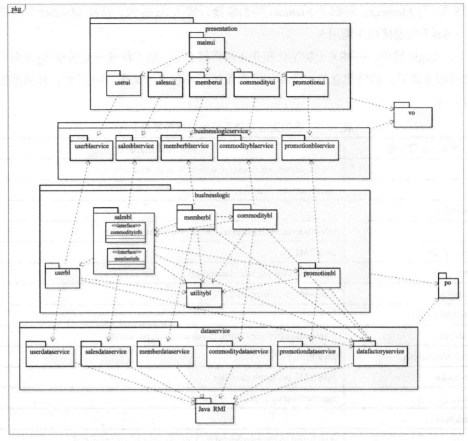

a）客户端开发包图

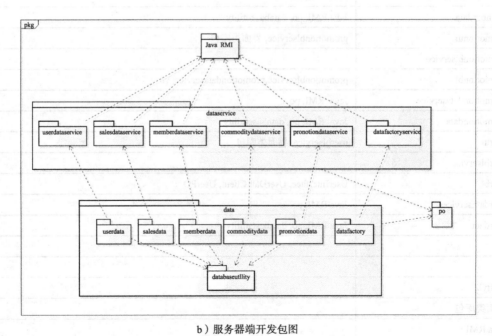

b）服务器端开发包图

图 10-7 连锁商店管理系统开发包图

2. 运行时的进程

进程图主要是表明运行时的进程，以及各进程间如何进行通信的。如图 10-8 所示的进程图参考了 [Kruchten1995] 中描述的画法。

在连锁商店管理系统中，会有多个客户端进程和一个服务器端进程。客户端进程在客户端机器上运行，服务器端进程在服务器端机器上运行。

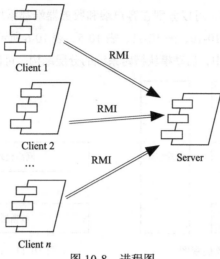

图 10-8　进程图

3. 物理部署

UML 部署图描述了一个运行时的物理硬件节点，以及在这个节点上运行的软件构件的静态视图。部署图主要表明的是构件在物理节点上如何分布的，同时也表明节点之间的物理连接。

如图 10-9 所示，连锁商店管理系统中客户端构件放在客户端机器上，服务器端构件放在服务器端机器上。在客户端节点上，还要部署 RMIStub 构件。由于 Java RMI 构件属于 JDK 6.0 的一部分。所以，在系统 JDK 环境已经设置好的情况下，不需要再独立部署。

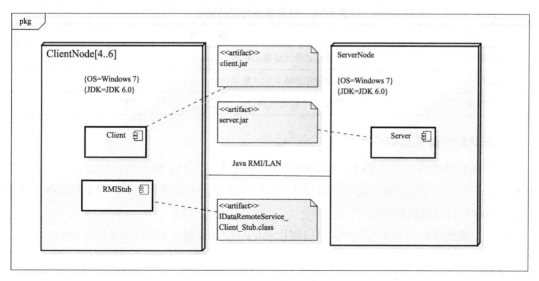

图 10-9　部署图

10.1.5 完善软件体系结构设计

在完成软件体系结构的实现方案之后，往往还需要对其进行完善和细化。

1. 完善软件体系结构设计

有时候还需要为软件体系结构添加辅助构件以完成系统的特殊功能，比如系统启动、配置、数据初始化与管理等。

在连锁商店管理系统中，可以分别在客户端和服务器端都添加系统启动模块专门负责系统的初始化启动工作（如图 10-10、图 10-11、表 10-5、表 10-6 所示）。为了实现的方便和效率因素，在连锁商店管理系统中，启动模块横跨系统的分层结构，可以直接访问到各层。

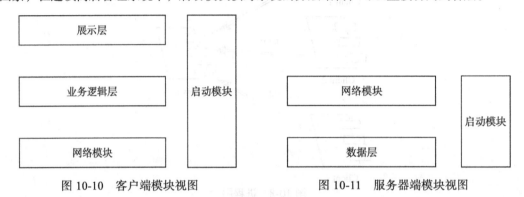

图 10-10　客户端模块视图　　　　　　　　图 10-11　服务器端模块视图

表 10-5　客户端各层的职责

层	职 责
启动模块	负责初始化网络通信机制，启动用户界面
展示层	基于窗口的连锁商店客户端用户界面
业务逻辑层	对于用户界面的输入响应和业务处理逻辑
网络模块	利用 Java RMI 机制查找 RMI 服务

表 10-6　服务器端各层的职责

层	职 责
启动模块	负责初始化网络通信机制，启动用户界面
数据层	负责数据的持久化及数据访问接口
网络模块	利用 Java RMI 机制开启 RMI 服务，注册 RMI 服务

2. 细化软件体系结构设计

软件体系结构设计方案如果仅仅停留在模块的层次，不利于验证其正确性。可以适当进行软件体系结构的细化，建立能够承载模块职责的关键类。关键类建立的过程中往往能够发现软件体系结构设计时忽略的细节。

例如，在连锁商店管理系统中，可以细化 salesbl 模块，建立如图 10-12 所示的关键类图。

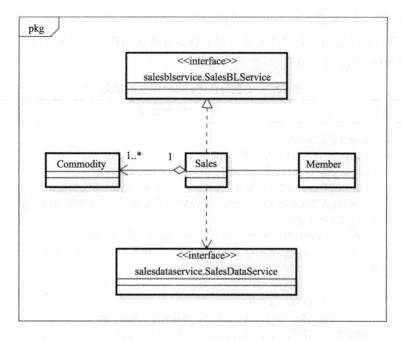

图 10-12　salesbl 模块的关键类图

除了细化职责建立关键类图之外，模块传递的数据对象也需要被明确定义，因为它们是模块间接口的重要部分，必须严格、准确。

例如，在连锁商店管理系统中，需要为各类 VO 数据对象和 PO 数据对象建立准确的定义。如图 10-13 是持久化用户对象 UserPO 的定义。

```java
public class UserPO implements Serializable {
    int id;
    String name;
    String password;
    UserRole role;

    public UserPO(int i, String n, String p, UserRole r){
        id = i;
        name = n;
        password = p;
        role = r;
    }
    public String getName(){
        return name;
    }
    public int getID(){
        return id;
    }
    public String getPassword(){
        return password;
    }
    public UserRole getRole(){
        return role;
    }
}
```

图 10-13　持久化用户对象 UserPO 的定义

系统中使用的持久化数据也可以适当进行细化。

如表 10-7 所示是连锁商店管理系统中对于数据持久化的各种格式的定义,包括序列化持久化、Txt 持久化和数据库持久化。

表 10-7 数据持久化的各种格式的定义

数 据 类 型	数 据 定 义
序列化持久化	序列化数据保存在 .ser 文件中 UserPO 类包含用户的用户名、密码属性 CommodityPO 类包含商品的编号、价格、数量和名字属性 MemberPO 类包含会员的编号、姓名、生日、性别、电话、积分属性 SalesPO 类是保存销售数据的类,包含编号、会员编号、商品列表、总价、折扣、客户支付金额、找零金额等属性 SalesLineItemPO 类是保持销售记录中一行的信息的类,包含商品编号、数量、小计 CommodityGiftPromotionPO 类包含商品 ID、促销起始日、促销结束日、礼品编号、礼品数量……
Txt 持久化	序列化数据保存在 .txt 文件中 以商品数据为例,每行分别对应货号、商品名称、价格、数量 中间用 ":" 隔开 123: 杯子 :10:32 456: 桌子 :20:22
数据库持久化	包含 User 表、Commodity 表、Member 表、Sales 表、SalesLineItem 表、odGift-Promotion 表、CommodityPricePromotion 表、GiftLineItem 表

10.1.6 定义构件接口

在完成软件体系结构设计之后,要定义构件之间的接口,这是进行软件体系结构文档化和交流的必要手段。

接口就是继续深入设计之前的一份契约。这份契约是由设计工程师、实现工程师、测试工程师和用户共同达成,保证所有开发人员对设计方案的理解一致,降低多人开发的集成和维护成本。

表 10-8 是连锁商店管理系统中业务逻辑层的接口规范示例。

表 10-8 接口规范示例

提供的服务(供接口)		
LoginController.login	语法	public ResultMessage login(long id, String password);
	前置条件	用户输入有效的用户编号和密码。user 成员变量初始化为 null
	后置条件	根据 ID 查找是否存在相应的用户,根据用户信息验证其密码正确与否,如果通过验证,则记录当前用户

需要的服务(需接口)	
服 务 名	服 务
UserDataService.find	根据 ID 查找用户信息

10.2 体系结构的原型构建

10.2.1 包的创建

包是用于将系统组织成层次结构的机制，可以根据构件的设计来创建项目的包。

由于有客户端和服务器端，所以连锁商店管理系统的包列表分为客户端（如图 10-14 所示）和服务器端（如图 10-15 所示）的包列表。客户端系统最上层是代表展示层的 presentation 包（包括 mainui、salesui、userui、commodityui、memberui、promotionui 子包）；接着是业务逻辑层提供的接口 businesslogicservice 包（包括 salesblservice、userblservice、commodityblservice、memberblservice、promotionblservice 子包）；然后是代表业务逻辑层的 businesslogic 包（包括 salesbl、userbl、commoditybl、memberbl、promotionbl、utilitybl 子包）；此外，还有代表数据层接口的 dataservice 包（包括 salesdataservice、userdataservice、commoditydataservice、memberdata-service、promotiondataservice、datafactoryservice 子包）；最后的 po 包保存持久对象，用来在业务逻辑层与数据层之间传递数据；vo 包保存用于展示层和业务逻辑层之间传递数据的值对象。所以 businesslogic 包和 businesslogicservice 包依赖于 po 包。客户端和服务器端通过 RMI 通信，dataservice 包就是远程调用的方法。所以服务器端也有同样的 dataservice 数据层接口包和 po 包，以 及 实 现 这 些 接 口 的 data 包（包括 salesdata、userdata、commoditydata、memberdata、promotiondata、databaseutility、datafactory 子包）。

图 10-14 客户端包列表   图 10-15 服务器端包列表

10.2.2　重要文件的创建

体系结构原型和一个完整项目类似，都包含类源文件，还包含接口源文件、数据文件、项目配置文件、构建配置文件等。我们需要根据前面的设计在对应的开发包和项目文件夹中创建相应的文件。创建之后还会产生类文件和可执行文件等。

图 10-16 是连锁商店管理系统中创建的部分文件列表。

图 10-16　文件列表

10.2.3　定义构件之间的接口

在包和文件定义之后，我们可以着力开始定义构件之间的接口。

下面代码定义的接口是在连锁商店管理系统中，界面层和业务逻辑层之间，业务逻辑层提供的 SalesBLService 接口。接口包括销售界面中每个销售步骤的功能接口，以及销售界面需要从业务逻辑层得到信息的接口，如图 10-17 所示。

```
public interface SalesBLService {
     // 销售界面得到商品和商品促销的信息
     public CommodityVO getCommodityByID(int id);
     public ArrayList<CommodityPromotionVO> getCommodityPromotionListByID(int
commodityID);

     // 销售界面得到会员的信息
     public MemberVO getMember();

     // 销售的步骤
     public ResultMessage addMember(int id);
     public ResultMessage addCommodity(int id, int quantity);
     public double getTotal(int mode);
     public double getChange(double payment);
     public void endSales();
 }
```

图 10-17 SalesBLService 的定义

10.2.4 关键需求的实现

创建好文件之后，我们需要实现一些关键功能需求。比如连锁商店管理系统中销售用例就是一个最关键的用例。它所覆盖的面最广，如果销售用例可以实现，那么其他用例的实现就比较有信心了。而且这个需求需要做到端到端的实现。

比如，连锁商店管理系统中存在客户端和服务器端。那么我们就需要在客户端通过 GUI 界面发出指令，通过客户端的业务逻辑处理，访问服务器端的数据，对数据进行修改。只有这样才能表明当前的体系结构可以胜任功能性需求。

当功能性原型搭建好之后，我们还需要对原型的非功能性指标进行估算和验证。如果出现不符合非功能性需求和项目约束的情况，我们还需要重新对体系结构设计进行调整。

比如，连锁商店管理系统中我们用文件来保存数据，而当数据越来越多，特别是销售记录要保存 1 年时，客户端跨网络对服务器端上文件的查找就比较慢，可能会使得系统不满足实时性的要求。这时候，我们就要调整体系结构中数据存储的方案，比如换成数据库，或者在客户端的业务逻辑层和数据层之间，加设数据映射层。在客户端运行初始化时，将数据从服务器端载入客户端的内存中。

10.3 体系结构集成与测试

10.3.1 集成的策略

当体系结构中原型各个模块的代码都编写完成并经过单元测试之后，需要将所有模块组合起来形成整个软件原型系统，这就是集成。集成的目的是逐步让各个模块合成为一个系统来工作，从而验证整个系统的功能、性能、可靠性等需求。对于集成起来的系统一般主要是通过其暴露出来的接口，伪装一定的参数和输入，进行黑盒测试。

根据模块之间集成的先后顺序，一般有下列几种常见的集成策略：

1）大爆炸式。

2）增量式。增量式细分为以下几种：

- 自顶向下式。
- 自底向上式。
- 三明治式。
- 持续集成。

1. 大爆炸集成

大爆炸集成就是将所有模块一次性组合在一起。其优点是可以在短时间内迅速完成集成测试。不过通常来说，一次试运行成功的可能性不大，这就使问题的定位和修改比较困难，许多接口错误很容易躲过测试。一般来说，大爆炸集成适合应用于一个维护型项目或被测试系统较小的情况。

2. 自顶向下集成

自顶向下集成是对分层次的架构，先集成和测试上层的模块，下层的模块使用伪装的具有相同接口的桩（stub）。然后不断地加入下层的模块，再进行测试，直到所有的模块都被集成进来，才结束整个集成测试。如图 10-18 所示，先集成测试的是 M_1，那么此时其调用的所有模块都是 stub（S_2，S_3，S_4）。然后再加入 M_2，替换其对应的桩 S_2 进行测试。如果按深度优先可以首先实现一个完整的功能，所以可能接着加入 M_5 进行测试，然后再加入 M_8。

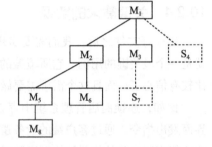

图 10-18　自顶向下集成

自顶向下集成的优点：

- 按深度优先可以首先实现和验证一个完整的功能需求；
- 只需最顶端一个驱动（driver）；
- 利于故障定位。

自顶向下集成的缺点：

- 桩的开发量大；
- 底层验证被推迟，且底层组件测试不充分。

因此，自顶向下集成适用于控制结构比较清晰和稳定、高层接口变化较小、底层接口未定义或经常可能被修改、控制组件具有较大的技术风险的软件系统。

3. 自底向上集成

自底向上集成与自顶向下集成的集成顺序相反，是从最底层的模块集成测试起，测试的时候上层的模块使用伪装的相同接口的驱动来替换。比如图 10-19 中我们可以自底向上先分别同时测试族 1、族 2 和族 3。族 1 测试的时候需要用到 M_1 对应的驱动 D_1。族 2 测试的时候需要用到 M_2 对应的驱动 D_2。族 3 测试的时候需要用到 M_3

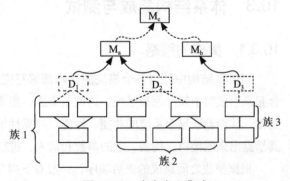

图 10-19　自底向上集成

对应的驱动 D_3。当集成族 1、M_1、族 2 和 M_2 到一起的时候，我们会用到与 M_a 对应的驱动 D_a。

自底向上集成的优点：

- 对底层组件行为较早验证；
- 底层组件开发可以并行；
- 桩的工作量少；
- 利于故障定位。

自底向上集成的缺点：

- 驱动的开发工作量大；
- 对高层的验证被推迟，设计上的高层错误不能被及时发现。

因此，自底向上集成适合应用于底层接口比较稳定、高层接口变化比较频繁、底层组件较早被完成的软件系统。

4. 持续集成

持续集成也是一种增量集成方法，但它提倡尽早集成和频繁集成。

尽早集成是指不需要总是等待一个模块开发完成才把它集成起来，而是在开发之初就利用 stub 集成起来。

频繁集成是指开发者每次完成一些开发任务之后，就可以用开发结果替换 stub 中的相应组件，进行集成与测试。一般来说，每人每天至少集成一次，也可以多次。

结合尽早集成和频繁集成的办法，持续集成可以做到：

- 防止软件开发中出现无法集成与发布的情况。因为软件项目在任何时刻都是可以集成和发布的。
- 有利于检查和发现集成缺陷。因为最早的版本主要集成了简单的 stub，比较容易做到没有错误。后续代码逐渐开发完成后，频繁集成又使得即使出现集成问题也能够尽快发现、尽快解决。

持续集成的频率很高，所以手动的集成对软件工程师来说是无法接受的，必须利用版本控制工具和持续集成工具。如果程序员可以仅仅使用一条命令就完成一次完整的集成，开发团队才有动力并且能够坚持进行频繁集成。

10.3.2 桩、驱动与集成测试用例

桩是在软件测试中用来替换某些模块的。桩一般和所替代的模块有相同的接口，并且模拟地实现了模块的行为。由于是模拟实现，所以相对于真实的实现要简单得多。

例如，图 10-20 所示是连锁商店管理系统中为 SalesBLService 开发的桩程序，其中有一个 getCommodityByID 方法。getCommodityByID 方法的真实实现是根据 ID 去数据层中查询相对应的商品的信息数据（CommodityVO）。而在桩的方法中，可以直接返回某一特殊的商品的信息数据（CommodityVO），这样就可以测试展示层了。

```
public interface SalesBLService _Stub implements SalesBLService {
    String commodityName;
    double commodityPrice;
```

图 10-20 SalesBLService 的桩的定义

```
        double commodityDiscount;
        CommodityPromotion promotion;
        String memberName;
        Int memberPoint;
        double total;
        double change;

    public SalesBLService_Stub(String   cn, double cp, double cd,
CommodityPromotion p,String mn, int mp, double t, double c){
        commodityName = cn;
        commodityPrice = cp;
        commodityDiscount  = cd;
        promotion = p;
        memberName = mn;
        memberPoint = mp;
        total = t;
        change = c;
}
        // 销售界面得到商品和商品促销的信息
    public CommodityVO getCommodityByID(int id){
            return new CommodityVO(name, price, commodityDiscount );
    }
    public ArrayList<CommodityPromotionVO> getCommodityPromotionListByID(int
commodityID){
        ArrayList<CommodityPromotionVO>commodityPromotionList=new ArrayList<Com
modityPromotionVO>();
        commodityPromotionList.add(new CommodityPromotionVO(promotion));
        return commodityPromotionList;
    }

        // 销售界面得到会员的信息
    public MemberVO getMember(){
        return new MemberVO(memberName, memberPoint);
    }

    // 销售的步骤
    public ResultMessage addMember(int id){
        if(id == 00001)
            return ResultMessage.Exist;
        else return ResultMessage.NotExist;
    }
    public ResultMessage addCommodity(int id, int quantity){
        if(id == 00001)
            return ResultMessage.Exist;
        else return ResultMessage.NotExist;

    }
    public double getTotal(int mode){
        return total;
    }
    public double getChange(double payment){
        return change;
    }
    public void endSales(){
        System.out.println("End the sales!");
    }
}
    public class SalesView{
        ...
        SalesBLService salesBl = new SalesBLService_Stub ("Cup",10.0,2.0, new
```

图 10-20 （续）

```
CommodityPromotion(), "Karen", 500, 57.0, 3.0);
    ...
}
```

图 10-20 （续）

　　一般来说，对于层与层之间的接口以及本机和他机之间的接口，特别需要注意进行相应的测试。

　　在连锁商店管理系统中，由于客户端需要通过 RMI 访问在服务器端的 DataService 系列接口。所以，我们一般会通过本地化的数据层对象来作为 stub 进行测试（如图 10-21 所示）。这样就可以降低 RMI 带来的测试的复杂度，提高测试的效率。

```
public class DatabaseFactory_Stub implements DatabaseFactory {
        // 抽象工厂
    public DatabaseService getUserData(){
        UserDatabaseService userData = new UserDataServiceMySqlImpl_Stub();
        return userData;
    }
}
    public class UserDatabaseServiceMySqlImpl_Stub implements UserDatabaseService {

public UserDatabaseServiceMySqlImpl() {
        }
    public void insert(UserPO po) {
        System.out.println("Insert Succeed!\n");
        }
    public void delete(UserPO po) {
        System.out.println("Delete Succeed!\n");
        }
    public void update(UserPO po) {
        System.out.println("Update Succeed!\n");
    }
    public UserPO find(int id) {
        System.out.println("find Succeed!\n");
        UserPO po= new UserPO();
        return po;
    }
    ...
}
```

图 10-21　DatabaseFactory 和 UserDataServiceMySqlImpl 的桩的定义

　　桩模仿的是下层模块，用来测试上层。而驱动则模仿的是上层模块，用来测试下层。所以，驱动需要利用下层提供的接口，来实现其模仿的模块的功能。

　　图 10-22 是连锁商店管理系统中用来测试实现 SalesBLService 接口 SalesController 类的驱动。驱动的参数是具体实现 SalesController 类的引用。

```
public class SalesBLService _Driver{
    public void drive(SalesBLService salesBLService){
        ResultMessage  result = salesBLService. addMember(0911024);
        If(result== ResultMessage.Exist) System.out.println("Member exists\n");
        ...
        salesBLService.endSales();
    }
```

图 10-22　SalesBLService 的驱动的定义

```
}
public class Client{
    public static void main(String[] args){
        SalesBLService salesController = new SalesController();
        SalesBLService _Driver driver = new SalesBLService _Driver (salesController);
        driver.drive(salesController);
    }
}
```

图 10-22 （续）

驱动代码中执行的是用于测试模块接口的集成测试用例。可以根据该模块的接口定义，使用基于规格的测试技术设计集成测试用例或者进行随机测试（参见第 19 章）。

10.4　软件体系结构设计文档描述

在体系结构设计中，主要的设计视角是逻辑设计、实现设计、接口信息等。软件体系结构文档主要是描述软件整体结构，包括整个系统的逻辑和物理的组成、模块与模块之间的接口、模块与模块之间的交互、模块内部的结构、模块对外提供的接口、模块需要访问的外部接口、整体数据模型、运行时进程、系统的部署等。

对复杂系统的软件体系结构描述既可以参照模板 8-1 描述的 IEEE 的标准模板，选择恰当的视角，也可以参考 [IEEE1471-2000] 给出的软件体系结构文档化指导。本书的案例相对较为简单，所以推荐使用模板 10-1 的方式描述软件体系结构的内容。

> 1. 引言
> 　1.1 编制目的
> 　　表明文档的读者以及文档主题。
> 　1.2 词汇表
> 　　文档中用到的缩写、专业词汇等。
> 　1.3 参考资料
> 　　相关参考文献。
> 2. 产品概述
> 　产品需求的概述，以及设计的需求分析文档的引用。
> 3. 体系结构模型
> 　3.1 整体架构描述
> 　　系统整体的模块的分解：主要是组成视角和逻辑视角。
> 　3.2 ×× 模块的分解
> 　　模块内部的分解：主要是结构视角和接口视角。一般会用类图、构件图等。
> 　3.2.1 ×× 模块的职责
> 　　每个类相应的职责说明。
> 　3.2.2 ×× 模块的接口规范
> 　　模块供接口和需接口的说明。
> 　3.2.3 启动模块的设计原理
> 　　设计理由的说明。
> 　……（各个模块的设计描述）
> 　3.7 界面模块的设计
> 　　界面跳转的整体设计，界面风格的描述。

模板 10-1　体系结构设计文档模板

```
    3.8 运行时组件
        进程图。
    4. 模型之间的映射
        4.1 调用关系映射
            模块之间相互调用的关系。
        4.2 数据模型
            信息视角。一般会定义相应的数据格式。
    5. 系统体系结构设计思路
        总体设计的大思路和设计中一些特别的细节。
```

模板 10-1　（续）

连锁商店管理系统（MSCS）的软件体系结构设计文档参见附录 D.3。

10.5　体系结构评审

软件体系结构设计文档的评审一方面是用户和所有开发人员再一次确认大家对软件功能理解是否一致，并确认一些细节分支情况的处理；另一方面是发现风险敏感的点。

在体系结构评审时，评审人重点评审的是在体系结构中的决策是否合理，是否有合理的理由，是否考虑了足够多的风险等。

在评审会议开始的时候往往会从以下几个方面来考查：

- 设计方案正确性、先进性、可行性；
- 系统组成、系统要求及接口协调的合理性；
- 对于功能模块的输入参数、输出参数的定义是否明确；
- 系统性能、可靠性、安全性要求是否合理；
- 文档的描述是否清晰、明确。

另外，在做软件设计时，也会遗漏一些因素的考虑，评审就是大家来检查这些遗漏的因素，从而有效地保证软件的质量。

如图 10-23 所示是本书建议的软件体系结构评审检查表。

```
1. 体系结构设计是否为后续开发提供了一个足够的视角？
2. 是否所有的功能都被分配给了具体模块？
3. 是否所有的非功能属性都得到了满足？
4. 是否所有的项目约束都得到了满足？
5. 体系结构设计是否为后继设计提供了简洁的概述、背景信息、限制条件和清晰的组织结构？
6. 体系结构设计是否能应对可能发生的变更？
7. 体系结构设计是否关注点在详细设计和用户接口的层次之上？
8. 不同的体系结构设计视角的依赖是否一致？
9. 系统环境是否定义？包括硬件、软件和外部系统。
```

图 10-23　建议的软件体系结构评审检查表

10.6　项目实践

根据本章介绍的体系结构设计和构建的方法，完成以下实践内容。

1. 完成实践项目的体系结构设计：
   a）分析需求与项目约束。
   b）进行逻辑设计。
   c）转化逻辑设计为实现（物理）设计。
   d）完善设计。
   e）定义接口。
2. 开发相应的体系结构原型。
3. 完成对体系结构原型的持续集成：
   a）开发桩和驱动。
   b）设计测试用例。
   c）持续集成。
4. 编写体系结构文档。
5. 召开对体系结构设计和原型的评审会议。
6. 将体系结构设计阶段制品添加至配置管理服务器。

10.7 习题

1. 软件体系结构设计的一般过程是什么？
2. 一般从哪几个视角来描述设计体系结构？
3. 组合视角一般会利用 UML 的哪些图来描述？
4. 逻辑视角和物理视角的区别是什么？
5. 如何挑选体系结构风格？
6. 如何描述一个接口？
7. 体系结构中信息视角如何描述？
8. 软件体系结构设计阶段有哪些其他的开发活动？
9. 如何选定关键需求？
10. 为什么要实现体系架构原型？
11. 为什么要对关键需求进行端到端的实现？
12. 什么时候撰写集成测试计划？什么时候实施集成测试？
13. 集成测试策略一般包含哪几种？
14. 集成测试用例如何设计？
15. 集成测试中的 stub 和 driver 如何设计？
16. 如果做持续集成？
17. 体系结构设计评审的目标是什么？
18. 体系结构设计评审会邀请什么人来参加？
19. 体系结构评审时的关注点有哪些方面？
20. 体系结构设计文档一般有哪些重要组成部分？

第 11 章

人机交互设计

11.1 引言

软件产品非常复杂，但用户能直接接触到的仅仅是用户界面。用户通过界面与软件系统进行交互，并依此评价软件产品。无论软件的功能多么出色，也无论软件内部的构造有多么高的质量，没有好的用户界面，用户就无法充分体会软件产品的价值。

好的用户界面不仅要美观，更要让用户使用软件产品的感觉更愉快，过程更顺利，所以人们不仅需要关注静态的界面布局，更要重视使用软件产品的动态过程，这也是人们更多地使用"人机交互设计"而不是"用户界面设计"这一说法的原因。人机交互的目标是探索在人和机器之间沟通的有效方法，让用户利用机器顺利地完成任务。

好的人机交互应该是透明的，它符合用户的习惯特点，尤其是要适应用户的技能和经验。在透明的人机交互中，用户只感受到完成工作任务的过程，不需要特意为了使用软件而花费精力。好的人机交互往往会让人忘记自己是在和机器交互。

好的人机交互因为透明而常常被人们忽视，坏的人机交互反而令人印象深刻，如图 11-1 所示为好、坏人机交互设计的对比。坏的人机交互设计不仅会给用户的使用造成困难，而且会增加用户的挫败感，也是大量软件功能（45%[Young2002]）从没有被用户使用过的原因之一。

好   坏

图 11-1　人机交互设计的对比

11.2 人机交互设计的目标

"透明"是人机交互设计追求的目标，但是"透明"的含义过于抽象，人们需要定义更加具体、可衡量和可操作的目标，这就是易用性（usability）[Bevan1991]。

易用性是人机交互中一个既重要又复杂的概念。它不仅关注人使用系统的过程，同时还关注系统对使用它的人所产生的作用。因为比较复杂，所以易用性不是单维度的质量属性，而是多维度的质量属性。

易用性的维度定义并不统一 [Folmer2004]，连 [IEEE1061-1992, IEEE1061-1998] 和 [ISO/IEC 9126-1] 这两个公开的标准质量模型都给出了不同的维度定义。[Nielsen1993] 推荐的易用性维度更易于理解和度量，包括易学性、易记性、效率、出错率和主观满意度，如图 11-2 所示。

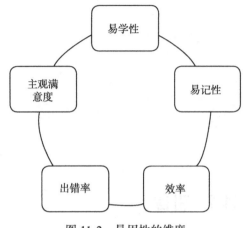

图 11-2　易用性的维度

- 易学性是指新手用户容易学习，能够很快使用系统。易学性的度量方式是计算完全没有经过培训的用户完成特定任务所需的时间（time/task）。
- 效率指的是熟练用户使用系统完成任务的速度。熟练用户通常希望高效地使用系统。效率的度量方式一般是计算经过培训的熟练用户完成特定任务所需的时间（time/task）。
- 易记性是指以前使用过软件系统的用户，能够有效记忆或者快速地重新学会使用该系统。易记性的度量方式是计算以前使用过软件系统的用户完成特定任务所需的时间（time/task）。
- 出错率是指用户在使用系统时，会犯多少错，错误有多严重，以及是否能从错误中很容易地恢复。系统应该尽可能地避免出现错误。出错率的度量方式是计算用户在完成特定任务过程中出现的错误数量，或者用户一定时间段内出现的错误数量。
- 主观满意度是让用户有良好的体验。主观满意度不是客观度量的，而是通过调查问卷的方式获得用户的主观评价。

在易用性的不同维度中，易学性和效率是存在冲突的，如图 11-3 所示。

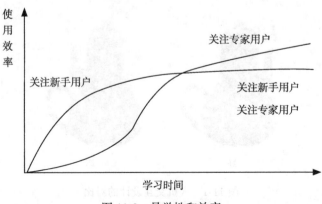

图 11-3　易学性和效率

有些系统更加注重易学性，例如 Web 程序（网站、电子商务）、简易触摸屏应用（电子售票、政务查询）等。这些系统的用户往往都是新手用户，所以这些系统的人机交互设计会更加简单，导航特征明显。因为交互简单、导航复杂，所以完成每个任务所需的交互次数较多，效率会受到限制。

另一些软件系统更注重效率，例如火车售票窗口应用、商店销售、银行柜台业务应用等。这些软件系统的用户日常工作非常繁忙而且固定，所以系统的人机交互设计会较多使用热键、快捷方式、命令行等效率更高的交互方式，这些方式会使得新手用户学习起来比较困难。

11.3　人机交互设计的人类因素

不论是初衷还是结果，人机交互设计中人的作用都是最大的。在各种人类因素中，本章着重介绍两个方面：精神模型（mental model）[Carroll1990] 和差异性。

11.3.1　精神模型

绝大多数情况下，软件系统的用户都是普通人，他们的目的是使用系统完成自己的业务任务，通常只能看到自己希望看到的内容。以图 11-4 所示的 Excel 应用为例，对于 Excel 的开发人员来说，看到的是由各种可视化构件组成的窗口，包括菜单、快捷按钮、单元格、单元格内数字等。而对于使用该应用的教师来说，看到的却是一门课程的成绩登记和计算规则。

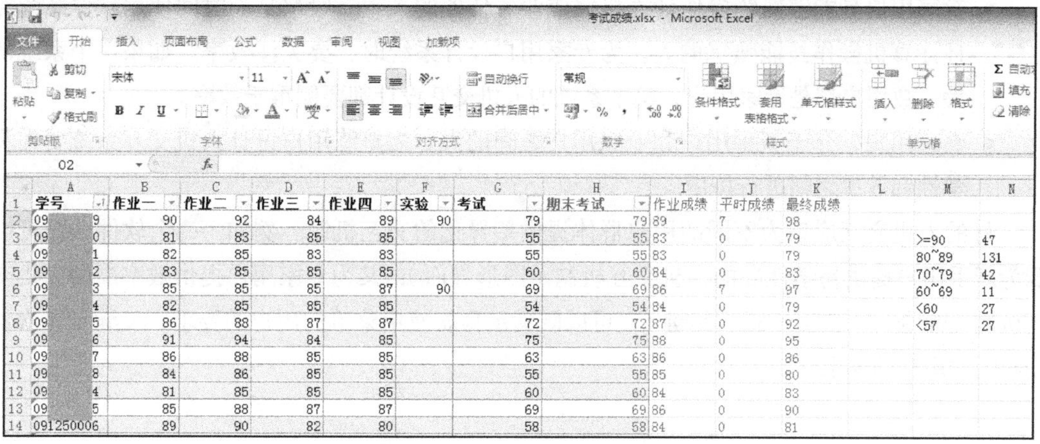

图 11-4　Excel 应用示例

精神模型就是用户进行人机交互时头脑中的任务模型。人机交互设计需要依据精神模型进行隐喻（metaphor）设计。隐喻又被称为视觉隐喻，是视觉上的图像，但会被用户映射为业务事物。用户在识别图像时，会依据隐喻将控件功能与已知的熟悉事物联系起来，形成任务模型。隐喻本质上是在用户已有知识的基础上建立一组新的知识，实现界面视觉提示和系统功能之间的知觉联系。

进行人机交互设计时，要调查用户的目标和任务，分析用户的任务模型，并据此设计界面隐喻。依据精神模型进行隐喻设计的优点不言自明，非常直观生动（如图 11-5 的对比所示，右边更好，四个开关可以直观地控制与其位置相匹配的灶头）。

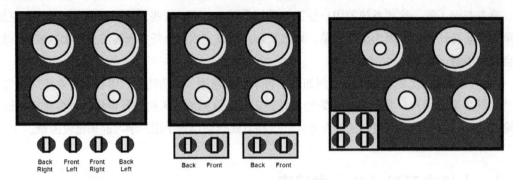

图 11-5 隐喻设计对比示例

11.3.2 差异性

任务模型是人机交互设计的重要依据，但是不同用户群体的任务模型是有差异的，所以对他们的人机交互设计也要有差异。

按照用户群体自身的特点，可以将其划分为新手用户、专家用户和熟练用户：

- 新手用户是对业务不熟悉的人，例如新员工或者新接触系统的人。为新手用户设计系统时要关注易学性，进行业务导航，尽量避免出错。如果一个系统的大多数用户都是新手用户，整个系统的人机交互设计都要侧重于易学性。
- 专家用户是能够熟练操作计算机完成业务任务的人，一般都是长时间使用软件系统并且计算机操作技能熟练的人。为专家用户设计系统时，要关注效率。如果一个系统的大多数用户都是专家用户，整个系统的人机交互设计都要侧重于效率。
- 熟练用户，介于新手用户和专家用户之间的人。为熟练用户设计人机交互系统要在易学性和效率之间进行折中。

好的人机交互应该为不同的用户群体提供差异化的交互机制。例如，一个软件系统可以既为新手用户提供易学性高的人机交互机制（图形界面），又为专家用户提供效率高的人机交互机制（命令行、快捷方式、热键）；可以既满足喜欢使用菜单的用户的要求，又满足喜欢使用热键的用户的要求。

11.4 人机交互设计的计算机因素

虽然目标是人，但是人机交互设计所能操纵的客体是计算机上的人机交互设备，包括输入设备和以计算机显示设备为主的输出设备。

键盘和鼠标是常用的人机交互输入设备，显示屏、声响和打印机是常用的输出设备。在这些因素中，显示屏的设计是重点，又被称为可视化设计（visual design）[Cooper2007]。

11.4.1 可视化设计

从可视化设计语言 Visual Basic 开始，对可视化构件的布局就成为可视化设计的主要工作。

常见的可视化构件包括窗口、菜单、标签页（tab）、表单、按钮、列表、树形控件、组合框、输入框等，[Cooper2007] 对此有详细的描述。

可视化设计的要点是按照任务模型设计界面隐喻，同时不要把软件系统的内部构造机制暴露给用户。例如，不要把单纯的表关键字 ID 显示在界面上，不要简单地把每一个对象方法都设置为一个按钮（如图 11-6 所示，明显是因为有 3 个不同的方法所以使用了选择控件，但这不符合任务模型），不要将大量输入 / 输出信息不加区分（组合）地布局在一起。

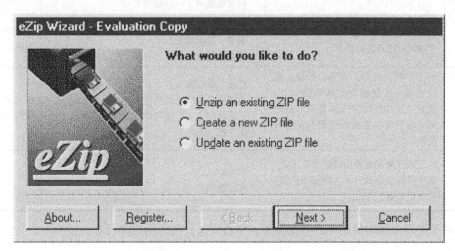

图 11-6　暴露软件系统内部机制的人机交互设计示例

除了不应该表现出软件系统内部构造细节之外，可视化设计还应该基于界面隐喻，尽可能地把功能和任务细节表现出来，如图 11-7 所示。

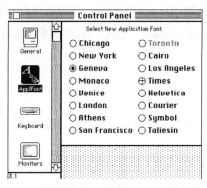
可视化不佳的设计

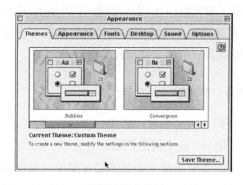
可视化更好的设计

图 11-7　可视化设计示例

11.4.2　常见界面类型

将不同的人机交互控件组织在一起，可以形成不同的界面类型。

[Nielsen1993] 将常见的界面类型划分为如表 11-1 所示的类别。

表 11-1 常见界面类型

名 称	特 征	人机交互控件	适合场景
批处理	所有的命令预先设置好后,由机器直接一次性执行完毕,中途用户无法进行任何干涉	不接受输入 无交互 行文本显示(一维输出)	不需要人机交互
命令行	命令模式是一维的交互方式。用户输入一条命令,机器执行一次	键盘输入(命令) 命令行交互 行文本显示(一维输出)	执行固定任务的熟练用户
全屏	全屏模式下,通过表单、菜单、导航键和用户进行交互	键盘输入(命令、热键、信息) 菜单、表单交互 可视化输出(菜单、表单,二维全屏输出)	有限任务下熟练用户
图形化	用户利用窗口、菜单、按钮、定位设备(如鼠标等)和机器交互。而且交互操作的方式也是面向对象的,多是可以直观感受到的实物的隐喻	键盘、鼠标输入 直接操纵(所见即所得)交互 可视化输出(各类可视化控件,多窗口重叠产生二维半输出)	操作技能不熟练的用户
多维交互	正在发展和逐渐出现的交互方式。其中可能会用到声音、视频等机制。更易用和更个性化	多维输入 多维输出	

软件系统通常同时使用多种界面类型,以适应差异性的用户和任务。

11.5 人机交互设计的交互性

"交互"是双向的:一方面,用户主动向软件系统提出请求(输入信息),软件系统给予用户响应(输出信息);另一方面,软件系统也应该主动告知用户相应的信息,并等待用户的响应。

也就是说,人机交互设计良好的软件系统应该具备一定的"智能"性,能够智能地给用户提供帮助,而不是被动地等待请求。

11.5.1 导航

好的人机交互设计就像一个服务周到的推销员,能够主动将自己的产品和服务简明扼要地告诉用户,这个就是导航。

好的导航就像一个好的餐厅菜单,餐厅菜单能够帮助顾客快速地找到喜欢的食物,软件系统导航也要能帮助用户找到任务的入口。导航的目的就是为用户提供一个很好的完成任务的入口,好的导航会让这个入口非常符合人的精神模型。

软件系统的导航有全局结构和局部结构两种方式 [Dix2003]:

- 全局结构按照任务模型将软件产品的功能组织起来,并区分不同的重要性和主题提供给不同的用户。全局结构常用的导航控件包括窗口、菜单、列表、快捷方式、热键等。全局结构的设计主要以功能分层和任务交互过程为依据。
- 局部结构通过安排界面布局细节,制造视觉上的线索来给用户提供导航。局部结构常用的导航控件包括可视化控件布局与组合、按钮设置、文本颜色或字体大小等。局部结构的设计主要以用户关注的任务细节为依据。

如图 11-8 所示为一个导航设计示例。

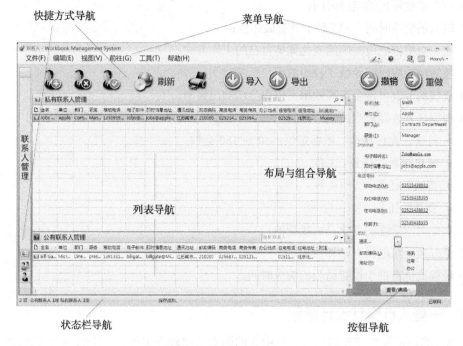

图 11-8　导航设计示例

11.5.2　反馈

好的人机交互设计需要对用户行为进行反馈，让用户能够意识到行为的结果。

反馈的方式是多样的，声音和视觉上的反应都可以。例如，用户选择一个输入框时应该闪烁光标，在单击按钮时应该有声音提示或者改变按钮边框（如图 11-9 所示），鼠标定位和拖动时改变控件图形或颜色，等等。

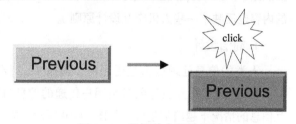

图 11-9　鼠标单击反馈示例

反馈的目的是提示用户交互行为的结果，但不能打断用户工作时的意识流。一个人工作时需要保持一个连续的思维过程，如果软件系统不停地打断用户的思维过程，那么不仅会降低用户的工作效率，而且会增加用户的烦恼和不满情绪。这就要求系统使用正确的方式对用户进行反馈，例如用户成功完成一项任务时，系统可以通过状态栏给出反馈，也可以弹出一个对话框告知用户任务完成，很明显后一种方式会打断用户，因为它需要用户单击对话框的按钮以关闭该对话框继续工作（这次交互原本是不必要的）。

对时间的控制也是反馈设计的一个要点，它既要考虑计算时间，又要考虑用户的思考和反应时间。

如果系统的计算时间过长，15 秒以上 3 分钟以下时就需要提供动画以减少用户的等待感，如果超过 3 分钟就应该提供进度条以让用户感觉到系统一直在工作。

关于用户思考和反应时间的把握，[Shneiderman2003] 总结的部分经验如下：

1）用户喜欢较短的响应时间；

2）较长的响应时间（>15 秒）具有破坏性；

3）用户会根据响应时间的变化调整自己的工作方式；

4）较短的响应时间导致了较短的用户思考时间；

5）较快的节奏可能会提高效率，但也会增加出错率；

6）根据任务选择适当的响应时间：

- 打字、光标移动、鼠标定位：50 ～ 150 毫秒
- 简单频繁的任务：1 秒
- 普通的任务：2 ～ 4 秒
- 复杂的任务：8 ～ 12 秒

7）响应时间适度的变化是可接受的；

8）意外延迟可能具有破坏性；

9）经验测试有助于设置适当的响应时间。

11.5.3　一些人机交互设计原则

人和计算机是人机交互的两方，其中人的因素是比较固定的，一定时期内不会发生大的变化，所以要让二者交互顺畅，就需要让计算机更多地适应人的因素，这也是人机交互设计以用户为中心（user centered）的根本原因。

为了建立更适合用户的人机交互，人们提出了一系列的人机交互设计原则 [Nielsen1993, Schneiderman2003, Dix2003, Constantine1999]，下面是其中比较常见和重要的几个（前面几节的内容也反映了一些人机交互设计原则）。

1. 简洁设计

人类的信息处理能力是受限的，遵循 7±2 原则，即一个人所能同时思考的事项上限在 5 ～ 9 项。人机交互设计同时给用户传递的信息自然也要遵守 7±2 原则，并且在有效表达交互信息的情况下越简洁越好（如图 11-10 所示，摘要图片比描述文字更简洁和清晰）。

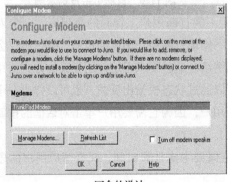
冗余的设计

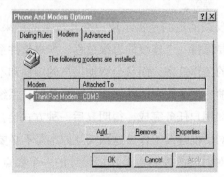
简洁的设计

图 11-10　冗余与简洁设计示例

简洁设计的常见要求是不要使用太大的菜单，不要在一个窗口中表现过多的信息类别，不要在一个表单中使用太多的颜色和字体作为线索，等等。

2. 一致性设计

用户在使用软件系统的过程中，会为任务建立精神模型。如果一个系统中相似的任务具有完全不一致的交互机制（如图 11-11 所示，按钮的位置不一致），那么会导致用户精神模型的不一致，造成不必要的麻烦和负担。

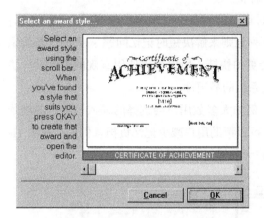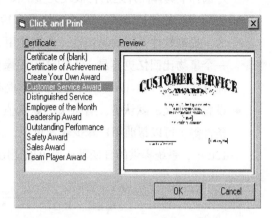

图 11-11　不一致的设计示例

一致性设计不仅仅体现在一个软件产品内部。在有特定原因（例如存在已有系统、用户使用过相似系统等）的情况下，用户已经建立了成熟的精神模型，这时新系统的人机交互设计需要遵循用户已有的精神模型。

3. 低出错率设计

由于问题本身的复杂性以及人类自身在认知、学习、记忆等方面固有的局限性，使用系统中出现错误总是难免的，尤其是对业务比较生疏的新手用户而言。

人机交互设计首先要帮助人们避免犯错，尽可能设计不让用户犯严重错误的系统，具体措施包括将不适当的菜单选项功能以灰色显示屏蔽，禁止在数值输入域中出现字母字符，等等。

当错误出现时，系统还要在人机交互中提供简洁、有建设性、具体的指导来帮助用户消除错误。比如，填写表单时如果用户输入了无效的编码，那么系统应该引导他们对此进行修改，而不是要求用户重新填写整个表单。出错信息应当遵循以下 4 个简单原则 [Shneiderman1982]：①应当使用清晰的语言来表达，而不要使用难懂的代码；②使用的语言应当精练准确，而不是空泛、模糊的；③应当对用户解决问题提供建设性的帮助；④出错信息应当友好，不要威胁或责备用户。

系统还应该提供错误恢复和故障解决帮助手册。

4. 易记性设计

易记的人机交互设计会使得用户具有更少的记忆负担，所以使用的时候会更顺畅和更少出错。

使用下列方法，可以提高系统的易记性：

- 减少短期记忆负担。要一个人在短期内记住很多复杂信息是困难的，所以软件系统应该帮助用户记忆复杂信息，并帮助用户进行回忆。例如，在图 11-12a 的 Excel 应用中，Excel 提示的"Male"就是用户在之前工作中已输入的信息，Excel 的提示可以帮助用户不需要完整记忆就能够保证前后输入信息的一致性。

- 使用逐层递进的方式展示信息。在展现复杂信息时，可以将其分为不同层次，递进展现越来越丰富的信息。例如在图 11-12b 中，图片的缩略展现就是一种递进展示，在用户选择了具体图片之后再展现完整的图片细节。

- 使用直观的快捷方式。人的记忆具有短时记忆的特点，时间越长越容易忘记。所以，为了提高软件系统的易记性，人们使用下列原则来解决短时记忆问题：人们重新认识一个事物比回忆更容易。人们认识图像会更加快捷，所以可以使用直观的图像设计快捷方式，如图 11-12c 所示，这样能够提高系统的易记性。

- 设置有意义的默认值。有意义的默认值（例如大多数用户会选择的输入、特定的场景条件等）可以帮助用户减少输入负担，也可以帮助用户减少记忆负担。例如，在图 11-12d 中，系统提供的日期默认值可以让用户无须回忆准确的当天日期。

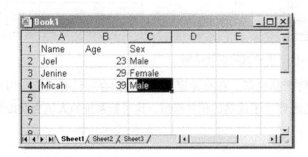

a)

b)

c)

d)

图 11-12 易记性设计示例

11.6 人机交互设计过程

11.6.1 基本过程

人机交互设计的基本过程如图 11-13 所示。

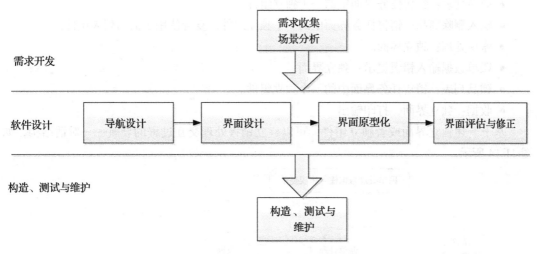

图 11-13 人机交互设计过程

在需求开发阶段已经收集和分析了关于人机交互的需求，用例场景描述了用户与软件系统的详细交互过程，软件需求规格说明文档进一步描述了详细的人机交互需求。

基于需求开发阶段产生的人机交互需求，可以在软件设计阶段进行人机交互设计：

- 导航设计，建立多次交互之间的逻辑衔接结构。导航设计主要以功能分析结构和场景任务分析为基础。
- 界面设计，设计交互中具体界面的细节，包括界面的内容、局部导航、布局、输入与反馈等。
- 界面原型化，使用界面原型设计工具实现界面的设计方案。
- 界面评估与修正，让用户评估界面原型，并根据评估结果进行修正。

经过软件设计阶段的整个人机交互设计过程，可以得到界面的规范设计方案，这时就可以提交供后续的构造、测试与维护阶段开展工作了。

11.6.2 示例

在 MSCS 中，设计销售处理人机交互的过程如下。

1. 导航设计

收银员的任务主要有两个：销售处理和退货。可以据此建立菜单导航。针对销售处理任务，依据销售场景和规格说明需求，可以设计下列独立界面或界面组件：

- 销售任务：进行销售任务导航的主要部分，接收热键命令。
- 客户编号输入：独立界面。
- 客户编号输入错误提示：独立界面。
- 会员信息：销售任务界面中的一个独立组件。
- 商品输入：销售任务界面中的一个独立组件。
- 商品信息显示：独立界面。
- 商品输入错误提示：独立界面。

- 商品列表：销售任务界面中的一个独立组件。
- 输入删除商品：销售任务界面中的一个独立组件，复合使用了商品列表组件。
- 账单处理：独立界面。
- 账单数据输入错误提示：独立界面。
- 赠品列表：销售任务界面中的一个独立组件。
- 收据：独立界面，打印输出。

基于上述独立界面或者独立组件，可以建立销售处理交互过程的导航——对话结构，如图 11-14 所示。

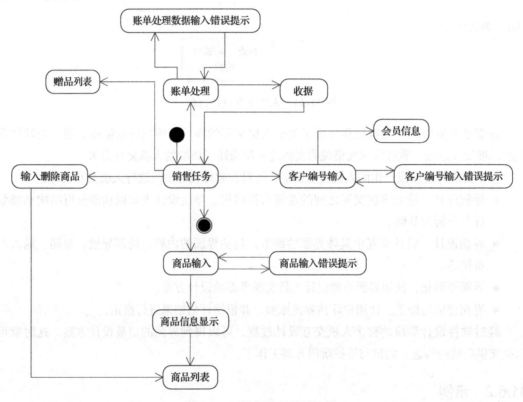

图 11-14　销售处理对话结构

2. 界面设计

销售任务的主界面设计如图 11-15 所示。这里略过了各个区域的细节。

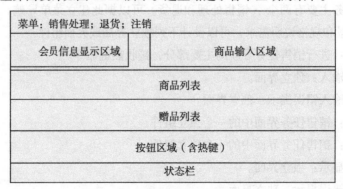

图 11-15　销售处理任务界面设计

3. 界面原型化

依据图 11-15 所示的设计方案，使用人机交互设计原型工具建立销售处理界面原型如图 11-16 所示。

图 11-16 销售处理原型化界面

4. 界面评估与修正

评估与修正过程从略。

11.7 项目实践

实践项目如下：

1. 根据功能分解设计导航结构。
2. 根据交互任务的对话结构设计导航结构。
3. 设计界面，要考虑用户特点、任务特点、可视化原则、协作原则。
4. 进行评估和改进。

11.8 习题

1. 为什么要进行人机交互设计？
2. 人机交互设计的目标是什么？如何解释易用性？
3. 为什么需要根据用户的精神模型进行设计？
4. 如何做到根据用户的精神模型进行设计？
5. 用户的差异性对人机交互设计有什么影响？
6. 可视化设计有哪些注意事项？

7. 常见用户界面有哪些类型？各自有什么特点？

8. 导航的作用是什么？如何设计导航？

9. 为什么要注重反馈的设计？反馈设计有哪些注意事项？

10. 协作式设计有哪些要点？

11. 人机交互设计过程是怎样的？

第 12 章

详细设计的基础

12.1 详细设计概述

12.1.1 详细设计出发点

软件详细设计在软件体系结构设计之后进行，以需求开发的结果（需求规格说明和需求分析模型）和软件体系结构的结果（软件体系结构设计方案与原型）为出发点。以建造桥梁为例（如图 12-1 所示），需求开发明确了用户的功能性需求（要在两座山之间建一座桥）和非功能性需求（使得汽车可以以 100 千米每小时的速度在 5 分钟之内从一座山到达另一座山）；软件体系结构设计选择了桥梁的风格（梁式、拱式、斜拉式还是吊式），为桥梁设计好了整体的框架性体系结构（桥墩、桥身和悬索）；详细设计就可以同时利用已有的需求和体系结构，对结构中的具体构件再进一步设计细化（桥墩由哪几个部分组成？悬索的材料到底用什么？桥面铺设柏油还是水泥？）。这样做的好处是对于桥梁这样一个复杂系统来说，设计师同一时刻只关注某一层次的细节，从而使得设计的复杂度大大降低。

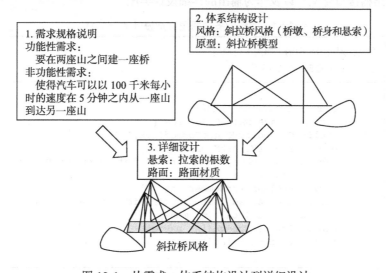

图 12-1 从需求、体系结构设计到详细设计

在体系结构设计中主要关注的是高层设计，是基于反映软件高层抽象的构件层次，描述系统的高层结构、关注点和设计决策。而在详细设计中一般进行中层设计和低层设计。中层设计更加关注组成模块的内部结构，例如数据定义、函数定义、类定义、类结构等。低层设计则深入模块和类的内部，关注具体的数据结构、算法、类型、语句和控制结构等。

12.1.2 详细设计的上下文

在详细设计阶段，软件工程师可以将需求和软件体系结构设计方案作为工作方向和框架，开展详细设计。

软件体系结构设计方案解决了需求中关键性的要求和约束，体系结构原型代码为详细设计提供了主要的代码框架。但是这时只是一个初步的设计方案，还无法具体地指导编程工作，所以还需要进一步细化——详细设计。

详细设计的目的是实现所有功能性需求和非功能性需求，所以要以需求作为详细设计的方向指引（即需求驱动），不断细化设计框架的各个构件，使其能够满足各种细节的功能性需求与非功能性需求（而非仅仅是概要功能需求与关键性非功能需求）。

详细设计的结果是能够指导程序员编程的详细设计文档和详细设计原型代码。在详细设计文档中需要明确定义：

- 模块结构及其接口（如果有更细节的模块分解）；
- 类结构、类的协作、类接口（面向对象分析方法）；
- 控制结构与函数接口（结构化分析方法）；
- 重要的数据结构和算法逻辑（如果有必要的话）。

原型代码则是在体系结构原型基础上扩展落实详细设计的实现，以及对相应的详细设计进行验证。

在软件详细设计文档和原型完成之后，程序员就可以在它们的指导下进行编程工作了。

表 12-1 描述了连锁商店管理系统中销售业务逻辑详细设计的相关上下文，包括作为输入的需求和体系结构接口定义，以及作为输出的详细设计类图。

表 12-1 销售业务逻辑层详细设计的上下文

	需求	参见：附录 D.1 中的"用例 1 处理销售" 附录 D.2 中的 3.2 节及 3.3 节
| 输入 | 体系结构 | ```java
// 被 Presentation 层调用的接口
public interface SalesBLService {
    public CommodityVO getCommodityByID(int id);
    public MemberVO getMember();
    public CommodityPromotionVO getCommodityPromotionByID(int commodityID);
    public boolean addMember(int id);
    public boolean addCommodity(int id, int quantity);
    public int getTotal(int mode);
    public int getChange(int payment);
    public void endSales();
``` |
```

（续）

| 输入 | 体系结构 | ```
}
// 调用 DataService 层的接口
public interface SalesDataService extends Remote {
    public void init()throws RemoteException;
    public void finish()throws RemoteException;
    public void insert(SalesPO po)throws RemoteException;
    public void delete(SalesPO po)throws RemoteException;
    public void update(SalesPO po)throws RemoteException;
    public SalesPO find(int id)throws RemoteException;
    public ArrayList<PO> finds(String field, int value)throws
RemoteException;
}
``` |
|------|----------|-----|
| 输出 | 类图 | |

12.2 结构化设计

12.2.1 结构化设计的思想

正如前面所提到的，分解是一种降低复杂度的方法之一，而按算法分解则是一种最自然的分解方式。任何一个系统通常是由一系列相互关联的过程（数据流）将输入转化为输出。人们往往在了解了整个系统全局的情况下，按照这些过程对这个复杂系统进行分解。分解之后，人们可以再针对某个单一过程再次进行分解，分解出更加细小的子过程。这种分解的结构，往往可以让我们很容易地描述整个系统。

比如收银员帮助顾客完成商品的购买。通常可以分为如下过程：
```

（1）确认顾客信息

- 输入顾客编号。
- 在数据库中查找顾客信息。
- 显示顾客信息。

（2）扫描商品

- 输入商品编号。
- 在数据库中查找商品信息。
- 显示商品信息。

（3）支付

- 计算并显示应支付金额。
- 输入支付金额。
- 计算并显示找零金额。
- 生成支付记录。

这样，设计者每次只需将关注放在完整复杂算法中一个相对较简单的子过程中，就会觉得系统的复杂性大大降低。按过程分解就是以算法为中心，对算法部分进行相应的分解。但是这样的分解会带来一定的问题，就是数据结构必须进行一定的共享。而这会带来模块之间的复杂联系，不利于软件的团队开发。

以连锁商店管理系统销售用例为例，我们可以根据前面的算法，将其逐步分解成如图 12-2 所示的模块，形成一个树状结构。这样通过按算法分解的手段使得单个模块的复杂度大幅降低。

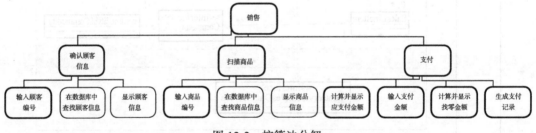

图 12-2　按算法分解

12.2.2　结构化设计的过程

如第 6 章所述，在结构化分析方法中数据流图（Data Flow Diagram，DFD）是主要的建模技术。数据流图是从数据的角度来描述一个系统，它有 4 个基本组成部分（如图 12-3 所示）：数据流（箭头）、过程（圆圈）、数据存储（平行线）、外部实体（矩形）。

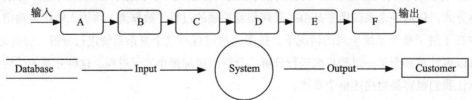

图 12-3　数据流图

结构化设计使用的主要建模技术是结构图。如图 12-4 所示就是一个结构图。结构图按照自顶向下分解法，将系统分解为一个树状结构。每个节点代表一个模块或者一个方法。逐层分解，直到将系统分解为一系列可操控的小的模块。相邻的图之间通过线连接在一起，线上会通过箭头标明三种参数：输入参数、输出参数、输入输出参数，箭头代表本方法能够访问或者修改的数据。通过结构图，我们可以知道系统的复杂程度、实现每个功能需要的模块或者方法，以及方法是否能够可管理或者再被分解。

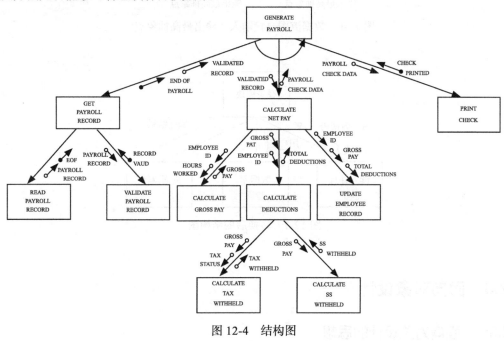

图 12-4　结构图

所以，结构化设计的工作重心之一就是将数据流图转换成结构图。从数据流图设计到结构图的创建过程为：

1）寻找到输入的最高抽象点和输出的最高抽象点。寻找的时候重点关注那些输入数据停止作为输入并且变为某种内部数据的点（例如图 12-5 的 B 点）和那些内部数据开始变为输出的点（例如图 12-5 的 E 点）。

2）根据输入、输出的最高抽象点，对模块进行划分。例如，可以根据图 12-6 所示的寻找情况，建立如图 12-6 所示的模块划分。

3）然后再依次对每个模块寻找最高抽象点，再进行模块分解，从而逐步求精得到树状的结构图，如图 12-7 所示。

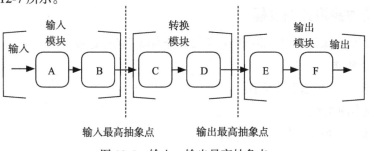

图 12-5　输入、输出最高抽象点

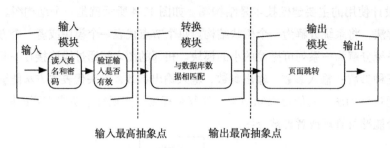

图 12-6 数据流图寻找输入、输出最高抽象点

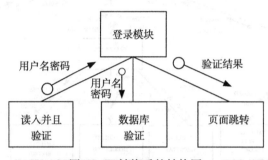

图 12-7 转换后的结构图

12.3 面向对象设计

12.3.1 面向对象设计的思想

面向对象采用了与结构化不同的视角，它将世界抽象成为一系列具有一定职责的自由数据个体，它们相互协作，共同完成高级的行为。这里的个体可能对应于现实世界中的某个实体（桌子、学生、机器等），也可能对应于某些抽象的概念（事件、活动、过程等）。每个数据个体除了有自己独特的数据信息之外，还包含了一些依赖这些数据信息所能够做的事情（算法）。数据信息和所能够做的事情就组成了这个自由数据个体的职责。个体只是行使自己的职责，而遇到自己无法完成的事，则会通过互相发送消息，要求其他个体来做它们能够做的事情，从而共同组成一些复杂的行为。而在将系统分解为这些小的自由数据个体的时候，则是按照个体的单一职责来进行分解。

12.3.2 面向对象设计的过程

根据以上面向对象的思想，将面向对象设计分为以下两个过程。

1. 设计模型建立

1）通过职责建立静态设计模型。

- 抽象类的职责。
- 抽象类之间的关系。

- 添加辅助类。

2）通过协作建立动态设计模型。

- 抽象对象之间协作。
- 明确对象的创建。
- 选择合适的控制风格。

2. 设计模型重构

1）根据模块化的思想进行重构，目标为高内聚、低耦合。

2）根据信息隐藏的思想重构，目标为隐藏职责与变更。

3）利用设计模式重构。

过程 1 中 1）和 2）子过程分别会在 12.3.3 小节和 12.3.4 小节简要概述。而过程 2 的三个子过程则通过第 13 ～ 16 章内容展开详细的讨论。

12.3.3　通过职责建立静态模型

1. 抽象对象的职责

面向对象分解中，系统是由很多对象组成的。对象各自完成相应的职责，协作完成更大的职责。类是对对象的抽象，是对所有具有相同属性和相同行为的对象族的一种抽象。一个对象就是类的一个实例。类表达了对对象族的本质特征的抽象，提供了构建一个对象的所需要的蓝图。类的职责主要由两部分组成：属性职责和方法职责。属性主要表示对象的状态，方法主要表示对象的行为。

如图 12-8 所示，系统的用户有如下属性：ID 编号、姓名、密码。拥有这些方法的类也必然需要提供核对密码是否正确、读取属性、设置属性等职责。

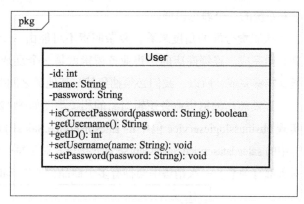

图 12-8　单一类图

2. 抽象类之间的关系

类和类之间也不是孤立存在的，它们之间存在着如表 12-2 所示的多种关系。关系表达了相应职责的划分和组合。它们的强弱是没有异议的：依赖＜关联＜聚合＜组合＜继承。

表 12-2　类之间的关系

关系类型	关　系	关系短语	解　释	多　重　性	UML 表示法
General	依赖	A use a B	被依赖的对象只是被作为一种工具使用，其引用并不被另一个对象持有	无	------>

（续）

关系类型	关 系	关系短语	解 释	多 重 性	UML 表示法
Object Level	普通关联	A has a B	某个对象会长期持有另一个对象的引用。关联的两个对象彼此间没有任何强制性的约束	A：0..* B：0..*	→
	聚合	A owns B	它暗含着一种集合所属关系。被聚合的对象还可以再被别的对象关联，所以被聚合对象是可以共享的	A：0..1 B：0..* 集合可以为空	◇
	组合	B is a part of A	它既要求包含对象对被包含对象的拥有，又要求包含对象与被包含对象的生命期相同。被包含对象还可以再被别的对象关联，所以被包含对象是可以共享的。然而绝不存在两个包含对象对同一个被包含对象的共享	A：0..1 B：1..1 整体存在，部分一定存在	◆
Class Level	继承	B is A	继承是一种非常强的关系。子类会将父类所有的接口和实现都继承回来。但是，也可以覆盖父类的实现	无	▷
	实现	B implements A	类实现接口，必须实现接口中的所有方法	无	----▷

在类图中主要分为两个部分：各个类的表示和类之间关系的表示。在类的表示中，通过类的成员变量和成员方法来表示各个类的职责。通过连接类之间的线表示类之间的关系，从而建立对系统的一个静态模型。

从职责分配的角度来看，复杂职责不可能由一个类来完成，所以我们需要其他类的协作来共同完成。连锁商店的销售业务逻辑就是一个复杂的职责，这时候不可能单单靠一个 Sales 类就能够完成。所以，我们必须抽象其与其他类之间关系。

连锁商店的销售业务逻辑对象的相关类图如图 12-9 所示。在体系架构设计下，Sales 对象实现 businesslogicservice 包中的 salesblservice.SalesBLService 接口，Sales 对象依赖 dataservice 包中的 salesdataservice.SalesDataService 接口。对于每一个 Sales 对象和 Member 对象、Commodity 对象都有关联。一次销售中会拥有多个商品，所以 Sales 和 Commodity 之间是一种聚合关系。

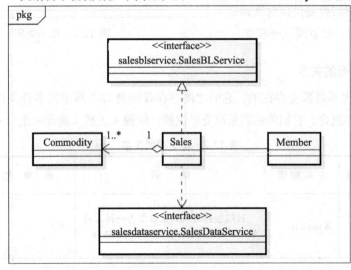

图 12-9　类图

3. 添加辅助类

面向对象应用系统是由相互关联、为共同的目标一起工作的对象群组成的。在需求分析阶段，我们分析用例表述，得到许多概念类。这些概念类也是我们设计模型中间的候选类。但是候选类往往不可能实现所有的功能，所以可能还需要添加一些辅助类：

- 接口类。
- 记录类。
- 启动类。
- 控制器类。
- 实现数据类型的类。
- 容器类。

例如，对于上面提到的销售系统来说，根据体系结构的设计，我们将系统分为展示层、业务逻辑层、数据层。每一层之间为了增加灵活性，我们会添加接口。比如展示层和业务逻辑层之间添加 businesslogicservice.salesblservice.SalesBLService 接口。业务逻辑层和数据层之间添加 dataservice.salesdataservice.SalesDataService 接口。为了隔离业务逻辑职责和逻辑控制职责，我们增加了 SalesController，这样 SalesController 会将对销售的业务逻辑处理委托给 Sales 对象。SalesPO 是作为销售记录的持久化对象被添加到设计模型中去的。而 SalesList 和 SalesLineItem 的添加是 CommodityInfo 的容器类。SalesLineItem 保有销售商品和购买数量的数据，及相应的计算小计的职责。而 SalesList 封装了关于 SalesLineItem 的数据集合的数据结构的秘密和计算总价的职责。CommodityInfo 和 MemberInfo 都是根据依赖倒置原则，为了消除循环依赖而产生的接口。添加辅助类之后的设计模型如图 12-10 所示。

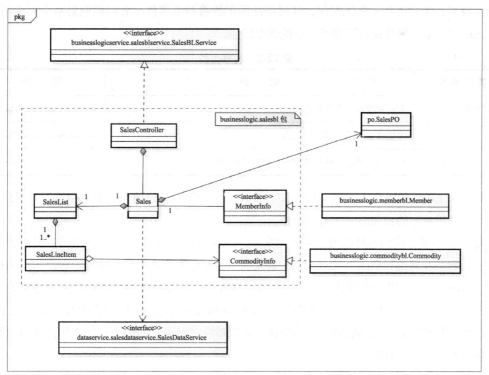

图 12-10　添加辅助类后的设计模型

12.3.4 通过协作建立动态模型

1. 抽象对象之间的协作

在面向对象分析方法中，每个类 / 对象的职责都是比较有限的，但是通过对象之间进行协作可以完成更大的职责。如何设计对象之间的协作？一般我们有两种方法：

1）从小到大，将对象的小职责聚合形成大职责。

2）从大到小，将大职责分配给各个小对象。

这两种方法，一般是同时运用的，共同来完成对协作的抽象。

可以用顺序图表示对象之间的协作。顺序图是交互图的一种，它表达了对象之间如何通过消息的传递来完成比较大的职责。

顺序图也主要分为两个部分：

1）对象本身。

2）对象之间的消息流。

对象本身主要需标明对象的生命周期。而消息流则表示何时哪个对象向另一个对象发送了什么消息。

消息的种类分为三种，具体如表 12-3 所示：

1）同步消息。

2）异步消息。

3）同步消息返回。

顺序图和类图一样，也是明晰整个系统的一个很好的辅助工具。特别是当系统比较大、对象比较多、流程比较复杂的时候，通过顺序图能够将整个事件（有时候就是某个需求用例）完整地展现出来，帮助我们梳理整个系统的思路。

表 12-3 消息类型

消息类型	解　　释	图　　示
同步消息	发送者等候直到消息返回	⟶
异步消息	发送者在消息发送后继续执行	⇀
同步消息返回	接收同步消息者执行结束后，返回消息给发送者	⤍

图 12-11 所示的顺序图表明在连锁商店管理系统中，当用户输入购买的商品和数量之后，销售业务逻辑处理的相关对象之间的协作。

除了顺序图，我们还可以通过状态图来表达软件的动态模型。UML 状态图主要用于描述一个复杂对象在其生存期间的动态行为，表现为一个对象所经历的状态序列、引起状态转移的事件（event），以及因状态转移而伴随的动作（action）。一般可以用状态机对一个对象的生命周期建模，UML 状态图用于显示状态机（state machine），重点在于描述 UML 状态图的控制流。而协作是用复杂对象的状态图中的事件体现出对象之间消息的传递；用动作体现消息引发的对象状态的改变（行为）。

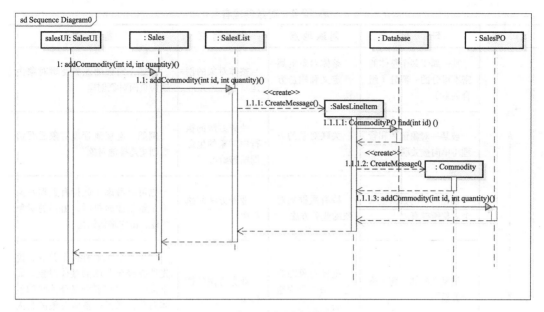

图 12-11　顺序图

如图 12-12 所示，状态图描述了 Sales 对象的生存期间的状态序列、引起转移的事件，以及因状态转移而伴随的动作。随着 addMember 方法被 UI 调用，Sales 进入 Member 状态；之后通过添加货物进入 LineItem 状态。UI 也可以不输入会员账号，直接添加货物进入 LineItem 状态。

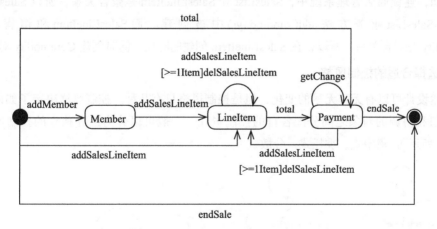

图 12-12　Sales 对象状态图

2. 明确对象的创建

在面向对象中，首先我们要做的事是创建对象，只有创建好对象，我们才能通过对象的引用调用对象的方法，才能让对象之间发生协作，来实现更大的职责。对象也是由对象创建出来的。那么对于一个对象来说，到底应该由哪个对象来创建？在什么地点、什么时机创建呢？我们得分析所有与这个类有关系的对象。如在表 12-4 所示的候选对象中，有一些我们可以优先考虑。

表 12-4　对象创建者

优　先	场　景	创建地点	创建时机	备　注
高 ↕ 低	唯一属于某个整体的密不可分的一部分（组合关系）	整体对象的属性定义和构造方法	整体对象的创建	例如，销售的业务逻辑对象由销售页面对象创建
	被某一对象记录和管理（单向被关联）	关联对象的方法	业务方法的执行中对象的生命周期起始点	例如，连接池管理对象需要负责创建连接池对象
	创建所需的数据被某个对象所持有	持有数据的对象的业务方法	业务方法的执行中	也可以考虑在此持有数据对象不了解创建时机时，由别的对象创建，由它来初始化
	被某个整体包含（聚合关系）	整体对象的业务方法（非构造方法）	业务方法的执行中	如果某个对象有多个关联，优先选择聚合关联的整体对象。如果某个对象有多个聚合关联的整体对象，则考查整体对象的高内聚和低耦合来决定由谁创建
	其他			通过高内聚和低耦合来决定由谁创建

例如，连锁商店管理系统中，SalesList 和 SalesLineItem 是聚合关系，所以 SalesLineItem 对象在 SalesList 业务方法 addCommodity() 中被创建。而 SalesLineItem 和销售的货物 Commodity 是组合关系。所以，在 SalesLineItem 创建的时候，同时创建 Commodity 对象。

3. 选择合适的控制风格

虽然设计可以有无穷无尽的变化，但是控制风格只有几种。控制风格决定了如何在那些负责控制和协调的对象之间分配各自的控制责任。一般可以分为三种独立的控制风格（如图 12-13 所示）：集中式、委托式、分散式。

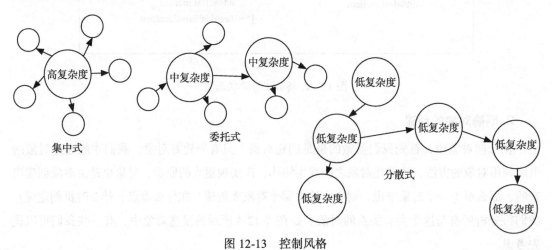

图 12-13　控制风格

注：源自 [Wirfs-Brock2003]。

在复杂系统中，为了完成某一个大的职责，需要对职责的分配做很多决策。控制风格决定了决策由谁来做和怎么做决策。集中式控制风格中，做决策的往往只有一个对象，由这个对象决定怎么来分配职责，怎么来实现大的职责。所有其他对象都只和这个中心控制对象进行交互。委托式控制风格中，做出决策的对象不止一个。这些对象分别承担一定的职责，做出一定的决策，从而共同实现大的职责。职责的分解层次决定了控制对象的层次。控制对象还可以再分解其职责到更低层次的控制对象，委托其完成相应的任务。分散式控制风格中，则无法找到明确的控制对象，每个对象都只承担一个相对较小的职责，完全靠各个对象自治的方式来实现大的职责。

例如，在界面层中界面跳转的实现就可以采取不同的控制风格。图 12-14 和图 12-15 显示了一个集中式控制风格的例子，每个界面都通过一个集中的控制器 ViewController 的 jumpTo 方法来实现跳转。如图 12-16 和图 12-17 显示了一个分散式控制风格的例子，每个界面自己维护自己需要跳转的页面的信息，自己控制跳转。

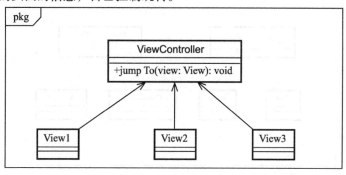

图 12-14　集中式控制风格类图

```
public class ViewController{
    ...
    public void jumpTo(ViewType viewType){
        View view;
        switch (viewType){
            case WelcomeView: view = new View1(this);break;
            case SellView: view = new View2(this);break;
            default: view = new View(this);
        }
        view.setVisible(true);
    }
}
```

图 12-15　集中式控制风格代码

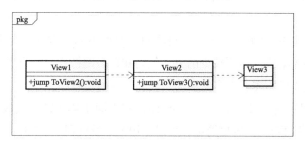

图 12-16　分散式控制风格类图

```
public class View1{
    private void jumpToView(){
        setVisible(false);
        View2 view2 = new View2();
        view2.setVisible(true);
    }
}
```

图 12-17　分散式控制风格代码

图 12-18 显示了一个委托式控制风格的例子，连锁商店管理系统中业务逻辑层的设计可以分为两个子层：一个是 Controller 层；一个是 domain Object 层。Controller 层主要负责向界面层提供服务，并且利用具体的 domain Object 来实现各个服务。domain Object 是业务逻辑层中的各个领域模型，包括管理员、商品、会员、销售、销售记录行等。

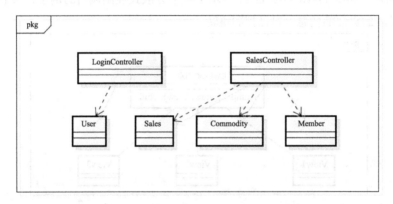

图 12-18　基于委托式控制风格的业务逻辑层的设计

12.4　为类间协作开发集成测试用例

软件体系结构的多个模块因为被独立开发而需要进行集成测试。同样的道理，每个类也是被独立开发的，也可能会产生集成的问题，也需要进行集成测试——类间协作的集成测试。所以在详细设计之后，需要以详细设计模型为基础为类间协作开发集成测试用例。

类间协作通常以协作图为线索开发模块内部的集成测试用例。例如，图 12-19 可以作为线索测试业务逻辑层内 Sales、SalesList、SalesLineItem 与 Commodity 四个类之间的集成，它们集成的要点是协作 Sales.total()、SalesList.total()、SalesLineItem.subTotal() 和 Commodity.getPrice()。

类间协作的集成可以使用自顶向下、自底向上两种不同的方式。自顶向下集成从协作的发起端开始向协作终端集成，需要较少的驱动代码和较多的桩程序。自底向上集成从协作的终端开始向协作发起端集成，需要较多的驱动代码和较少的桩程序。

类间协作的桩程序通常被称为 Mock Object，它不同于体系结构集成的 stub 类型桩程序。Mock Object 要求自身的测试代码更简单，可以不用测试就能保证正确性。

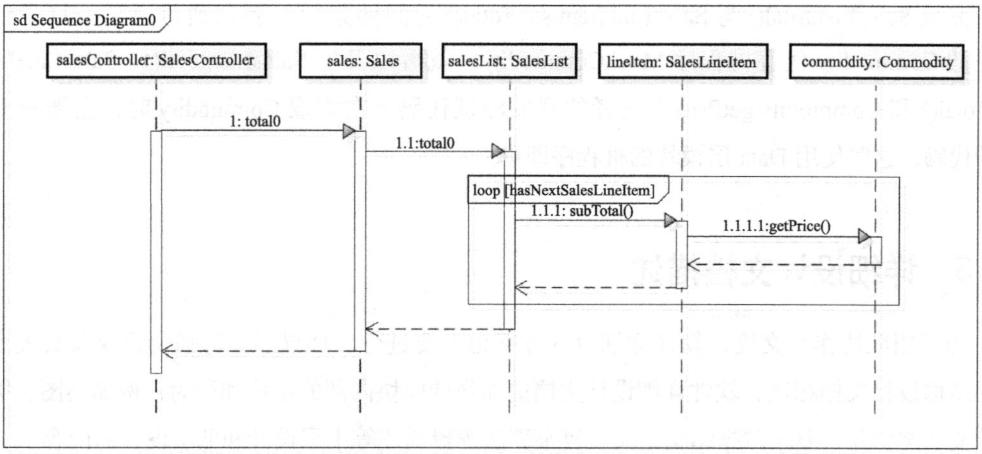

图 12-19 计算总额顺序图

例如，测试图 12-19 所示的协作，使用自顶向下的集成方式，需要首先集成并测试 Sales.total() 与 SalesList.total()，这个只是简单的委托，这里不再讨论。下一步是集成并测试 SalesList.total() 与 SalesLineItem.subTotal()。这时需要为 SalesList.total() 与 SalesLineItem.subTotal() 集成中涉及的 Commodity 对象建立 Mock Object，如图 12-20 所示。

```
public class MockCommodity extends Commodity{
       double price;
       public MockCommodity (double p) {
              price=p;
       }
       public getprice (){
              return price;
       }
}
```

图 12-20 Commodity 类的 Mock Object

很明显，MockCommodity 的代码非常简单，不需要进行专门的测试也能保证质量。使用 MockCommodity 代替 Commodity 就可以开发 SalesList.total() 与 SalesLineItem.subTotal() 的集成测试代码了，如图 12-21 所示。

```
public class TotalIntegration tester {
       @Test
       public void testTotal () {
              MockCommdity Commodity1=new MockCommdity (50);
              MockCommdity Commodity2=new MockCommdity (40);
              SalesLineItem salesLineItem1=
                        new SalesLineItem (commodity1, 2);
              SalesLineItem salesLineItem2
                        =new SalesLineItem (commodity2, 3);

              SalesList saleList=new SalesList ();
              saleList.addSalesLineItem (salesLineItem1);
              saleList.addSalesLineItem (salesLineItem2);

              assertEquals (220, saleList.total ());
       }
}
```

图 12-21 SalesList.total() 与 SalesLineItem.subTotal() 之间的集成测试代码

完成 SalesList.total() 与 SalesLineItem.subTotal() 之间的集成并测试通过之后，只需使用真正的 Commodity 代替桩程序 MockCommodity，就可以开发 SalesList.total()、SalesLineItem.subTotal() 和 Commodity.getPrice() 三者的集成测试代码。在集成 Commodity 时，会涉及 Data 层的代码，这时使用 Data 层模块的桩程序即可。

12.5　详细设计文档描述

为了团队协作与交流，软件详细设计方案也需要进行文档描述。与强调模块及其关系的体系结构设计文档相比，软件详细设计文档更加强调模块内部的结构和行为，例如类图、类接口定义、类协作、复杂数据结构定义、复杂算法逻辑描述等中层设计和低层设计的内容。

本书推荐使用如模板 12-1 所示的模板文档化软件详细设计方案。

```
1. 引言
 1.1 编制目的
  表明文档的读者以及文档主题。
 1.2 词汇表
  文档中用到的缩写、专业词汇等。
 1.3 参考资料
  相关参考文献。
2. 中层设计
 2.1 ××× 模块的静态结构和动态行为
 2.1.1 ××× 模块局部模块的职责
  通过逻辑视角、结构视角、依赖视角描述其相应的职责。通常使用类图表示。
 2.1.2 ××× 模块局部模块的接口规范
  各子层的供接口和需接口的规范。通常用来定义类的方法接口。
 2.1.3 ××× 模块的行为
  对象之间的消息传递和状态的转移。通常用顺序图、状态图表示。
 2.1.4 ××× 模块的实现注解（可选）
  具体实现时的注意点。比如构造方法、枚举、常量、静态方法的说明。
 2.1.5 业务逻辑模块的设计原理（可选）
  设计的理由。
 ……
 2.n 用户界面层的行为
  界面的跳转和界面中事件相应的顺序图。
3. 低层设计模型（可选）
  复杂数据结构以及关键算法的实现。主要通过伪代码或者核心代码表示。
4. 设计模型之间的映射（可选）
  层次之间具体构件之间的映射关系。
5. 详细设计的原理
  总体的设计的大思路和设计中一些特别的细节。
```

模板 12-1　详细设计文档模板

连锁商店管理系统的详细设计文档范例参见附录 D.4。

12.6 详细设计的评审

详细设计的文档需要进行评审。评审的过程和体系结构评审时基本相同，只是关注点有所不同。由于详细设计完了之后，整个设计就结束了。所以，评审中不仅要关注详细设计阶段的工作，还要综合看待整个设计。

如图 12-22 所示是建议的详细设计评审检查表。

```
一、基本
    1）设计方案自身是否一致？
    2）设计制品的详细程度是否合适？
    3）设计是否包含了各个视角？
    4）多个视角之间是否一致？
二、设计考量
    5）设计是否采用了标准技术，而不是晦涩难懂的技术？
    6）设计是否强调简洁性重于灵活性？
    7）设计是否尽可能简单？
    8）设计是否精干？每个部分都是必需的？
    9）如果维护时需求发生变更，需要修改的地方是否支持修改？是否支持未来的扩展？
    10）设计是否支持重用？
    11）设计是否具有低复杂性？
    12）设计是否是可理解的？是否没有超越普通人的智力范围？
三、过程考量
    13）设计是否覆盖了所有的需求？
    14）设计中设计的功能对应需求的哪些部分？
    15）是否足够遵循软件体系结构设计的决策？
    16）设计的详细程度对后继开发人员是否足够？
```

图 12-22　建议的详细设计评审检查表

12.7 项目实践

根据本章介绍的详细设计方法，完成以下实践内容。

1. 通过面向对象分析方法，完成实践项目的详细设计，建立详细设计模型：

    a）建立静态模型。

    b）建立动态模型。

2. 开发相应的详细设计原型。

3. 开发详细设计文档。

4. 根据详细设计评审检查表审查设计。

5. 召开对详细设计和原型的评审会议。

6. 将详细设计阶段制品添加至配置管理服务器。

12.8 习题

1. 详细设计的关注点在哪里？

2. 详细设计的过程是怎样的？

3. 什么是详细设计的上下文？

4. 存在完美的理性设计过程吗？

5. 真实的设计过程是如何的？

6. 结构化详细设计的重点是什么？

7. 如何将数据流图转换为结构图？

8. 面向对象详细设计的步骤和重点是什么？

9. 类之间的关系有哪些？如何表示？

10. 同步消息与异步消息的区别是什么？

11. 对象创建有什么法则？

12. 描述集中式、委托式和分散式控制风格的优缺点。

13. 在第 6 章第 21 题的基础上：将所有销售用例的设计因素（界面、逻辑和数据）都写在一个模块内；所有的数据存放在 Sales.txt 文件内；使用集中式控制风格。

   请给出其模块的详细设计类图或者详细设计顺序图，并给出设计的过程。

第 13 章

详细设计中的模块化与信息隐藏

13.1 模块化与信息隐藏思想

13.1.1 设计质量

好的设计要满足各种质量标准（参见 4.3.1 节），但在实践中人们认识到有些质量标准更加重要。[Parnas1972] 曾提出"好的设计"要着重满足以下三个方面：可管理性、灵活性、可理解性。[Parnas1972] 认为好的软件可以通过多个独立的团队在交流相对较少的情况下同时进行开发，即并行开发不同模块，以缩短整个开发时间。这就需要人们将软件分解为相对独立的模块。当变化发生的时候，好的软件也只需要修改一个模块，而不会影响别的模块。好的软件还能够使人逐次独立学习各模块局部代码，进而了解系统的全貌，而不需要把系统所有代码全部综合在一起才能明白。[Stevens1974] 认为"好的设计"需要侧重于简洁性和可观察性。简洁性使得系统模块易于管理（理解和分解）、开发（修改与调试）和复用。可观察性使得系统模块易于修改和调试。[Boehm1976b] 认为可维护性、可扩展性、可理解性和复用性是需要特别关注的设计质量标准。总的来说，实践者都同意可理解、易修改和易复用是软件设计中比较常见和重要的质量标准，尤其是 20 世纪 90 年代之后对软件的易修改性更加重视。

对特殊质量标准的关注源于现实工作的要求，如果软件需求不变更，人们不需要复用以前写过的软件，那么可以不注重易修改性和易复用性。但是，从经验的数据可以知道，软件的变更是不可避免的，复用则是人们在实践中提高软件生产效率最好的方式之一。所以，在我们的设计中不得不考虑以上提到的软件质量特性，以使我们的软件成为好的软件。

13.1.2 模块化与信息隐藏思想的动机

模块化与信息隐藏就是为了实现上述重要的质量标准而提出的设计方法。因为它们所针对的是最为重要的软件设计质量标准，所以被视为是软件设计的核心思想之一 [Brooks1995, McConnell2000]。

模块化是关于如何将软件程序划分（分解）为不同模块的思想：如何做分解？怎样的分

解是高质量的？正如前面所述，高质量的软件设计应该将复杂系统分解为独立的模块，这就是模块化 [Parnas1972，Stevens1974]。如果模块之间绝对相互独立，自然就能实现并行开发，也易于理解，更加具有灵活性。可是，很难分解出绝对独立的模块。所以，人们就会寻找相对独立，尽可能地将模块分解为"独立"的模块。方法就是衡量模块的内聚性和耦合性，希望分解建立高内聚、低耦合的模块。

信息隐藏则更多地从模块的外部（抽象）来进行思考：需要对外公开什么接口？隐藏什么样的秘密？信息隐藏的目的也是为了做到模块与模块之间尽可能独立，以实现软件的可扩展和可收缩。

13.1.3　模块化与信息隐藏思想的发展

模块化和信息隐藏思想是由很多研究者的工作推动和发展的，其简要情况为：

- 1971 年，[Wirth1971] 提出了软件开发需要逐步求精的观念，认为软件开发是一系列求精的步骤：尽量地分解决策，将软件分解为不同的独立部分，推迟对每个独立部分内部细节的决策时间等。而分解的情况决定了程序的可修改性和可扩展性。
- 1972 年，[Parnas1972] 比较了"按功能步骤分解"和"按设计决策分解"两种不同的分解思路，提出了基于设计决策进行模块化设计的思想，利用信息隐藏的方法实现模块化。
- 1974 年，[Stevens1974] 详细分析了模块之间的耦合和内聚，明确了详细的结构化设计方法。
- 1974 年，[Liskov1974] 提出了基于抽象数据类型的编程思想，是以对象分解思想的一次体现。
- 1978 年，[Parnas1978] 再次指出应对变更达成软件可扩展性和可收缩性的四个步骤：明确需求的定义（首先明确其子集）；信息隐藏（定义模块的接口）；虚拟机的概念；设计好 Use 的结构（Use 关系是指：对于模块 P1 和 P2，如果 P2 工作不正常，也会导致 P1 失败，那么就可以称为 P1 Use P2。更详细的内容参见［Parnas 1974］)。
- 1985 年，[Parnas1985] 对信息隐藏的概念进一步加强，提出通过建立模块的描述——模块说明进一步落实了信息隐藏的执行方法，并且强调模块的层次结构。
- 1992 年，[Eder1992] 针对面向对象领域，分析了面向对象中的内聚和耦合问题。
- 1995 年，[Hitz1995] 给出了面向对象内聚和耦合的度量指标框架。
- 1996 年，[McConnell1996b] 总结了信息隐藏这一软件工程的核心设计思想。
- 2002 年，[Demarco2002] 比较了 1975 年至 2002 年间 Demarco 的一些认识，总结了其中的变化。其中分解和迭代的思想仍然适用。

总的来说，模块化和信息隐藏的思想是顺着下面的路线前进的：

1）从意识到要分解模块开始；

2）之后人们慢慢意识到要分解出高内聚和低耦合的模块，使得结构化方法慢慢盛行起来，后来意识到从数据的角度来分解实现数据的封装；

3）抽象数据类型提出之后，人们越来越意识到信息隐藏思路的重要性；

4）再加上继承、多态等思想，完善了类和对象的概念，逐步走入了面向对象方法的世界。

如图 13-1 所示为从模块到对象的过程。

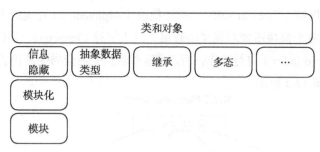

图 13-1　从模块到对象

13.2　模块化

13.2.1　分解与模块化

复杂软件系统中，降低复杂度的一个方法就是分解。分解之后，系统就变成多个小的模块。[Stevens1974] 认为在分解之后，系统变成一个或者多个代码片段（邻接的程序语句的集合），每个代码片段有一个名称以便系统的其他部分调用它，它就是一个模块。[Yourdon1975]给出了一个更宽泛的定义："模块是一个词汇上邻接的程序语句序列，由边界元素限制范围，有一个聚合标识符。"

复杂系统的分解方法有很多，不同的分解产生的模块却不同。对软件来说，模块的划分最好能够使得复杂系统易于理解、易于管理、易于演化。由于人的认知处理能力遵循 7±2 原则（即人们直觉上能够同时处理的主题数量上限为 5 ～ 9），所以对于复杂系统我们需要将其模块化，使得我们在一个时刻只关注一个主题。此外，模块化能够帮我们将整个开发工作进行划分，使得我们能够分而治之。模块化还能够隔离各个模块，使得变更和复用能够在不影响其他模块的情况下进行。

所以系统设计的目标就是决定：什么是模块？什么是好的模块？模块之间怎么交互？模块化思想中的模块是指代码片段，它在不同的方法中有着不一样的实现。在结构化方法中，代码片段是程序设计语言中的函数（function）、过程（procedure）和模块（module）；而在面向对象方法中，代码片段则是面向对象程序设计语言中的类（class）、方法（method）和模块（module）。不论模块的实际为何，模块化的原则是通用的，尤其是最重要的"高内聚和低耦合"原则：每个模块的内部有最大的关联，而模块之间有最小的关联。

[Parnas1972] 曾经举过一个 KWIC 系统的例子。这个系统会完成 4 个步骤：输入、循环位移、字母排序、输出。系统的输入是一些行，每行由有序的单词集合组成，每个单词又是一个有序的字母集合。循环位移是对每行的第一个单词移动到行尾，形成新的一行。然后不断重复，直到不再产生新的行。最后输出的结果是将循环位移后的所有行进行字母排序，然后输出。例如，输入 bar sock; car dog; town fog。最后输出 bar sock; car dog; dog car; fog town; sock bar; town fog。

对这样一个系统，可以以算法（功能步骤）分解为核心设计思路，根据算法依次的 4

个步骤，我们可以将系统分为 5 个模块，分别是主体控制模块（Master control）、输入模块
（Input）、循环移位模块（Circular shift）、排序模块（Alphabetizer）、输出模块（Output），如
图 13-2 所示。由于各个模块需要对同样的数据（输入字符 Characters、移位引索引 Index、排
序后索引 Alphabetized Index）进行操作，所以将这些数据变为全局变量共享给所有模块。循环
位移算法的实现如图 13-3 所示。

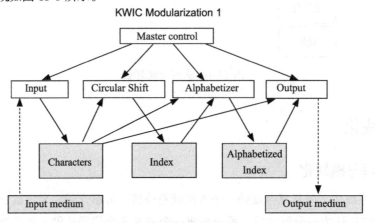

图 13-2　按算法分解

```java
// 循环位移算法的实现里调用了全局变量，存储的改变直接影响循环位移算法的实现
  public void circularShift(){

    ArrayList word_indices = new ArrayList();
    ArrayList line_indices = new ArrayList();

    for(int i = 0; i < line_index_.length; i++){
      word_indices.add(new Integer(line_index_[i]));
      line_indices.add(new Integer(i));
      int last_index = 0;
      if(i != (line_index_.length - 1))
        last_index = line_index_[i + 1];//line_index 全局变量，保存每一行的索引
      else
        last_index = chars_.length;
      for(int j = line_index_[i]; j < last_index; j++){
        if(chars_[j] == ' '){
          word_indices.add(new Integer(j + 1));
          line_indices.add(new Integer(i));
        }
      }
    }

    circular_shifts_ = new int[2][word_indices.size()];
    for(int i = 0; i < word_indices.size(); i++){
      circular_shifts_[0][i] = ((Integer) line_indices.get(i)).intValue();
      // circular_shifts_ 全局 // 变量，保存循环位移之后得到的索引
      circular_shifts_[1][i] = ((Integer) word_indices.get(i)).intValue();
    }
  }
```

图 13-3　循环位移算法的实现

13.2.2　结构化设计中的耦合

在分解之后的模块之间存在着联系。这种联系可能是对一个标识的引用或者是定义了一个别处的地址。模块之间联系越多，两个模块之间的关系就越多。联系的复杂程度越高，两个模块之间的关系就越复杂。

耦合描述的是两个模块之间关系的复杂程度。耦合根据其耦合性的高低也可以依次分为内容耦合、公共耦合、重复耦合、控制耦合、印记耦合、数据耦合，如表 13-1 所示。模块耦合性越高，模块的划分越差，越不利于软件的变更和复用。

表 13-1　耦合

类　　型	耦 合 性	解　　释	例　　子
内容耦合	最高	一个模块直接修改或者依赖于另一个模块的内容	程序跳转 GOTO；某些语言机制支持直接更改另一个模块的代码；改变另一个模块的内部数据
公共耦合		模块之间共享全局的数据	全局变量
重复耦合		模块之间有同样逻辑的重复代码	逻辑代码被复制到两个地方
控制耦合		一个模块给另一个模块传递控制信息	传递"显示星期天"。传递模块和接收模块必须共享一个共同的内部结构和逻辑
印记耦合		共享一个数据结构，但是却只用了其中一部分	传递了整个记录给另一个模块，另一个模块却只需要一个字段
数据耦合	最低	两个模块的所有参数是同类型的数据项	传递一个整数给一个计算平方根的函数

注：源自［Stevens1974］。

内容耦合是最高级别的耦合，耦合性最强。例如：模块 A 利用 GOTO 语句分支跳转到模块 B 的内部；模块 A 改变模块 B 的内部私有数据；模块 A 能够直接改变模块 B 的代码（以前 COBOL 语言中的 alter 动词可以修改另一个语句）。模块 A 为了"显示星期天"，直接 GOTO 跳转到模块 B 的"显示星期天"的那行代码。模块 A 和模块 B 是内容耦合，两模块共享的是一段代码。

公共耦合的耦合性比内容耦合稍弱，但耦合性仍然很强。公共耦合往往是多方耦合，通常是全局变量。一旦共享的资源改变了，所有有联系的模块都要改变。如果 N 个元素被 M 个模块所共享，则所存在的潜在联系有 $N*M=(N1+N2)*(M1+M2)= N1*M1+N2*M2+N1*M2+N2*M1$ 个，所以公共耦合的耦合性很高。而如果对联系进行一定的分解，$N1$ 个元素被 $M1$ 个模块共享，$N2$ 个元素被 $M2$ 个模块共享（$N=N1+N2$；$M=M1+M2$），则所存在的联系为 $N1*M1+N2*M2$ 个。我们会发现联系在大幅减少。所以，设计时得尽量避免使用全局变量。有全局变量 date，模块 A 和 B 都可以访问其数据，显示星期天。A 和 B 是公共耦合，共享的是变量。

重复耦合是一种非常隐蔽的耦合，往往不容易发现却危害甚大。例如，有一段业务逻辑需要在两个地方被调用。而我们并没有将这个逻辑写在一个方法内，而是在两个地方各复制一份代码。虽然表面上看起来两个模块没有耦合，但是业务逻辑发生变更时，就必须同时修改两个看不出有耦合的地方。

控制耦合是一个模块明确控制另一个模块的逻辑。模块 A 传递数据"星期天"给模块 B，让模块 B 显示"星期天"这几个字，则模块 A 和模块 B 就是后面说的数据耦合。如果模块 A 传递"显示 7"给模块 B，则两者是控制耦合。控制耦合的难点是两个模块都是非独立的，它们都需要知道另一个的内部结构和逻辑。比如，模块 A 必须知道发给模块 B 的消息是由"显示"这个动词和数字 7 组成。而 B 也要知道得到数据后得按照动词 + 数字这个逻辑来解析消息，从而完成相应的操作。A 和 B 是控制耦合，共享的是逻辑。

印记耦合是指如果把数据结构作为参数进行传递，被调用的模块只在该数据结构的个别组件上进行操作。比如，模块 A 传给模块 B 整个 Date 数据结构，模块 B 只调用了其中的"星期"字段，显示出"星期天"，这个时候模块 A 和模块 B 就是印记耦合，共享的是数据结构。

数据耦合则是模块和模块之间通过参数传递，只共享对方需要的数据。模块 A 只传递数据"星期天"给模块 B，则两者是数据耦合，共享的是数据。

所有的耦合中，内容耦合、重复耦合和公共耦合是不能接受的，一定要消除。数据耦合是最理想、最好的。而控制耦合和印记耦合是可以接受的。

13.2.3 结构化设计中的内聚

内聚表达的是一个模块内部的联系的紧密性。内聚可以分为 7 个级别，由高到低包括信息内聚、功能内聚、通信内聚、过程内聚、时间内聚、逻辑内聚、偶然内聚，如表 13-2 所示。内聚性越高越好，越低越不易实现变更和复用。

表 13-2　内聚的种类

类　型	内聚性	解　释	例　子
偶然内聚	最低	模块执行多个完全不相关的操作	把下列方法放在一个模块中：修车、烤面包、遛狗、看电影
逻辑内聚	↑	模块执行一系列相关操作，每个操作的调用由其他模块来决定	把下列方法放在一个模块中：开车去、坐火车去、坐飞机去
时间内聚		模块执行一系列与时间有关的操作	把下列方法放在一个模块中：起床、刷牙、洗脸、吃早餐
过程内聚		模块执行一些与步骤顺序有关的操作	把下列方法放在一个模块中：守门员传球给后卫、后卫传球给中场球员、中场球员传球给前锋、前锋射门
通信内聚		模块执行一系列与步骤有关的操作，并且这些操作在相同的数据上进行	把下列方法放在一个模块中：查书的名字、查书的作者、查书的出版商
功能内聚		模块只执行一个操作或达到一个单一目的	下列内容都作为独立模块：计算平方根、决定最短路径、压缩数据
信息内聚	最高	模块进行许多操作，各个都有各自的入口点，每个操作的代码相对独立，而且所有操作都在相同的数据结构上完成	比如数据结构中的栈，它包含相应的数据和操作。所有的操作都是针对相同的数据结构

注：源自［Stevens1974］。

偶然内聚是指模块中执行的操作毫无关系，只是恰好堆砌在这个模块内。比如修车、烤蛋糕、遛狗、看电影放在一个模块内，没有任何联系。

逻辑内聚则指的是模块执行一系列逻辑上相似但没有直接关联的操作。比如乘坐汽车、乘坐火车、乘坐轮船和乘坐飞机，它们都是交通方式这个系列的操作。

时间类聚也是模块中执行一系列操作，但是这些操作在同一时间段内发生。比如，我们睡觉前要把奶瓶放到门外、让猫出去溜达、关闭电视机和刷牙。这些都是在同一个时间段内完成，它们之间有时间相关性。

过程内聚则是模块执行的多个操作，是解决同一个问题的不同步骤。比如保养车的过程依次为洗车、消除凹痕、打磨和上蜡。这些子过程之间是有顺序关系的。

通信内聚则是模块内的操作都是针对同一数据进行的。比如查询书名、查询价格、查询出版社和查询作者。

功能内聚只执行一个单一目的的操作。比如计算平方根、计算最短路径或者压缩数据库。

信息内聚是模块内有一系列操作，每个操作都有各自的入口点和出口点，每个操作的代码相对独立，而且所有操作都是在相同的数据结构上完成，但是却形成一个抽象的整体。信息内聚的模块主要用来实现抽象的数据类型。

在上述各种内聚类型中，功能内聚和信息内聚是最好的两种，而且这两者的出发点不同，一个完全以功能（行为）为依据进行模块分解，一个以数据与功能间的相互支撑为依据进行模块分解，不可相互比较。一般而言，函数与过程应该是功能内聚的（信息内聚不适用于函数与过程），模块应该是信息内聚或功能内聚的，面向对象方法中的类应该是信息内聚与功能内聚兼顾的。

偶然内聚与逻辑内聚是不能接受的，如果软件中出现这两类内聚，一定要进行优化。

通信内聚、过程内聚、时间内聚这 3 种类型的内聚也是各自具有不同的出发点（一个是相同的数据；一个是相同的问题；一个是相同的时间），无法相互比较。这 3 种类型的内聚都是可以接受而且不可避免的。例如，解决一个问题时的不同步骤总要在程序代码中表达出来，单纯地将每个步骤设计为功能内聚的模块并不能实现各个步骤之间的互相衔接，还需要有一个过程内聚的模块来完成这个任务。但是因为通信内聚、过程内聚、时间内聚比功能内聚、信息内聚要差一些，所以在设计时还需要限定这 3 种内聚类型的使用。这往往需要我们分离控制过程与具体功能的执行过程，负责控制过程（控制器对象）的模块可以是通信内聚、过程内聚、时间内聚的，因为它们需要控制任务的分配和执行的流程，执行具体功能的模块应该是功能内聚或信息内聚的。

13.2.4 回顾：MSCS 系统设计中的模块化思想

模块是一种较为核心的软件设计思想，软件体系结构设计和详细设计都可以应用低耦合、高内聚的思想。

回顾一下第 10 章和第 12 章对 MSCS 系统进行的设计工作就可以发现：

1）低耦合处理。

- 软件体系结构的分层设计中：不同层的模块之间仅能通过程序调用与数据传递实现

交互，不能共享数据（例如，Model 层建立一个数据对象并将引用传递给 Logic 层使用），否则会导致公共耦合。

- 软件体系结构的逻辑包设计中：依据功能的特点将三个层次进一步划分为更小的包，而不是只使用 Presentation、Logic 和 Data 三个包，可以通过包分割实现接口最小化，这能去除不必要的耦合。
- 软件体系结构的物理包设计中：将不同包的重复内容独立为单独的包以消除重复，避免产生隐式的重复耦合。
- 详细设计中对象创建者的选择：如果两个对象 A、B 间已有比较高的耦合度了，那么使用 A 创建 B 或者反之，就不会带来额外的耦合度。这就是表 12-4 内容的核心思想——不增加新的耦合。
- 详细设计中使用控制风格：解除界面与逻辑对象的直接耦合。

2）高内聚处理。

- 软件体系结构的分层设计中：三个层次都是高内聚的，一个处理交互任务，一个处理业务逻辑，一个处理数据持久化。
- 软件体系结构的逻辑包设计中：将三个层次进一步划分为更小的包，可以实现每个更小的包都是高内聚的。
- 详细设计中抽象类的职责：要求状态与方法紧密联系就是为了达到高内聚（信息内聚）。
- 详细设计中使用控制风格：控制风格分离了控制逻辑，可以实现业务逻辑对象的高内聚（功能内聚）。因为封装了控制逻辑，所以控制器对象承载了不可避免的时间内聚、通信内聚和逻辑内聚，这就要求控制器对象必须是受控的，这也是它们倾向于对外委托而不是自己进行业务计算的原因。

13.3　信息隐藏

13.3.1　抽象与信息隐藏

面向对象方法中，通过模块化，我们可以将复杂系统分解为以类为单位的若干模块（代码片段）。但是同时我们也得考虑这个类是否符合信息隐藏原则。在解决系统复杂性的方法中，抽象就是总结提炼本质特征，消除非本质的细节，从而使得人们可以聚焦在本质上，降低认知的复杂性。信息隐藏其实就是利用了抽象的方法。抽象出每个类的关键细节，也就是模块的职责（什么是公开给其他人的，什么是隐藏在自己模块中的）。换句话说，抽象出来的就是接口，隐藏的就是实现，它们共同体现了模块的职责。通过分别关注实现和接口，抽象可以使得面向对象方法拥有更好的效率和更多的灵活性。

信息隐藏的核心设计思路是每个模块都隐藏一个重要的设计决策。每个模块都承担一定的职责，对外表现为一份契约，并且在这份契约之下隐藏着只有这个模块知道的设计决策或者秘密，决策实现的细节（特别是容易改变的细节）只有该模块自己知道。

[Parnas1972] 给出的 KWIC 系统的第二种设计方案可以很好地解释信息隐藏思想，如图 13-4 所示。Lines 模块隐藏的决策是字母和行的存储。Input 模块隐藏的决策是输入源及其格式。Circular Shifter 模块隐藏的决策是位移的算法和位移后字符的存储。Alphabetizer 模块隐藏的决策是字母排序的算法。Output 模块隐藏的决策是输出目的地及其格式。Master control 模块隐藏的决策是整个任务的执行顺序。如图 13-5 所示为 Circular Shifter 的定义代码。

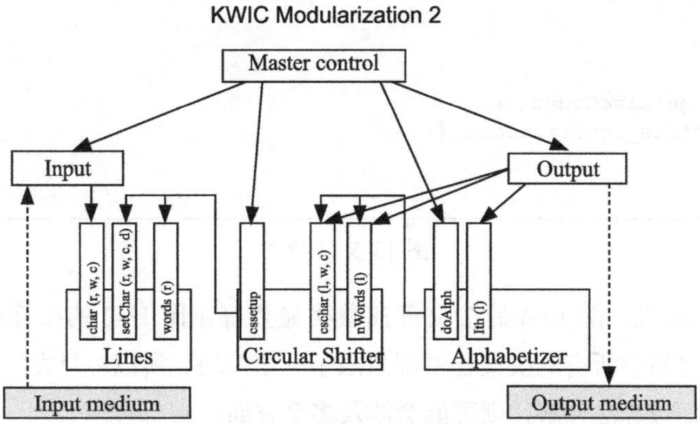

图 13-4　按决策抽象

```java
public class CircularShifter{

  private LineStorage shifts_;      // 存储的秘密由 LineStorage 保存

  public void setup(LineStorage lines){   // 循环位移的算法和数据的保存没有关系
    shifts_ = new LineStorage();

    for(int i = 0; i < lines.getLineCount(); i++){
      String[] line = lines.getLine(i);
      for(int j = 0; j < line.length; j++){
        shifts_.addEmptyLine();
        for(int k = j; k < (line.length + j); k++)
          shifts_.addWord(line[k % line.length], shifts_.getLineCount()- 1);
      }
    }
  }
  // 得到第几行第几个单词的第几个字母
  public char getChar(int position, int word, int line){
    return shifts_.getChar(position, word, line);
  }

  // 得到第几行第几个单词的字母数
  public int getCharCount(int word, int line){
    return shifts_.getCharCount(word, line);
  }

  // 得到第几行第几个单词
  public String getWord(int word, int line){
    return shifts_.getWord(word, line);
  }

  // 得到第几行的单词数
  public int getWordCount(int line){
    return shifts_.getWordCount(line);
  }
```

图 13-5　CircularShifter 的定义

```
    // 得到第几行
    public String[] getLine(int line){
      return shifts_.getLine(line);
    }

    // 得到第几行的 String 输出
    public String getLineAsString(int line){
      return shifts_.getLineAsString(line);
    }

    // 得到行数
    public int getLineCount(){
      return shifts_.getLineCount();
    }
  }
```

图 13-5 （续）

从可修改性上来说，图 13-4 的按决策抽象明显要好于图 13-2 的按算法分解，如表 13-3 所示。按决策抽象之后，所有的决策秘密都只限于一个模块，所以一旦发生变更也只会孤立在一个模块的内部。而按算法分解，则可能会涉及多个方面。

表 13-3 需要修改的模块数

变化的内容	按算法分解需更改的模块数	按决策抽象需更改的模块数
输入的形式	1	1
所有的行都保存下来	所有	1
打包 4 个字符为一个单词	所有	1
使用索引来存储	3	1
更改排序的算法	3	1

从独立开发的角度来说，按算法分解必须先设计好所有的数据结构，建立复杂、准确的描述，然后才能并行开发，因为各个模块都共享数据结构。而按决策抽象则只需要定义好各个模块的接口，就可以进行独立的开发，描述也相对简单。

从可理解性上看，按算法分解必须看到整体才能完全理解，而按决策抽象则不需要。

所以，综上所述，[Parnas1972] 认为按决策抽象的信息隐藏是优于按算法分解的。

13.3.2 信息与隐藏

信息隐藏往往体现为与模块化并用的一种策略。从字面的含义来说，就是要把模块的信息通过一定的方式隐藏起来。这里"信息"到底指的是什么？其实这里的信息就是指模块的秘密，就是对模块来说容易变化的地方 [McConnell1996b]。模块的秘密主要分为两类 [Parnas1985]：一是根据需求分配的职责，因为实践表明需求是经常变化的，频率和幅度都很大（参见第 21 章）；二是内部实现机制，常见的易变化主题包括 [McConnell1996b] 硬件依赖、输入输出的形式（数据库、互联网、UI）、非标准的语言特征和库（操作系统、中间件、框架）、复杂的设计和实现、复杂的数据结构、复杂的逻辑、全局变量、数据大小的限制和商业规则等。而"隐藏"就是希望把未来的改变限制在本地：隐藏独立变化的系统细节；分隔不一致变化的模块；只暴露出不容易变化的接口。所以，信息隐藏其实就是隐藏你认为会改变的设计决策，把每个设计秘密指派给单独的模块，封装每个秘密，使得即使发生变化，变化也不会对其他部分产生影响。

13.3.3　模块说明

在设计复杂系统时，可以有很多的设计决策，需要很多的模块。[Parnas1985] 建议将所有的模块及其设计决策文档化并建立层次结构，文档化的方式就是模块说明（Module Guide）。模块说明中主要记录两个方面的四个主题：从内部角度说模块所隐藏的秘密，包括来自于需求的主要秘密（primary secret）和根源于实现的次要秘密（secondary secret）；从外部角度看模块承担的角色（role）和提供的接口（facility）。

1. 模块的主要秘密

模块的主要秘密描述的是这个模块所要实现的用户需求，是设计者对用户需求实现的一次职责分配。有了这个描述以后，可以利用它检查我们是否完成所有的用户需求，还可以利用它和需求优先级来决定开发的次序。

2. 模块的次要秘密

模块的次要秘密描述的是这个模块在实现职责时所涉及的关键实现细节，包括数据结构、算法、硬件平台等信息。

3. 模块的角色

模块的角色描述了独立的模块在整个系统中所承担的角色、所起的作用，以及与哪些模块有关系。

4. 模块的对外接口

模块的对外接口是指模块提供给别的模块的接口。

如表 13-4 所示为循环位移模块的模块说明。

表 13-4　循环位移模块的模块说明

主　题	说　明
主要秘密	实现对字符串的循环位移功能
次要秘密	1）循环位移算法 2）循环位移后字符的存储格式
角色	1）自身由主控对象创建 2）调用 LineStorage 对象的方法来访问字符串 3）完成循环位移之后，提供位移后字符的访问接口给 Alphabertizer 对象以帮助其完成字母排序
| 对外接口 | ```java
public class CircularShifter{
  public void setup(LineStorage lines);
  public char getChar(int position, int word, int line);
  public int getCharCount(int word, int line);
  public String getWord(int word, int line);
  public int getWordCount(int line);
  public String[] getLine(int line);
  public String getLineAsString(int line);
  public int getLineCount();
}
``` |
```

13.3.4 回顾：MSCS 系统设计中的信息思想

信息隐藏思想也在前面第 10 章和第 12 章对 MSCS 系统的设计中有所体现：

- 在软件体系结构设计的分层设计中：经验表明软件系统的界面是最经常变化的，其次是业务逻辑，最稳定的是业务数据。这就是分层风格建立 Prensentation、Logic 和 Data 三个层次的原因，它们体现了决策变化的划分类型，它们之间的依赖关系符合各自的稳定性。
- 在软件体系结构设计的物理包设计中：消除重复可以避免重复耦合，同时可以避免同一个设计决策出现在多个地方——这意味着该决策没有被真正地隐藏（这也是控制耦合比数据耦合差的原因）。
- 在软件体系结构设计的物理包设计中：建立独立的安全包、通信包和数据库连接包，是为了封装各自的设计决策——安全处理、网络通信与数据库处理。
- 在软件体系结构设计与详细设计中：严格要求定义模块与类的接口，可以方便开发，更是为了实现信息隐藏。
- 在详细设计中使用控制风格：专门用控制器对象封装关于业务逻辑的设计决策，而不是将其拆散分布到整个对象网络中去。

13.4 习题

1. 描述常见的设计质量的考量。
2. 描述模块化与信息隐藏的思想及其发展。
3. 结构化中的耦合有哪几类？
4. 结构化中的内聚有哪几类？
5. 如何写一个模块的模块说明？
6. 下面的 gcd 方法内部的代码是哪种类型的内聚？

```
int gcd (int p, int q)
{
        int r;
        while (p ! =0) {
                int r=p;
                p=q%p;
                q=r;
        }
}
```

7. 下面的 validate_checkout_request 方法的内部代码是哪种类型的内聚？

```
void validate_checkout_request(input_form i)
{
        if (! (i.name.size()>4 && i.name.size()<20){
                error_message("Invalid name");
        }
        if (! (i.date.month>=1 && i.date.month<=12){
                error_message("Invalid month");
        }
}
```

8. 下面的 validate_checkout_request 方法的内部代码是哪种类型的内聚？ validate_checkout_request 方法与 valid_month 方法之间是哪种类型的耦合？

```
void validate_checkout_request(input_form i)
{
        if(! valid_string(i.name)) {
                error_message("Invalid name");
        }
        if(! valid_month(i.date)) {
                error_message("Invalid month");
        }
}
int valid_month(date d)
{
        return d.month >=1 && d.month <=12;
}
```

9. 下面的 validate_checkout_request 方法与 valid 方法之间是哪种类型的耦合？

```
void validate_checkout_request(input_form i)
{
        if (! valid(i.name, STRING)) {
                error_message("Invalid name");
        }
        if (! valid(i.date, DATE)) {
                error_message("Invalid month");
        }
}
int valid (string s, int type)
{
        switch (type) {
                case STRING:
                        return strlen(s)<MAX_STRING_SIZE;
                case DATE:
                        date d = parse_date(s);
                        return d.month >=1 && d.month <=12;
        };
}
```

10. 下面 A 类的 init 方法是哪种类型的内聚？ 能不能进行改进？ 怎样改进？

```
Class A{
    Private:
        FinancialReport  fr;
        WeatherData  wd;
        Int totalcount;
    Public:
        void init();
}
void init(){ // 初始化模块
    // 初始化财务报告
    fr=new(FinancialReport);
    fr.setRatio(5);
    fr.setYear((5);lRep
    // 初始化当前日期
    wd=new(WeatherData);
    wd.setCity(herData);nt
    wd.setCode(herData);n
    // 初始化计数变量
    totalcount = 0;
}
```

第 14 章

详细设计中面向对象方法下的模块化

14.1 面向对象中的模块

14.1.1 类

　　模块化是消除软件复杂度的一个重要方法,它将一个复杂系统分解为若干个代码片段,每个代码片段完成一个功能,并且包含完成这个功能所需要的信息。每个代码片段相对独立,这样能够提高可维护性。在结构化方法中,代码片段可以是模块,也可以是函数。而在面向对象方法中,代码片段可以是模块,也可以是方法,但更重要的是类,整个类的所有代码联合起来构成独立的代码片段。

　　模块化希望代码片段由两部分组成:接口和实现。接口就是代码片段之间用来交互的协议,包括供接口(供给别人使用的契约)和需接口(需要使用别人的契约)。实现则是该协议具体的实施。函数的供接口是函数的声明,包括函数名、输入参数、输出返回值,可以通过使用该声明来达到对函数的访问。函数的需接口是其实现中调用的其他函数。

　　对于类来说,类的供接口是所有公有的成员变量和成员方法的声明,这些都是可以被别的类直接访问的,代表了类愿意与他人协作的一个协议。类的需接口则是在其实现中使用到的其他类及其相关协议。

14.1.2 类之间的联系

　　耦合是代码片段之间的联系。模块化希望各个模块之间尽可能相互独立——低耦合。结构化方法中,函数调用和变量访问是两种最普遍的联系。调用的时候,调用方(客户方)只需要知道被调用方(服务方)的接口就可以完成调用了,并不需要知道被调用方的实现细节。在面向对象中,对象之间也会发生调用,调用时客户对象向服务对象发送某个消息,从而完成对服务对象的公有成员方法和公有成员变量的访问。在方法调用方面,两个类的方法之间存在的耦合关系与结构化方法基本一致:内容耦合、重复耦合和公共耦合是不允许的;控制耦合与印记耦合是可以接受的;数据耦合是最好的。

在面向对象方法中,除了不同类的方法之间存在调用关系之外,类与类之间还会存在其他复杂关系:

- 关联:如果某个类关联另一个类,那么它就持有另一个类的引用,则这个类所有的对象都具有向另一个类的对象发送消息的能力。
- 继承:子类可以访问父类的成员方法和成员变量。

这些都会使得类和类之间的联系比结构化方法更复杂。

下面我们就来具体分析面向对象中的关联关系(访问耦合)和继承关系(继承耦合)。

14.2 访问耦合

14.2.1 访问耦合的分析

在面向对象方法中,如果类 A 拥有对类 B 的引用,则 A 可以访问 B。依据 A 和 B 的耦合给编程带来的麻烦程度,访问耦合可以分为 4 级,如表 14-1 所示。越麻烦,我们认为耦合性越高。

表 14-1 访问耦合

类 型	耦 合 性	解 释	例 子
隐式访问	最高	B 既没在 A 的规格中出现,也没在实现中出现	Cascading Message
实现中访问		B 的引用是 A 方法中的局部变量	1)通过引入局部变量,避免 Cascading Message 2)方法中创建一个对象,将其引用赋予方法的局部变量,并使用
成员变量访问		B 的引用是 A 的成员变量	类的规格中包含所有需接口和供接口(需要特殊语言机制)
参数变量访问		B 的引用是 A 的方法的参数变量	类的规格中包含所有需接口和供接口(需要特殊语言机制)
无访问	最低	理论最优,无关联耦合,维护时不需要对方任何信息	完全独立

注:源自 [Eder1992]。

Cascading Message 是指如 Client 类中出现连续的方法调用"a.methodA.methodB()",如图 14-1 所示。这样写的坏处是,从代码上我们很难看出 Client 类和 B 类其实是有关系的。类 B 既没有出现在 Client 的规格中,也没有出现在其实现中。所以,这样的耦合会给编程带来很大的麻烦。当类 B 发生变化后,程序员不知道可能 Client 的代码也要修改。所以,这种隐式访问的耦合性最强。

```
Class A{
    public  B methodA(){
    }
}
Class B{
    public void methodB(){
```

图 14-1　Client 类中出现连续的方法调用

```
        }
    }
    Class Client{
        public static void main(String args){
            A a = new A();
            a.methodA.methodB();      //Cascading Message
            //B b = a.methodA;        // 消除 Cascading Message 的方法
            //b.methodB();
        }
    }
```

图 14-1　（续）

　　例如在连锁商店管理系统中，在 Sales 和 SalesData 的关系上，Sales 可能会在其 update 方法内部临时请求并保持对 SalesData 的引用，即在 Sales 的实现中能够找到 SalesData，所以耦合性较隐式访问低。但是 SalesData 没有出现在 Sales 的规格（接口参数与返回值）中，所以如果只是按规格进行考虑的时候，也是可能产生疏漏的。

　　在 Sales 和 Member 的关系上，Member 是 Sales 的成员变量，就是 Sales 规格的一部分。那么当 Member 发生改动时，程序员只需要了解所有类的规格就能知道这可能会影响到 Sales。

　　如果 Member 出现在 Sales 某个方法的参数变量中，则表明这个方法内部可以访问 Member 类，相比较而言比成员变量访问的范围（整个类内部都可以访问）要窄，耦合性也更弱。

　　最弱的耦合当然是没有任何的访问。

　　衡量两个类之间的耦合度，除了看它们之间存在的访问耦合关系的复杂程度，还得看存在具体访问的次数。访问的次数多，则耦合强，访问的次数少，则耦合相对弱。

　　在几种访问耦合关系中，隐式访问是需要避免的，例外情况是使用标准类库时允许出现级联访问。实现访问是可以接受的，也是必要的，毕竟不可能将所有使用的其他类都作为成员变量或者写为方法的参数。成员变量访问和参数变量访问是较好的，也是提倡的。

14.2.2　降低访问耦合的方法

1. 针对接口编程

　　在考虑（非继承的）类与类之间的关系时，一方面要求只访问对方的接口（直接属性访问会导致公共耦合），另一方面要避免隐式访问。如果为每个类都定义明确的契约（包括供接口和需接口），并按照契约组织和理解软件结构，那么就可以满足上述要求，这就是"针对接口编程"（Programming to Interface）。

　　针对接口编程要求我们在设计时要在类规格中明确类的契约。如果语言提供了相应机制，就可以直接利用这些机制，比如 Modula-3 语言 [Modula-3] 就提供了为每个模块定义需接口（IMPORT）和供接口（EXPORTS）的机制，如图 14-2 所示为 Modula-3 的 HelloWorld 的定义。

```
MODULE HelloWorld EXPORTS Main;
IMPORT IO;
BEGIN IO.Put("Hello World\n")
END Main.
```

图 14-2　Modula-3 的 HelloWorld 的定义

如果语言没有提供相应的机制，我们也可以通过注释和文档的方式进行补充。类的声明一般能够标明它的供接口，我们需要的是通过注释类方法来标明它的访问耦合和需接口。

后来契约式设计（design by contract）理论 [Meyer1986, Meyer1992] 进一步细化了契约的含义：

- 前置条件（pre-condition）：每个方法调用之前，该方法应该校验传入参数的正确性，只有正确才能执行该方法，否则认为调用方违反契约，不予执行，这称为前置条件。
- 后置条件（post-condition）：一旦通过前置条件的校验，方法必须执行，并且必须确保执行结果符合契约，这称为后置条件。
- 不变式（invariant）：对象本身有一套对自身状态进行校验的检查条件，以确保该对象的本质不发生改变，这称为不变式。

按照契约式设计理论，一个类的契约不仅包括它的供接口和需接口，还要详细定义其供接口与需接口的前置条件、后置条件和不变式。针对接口编程的原则就是基于细化后的类契约进行设计工作。

2. 接口最小化 / 接口分离原则

低耦合要求人们避免不必要的耦合，但在实践中，设计师却常常产生而不是避免不必要的耦合。例如，如图 14-3 所示，在一个 ATM 应用中，为了实现非常灵活的用户界面（或者输出到屏幕上，或者通过语言输出，或者通过盲文书写板输出），设计师将所有交互功能集中起来，设计了一个抽象的 UI 接口。但是，UI 抽象接口的存在却导致各个事务对象出现了不必要的耦合：DepositTransaction（存款）原本不需要依赖于除 RequestDepositAmount() 之外的任何接口；WithdrawlTransaction（取款）原本不需要依赖于除 RequestWithdrawl() 和 InformInsufficientFunds() 之外的任何接口；TransferTransaction（转账）原本不需要依赖于除 RequestTransferAmount() 之外的任何接口。

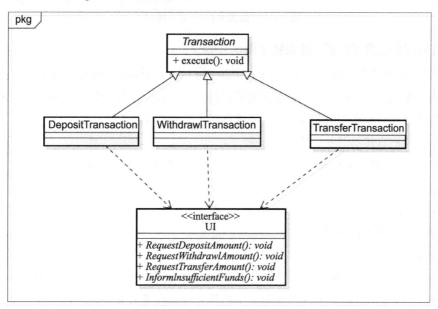

图 14-3　高耦合的"胖"接口

很明显统一负责各种交互的 UI 接口的存在给 Transaction 的各个子类带来了不必要的耦合。但是 UI 抽象接口的存在合理性又是很明显的，它以简洁的方式实现了界面的灵活性，自身是高内聚的。这时，就需要将一个统一的接口匹配为多个更独立的接口（如图 14-4 所示），这就是接口分离原则（Interface Segregation Principle，ISP）[Martin1996a]，可以避免不必要的耦合，实现接口最小化。

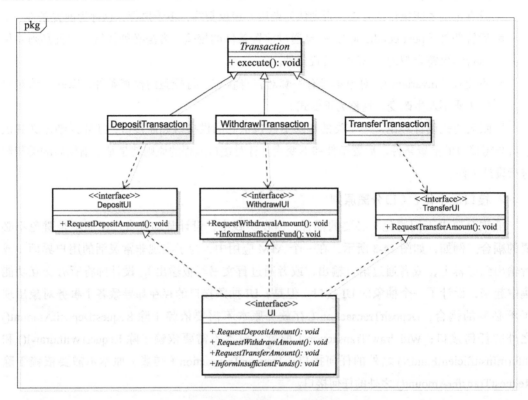

图 14-4 低耦合的"瘦"接口

3. 访问耦合的合理范围 / 迪米特法则

关于访问耦合的合理性，迪米特法则（Demeter Law）[Macedo1987] 进行了简单的概括：

1）每个单元对于其他的单元只能拥有有限的知识，只是与当前单元紧密联系的单元；

2）每个单元只能和它的朋友交谈，不能和陌生单元交谈；

3）只和自己直接的朋友交谈。

具体来说，如果一个对象 O 有一个方法 M，那么 M 只能调用下列对象的方法：

1）O 自己；

2）M 中的参数对象；

3）任何在 M 中创建的对象；

4）O 的成员变量。

迪米特法则特别强调的是，不要出现 a.b.Method() 这类场景，应该只有 a.Method() 这样的形式。当一个人想要遛狗，千万不要命令狗的腿去走。而是人命令狗，让狗去命令它自己的腿。这也正好与避免出现隐式访问耦合的观点不谋而合。

例如，在连锁商店销售系统中，我们要获知每个已购买商品的价格，为此可以在 sales 类
的方法中调用：

`salesList.getSalesLineItem().getCommodity().getPrice();`

其顺序图如图 14-5 所示。

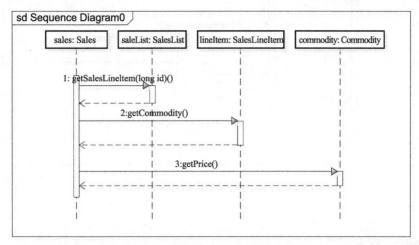

图 14-5　违反迪米特法则的设计顺序图

这样的设计会使得 Sales 类和 SalesList、SalesLineItem、Commodity 都有访问耦合。而在
初始的类图设计中，Sales 类与 SalesLineItem、Commodity 本来是没有关联的，这自然就不符
合迪米特法则，会增加系统的复杂度和耦合性。

符合迪米特法则的更合理的设计代码和设计顺序图如图 14-6 和图 14-7 所示。

```java
public class Sales{
    SaleList salesList= new SaleList ();
    …
    public double getCommodityPriceByID(long commodityID){
        return salesList.getCommodityPrice(commodityID); // 调用 SalesList 的方法
    }
}
public class SalesList{
    HashMap<Integer,SalesLineItem> salesLineItemMap = new HashMap<Integer,
    SalesLineItem>();

    public double getCommodityPrice(long commodityID){
        SalesLineItem item = salesLineItemMap.get(id);
        return item.getCommodityPrice();
    }
}
public class SaleLineItem{
    Commodity commodity;
    …
    public double getCommodityPrice(){
        return commodity.getPrice();// 调用 Commodity 的方法
    }
}
public class Commodity{
    double price;
    …
    public double getPrice(){
        return price;
    }
}
```

图 14-6　符合迪米特法则的设计代码

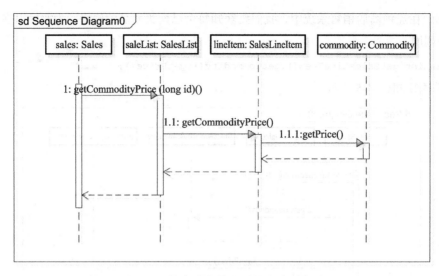

图 14-7 符合迪米特法则的设计顺序图

14.3 继承耦合

14.3.1 继承耦合的分析

面向对象方法中，由于有继承关系，父类和子类之间也存在耦合。[Eder1992] 对继承耦合也进行了分析，如表 14-2 所示。

表 14-2 继承耦合

类　　型		耦　合　性	解　　释
修改（modification）	规格	最高	子类任意修改从父类继承回来的方法的接口
	实现		子类任意修改从父类继承回来的方法的实现
精化（refinement）	规格		子类只根据已经定义好的规则（语义）来修改父类的方法，且至少有一个方法的接口被改动
	实现		子类只根据已经定义好的规则（语义）来修改父类的方法，但只改动了方法的实现
扩展（extension）		最低	子类只是增加新的方法和成员变量，不对从父类继承回来的任何成员进行更改
无（nil）			两个类之间没有继承关系

比如我们用 Stack 类继承 Array 类就是一个修改规格耦合。对于 Array 类来说，它有很多成员方法，例如 putAt() 在某个位置放入某个元素，但是这个方法却不是 Stack 类的方法。如果我们用 Stack 继承 Array，就必然需要修改父类 Array 的接口（删除 putAt()）。这就使得 Stack 和 Array 之间的继承关系有了很强的耦合。

在上述各种类型的继承耦合关系中，修改规格、修改实现、精化规格三种类型是不可接受的。精化实现是可以接受的，也是经常被使用的。扩展是最好的继承耦合，但并非每个继承关系都能达到只扩展不调整的程度。

14.3.2　降低继承耦合的方法

1. Liskov 替换原则

精化实现和扩展这两个较好的继承耦合要求：保持父类的方法接口不变；保持父类方法的实现语义不变。这意味着，只要调用一个接口，不论是哪种子类或者父类自身，都可以完成相同语义的工作，这就是 Liskov 替换原则（Liskov Substitution Principle，LSP）[Liskov1987, Martin1996b]。Liskov 替换原则为：子类型必须能够替换掉基类型而起同样的作用。如果违反了这个原则，则父类和子类的继承耦合一定比较强。

按照契约式设计理论，当存在继承关系时，为了满足 LSP：①子类方法的前置条件必须与超类方法的前置条件相同或者要求更少；②子类方法的后置条件必须与超类方法的后置条件相同或者要求更多。

最显著的例子就是正方形 Square 类和长方形 Rectangle 类。我们经常说继承是 IS-A 关系。也就是说，如果两个类 X、Y 满足 X IS-A Y 关系，则 X 是 Y 的子类。按照这个逻辑，正方形是一种长方形，那么正方形 Square 就应该继承长方形 Rectangle。但是这会导致如下问题：

1）对于 Square 来说，Rectangle 成员变量 Height 和 Width 其实只需要一个就可以。

2）对于 Square 继承自 Rectangle 的 SetWidth() 和 SetHeight() 方法来说，实现起来很别扭。因为，正方形没法单独使用 SetWidth() 和 SetHeight()。无论宽和高哪一个改变，Square 都会同时修改另一个值。类 Square 其实是修改 Rectangle 的接口和实现，修改后的 Square 没法替换Rectangle。

在符合 LSP 的情况下，继承关系是能够帮助减少耦合的。例如，Client 持有父类型的引用 S，S 有 N 种不同的子类型 S1 ～ SN。那么在 S 与 S1 ～ SN 符合 LSP 的情况下，Client 只需要了解 S 就能够正常工作了，不需要知道具体实例是 S1、Si 还是 SN，这时的耦合度就视为 1。但是如果将继承关系拆开，让 Client（使用 Case 选择）直接引用 S1 ～ SN，那么很明显耦合度为 N。所以 S 与 S1 ～ SN 之间符合 LSP 的继承机制帮助减少了耦合 N–1。

但是，如果继承关系不符合 LSP，反而会增加耦合。例如，同样是 Client 持有父类型的引用 S，S 有 N 种不同的子类型 S1 ～ SN，而且 S 与 S1 ～ SN 不符合 LSP。因为不符合 LSP，所以 Client 必须知道引用的具体类型，这就意味着必须区分 S、S1…Si…SN，等同于 N+1 的耦合度。这比拆开继承关系的耦合度还要高，自然就没有了减少耦合的价值。

总的来说，符合 LSP 的继承机制是能够帮助减少耦合的，因为在符合 LSP 的情况下，继承树内部的类间耦合是可以忽略的，这也是继承能够在面向对象中发挥重大作用的根本原因。

2. 使用组合替代继承

在程序设计语言中，继承机制既意味着类型替换（继承接口）又意味着代码复用（继承代码）。在继承关系中，子类可以使用多态修改实现以只继承父类的接口（如图 14-8 和图 14-9

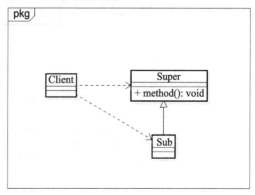

图 14-8　继承关系

所示为继承关系及其代码），也可以通过继承复用父类的已有代码。

```java
public class Client {
    public static void main (String [] args){
    // 创建
    Super a = new Sub1();
        //Super a = new Sub2();
        // 调用
        a.method();
    }
}

public class Super
    public void method(){
        // 父类的接口和父类的实现
        System.out.println("Super's method()!");
    }

public class Sub extends Super{
    public void method(){
        // 子类的实现
        System.out.println("Sub's method()!");
    }
}
```

图 14-9　继承关系代码

　　程序设计语言中继承机制的两重性就导致了继承用法的两重性 [Meyer1996]：组织类型差异（[Meyer1996] 称之为 type inheritance 和 type-classification）和复用（[Meyer1996] 称之为 module inheritance 和 reuse existing features）。只为了复用而不为了组织类型差异的继承用法往往是不符合 LSP 的，这种情况下的继承机制是不应该使用的，因为它不能带来减少耦合的效果，所以应该使用组合替代继承实现复用。

　　利用组合关系（如图 14-10 和图 14-11 所示为组合关系及其代码）既能复用代码，又能保持接口的灵活性。

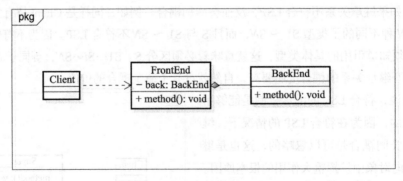

图 14-10　组合关系

```java
class Backend{
    public int method(){
    }
}
```

图 14-11　组合关系代码

```
class Frontend{
    public Backend back = new Backend();
    public int method(){
        back.method();
    }
}
class Client{
    public static void main(String[] args){
        Frontend front = new Frontend();
        int i = front.method();
    }
}
```

图 14-11　（续）

所以，在希望复用代码又不能满足 LSP 时，往往会用组合来替代继承。用继承的时候一定要符合 LSP，不要只为了代码复用而使用继承。

14.4　内聚

14.4.1　面向对象中的内聚

面向对象中的内聚有不同的类型：①方法的内聚；②类的内聚；③子类与父类的继承内聚。

方法内聚和结构化中的函数内聚一致，主要是体现方法实现时语句之间的内聚性。内聚性由高到低分为：功能内聚、通信内聚、过程内聚、时间内聚、逻辑内聚、偶然内聚。

类的内聚主要是衡量类的成员变量和方法之间的内聚。表 14-3 说明了类内聚的典型情况。简单地说，类既应该是信息内聚的（第 1 行），又应该是功能内聚的（第 2、3 行）。

表 14-3　类的内聚

衡量标准	内聚低的例子	内聚高的例子

方法和属性是否一致	小计每一购物项金额的方法放在 Sales 类中
	
	``
	class Sales{
	    HashMap<Integer, SalesLineItem> map;
	    getSubtotal(int CommodityID){
	        1）根据 CommodityID 找到 Commodity 的价格
	        2）根据 CommodityID 找到 SalesLineItem，再找到商品购买的数量
	        3）计算小计
	    }
	}
	``
		小计每一购物项金额的方法放在 SalesLineItem 中。计算总额的类在 Sales 类中。
		
		``
		class Sales{
		    HashMap<Integer, SalesLineItem> map;
		
		    getTotal(){
		    遍历 map 中的 item
		        total = item.getSubtotal();
		    }
		}
		class SalesLineItem{
		    Commodity commodity;
		    Int quantity;
		    getSubtotal();
		}
		``

（续）

衡 量 标 准	内聚低的例子	内聚高的例子

属性之间是否体现一个职责	学号、姓名、成绩、课程编号、课程名在一个类里面
	
	``
	class SCORE{
	    int studentID;
	    String name;
	    int score;
	    int courseID;
	    String courseName;
	}
	``
		学号、姓名在学生类中；课程编号、课程名在课程类中；学生、课程、成绩在成绩类中
		
		``
		class Student{
		    int studentID;
		    String name;
		}
		class Course{
		    int courseID;
		    String courseName;
		}
		class SCORE{
		    Student student;
		    Course course;
		    int score;
		}
		``

属性之间可否抽象	生产年份、生产月份、生产日期、进货年份、进货月份、进货日期在一个类里面
	
	``
	class Product{
	    int yearOfProduction;
	    int monthOfProduction;
	    int dayOfProduction;
	    int yearOfImport;
	    int monthOfImport;
	    int dayOfImport;
	}
	``
		抽象出日期类包含年、月、日三个属性。类里面只有日期类的生产日期和进货日期两个变量
		
		``
		class Date{
		    int year;
		    int month;
		    int day;
		}
		class Product{
		    Date productionDate;
		    Date importDate;
		}
		``

继承内聚考虑的则是继承树中类之间的内聚。如果这些类只是为了代码重用将无关的类放入继承树中，则类之间的继承内聚性就比较低。如果类之间具有很好的概念上的联系，则类之间的继承内聚性比较高。

14.4.2　提高内聚的方法

1. 集中信息与行为

一个高内聚的类应该是信息内聚的，也就是说类的信息应该和访问这些信息的行为放在一个类中，即集中信息与行为 [Wirfs-Brock2003]。详细一点说，每个对象都会拥有数据信息和行为，这些信息和行为应该是有关联的：信息联合起来能够支撑行为的执行；行为完成对这些信息的操纵。

[Rogers2001] 提到了 GPS 定位系统的一个示例。系统需要能够记录地理位置信息，并且还需要计算与另一位置之间的距离和相对方向两个功能。如果不集中信息与行为，就可能得到如图 14-12 所示的设计代码，在这个设计中有两个类，一个是位置类，一个是位置操作类，分别用来保存信息和提供操作，这是典型的结构化思想（分离数据与函数）而非面向对象思想（集中信息与行为）。一个更好的设计如图 14-13 所示，Position 对象本身拥有位置信息，可以据此计算与另一点的距离和相对方向，体现出了一个整体职责，而不是简单的数据和方法的集中存放。

```
public class Position
{
    public double latitude;
    public double longtitude;
}
pbulic class PositionOperation
{
    public double calculateDistance(Position one, Position two){
    // 计算两点之间的距离
    }
    public double calculateDirection(Position one, Position two){
    // 计算两点之间的方向
    }
}
```

图 14-12　位置类和位置操作类

```
public class Position
{
    public double latitude;
    public double longtitude;

    public double calculateDistance(Position pos){
    // 计算当前点到 pos 点的距离
    }
    public double calculateDirection(Position pos){
    // 计算当前点到 pos 点的方向
    }
}
```

图 14-13　符合职责驱动的位置类

例如，在连锁商店系统中，在计算销售商品总价 Total 时，需要三个信息：多少种商品类型；清单中每一类型商品的数量；每一类型商品的价格。分析后可以发现：Sales 拥有销售清单，能计数商品类型；SaleLineItem 拥有每一类型商品的数量信息；Commodity 拥有每一类型商品的价格信息。依据集中信息与行为的原则，就需要将计算总价的行为拆分为三个行为：①得到每一类型商品的价格；②得到清单中每一类型商品的数量，并与①一起计算该类型商品的总价；③得到商品类型计数，并综合②计算总价。这样，就可以建立如图 12-19 所示的设计方案。

2. 单一职责原则

一个高内聚的类不仅要是信息内聚的，还应该是功能内聚的，也就是说，信息与行为除了要集中之外，还要联合起来表达一个内聚的概念，而不是单纯的堆砌，这就是单一职责原则（Single Responsibility Principle，SRP）[Martin2002]。

例如，在图 14-14 的例子中，类 Rectangle 持有长方形的信息，依据信息与行为集中的原则，就自然履行两个依赖于该信息的行为：计算面积 area() 和画出长方形图形 draw()。但是图 14-14 的 Rectangle 却违反了 SRP，因为 draw() 不是长方形概念应有的职责。更好的设计如图 14-15 所示，将 Rectangle 类进行拆分，将其两个职责拆分为两个类 GeometricRectangle 和 Rectangle。

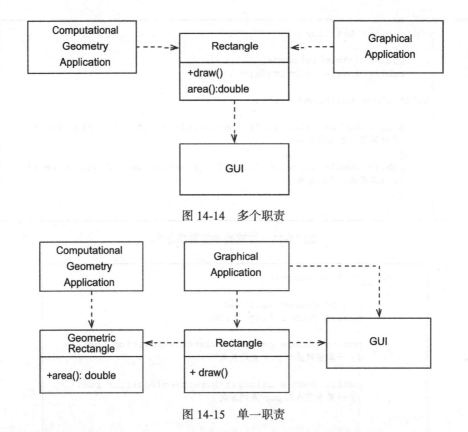

图 14-14 多个职责

图 14-15 单一职责

再例如，在商店管理系统中的服务器端启动模块中，如果将 ServerRunner 类设计为图 14-16 所示，则 ServerRunner 类会具有三个职责：程序的入口、网络的初始化、数据库的初始化。而根据单一职责原则，为了增加类的内聚，将这几个职责分配给三个不同的类（ServerRunner 类、NetworkInit 类、DatabaseInit 类），建立如图 14-17 所示的设计。

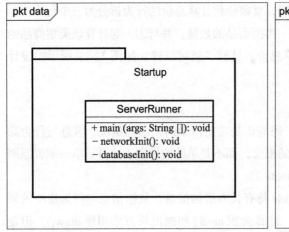

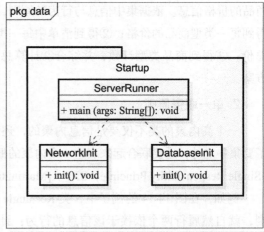

图 14-16 多职责的 ServerRunner 类　　　　图 14-17 单一职责的 ServerRunner 类、
　　　　　　　　　　　　　　　　　　　　　　NetworkInit 类、DatabaseInit 类

14.5　耦合与内聚的度量

为了利用模块化的思想评价设计质量，人们定义了一些量化指标 [Chidamber1994，Hitz1995，Churcher1995，Briand1996]，进行面向对象方法的耦合与内聚的度量。

14.5.1　耦合的度量

下面这些耦合度量较为常见，并已经在实践中取得了良好的应用效果。

1. 方法调用耦合

CBO（Coupling Between Objects）计算一个类与外界的耦合度，包括两个部分：①该类调用其他类的成员方法的数量；②其他类访问这个类的成员方法的数量。外界的其他类不包括存在继承关系的类。

CBO 越小越好。

2. 访问耦合

DAC（Data Abstraction Coupling）统计一个类包含的其他类的实例的数量，不包括继承关系带来的实例引用。任何抽象数据类型中有其他抽象数据类型作为成员，就构成抽象数据类型耦合。

例如图 14-18 所示的简单代码中，B 的 DAC 为 2，都是针对 A 的实例引用。

```
class A {

}
    class B {
    A a1, a2;
}
```

图 14-18　简单代码示例

DAC 越小越好。如果发现一个类的 DAC 过大，则需要慎重处理。

3. 继承耦合

NOC（Number of Children）统计直接所属的子类的数目。当 NOC 变大的时候，复用增加了，抽象也变弱了。

理论上说，NOC 越大越好，因为 NOC 越大意味着继承机制减少耦合的效果越强，复用代码的程度也越高。但 NOC 越大也意味着父类越难抽象、越脆弱（接口难以保持稳定）。所以在实践中要适中而定，如果 NOC 较高（超过 3 以上），就要审查继承机制的正确性，确保其能够遵守 LSP。

DIT（Depth of the Inheritance Tree）统计从继承树的根节点到叶节点的长度。

DIT 与 NOC 类似。理论上说，DIT 越大越好，因为 DIT 越大意味着继承机制减少耦合的效果越强，复用代码的程度也越高。但 DIT 越大也意味着子类需要遵守的约束越多而且越隐晦（因为父类距离太远），越难以保证 LSP 的实现。所以在实践中也是要适中而定，如果 DIT 较高（超过 3 以上），就要审查继承机制的正确性，确保其能够遵守 LSP。

例如，对图 14-19 所示的设计方案，可以得到如表 14-4 和表 14-5 所示的度量结果。

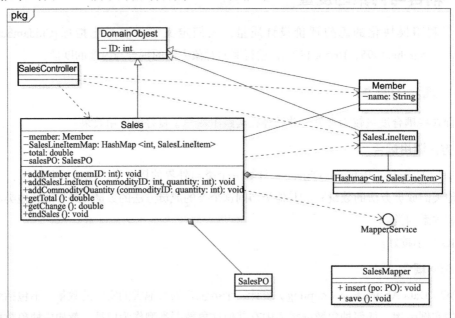

图 14-19　与 Sales 有联系的类

表 14-4　Sale 类的 CBO 和 DAC

类名	CBO	DAC
	7	3
Sales	调用其他类 6， 被其他类调用 1	Member, HashMap<int,SalesLineItem>, SalesPO

14.5.2　内聚的度量

内聚的语义性较强，很难进行准确的度量。相对来说，[Hitz1995] 定义的 LCOM（Lack of cohesion in methods）是比较容易实施的一个。

表 14-5　DomainObject 相关的 NOC 和 DIT

类　　名	NOC	DIT
DomainObject	3	0
Sales	0	1
Member	0	1
SalesLineItem	0	1

按照 [Hitz1995] 的想法，设 X 为一个类，Ix 是 X 的成员变量集合，Mx 是 X 的方法集合。那么可以依据下列条件构建图 Gx (V, E)：

- V=Mx：每个方法都是图的一个节点；
- E={<p,q>| 如果方法 Mp 与 Mq 都访问了同一个成员变量 i, i ∈ Ix}。

LCOM= Gx 中连通图的数量。

如果 LCOM>1，那么意味着 X 不是信息内聚的，应该被分解为多个独立的类。

14.6　项目实践

针对实践项目，运用本章所学的设计原则完成以下实践内容：

1. 降低类的访问耦合：

a）检查是否符合针对接口编程原则。

b）检查是否违背接口分离原则。

c）检查是否符合迪米特法则。

2. 降低类的继承耦合：

a）检查是否违背 Liskov 替换原则。

b）检查是否用组合替代继承更合适。

3. 提高类的内聚。

14.7　习题

1. 如何理解面向对象中的模块？

2. 类和类之间的联系有哪些？

3. 面向对象方法中，访问耦合有哪些？对其进行耦合性高低的排序。

4. 解释接口最小化原则。

5. 降低访问耦合的方法有哪些？

6. 解释迪米特法则。

7. 面向对象方法中，继承耦合有哪些？对其进行耦合性高低的排序。

8. 降低继承耦合的方法有哪些？

9. 解释 Liscov 替换原则。

10. 组合替代继承的好处有哪些？

11. 类之间耦合的度量有哪些指标？怎么计算？

12. 面向对象方法中，有哪些提高内聚的方法？

13. 读下面的代码，说明 TightCoupling2 的 TightCoupling2() 方法与 TightCoupling 的 Show-WelcomeMsg() 方法是怎样的耦合关系？能改进吗？

```
class TightCoupling
{
    public void Show WelcomeMsg(string type)
    {
      switch (type)
      {
        cass "GM":
          Console. Writeline("Good Morning");
          break;
        case "GE":
          Console. Writeline("Good Evening");
          break;
        case "GN":
          Console. Writeline("Good Night");
          break;
      }
```

```
        }
    }
class TightCoupling2
{
    public TightCoupling2()
    {
        TightCoupling example=new TightCoupling ();
        example. ShowWelcomeMsg("GE");
    }
}
```

14. 下图的设计方案有没有问题？如果有应该如何改正？

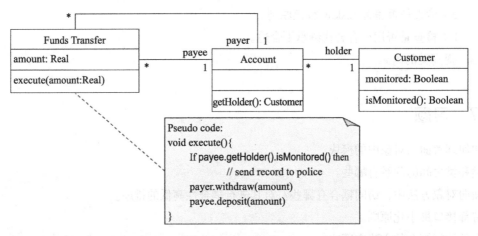

15. 下图的设计方案有没有问题？如果有应该如何改正？

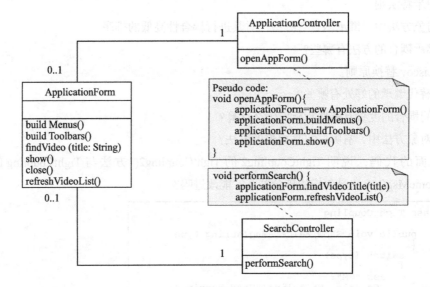

16. 下图的设计方案有没有问题？如果有应该如何改正？

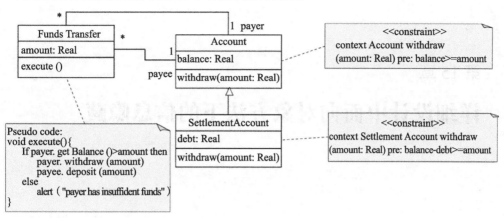

17. 下图的设计方案有没有问题？如果有应该如何改正？

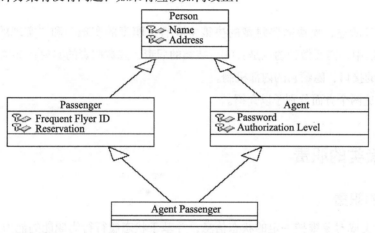

18. 下面关于 EmailMessage 类的设计有没有问题？如果有应该如何改正？

```
class EmailMessage
{
    private string send To;
    private string subject;
    private string message;
    private string username;
    Public EmailMessage (string to, string subject, string message)
    {
      this.sendTo=to;
      this.subject=subject;
      this.message=massage;
    }
    Public void SendMessage()
    {
    //send message using sendTo, subject and message
    }
    public void Login(string username, string password)
    {
      this.username=username;
      //code to login
    }
}
```

第 15 章

详细设计中面向对象方法下的信息隐藏

如 13.3.2 节所述，模块需要隐藏的决策主要有"职责的实现"和"实现的变更"两类。在面向对象方法中，需要做到的就是：①封装类的职责，隐藏职责的实现；②预计将会发生的变更，抽象它的接口，隐藏它的内部机制。

下面就从这两个方面分别予以介绍。

15.1 封装类的职责

15.1.1 类的职责

职责是指类或对象维护一定的状态信息，并基于状态履行行为职能的能力。类与对象的职责是来源于需求的，否则就不会产生对系统的贡献，就没有存在的必要。

在需求分析建立领域模型时，我们判断一个候选对象应否被建模为领域类 / 对象的理由就是：为满足系统需求，是否需要该候选对象的状态与行为。所以，软件设计中最为重要的业务类（由领域类转换而来）的职责无疑是直接来源于需求的。

除了业务类之外，软件设计中添加很多辅助类的职责也是来源于需求的。例如，View 类（不是业务类）是为了满足人机交互需求而存在，Data 类是为了满足需求中的持久化功能而存在，安全性、保密性、可靠性等质量需求也会导致一些设计类（安全验证类、加密算法类、故障诊断类等）的出现。甚至一些看上去与需求联系不大的类的职责也是间接来源于需求的，例如 exception 类是为了保证需求执行正确而存在的，transaction 类是为了保证持久化功能执行正确而存在的……

按照信息隐藏的思想，一个模块应该通过稳定的接口对外表现其所承载的需求，而隐藏它对需求的内部实现细节。那么类就应该通过接口对外表现它直接和间接承载的需求，而隐藏类内部的构造机理，这恰恰是"封装"想要达到的。

15.1.2　封装——分离接口与实现

封装通常有两方面的含义。

1）将数据和行为同时包含在类中。当然，这不仅仅是简单地将成员变量声明代码与方法代码拼接到一个类中了事，而是需要集中数据与行为，数据与行为需要互相支撑、紧密联系，14.4.2 节对此有详细描述。

2）分离对外接口与内部实现。接口描述了类的职责，需要对外公布，供外界调用，以帮助系统满足最终需求。实现是类的内部实现机制，不需要对外公开，外界也不应该知道它的具体细节。这样既不会影响到最终需求的满足（只需要接口抽象），又能帮助实现"分而治之"（不需要实现细节）的复杂度处理。例如，在 Java 中，Comparable 接口对外公布了 compareTo() 方法，提供进行对象排序的依据，那么一旦一个类实现了 Comparable 接口，外界就只需要知道该类实现了 Comparable 接口就可以了，完全不必去关心 compareTo() 方法内部所实现的排序规则。

在面向对象方法中，接口通常描述以下几个内容：

1）对象之间交互的消息（方法名）。

2）消息中的参数。

3）消息返回结果的类型。

4）与状态无关的不变量。

5）需要处理的异常。

在面向对象程序设计语言中，对"分离接口与实现"这一要求的支持还不是很彻底，接口代码与实现代码往往还是拼接在一起的，以复用接口代码。所以，在需要清晰区分接口的情况下，需要开发者以专门的方法进行接口与实现的彻底分离。以 14.4.2 节中提及的 GPS 系统 Position 类为例，图 14-13 的实现和接口是绑定的，只能一起使用，可扩展性就相对较差。如果使用图 15-1 所示的 interface 来定义，就可以实现接口与实现的彻底分离，就会变得更加灵活。

```
public interface Position{
    public double distance(Position pos)
    public double heading(Position pos)
}
```

图 15-1　Position 接口

15.1.3　封装实现细节

对封装的简单理解是隐藏类的属性与数据信息，但这是远远不够的，封装需要隐藏接口之外所有的实现细节 [Rogers2001]。

下面是几个需要封装的典型实现细节。

1. 封装数据和行为

封装要保护数据和行为。面向对象方法中，对成员变量和成员方法都设置了不同的可见性，封装需要根据声明的可见性保护类的数据与行为。

一般情况下，所有的数据都应该是 private 的，需要隐藏起来。如果外界需要访问其数据，可以提供 public 的 getter 方法和 setter 方法（如图 15-2 所示）。但是，切记：除非职责需要，不要给所有的变量都提供 getter 方法和 setter 方法。例如，在 14.4.2 节提及的计算销售商品总价的例子中，为了满足计算总价的需求，Commodity 需要提供 getPrice() 方法，但是除此之外，没有需求表明 Commodity 应该提供其他的 getter 与 setter 方法（其他属性的维护使用 setVO() 和 getVO()）。JavaBean 通常要求为每个成员变量都提供一个 getter 方法与一个 setter 方法，那是因为 JavaBean 被认为是可能进行网络传输的，那么职责上就有数据打包和数据解包的间接需求，自然就需要为所有的成员变量都提供 getter 与 setter 方法。

```
public class Position{
  // 私有成员变量
  private double latitude;
  private double longtitude;

  public double getLatitude(){
  }
  public double getLongtitude(){
  }
  public void setLatitude(double latitude){
  }
  public void setLongtitude (double longtitude){
  }

  public double calculateDistance(Position pos){
  // 计算当前点到 pos 点的距离
  }
  public double calculateDirection(Position pos){
  // 计算当前点到 pos 点的方向
  }
}
```

图 15-2　符合封装的位置类

在使用 getter 方法和 setter 方法的时候，不要单纯地把这些方法与类的成员变量一一对应起来。例如，可以在 setter 方法中加入以下约束检查和数据转换。再例如，可以通过 getter 获取类间接持有的信息（Sales 的 getTotal、SaleLineItem 的 getSubTotal 都是间接持有的，需要综合它们的成员变量才能得出）。

而且，使用 getter 方法和 setter 方法，不要暴露存储数据和推导数据之间的区别。比如 Employee 类只保持了出生日期数据 birthDay，年龄 age 是推导数据，在 Employee 的方法中，应该使用 getAge()，而不是 calculateAge()。因为后者 age 是计算得到的，暴露了内部的实现。

2. 封装内部结构

实现中使用的复杂数据结构是需要重点封装的，因为程序设计语言目前在程序调用时还无法做到对复杂数据结构进行值传递，而它们使用的引用传递是破坏封装的。比如"栈"这个类，它保持元素的数据结构可以用数组的形式，也可以用链表，但是外界不应该知道它到底使用了数组还是链表，信息隐藏要求我们不能暴露数据结构的实现决策。

如图 15-3 所示，尽管 Route 类封装了 positions 数组，但是其中的 getPosition() 方法暴露了内部实现是数组这个设计决策。更坏的设计是 getPosition() 改名为 getPositionsArray()。如果日后设计师准备改用 Arraylist，那么 getPosition() 方法的接口就需要进行修改，所有调用了该方法的其他方法也得跟着修改，所以这样的设计是不合理的。内部实现上的决策不应该影响到外部用户。一个更好的设计如图 15-4 所示。

```java
public class Route {

    private Position[] positions;

    public Route( int segments )
    {
        positions = new Position[ segments + 1 ];
    }
    //暴露的接口也是直接对内部接口进行操作
    public void setPosition( int index, Position position )
    {
        positions[ index ] = position;
    }
    public Position getPosition( int index )
    {
        return position[ index ];
    }
    //暴露内部结构
    public Position[] getPositions()
    {
        return positions;
    }
    public double distance( int segmentNumber )
    {
        // 计算分段的距离
    }

    public double heading( int segmentNumber )
    {
        // 计算分段方向
    }
}
```

图 15-3 暴露了内部结构

```java
public class Route {

        private Position[] positions;

        // 暴露的接口是抽象的行为
        public void append( Position position )
        {
            positions.append( position );
        }
        // 隐藏了类的内部结构
        public Position getPosition( int index )
        {
            return positions.get( index );
        }
        ...
}
```

图 15-4 隐藏内部结构

第 16 章的迭代器模式就是封装内部结构的典型案例。

3. 封装其他对象的引用

有些时候，一个对象所持有的其他对象的引用也是需要隐藏起来的。例如，在连锁商店管理系统中，计算销售商品总价时，除了 14.4.2 节的方案之外（Sales 计算总价→ Sales 委托 SaleLineItem 计算分项总价→ SaleLineItem 委托 Commodity 提供商品价格），另一个方案是：① Sales 自己具备所有商品项类型信息；② Sales 从 SaleLineItem 获得商品数量和 Commodity 对象；③ Sales 从 Commodity 获知商品价格；④ Sales 同时具备了计算总价所需的三种信息，就可以自行计算总价了。但是在后一种方案中，SaleLineItem 并没有保护好自己持有的 Commodity 对象引用，本来是不应该提供给 Sales 的，这增加了系统的耦合度。而 14.4.2 节的方案使用委托的方式保护了 Commodity 对象的引用。

再例如，对图 15-4 所示的设计方案，如果有特殊需求要 getPosition() 方法不能暴露其内部 position 对象的引用，那么图 15-4 的设计就是有问题的，因为它没有封装 position 对象的引用。图 15-5 的设计方案就更加合理，因为它的 getPosition() 方法使用 list 中对象的值重新构造一个新对象，将这个新对象的引用返回，这样无论外界如何操作这个引用，都会不影响到内部实现 list。

```
public Position getPosition( int index )
{
        // 重新构造了一个对象返回，隐藏了实现细节
        Position position = new Position( positions.get( index ) );
        return position;
}
```

图 15-5　隐藏内部对象

设计模式中代理模式、中介模式等都是封装其他对象的引用的典型案例。

4. 封装类型信息

在多种子类型因为具备一些共性而被视作一种类型加以使用时，应该隐藏其具体子类型的类别，而只需要知道其共性类别。

LSP 就是封装类型信息的典型方法，14.3.2 节已有介绍，这里就不再赘述。

5. 封装潜在变更

信息隐藏需要隐藏变更，[McConnell1996b] 建议：如果预计类的实现中有特定地方会发生变更，就应该将其独立为单独的类或者方法，然后为单独的类或方法抽象建立稳定的接口，并在原类中使用该稳定接口以屏蔽潜在变更的影响。

以 GPS 系统中的 Position 类设计为例，如果预计到位置信息的表达可能会发生变更（按经度和纬度来表示→按极坐标表示，或者反之），那么就需要隐藏这些变更。其设计方案如图 15-6 所示，将 getLatitude()、setLatitude() 方法中会变更的地方独立出去，抽象为稳定接口 Math.toDegrees(phi) 和 Math.toDegrees(theta)，然后在 getLatitude()、setLatitude() 方法中调用这些接口。这样，即使将来真的发生了变更，也不会影响到 Position 类。

```
public class Position
{    // 私有成员变量
     private double phi;
     private double theta;

     public double getLatitude(){
     }
     public double getLongtitude(){
         // 极坐标向经纬度转换
         // 返回经度
     }
     public void setLatitude(double latitude){
         // 极坐标向经纬度转换
         // 返回经度
     }
     public void setLongtitude (double longtitude){
     }

     public double calculateDistance(Position pos){
     // 计算当前点到 pos 点的距离
     }
     public double calculateDirection(Position pos){
     // 计算当前点到 pos 点的方向
     }
}
```

图 15-6　隔离潜在的变化

15.2　为变更而设计

15.2.1　封装变更 / 开闭原则

实践经验一再表明，变更是软件开发面临的最大挑战 [Glass2002]，也是软件维护成本远高于软件开发成本的主要原因，因此如何在开发阶段就为将来可能的变更进行预设计以减少维护成本就成为设计师必须考虑的问题。

信息隐藏是为变更而设计的主要思想，15.1 节所述的封装潜在变更方法是应对变更的必要手段，但仅仅封装变更是不够的，还应该有更高的要求——开闭原则（Open Close Principle，OCP）[Meyer1988, Martin1996c]。

开闭原则是对面向对象设计的一个指导性、方针性原则，具体内容是：

1）好的设计应该对"扩展"开放。

2）好的设计应该对"修改"关闭。

简单来说，开闭原则是指：在发生变更时，好的设计只需要添加新的代码而不需要修改原有的代码，就能够实现变更。

开闭原则被作为应对变更的要求有两个原因：①在所有的变更中，新增加的需求带来了最大的影响 [Lientz1980，Stark1999, Nurmuliani2006]，那么增加新的代码而不是修改已有代码就应该是实现新增需求变更更自然的手段；②修改原有的代码会增强其复杂度、降低其质量并可能引入新的缺陷（详细情况参见第 21 章），而添加新的代码就不会导致上述问题。

要实现开闭原则仅仅依靠封装潜在变更是不够的，还需要更充分地利用抽象与多态机制，尤其是要充分利用依赖倒置原则。

15.2.2 多态

1. 多态的语义

在计算机科学中，多态是针对类型的语义限定 [Cardelli1985]，指的是不同类型的值能够通过统一的接口来操纵。表现为只需要不同类型的对象拥有统一定义的公共接口，就可以不论实际类型为何，直接调用该统一接口，这样系统就可以根据实际类型的不同表现出不同的行为。

所以，严格来说并不是非要有继承关系才会产生多态。对于强类型语言，多态通常意味 A 类型来源于 B 类型，或者 C 实现 B 接口。而对于弱类型语言，天生就是多态的。

2. 多态的实现

程序设计语言实现的多态机制可以分为子类型多态，参数化多态，临时性多态，如表 15-1 所示。

参数化多态表现为在函数的实现中利用泛化的形式表达类型，可以被不同的类型所替代，使得针对类型的操作不会因为类型的变化而变化。参数化多态其

表 15-1　多态的分类

多态	一般性多态	子类型多态
		参数化多态
	临时性多态	重载（overloading）
		强制转换

实是为了在提高语言表现力的同时维持完全静态的类型安全。参数化多态在不同语言中的实现有所不同，C++ 使用模板（template）机制，Java 则使用泛化（generics）机制。

临时性多态表现为函数会根据参数类型的不同做出不同的行为。Add 方法会根据其参数类型是整数还是字符串而有不同的表现。这其实体现了方法接口的差异性，在 C++、Java 语言中使用了重载机制。强制转换其实也是一种临时性多态。

子类型多态是面向对象编程中的狭义多态，使用继承机制实现：表示为很多不同的子类通过共同的父类联系在一起，通过父类表现统一的接口，通过子类表现不同的行为。在实际编程中，狭义多态最大的好处就是程序员不需要预先知道对象的类型，具体的行为是在运行时才决定的。在继承的两类用法中 [Meyer1996]（参见 14.3.2 节），多态使用的是"组织类型差异"而不是复用。多态其实完成的是接口的统一：多态抽象出多个类共同的行为接口，然后通过动态绑定，在运行时根据实际对象类型执行不同的行为实现。

3. 使用多态实现 OCP

在发生变更时，恰当使用多态能够帮助实现 OCP：

- 对于新增加的需求，可以将其实现代码组织为一个新类型，并将新类型与程序中某个原有类型联合起来建立多态机制，这样新增代码就通过多态机制自然链接到了原有程序，并且不需要修改原有代码。
- 对于已有需求的变更，可以将变更后需求的实现代码组织为一个新类型，并将类型与其原类型联合起来建立多态机制，这样就可以利用多态机制既让新代码顺利替换旧代码，又不需要修改旧代码。

例如，如图 15-7 所示，Copy 类从 ReadKeyboard 类中读取字符，然后交给 WritePrinter 输出。假设现在需要增加一个新的需求：有时需要使用 WriteDisk 类输出。那么按照图 15-8 进行的变更很明显是违反 OCP 的，因为它修改了原有代码。正确的做法应该是使用多态机制，按照图 15-9 所示的方式进行变更。

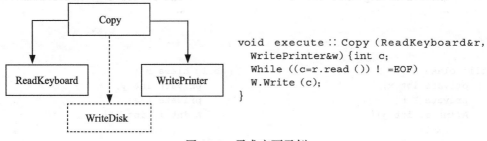

```
void execute :: Copy (ReadKeyboard&r,
  WritePrinter&w){int c;
  While ((c=r.read ()) ! =EOF)
  W.Write (c);
}
```

图 15-7　需求变更示例

```
void execute :: Copy(ReadKeyboard&r, WritePrinter&wp, writeDisk&wd, OutputDevice
  dev){int c;
  while ((c=r.read())!=EOF)
    if (dev==printer)
      wp.write(c);
    else
      wd.write(c);
}
```

图 15-8　违反 OCP 的修改方案

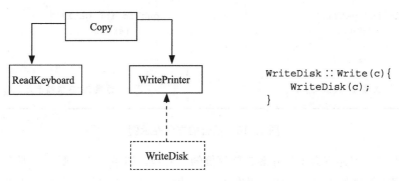

```
WriteDisk :: Write(c){
    WriteDisk(c);
}
```

图 15-9　符合 OCP 的多态方案

15.2.3 依赖倒置原则

1. 耦合的方向性

在第 14 章讨论类间耦合问题时，默认为耦合是方向无关的，也就是说 "A 调用 B" 与 "B 调用 A" 的耦合度是一样的。但是在很多情况下，耦合是方向相关的。

例如，类 A 拥有信息 x，类 B 拥有信息 y，那么计算 "x+y" 时，必然需要 "A 调用 B"（如图 15-10 方案 1 所示）或者 "B 调用 A"（如图 15-10 方案 2 所示）。

```
public class Client {                      public class Client {
    ...                                        ...
   public static void main(string []          public static void main(string []
args){                                     args){
        A a=new A(x, y);                           B b=new B(x, y);
        int result=a.getAddedValue();              int result=b.getAddedValue();
        ...                                        ...
    }                                          }
}                                          }

public class A {                           public class B {
    private int x;                             private int y;
    private B b;                               private A a;
    A(int i, int j){                           A(int i, int j){
        x=i;                                       y=j;
        b=new B(j);                                a=new A(i);
    }                                          }
    public int getAddedValue(){                public int getAddedValue(){
            return x+b.getY();                         return a.getX()+y;
    }                                          }
    ...                                        ...
}                                          }

public class B {                           public class A {
    private int y;                             private int x;
    B(int i){                                  A(int i){
        y=i;                                       x=i;
    }                                          }
    public int getY(){                         public int getX(){
            return y;                                  return x;
    }                                          }
    ...                                        ...
}                                          }
        方案1：A依赖于B                                 方案2：B依赖于A
```

图 15-10 耦合的方向性示例

一般情况下，上述方案 1 与方案 2 是等价的。但是，如果有特殊要求，那么方案 1 与方案 2 就会出现不等价的情况。例如，假设 A 的其他方法是不稳定的，而 B 是非常稳定的，那么方案 1 就会优于方案 2。因为 A 会发生修改，那么在方案 2 中每次 A 发生修改时就可能给 B 带来连锁影响，至少每次重新编译和链接 A 之后 B 也要被重新编译和链接。而在方案 1 中，不论 A 发生何种变更，都不会对 B 造成任何影响。

所以，很多时候耦合的方向是很重要的，这就是依赖倒置原则（Dependency Inversion Principle，DIP）[Martin1995, Martin1996d] 的主要关注点。

依赖倒置原则是指 [Martin1996d]：

- 抽象不应该依赖于细节，细节应该依赖于抽象。因为抽象是稳定的，细节是不稳定的。
- 高层模块不应该依赖于低层模块，而是双方都依赖于抽象。因为抽象是稳定的，而高层模块和低层模块都可能是不稳定的。

2. DIP 的实现

为满足需求，在 B 需要依赖于 A 的情况下：

- 如果 A 是抽象的，那么"B 依赖于 A"是符合 DIP 的。
- 如果 A 是具体的，那么"B 依赖于 A"就不符合 DIP。此时的办法是为 A 建立抽象接口 IA，然后使用 B 依赖 IA、A 实现 IA，那么依赖关系将被倒置为"B 依赖于 IA"、"A 依赖于 IA"，这两个依赖关系都是符合 DIP 的。

也就是说，为具体类建立抽象接口并分离该接口是实现 DIP 的基本手段。

3. 利用 DIP 减少耦合

因为 DIP 是将方向不佳的耦合转化为方向理想的耦合，所以 DIP 是可以帮助减少耦合的 [Fowler2001]。

例如，在连锁商店管理系统中，销售完成时会产生销售记录，并持久化保存。也就是说，业务模型 Sales 对象的 endSales 方法中需要向内存中 Sales 数据映射集 SalesMapper 对象里增加一条记录（insert 方法），并且把这条记录更新到数据库中（save 方法）。

通常的设计如图 15-11 所示，Sales 直接拥有 SalesMapper 对象的引用，并且直接调用其方法。这个设计中，Sales 直接依赖于具体的实现类 SalesMapper，耦合的方向不理想，强度就比较高。如果 SalesMapper 类发生变化，会直接影响 Sales 类。

```
public class Client {
    public static void main (String [] args){
        // 创建
        Sales s = new Sales ();
        SalesMapper s = new SalesMapper();
        // 如果有新的 SalesMapper 只需要用下面的代码替换上面的代码即可
        //NewSalesMapper s = new NewSalesMapper ();
        // 调用
        s.endSales ();
    }
}
public classs Sales{
    SalesMapper salesMapper;
    // 如果有新的 SalesMapper 需要变为下面这句代码
    //NewSalesMapper salesMapper;
    public void endSales(){
        ...
        salesMapper.insert(salesPO);
        salesMapper.save();
    }
}
```

图 15-11　依赖于具体的 Sales 和 SalesMapper 设计

一个符合 DIP 的设计方案如图 15-12 所示，让 Sales 持有一个 SalesMapperService 接口，然后用 SalesMapper 实现 SalesMapperService 接口。那么当变化发生的时候，Sales 并不需要改变，也不需要重新编译。只需要修改 Client 类并重新编译即可。

```
public class Client {
    public static void main (String [] args){
        // 创建
        Saless = new Sales ();
        SalesMapperService m = new SalesMapper();
        // 如果有新的 SalesMapper 只需要用下面的代码替换上面的代码即可
        // SalesMapperService m = new NewSalesMapper();
        s.setSalesMapper(m);

        // 调用
        s.endSales ();
    }
}

public classs Sales{
    SalesMapperService salesMapper;
    public void endSales(){
        …
        salesMapper.insert(salesPO);
        salesMapper.save();
    }
    public void setSalesMapperService(SalesMapperService m){
        salesMapper = m;
    }
}
public interface SalesMapperService{
    …
    public void insert(PO po);
    public void save();
}
public class SalesMapper implements SalesMapperService {
}
```

图 15-12　依赖于抽象的 Sales 和 SalesMapper 设计

　　DIP 中所提到的高层与低层之间依赖处理是专门针对分层对体系结构风格的。传统的分层风格设计如图 15-13 所示，上层模块依赖于中层的实现，中层又依赖下层的实现，这不符合 DIP。更好的设计如图 15-14 所示，接口和实现被剥离开了，上层和中层都依赖于一个抽象接口，这样总的耦合度就降低了。无论是哪一层，它们只和一个抽象接口有耦合，而与具体的实现没有任何耦合，这就大大加强了可扩展性。

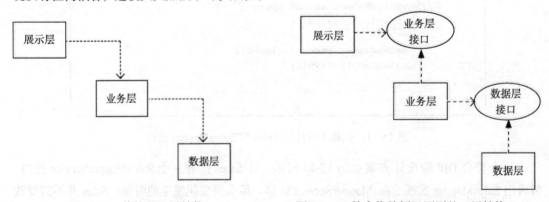

图 15-13　传统的三层结构　　　　　　图 15-14　符合依赖倒置原则的三层结构

4. 利用 DIP 实现 OCP

如果依赖关系符合 DIP，发生变更的类没有外界依赖，那么再结合多态手段就非常容易实现 OCP。

例如，图 15-11 的设计不符合 DIP，如果需要增加另一个类 NewSalesMapper 来实现 insert 和 save 等方法的时候，就需要修改 Sales 中与相关成员变量相关的代码，违反了 OCP。图 15-12 的设计是符合 DIP 的，所以当其需要增加另一个类 SalesHashMapper 的时候，就不需要修改 Sales，只需要让 SalesHashMapper 实现 SalesMapperService，就能替换原来的 SalesMapper，符合 OCP。

再例如，在图 15-7 所示的例子中，如果一开始关于 Copy、ReadKeyboard 和 WritePrinter 的设计方案就符合 DIP（如图 15-15 所示），那么在需要增加 WriteDisk 时，只需要让 WriteDisk 实现 Write 接口就可以了，符合 OCP。

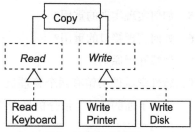

图 15-15　利用 DIP 实现 OCP

15.2.4　总结

按照信息隐藏思想，类要封装潜在变更。但是实践经验表明，仅仅封装变更是不够的，还需要使用多态或者 DIP 的方法实现符合 OCP 的变更，以减少变更带来的负面影响。

如果在软件开发时未能预计到变更的发生，那么在维护阶段遇到变更时可以使用多态手段，保证 OCP 的满足。

如果在软件开发时预计到了变更的地方，那么就需要对其应用 DIP 方法，以在维护阶段实现 OCP 的变更。

需要强调的两个注意事项是：

1）没有任何一个软件是 100% 封闭的。变更发生时，总会有部分代码需要修改。例如，在图 15-12 中需要修改使用 Sales 的 Client 的代码以创建新类型的 SalesMapperService 并传递给 Sales，在图 15-15 中需要修改使用 Copy 的 Client 的代码以创建新的 WriteDisk 类型并传递给 Copy。构造函数是不能实现多态的，关于对象创建部分的代码总是要修改的，所以 OCP 的目的是保证业务逻辑代码部分不发生修改，而不是所有代码。

2）DIP 是有代价的，它增加了系统的复杂度，如果没有迹象（通常是需求的可变性）表明某个行为是不稳定的，就不要强行为其使用 DIP 方法，否则会导致过度的设计。

15.3　项目实践

针对实践项目，运用本章所学的设计原则完成以下实践内容：

1. 利用封装思想重构设计。
2. 利用依赖倒置原则（DIP）重构设计。
3. 利用开闭原则（OCP）重构设计。
4. 完善详细设计文档。

5．将所有制品提交到配置管理服务器上。

15.4 习题

1．有哪些概念类能够称为设计类的原型？

2．封装的含义有哪些？

3．职责抽象的法则有哪些？

4．解释依赖倒置原则。

5．如何实现实现的重用？

6．如何实现接口的重用？

7．解释开闭原则。

8．软件学院图书馆有两个管理员：Dohko 和 Shion。在这个图书馆信息系统中，Seiya 同学给出了下面的设计。请分析是否符合面向对象的思想，并给出其理由。如果不符合，请改正。

```
public class Dohko
{
public string name = "Dohko";
public int age = 55;
public string getName(){
    return name;
}
}
public class Shion
{
public string name="Shion";
public int age = 35;
public string getName(){
    return name;
 }
}
```

9．图书管理系统中有很多借阅者 Borrower 对象，Shiryu 同学写出了 BorrowerList 类来管理，完成增加、删除借阅者，根据 ID 查找借阅者。请根据面向对象的封装思想，写出 BorrowerList 类中应该具有的属性和方法的声明和实现。

```
public class BorrowerList {
// 此处添加方法
}
```

10．图书管理系统中有多个借阅者角色。本科生、研究生和教师。所有借阅者都可以借阅图书。教师借阅图书的行为和本科生、研究生略有不同。当教师希望借阅的某种图书被借空时，系统将自动通知借阅该书时间最长的本科生或研究生归还图书，如果借阅该书的是老师则不发出请求通知。本科生只可借阅普通图书，最多可同时借阅 5 本；研究生可以借阅普通图书和珍本图书，最多可同时借阅 10 本；教师可以借阅普通图书和珍本图书，最多可同时借阅 20 本。Hyoga 同学熟悉结构化编程，给出了如下设计。请根据以上借阅图书相关的功能性需求和面向对象的思想，指出 Hyoga 设计中的问题，画出关于借阅者的设计类图，并且写出各个类和借阅相关的属性和方法的定义（不用实现）。

```
public class Borrower {
    int MAX_FOR_BACHLOR = 5;
    int MAX_FOR_MASTER = 10;
    int MAX_FOR_TEACHER = 20;

    public void borrowBookforBorrower (int i){
        if (i==0) borrowBookforBachlor ();
        else if (i==1) borrowBookforMaster ();
        else if (i==2) borrowBookforTeacher ();
    }
    private void borrowBookforBachlor (){
        borrowBook();
    }
    private void borrowBookforMaster (){
        borrowBook();
    }
    private void borrowBookforTeacher(){
        borrowBook();
        notifyReturnBook();
    }
    private void borrowBook (){   // 借书
        ...
    }
    private void notifyReturnBook(){ // 通知归还图书
        ...
    }

}
```

11. 图书馆有 3 种雇员：有些雇员是钟点工，按时薪来支付，薪水 = 时薪 × 工作小时数；有些雇员按月薪支付，薪水 = 固定月薪；有些雇员是提成制，薪水 = 销售额 × 提成比率。Shun 设计出下面两种方案，请你利用面向对象方法分析两种设计的优劣。如果雇员的支付方式会随时发生变化，比如从钟点工转为月薪制。那么哪一种方案更合适？

```
// 设计 1
public class Employee {
    private String name;
    public double getPayment();
}
public class HourlyEmployee extends Employee{
    private double hour;
    private double rate;
    public double getPayment(){…}
}


// 设计 2
public class Employee{
    public Payment hourlyPayment= new HourlyPayment ();
}
public interface Payment {
    public void getPayment ();
}
public class HourlyPayment implements Payment {
    private double hour;
    private double rate;
    public void getPayment (){…}
}
```

12. 图书馆信息系统中有这样一个功能：统计馆藏图书种类、数目。Ikki 同学做了如下设计，请分析是否符合面向对象的思想，并给出理由。如果不符合，请改正。

```
public class Libary {
    Catalog catalog = new Catalog();

    public int countCatalog(){
        ArrayList<Book> list = catalog.getBookList();
        return list.size();
    }
}
public class Catalog() {
    ArrayList<Book> list = new ArrayList<Book>();

    public ArrayList<Book> getBookList(){
        return list;
    }
}
```

13. 对第 6 章第 21 题的需求，设计者 Kira 决定采用分层的风格搭建体系结构的原型（注意：中间原型仅仅是不完整的技术框架，与需求并不会完全相同），分为展示层、逻辑层、数据层。Kira 搭建了体系结构原型伪代码片段如下，实现了计算前 10 000 笔销售的总销售额（SaleID 1 ~ 10 000）的功能。单击界面某个 button，将结果显示在 TextArea 和 textAreaTotal 中。每笔销售数据存储在 sales.txt 中。

请帮助 Kira 分析这些代码：①从信息隐藏的角度看，对象 SalesView、SalesLogic、SalesData 各自隐藏的 Secret 有哪些？②有没有对象违反信息隐藏的原则，为什么？如果有，请给出修正方案。

```
public class SalesView{
    private SalesLogic salesLogic;

        ...

    public SalesView(){//View 控件对象的创立

        salesLogic=new SalesLogic();
    }

    buttonFinishInput.addActionListener(new ActionListener(){

        public void actionPerformed(ActionEvent e){
                // 按键响应的伪代码

                int total;

                total=salesLogic.getSalesTotal();

                textAreaTotal.setText("Total:"+total);
                }

    }
```

```
        );
    }
    public class SalesLogic{
        private SalesData salesData;

        public SalesLogic(){

            salesData=new SalesData();

        }
         public int getSalesTotal(){// 得到 id 从 1 到 10000 的销售总额

            int total=0;

            for(int id=1;id<=10000;id++){

                    total+=salesData.getTotalBySalesID(id);

            }

            return total;
        }
    }
    public class SalesData{
        String filename="sales.txt";
        SalesData(){          }
        public int getTotalBySalesIDFromFile(int id){
            // 获得商品号为 id 的商品项销售总额

            DataRecord r = readRecordFromFile(id);

            int total = getTotalFromRecord(r);

            return total;
        }

    private DataRecord readRecordFromFile(int id){

        // 从销售数据文件中读取销售的记录
        ...
        while((text = bufferReader.readLine())!=null){

                ...

        }
            ...
    }
    private int getTotalFromRecord(Datarecord){
            ...
    }
    }
```

14. 针对第 13 题的设计，设计者 Athrun 看到之后说，设计还有一个问题：

现在数据是存储在 txt 文件上的，以后可能会存放在数据库里面，如果按照现在的设计，
Data 层的代码要改动，这就使得 Logic 层有会被连锁影响的风险（因为 Logic 层调用了
Data 层的方法）。

请你帮助分析一下，Athrun 所述的情况表明 SalesLogic 与 SalesData 之间的关系违反了哪
条面向对象设计原则？请解释该设计原则并修正设计。

详细设计的设计模式

16.1　设计模式基础

"设计模式"一词最早由建筑设计大师 Christopher Alexander 在《建筑的永恒之道》[Alexander1979] 一书中提出，他认为"设计模式描述了一个在我们周围不断重复发生的问题，以及该问题的解决方案的核心"，即设计模式是设计经验的总结。20 世纪 80 年代后期及 90 年代早期，有软件工程研究者开始探索软件的设计模式问题。到《设计模式》[Gamma1994] 一书发布后，在其影响下软件设计模式迅速成为软件设计中的主流与核心知识 [Buschmann2007]。

设计模式不是简单经验的总结，更不是无中生有，它是经过实践反复检验、能解决关键技术难题、有广泛应用前景和能够显著提高软件质量的有效设计经验总结 [Winn2002]。在 Christopher Alexander 的设想中，每个设计模式都不是独立的，大量设计模式互相关联，形成一种生产性语言，即大量设计模式组合在一起，能够互相配合完成高质量的设计。当然，目前的软件设计模式远远还没有到能够形成语言的程度，还需要继续积累、分类和整理。

本章只是介绍《设计模式》中最为简单、常用的几种设计模式，它们都是用来提高系统可修改性的。

16.2　可修改性及其基本实现机制

在详细设计阶段，设计模式可以用来提高质量，特别是提高可修改性。严格地说，可修改性包含着几个方面的质量：

1)（狭义）可修改性（对已有实现的修改）。

2) 可扩展性（对新的实现的扩展）。

3) 灵活性（对实现的动态配置）。

为了实现上述质量，需要能够将接口与实现分离。在 Java 面向对象语言中，接口与实现的分离主要通过两种方式：

1) 通过接口和实现该接口的类完成接口与实现的分离，如图 16-1 所示。

```
public class Client {
    public static void main (String [] args){
        // 创建
        Interface_A a = new Class_A1();

        // 调用
        a.method_A();
    }
}
public interface Interface_A {
    // 接口
    public void method_A();
}
public class Class_A1 implements Interface_A {
    public void method_A(){
        // 实现
        System.out.println("Class_A1's method_A()!");
    }
}
```

图 16-1　接口和实现该接口的类

2）通过子类继承父类，将父类的接口和子类的实现相分离，如图 16-2 所示。

```
public class Client {
    public static void main (String [] args){
        // 创建
        Super_A a = new Sub_A1();

        // 调用
        a.method_A();
    }
}
public class Super_A{
    public void method_A(){
        // 父类的接口和父类的实现
        System.out.println("Super_A's method_A()!");
    }
}
public class Sub_A1 extends Super_A{
    public void method_A(){
        // 子类的实现
        System.out.println("Sub_A's method_A()!");
    }
}
```

图 16-2　父类和子类

对于实现的可修改性，无论是 Class_A1 还是 Sub_A1 的 method_A 方法的实现的修改都和 Client 中的调用代码没有任何耦合性。

对于实现的可扩展性，可以通过新的子类 Class_A2（如图 16-3 所示）与 Sub_A2（如图 16-4 所示）的创建来实现。

```
public class Class_A2 implements Interface_A {
    public void method_A(){
        System.out.println("Class_A2's method_A()!");
    }
}
```

图 16-3 新的实现类

```
public class Sub_A2 extends Super_A {
    public void method_A(){
        System.out.println("Sub _A2's method_A()!");
    }
}
```

图 16-4 新的子类

对于实现的灵活性，可以通过多态的形式来实现，如图 16-5 所示。

```
public class Client {
    public static void main (String [] args){
        // 创建
        Interface_A a = new Class_A1();
        // Interface_A a = new Class_A2();
        // Super_A a = new Sub_A1();
        // Super_A a = new Sub_A2();

        // 调用的接口不变
        // 但是当a指向不同的类的对象，就会动态地选择不同实现
        a.method_A();
    }
}
```

图 16-5 多态的使用

继承能够很好地完成接口与实现的分离，但是在继承关系中，子类不但继承了父类的接口还继承了父类的实现，这可以更好地进行代码的重用，却使得它在灵活性上略处下风：

- 继承的父类与所有子类存在共有接口的耦合性。当父类接口发生改变的时候，子类的接口就一定会更改，这样就会影响到 Client 代码。
- 当子类创建对象的时候，就决定了其实现的选择，无法再动态地修改。

而利用接口的组成关系，却能在实现接口和实现的前提下，体现更好的灵活性。如图 16-6 所示，前端类 Frontend 和后端类 Backend 是组合关系。前端类重用了后端类的代码。

```
class Backend{
    public int method_2(){
    }
}
class Frontend{
    public Backend back = new Backend();
    public int method_2(){
        back.method_2();
    }
}
class Client{
    public static void main(String[] args){
        Frontend front = new Frontend();
        int i = front.method_2();
    }
}
```

图 16-6 组合中的前端类和后端类

- 前端和后端在接口上不存在耦合性。当后端接口发生改变的时候，并不会直接影响到 Client 代码。
- 后端类的实现亦可以动态创建、动态配置、动态销毁，非常灵活。

在很多设计模式中，大量地利用了上述两种实现与接口分离的方式。下面我们简要分析几个典型的设计模式。

16.3　策略模式

16.3.1　典型问题

在一个大规模的连锁商店中，雇员的薪水支付可以分为很多种方式：

- 有些雇员是钟点工，按时薪来支付。薪水 = 时薪 × 工作小时数。每周三支付。
- 有些雇员按月薪支付。薪水 = 固定月薪。每月 21 日支付。
- 有些雇员是提成制。薪水 = 销售额 × 提成比率。每隔一周的周三支付。

这样，实现薪水支付功能的雇员模块上下文（context）里就涉及了一个非常复杂的行为——薪酬支付（如图 16-7 所示）。这个复杂行为的实现往往会使得系统变得庞大、复杂，难以维护。所以人们往往会把这个薪酬支付行为独立成为一个单独的策略（strategy）类来专门处理，以得到良好的可维护性。

```
class PaymentStrategy{
    // 拥有每个雇员的支付相关的数据
    ArrayList<DOUBLE> hourList = new ArrayList< DOUBLE >();
    ArrayList< DOUBLE > hourRateList = new ArrayList< DOUBLE >();
    ArrayList< DOUBLE > contractValueList = new ArrayList< DOUBLE >();
    ArrayList< DOUBLE > commissionRateList = new ArrayList< DOUBLE >();

    …
    // 计算需要支付的金额
public double calculatePayment(int employeeID){
    switch(e.getPaymentClassification()){
    case HOURLY:
        return hourList.get (employeeID)* hourRateList.get (emplyeeID);
        break;
    case COMMISSIONED:
        return contractValueList.get (emplyeeID)* commissionRateList.get
        (emplyeeID);
        break;
    case SALARIED: …
}
    }
public boolean isPayDay(int employeeID){
    switch(e.getPaymentSchedule()){
    case MONTHLY: …
    case WEEKLY: …
    case BIWEEKLY: …
    }
}
}
```

图 16-7　薪水支付的策略

可是之后人们发现，雇员的薪水支付不仅复杂，而且多变，会发生很多如下潜在的变化：

1）钟点工可能两星期支付一次。

2）现在是时薪以后可能会变为月薪。

3）也有可能出现新的薪水支付方式和支付频率。

这时单独一个策略类无法灵活地体现这个行为可能有的多种不同的复杂实现；商店系统中雇员模块的接口的客户（client）也无法动态调整拥有的不同的算法实现；也不可能很方便地添加新的算法实现。这个时候就需要使用策略模式（strategy pattern）了。

16.3.2 设计分析

首先，可以把上下文和策略分割为不同的类。每个类实现不同的职责，上下文 Context 类负责满足需求，它除了包含策略信息之外可能还有其他需求职责，而策略类 Strategy 只负责复杂策略的实现。

其次，上下文类和策略类之间的关系用组合比继承更加合适。组合使得：①上下文类和策略类之间的耦合性会很低；②策略类的接口和实现的修改都相对比较容易；③如果是继承关系，则上下文类只能在行为的 n 种实现里面选一种（对象创建时就选定了策略），而如果是组合关系，上下文类则可以维护一个策略队列，实现 n 选多，从而达到动态的配置。

最后，各种策略则在具体策略类（ConcreteStrategy）中提供，上下文类拥有统一的策略接口。由于策略和上下文独立，策略的增减、策略实现的修改都不会影响上下文和使用上下文的客户。当出现新的促销策略或现有的促销策略发生变化时，只需要实现新的具体策略类（实现策略的接口），由客户使用。

策略模式体现了如表 16-1 所示的设计原则。

表 16-1 使用的设计原则和解释

使用的设计原则	解 释
减少耦合	减少策略的使用类和策略的实现类直接的耦合
依赖倒置	策略的使用类依赖的是策略的接口，而非策略的实现类

16.3.3 解决方案

策略模式的解决方案如图 16-8 所示。

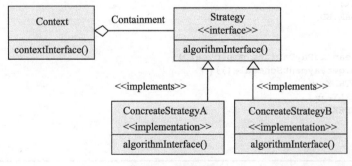

图 16-8 策略模式

1. 参与者与协作

参与者包括：

- 上下文（Context）：被配置了具体策略信息 ConcreteStrategy；拥有 Strategy 对象的一个引用；实现了一些方法以供 Strategy 访问其数据；可能会拥有实现其他需求职责的数据与方法。
- 策略（Strategy）：声明了所支持策略的接口。Context 利用这些被 ConcreteStrategy 定义的接口。
- 具体策略（ConcreteStrategy）：实现了 Strategy 声明的接口，给出了具体的实现。

参与者之间的协作包括：

- Context 和 Strategy 的相互协作完成整个算法。Context 可能会通过提供方法让 Strategy 访问其数据；甚至将自身的引用传给 Strategy，供其访问其数据。Strategy 会在需要的时候访问 Context 的成员变量。
- Context将一些对它的请求转发给策略类来实现，客户通常创建ConcreteStrategy的对象，然后传递给 Context 来灵活配置 Strategy 接口的具体实现；这样客户就有可以拥有一个 Strategy 接口的策略族，其中包含多种 ConcreteStrategy 的实现。

2. 应用场景

策略模式有以下应用场景：

- 当很多相关类只在它们的行为的实现上不一样时，策略模式提供了一个很好的方式来配置某个类，让其具有上述多种实现之一。
- 当我们需要同一个行为的不同实现（变体）的时候，策略模式可以用作实现这些变体。
- 算法需要用到一些数据，而这些数据不应该被客户知道，这时我们可以通过策略模式隐藏复杂的算法和数据接口。
- 一个类定义了很多行为，这些行为作为一个 switch 选择语句的分支执行部分，这时策略模式可以消除这些分支选择。

3. 应用注意点

应用中应注意以下几点：

- Strategy 可以是接口，也可以是类。如果是类，则可以抽象所有 ConcreteStrategy 中公共的实现部分。
- 当然，我们也可以直接通过 Context 的子类来实现不同的 Context 实现。不过这样一来，ConcreteStrategy 就和 ConcreteContext 交织在一起，不利于理解和维护。
- 策略模式消除 switch 语句。
- 可以动态选择不同的策略。
- 客户必须提前知晓各自不同的策略。
- Context 和 Strategy 之间的通信是有代价的。Context 提供了对其成员变量的访问方式。可是有时候，对于某些具体的策略的实现，ConcreteStrategy 可能并不需要全部的访问，这会存在一定的隐患。

● 策略模式会创建出较多的对象。

16.3.4 模式实例

如图 16-9 所示，对于 Employee 类，分别针对支付方式和支付频率使用两个策略模式可以很好地应对现有的需求和潜在的变化，这样就能够实现灵活地配置每个雇员的两个策略。

下面是这个实例的代码。策略模式中参与者与具体实例的对应如下：

● Client：TestDrive 类；

● Context：Employee 类；

● Strategy：PaymentClassification 接口、PaymentSchedule 接口；

● ConcreteStrategy：HourlyClassification 类、CommissionedClassification 类、SalariedClassification 类、WeeklySchedule 类、MonthlySchedule 类、BiweeklySchedule 类。

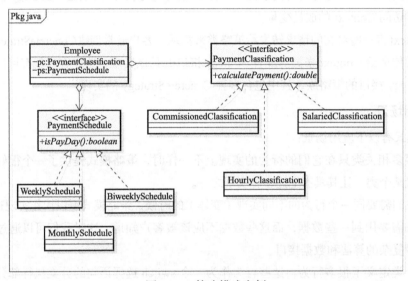

图 16-9 策略模式实例

客户 TestDriver 类负责创建具体策略 ConcreteStrategy 的对象，并且配置上下文 Employee 所应该具有的策略。策略 PaymentClassification 和 PaymentSchedule 是两个不同的策略接口。上下文 Employee 可以同时具有多个不同的策略的不同配置，从而达到很好的灵活性。详细实现如图 16-10 所示。

```
public class TestDriver {

    public static void main(String[] args){
        // 创建 Employee 对象
        Employee tom = new Employee("tome",0);
        Employee jack = new Employee("jack",1);
        Employee kevin = new Employee("kevin",2);

        // 创建不同的具体策略
        HourlyClassification hc = new HourlyClassification(10,40);
        CommissionedClassification cc=new CommissionedClassification(0.01,1000000);
```

图 16-10 策略模式实例代码实现

```
        SalariedClassification sc = new SalariedClassification(3000);

        WeeklySchedule ws = new WeeklySchedule(2012, Calendar.FEBRUARY,22);
        BiweeklySchedule bs = new BiweeklySchedule(2012,Calendar.FEBRUARY,22);
        MonthlySchedule ms = new MonthlySchedule(21);

        // 配置 Employee 对象
        // 也可以通过带参数的构造方法来配置
        tom.setPaymentClassification(hc);
        tom.setPaymentSchedule(ws);

        jack.setPaymentClassification(cc);
        jack.setPaymentSchedule(bs);

        kevin.setPaymentClassification(sc);
        kevin.setPaymentSchedule(ms);

        //Employee 对象的使用
        ...
        while(i.hasNext()){
            Employee e = i.next();
            if(e.isPayDay()){
                e.getPayment();
            }
        }
            ...
        }
}
public class Employee {
    // 添加代码
    String name;
    int ID;
    PaymentClassification pc;
    PaymentSchedule ps;

    public Employee(String s, int id){
        name = s;
        ID = id;
    }
    // 使用支付方式
    public void getPayment(){
        double payment = 0;
        payment = pc.calculatePayment();
        System.out.println(name + " get "+ payment +" dollars!");
    }
    // 使用支付频率策略
    public boolean isPayDay(){
        boolean isPay = false;
        isPay = ps.isPayDay();
        if(isPay) {
            System.out.println("A payDay for " + name + "!");
        }
    return isPay;
    }
// 设置策略
public void setPaymentClassification(PaymentClassification paymentClassification)
{
    pc = paymentClassification;
}
public void setPaymentSchedule(PaymentSchedule paymentSchedule){
```

图 16-10 （续）

```
            ps = paymentSchedule;
        }
    }

public interface PaymentClassification {
    // 策略接口
    public double calculatePayment();
}

public class HourlyClassification implements PaymentClassification{
    int hourlyRate;
    int hours;

    public HourlyClassification(int rate, int h){
        hourlyRate = rate;
        hours = h;
    }
    // 策略接口方法的实现
    public double calculatePayment(){
        int sum = 0;
        sum= hourlyRate*hours;
        return sum;
    }
}
```

图 16-10 （续）

16.4 抽象工厂模式

16.4.1 典型问题

说起抽象工厂模式（abstract factory pattern）必须先说说工厂模式。在软件系统中，对象的创建往往是一个比较复杂而且比较特殊的事情。我们往往会需要不同类型的对象。如果是普通的方法，我们可以通过多态的形式来体现不同的行为实现，但构造方法却无法多态。例如，在图 16-11 所示的代码中，do Something1 与 do Something2 方法就无法使用多态进行实现。

```
class Client{
    public void doSomething1(int type){
        if(type == 1) {
            Class a = new ClassA1();
        }else {
            Class a = new ClassA2();
        }
        a.method1();
    }
    public void doSomething2(int type){
        if(type == 1) {
            Class a = new ClassA1();
        }else {
            Class a = new ClassA2();
        }
        a.method2();
    }

}
```

图 16-11　构造方法无法多态的问题

```
class ClassA{
}
class ClassA1 extends ClassA{
}
class ClassA2 extends ClassA{
}
```

图 16-11 （续）

这个时候，如图 16-12 所示，Client 严重依赖着具体类 ClassA1 和 ClassA2。Client 代码中到处分布着创建 A 对象的复杂判断。当 A 的子类发生改变，或者创建对象的复杂逻辑发生改变时，都会对 Client 代码造成很复杂的修改。所以，如图 16-13 和图 16-14 所示，我们需要依赖一个专门类——工厂的创建方法。工厂模式就是为对象的创建提供一个接口，将具体创建的实现封装在接口之下，这样具体创建的实现的改变就不会对客户代码 Client 类产生影响。从而降低了 Client 类和 ClassA1 等多个具体类的耦合。

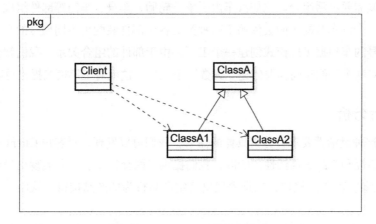

图 16-12　Client 依赖具体类

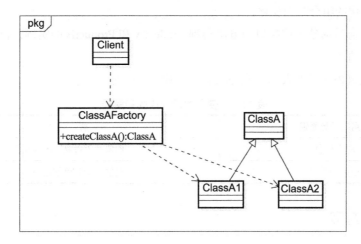

图 16-13　工厂模式

```
class Client1 extends Client{
    public ClassA createClassA(){
        if(type == 1) {
            Class a = new ClassA1();
        }else {
            Class a = new ClassA2();
        }
    return a;
    }
}
```

图 16-14　工厂模式的代码

在此基础之上，如果根据前面讲述的 DIP，要依赖于抽象，而不是依赖于具体。我们可以将 ClassAFactory 变为接口或者是父类，从而达到一个共享的接口契约。

而在软件系统中，经常面临着"多种对象"的创建工作，由于需求的变化，多种对象的具体实现有时候需要灵活组合。比如汽车由引擎、轮胎、车身、车门等部件组成。而每一部件都有很多种。一个汽车装配车间会依赖不同种类的各个部件装配出不同型号的车。如果这时候我们为每一型号的车根据工厂模式创建一个工厂，由于部件的组合关系，我们就会遇到"组合爆炸"问题，对这个装配车间需要创建"无数"个工厂。这就对工厂模式提出更高的要求。

16.4.2　设计分析

如何应对这种灵活性要求？分析具体的需求，我们可以发现，对客户 Client 来说需要同时实现工厂的灵活性和产品的灵活性。所以，我们提供了两套接口：一是表现出稳定的工厂行为（创建不同的对象）的工厂接口，二是表现出稳定产品行为的产品接口。从而，实现了工厂多态和产品多态。

工厂接口既使得原本分布于代码各处的多种对象的实例化集中到具体的工厂内部，又隔离了"对象实例化的组合"的变化。

客户 Client 通过抽象工厂接口的方法得到 ProductA 和 ProductB 的实例，再利用产品接口来灵活使用具体的产品。

抽象工厂模式体现了如表 16-2 所示的设计原则。

表 16-2　使用的设计原则和解释

使用的设计原则	解　释
职责抽象	抽象对于对象创建的职责
接口的重用	提供对于对象创建的接口

16.4.3　解决方案

1. 参与者与协作

抽象工厂模式的解决方案如图 16-15 所示。

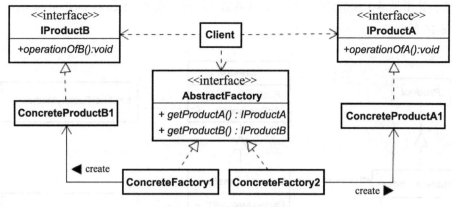

图 16-15　抽象工厂模式

参与者包括：

- 抽象工厂（AbstractFactory）声明了创建抽象产品的各个接口。
- 具体工厂（ConcreteFactory）实现了对具体产品的创建。
- 抽象产品（AbstractProduct）声明了一种产品的接口。
- 具体产品（ConcreteProduct）定义了具体工厂中创建出来的具体产品，实现了抽象产品的接口。
- 客户（Client）使用抽象工厂和抽象产品的类。使用抽象工厂的方法来创建产品。

参与者之间的协作包括：

- 通常情况下，只有一个具体的工厂的实例被创建。这个具体工厂对于创建产品这个事情本身有具体的实现。对于创建不同的产品对象，客户应该用不同的具体工厂。
- 抽象工厂转移了产品的创建到其子类具体工厂类中去。

2. 应用场景

抽象工厂模式有以下应用场景：

- 抽象工厂模式可以帮助系统独立于产品的创建、构成、表现。
- 抽象工厂模式可以让系统灵活配置拥有多个产品族中的某一个。
- 一个产品族的产品应该被一起使用，抽象工厂模式可以强调这个限制。
- 如果想提供一个产品库，抽象工厂模式可以帮助暴露该库的接口，而不是实现。

3. 应用注意点

应用中应注意以下几点：

- 隔离了客户和具体实现。客户可见的都是抽象的接口。
- 使得对产品的配置变得更加灵活。
- 可以使得产品之间有一定的一致性。同一类产品很容易一起使用。
- 抽象工厂模式的局限是对新产品类型的支持比较困难。抽象工厂的接口一旦定义好，就不容易变更了。
- 工厂接口可以通过抽象工厂模式的专门的接口来实现，另外也可以通过父类的工厂方法，让子类继承相应的工厂接口，这就是工厂方法模式（factory method pattern），如图 16-16 所示。

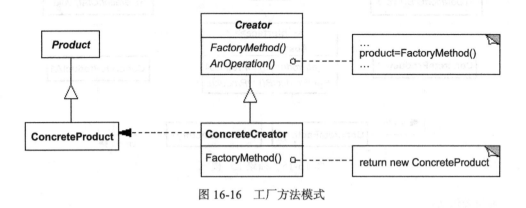

图 16-16 工厂方法模式

16.4.4 模式实例

如图 16-17 和图 16-18 所示，对于各个数据库表格数据，我们可以有不同的实现：TXT 文件存储、对象序列化存储、数据库存储。DataFactory 是抽象工厂。DataFactoryMySql 和 DataFactorySeriablizableImpl 是具体的工厂，即实现了抽象工厂的接口。DatabaseFactoryMySql 实现中利用了 SalesDataServiceMySqlImpl、UserDataServiceMySqlImpl 来创建不同的数据库。SalesDataServiceMySqlImpl 则提供 SalesDataService 的服务。Logic 层的 Sales 可以利用 DataFactory 提供的接口 getSalesDatabase() 得到相应的 Sales 数据，再使用其提供的数据访问服务 SalesDataService，从而达到很好的灵活性。

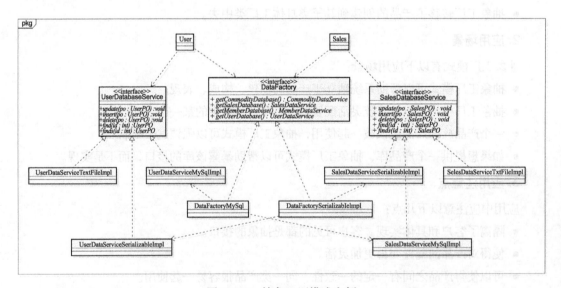

图 16-17 抽象工厂模式实例

```
public interface DatabaseFactory {
    // 数据库的抽象工厂
    // 每个数据库中都有相同的数据表格
    // 每个数据表格有不同的实现
    publicCommodityDatabaseService getCommodityDatabase();
    publicUserDatabaseService getUserDatabase();
    publicMemberDatabaseService getMemberbase ();
    publicSalesDatabaseService getSalesbase ();
}

public class DatabaseFactoryMySqlImpl implements DatabaseFactory {
    UserDatabaseService userDatabase= new UserDatabaseServiceMySqlImpl();
    ...
    SalesDatabaseService salesDatabase= new SalesDatabaseServiceMySqlImpl();

    public DataFactoryMySqlImpl() throws RemoteException {

    }

    public UserDatabaseService getUserDatabase (){
        return userDatabase;
    }
    ...
    public SalesDatabaseService getSalesDatabase (){
        return salesDatabase;
    }

}
public class UserDataServiceMySqlImpl implements UserDataService {

    // 用组合代替继承
    private DatabaseMySqlImpl mySql = new DatabaseMySqlImpl(d);
    private final String tableName="user";
    private Connection conn = null;

    public UserDataServiceMySqlImpl(DatabaseInfo d) throws RemoteException
    {
        conn = mySql.init();
    }
    public void insert(User PO po)
    {
    }
    ...
    @Override
    public UserPO find(int id) {
        UserPO po = null;

        try{
            String query = "select * " +"from " + tableName +" where id = "+id+ ";";

            ResultSet rs = mySql.query(query);
            if(rs.next()) {
                po = new UserPO(rs);
            }
        }
        catch (SQLException e ) {
            System.out.println(e);
        }
        return po;
    }
}
```

图 16-18 抽象工厂实例代码

16.5 单件模式

16.5.1 典型问题

在有些场景中，对于某个类，在内存中只希望有唯一一个对象存在。每次想得到这个类的一个对象的引用的时候，都指向唯一的那个对象。无论创建多少次这个类的对象，其实总共还是只创建了一个对象。

16.5.2 设计分析

为了实现只创建一个对象，首先要让类的构造方法变为私有的；然后只能通过静态的getInstance 方法获得 Singleton 类型的对象的引用。这要求类的成员变量中拥有一个静态的Singleton 类型的引用变量 uniqueInstance。getInstance 方法返回引用变量 uniqueInstance，如果uniqueInstance 等于 null，则说明首次创建，通过关键字 new 创建 Singleton 对象，并且将该对象的引用变量赋值给 uniqueInstance；否则说明不是首次创建，每次只需要返回已创建的对象的引用 uniqueInstance 即可。

单件模式体现了如表 16-3 所示的设计原则。

表 16-3　使用的设计原则和解释

使用的设计原则	解　　释
职责抽象	隐藏单件创建的实现

16.5.3 解决方案

单件模式的解决方案如图 16-19 所示。

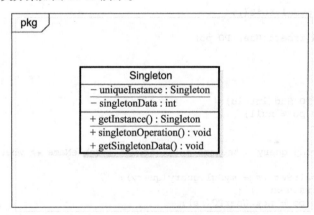

图 16-19　单件模式

1. 参与者与协作

参与者包括：

- 单件（Singleton）：提供访问单件的接口；负责实现单件。
- 客户（Client）：使用单件。

- 参与者的协作包括：
- 客户通过单件提供的 getInstance() 接口访问唯一的单件对象。

2. 应用场景

单件模式有以下应用场景：

- 某个类只有一个实例，并且作为客户公共的访问点。
- 当单一实现需要被继承，客户能够用一个子类的实例，而不需要修改它的代码。

3. 应用注意点

应用中应注意以下几点：

- 可以避免使用全局变量。
- 从 Singleton 类派生出来的类并不是 Singleton。
- 继承之后的类，可以在配置某个应用时使用。

16.5.4 模式实例

商店系统中，关于数据库抽象工厂的具体工厂应该只有一个实现（如图 16-20 所示），根据它我们可以得到不同数据库表的不同实现。

```java
public class DatabaseFactoryTxtFileImpl implements DatabaseFactory {
    // 单件
    private static DatabaseFactoryTxtFileImpl databaseFactoryTxtFile = null;

    private  DatabaseFactoryTxtFileImpl(){

    }

    public static DatabaseFactory getInstance(){
        if(databaseFactoryTxtFile==null)
            databaseFactoryTxtFile=new DatabaseFactoryTxtFileImpl();
        return databaseFactoryTxtFile;
    }

}
```

图 16-20　单件模式代码

16.6　迭代器模式

16.6.1　典型问题

在图 16-21 所示的场景中，对于某个方法 f()，可能需要调用 g()。g() 的参数是一个链表集合的引用，并且完成对一个链表集合的操作，代码如下所示。

```
f()
{
    LinkedList list = new LinkedList();
    g(list);
}
g(LinkedList list)
{
    list.add(..);
    g2(list);
}
```

图 16-21　对链表集合的操作代码

如果需求发生改变，新的需求要对这个集合进行快速查询，此时用链表就不太合适了，用散列集合就更加合适。所以，g() 的参数如果是某个具体的集合类型，灵活性就不足，我们可以改为一个抽象的类型，比如 Collection，如图 16-22 所示。

```
f()
{
    Collection list = new LinkedList();
    g(list);
}
g(Collection list)
{
    list.add(..);
    g2(list);
}
```

图 16-22　链表实现

这时可以很方便地替换为散列表如图 16-23 所示。

```
f()
{
    Collection list = new HashSet();
    //
    g(list);
}
g(Collection list)
{
    for(Iterator i = c.iterator();i.hasNext();)
        do_something_with(i.next());
}
```

图 16-23　散列实现

对于 g() 来说，往往可能只是希望挨个访问某个聚合结构，而并不希望知道到底是什么样的聚合结构，是 LinkedList 还是 HashSet，是 Collection 还是 Map。这个时候，迭代器模式（Iterator Pattern）就可以帮我们。此外，集合类型作为参数时，对集合类的修改会直接修改原集合，从而使得通常所向往的"值传递"失效，所以大大增强了耦合性。而这个问题，迭代器也可以帮我们解决。

16.6.2　设计分析

为了满足前面说的需求，我们需要对遍历操作进行抽象。而对于遍历来说，主要有两个行为：是否有下一个元素；得到下一个元素。所以，我们设计迭代器接口 hasNext() 和 next()，分别对应于前面两个行为。有了这两个接口，就可以完成遍历操作。这样，g() 的参数转换为一个迭代器的引用之后，就会具有更大的灵活性。

迭代器提供的方法只提供了对集合访问的方法，却屏蔽了对集合修改的方法，这样将集合作为参数时，就可以做到对集合的"值传递"的效果。

迭代器模式体现了如表 16-4 所示的设计原则。

表 16-4　使用的设计原则和解释

使用的设计原则	解　　释
减少耦合	减少遍历的使用类和遍历的实现类直接的耦合
依赖倒置	遍历的使用类依赖的是策略的接口，而非遍历的实现类

16.6.3　解决方案

迭代器模式的解决方案如图 16-24 所示。

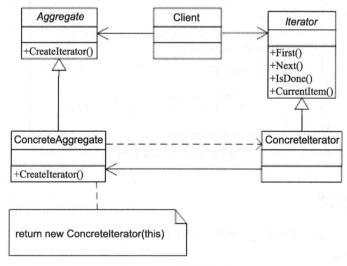

图 16-24　迭代器模式

1. 参与者与协作

参与者包括：

- 迭代器（Iterator）：定义访问和遍历元素的接口。
- 具体迭代器（ConcreteIterator）：实现迭代器接口。对该聚合遍历时，跟踪当前位置。
- 聚合（Aggregate）：定义创建相应迭代器对象的接口。
- 具体聚合（ConcreteAggregate）：实现创建相应迭代器的接口，该操作返回 Concrete-Iterator 的一个适当的实例。

参与者的协作包括：

- 具体迭代器跟踪聚合中的当前对象，并能够计算出待遍历的后继对象。

2. 应用场景

迭代器模式有以下应用场景：

- 访问一个聚合对象的内容而无需暴露它的内部实现。
- 支持对聚合对象的多种遍历。
- 为遍历不同的聚合结构提供一个统一的接口。

3. 应用注意点

应用中应注意以下几点：

- 它支持以不同的方式遍历一个聚合。
- 迭代器简化了聚合的接口。
- 在同一个聚合上可以有多个遍历。

16.6.4 模式实例

如图 16-25 所示，集合的迭代器作为 g() 方法的形参。在 g() 方法的内部通过迭代器的 hasNext() 和 next() 方法进行集合的访问遍历。

```
f()
{
    Collection list = new HashSet();
    g(c.iterator());
}
g(Iterator i)
{
    while(i.hasNext())
      do_something_with(i.next());
}
```

图 16-25 迭代器实现

16.7 项目实践

1. 运用本章所学的设计模式改进实践项目的设计方案。
2. 完善详细设计文档。
3. 将所有设计阶段的制品提交到配置管理服务器。

16.8 习题

1. 什么是可修改性、可扩展性、灵活性？
2. 如何实现可修改性、可扩展性、灵活性？
3. 解释策略模式的典型应用场景、参与者和优缺点。
4. 解释抽象工厂模式的典型应用场景、参与者和优缺点。
5. 解释单件模式的典型应用场景、参与者和优缺点。
6. 解释迭代器模式的典型应用场景、参与者和优缺点。

软件构造、测试、交付与维护

软件构造、测试、交付与维护又被称为软件开发的下游（down stream）工程。相比之下，上游（up stream）工程更注重创造性，下游工程更注重将上游工程的结果进行成功实施。

本部分的基本目标就是介绍下游工程的基础知识，共包括 5 章，各章主要内容如下：

第 17 章"软件构造"：建立对软件构造活动的基本认知，包括软件构造的主要活动和三个软件构造的实践方法——重构、测试驱动开发和结对编程。

第 18 章"代码设计"：主要介绍代码设计的常用方法，包括易读代码的设计方法、易维护代码的设计方法、可靠代码的设计方法和基于模型的帮助设计代码。此外，还介绍了代码复杂度的度量方法和常见问题代码。

第 19 章"软件测试"：介绍了软件测试的基本知识、常用技术和主要活动。

第 20 章"软件交付"：简单介绍软件交付的基本活动。

第 21 章"软件维护与演化"：介绍了软件维护的基础知识和基本过程，说明了维护以修改为主、高代价和事前预备的特点，描述了"演化"思维及相关的开发方式，简单介绍了软件维护的方法。

第 17 章

软件构造

17.1 概述

17.1.1 软件构造的定义

软件构造是以编程为主的活动，类似于软件实现（software implementation）。但软件构造又远不止编程这么简单，[McConnell2004] 认为软件构造（如图 17-1 所示）除了核心的编程任务之外，还涉及详细设计（数据结构与算法设计）、单元测试、集成与集成测试以及其他活动。

图 17-1　软件构造的活动示意

注：源自 [McConnell2004]。

[SWEBOK2004] 将"软件构造"定义为：通过编码、验证、单元测试、集成测试和调试等工作的结合，生产可工作的、有意义的软件的详细创建过程。简单地说，软件构造就是以程

序员为主完成的综合性任务。

17.1.2　软件构造是设计的延续

传统上，将软件开发的编程阶段称为软件实现，认为它是将软件构建方案映射为机器语言的过程，属于 [Brooks1987] 所说的软件开发的次要任务。

[Reeves1992] 首先提出要仔细区分设计与实现的界限：

- 设计是规划软件构建方案的过程，实现是依据规划的软件构建方案建造真正产品的过程。
- 源程序是软件构建方案的最后一个规划，不是产品本身，真正的产品是运行于计算机上的由二进制代码组成的可执行程序。
- 源程序的生产过程——编程，属于设计活动，编译器完成的编译和链接才是依据规划建造软件产品的实现活动。

通过 [Reeves1992] 的分析可以发现，虽然软件设计阶段已经结束了，但是软件构造阶段的编程工作仍然是整个设计工作的延续。软件设计阶段的设计工作是对软件系统总体结构和细节结构（模块、类、方法等）的规划，但是并没有产生最终的规划——还没有进行到源代码级别。软件构造阶段的设计就是在较低的代码层次上的设计活动，将软件设计阶段产生的设计规划深入和细化到表现为源代码的最终规划。

所以，编程从来就不是一种简单的活动 [McConnell1996c]，它的核心是设计代码，并验证设计的效果。过去的经验也一再表明，忽视编程工作的复杂性和重要性，会付出低质量的代价。

17.2　软件构造活动

软件构造的主要活动包括：详细设计、编程、测试、调试、代码评审、集成与构建、构造管理。下面将具体介绍这些主要活动。

17.2.1　详细设计

有些项目会将主要的详细设计工作分配在软件构造阶段完成。例如，如果项目使用（敏捷）极限编程方法，那么项目只会在设计阶段进行一些简单的设计，然后在软件构造阶段使用重构方法完成主体的详细设计工作。

也有一些项目要求在软件设计阶段完成非常细节的详细设计工作，其详细设计方案能详细到让编程工作近乎于机械化。

还有一些项目在软件设计阶段完成主要的详细设计工作，然后将剩余的详细设计工作遗留给软件构造阶段，典型的遗留工作包括接口调整、方法参数确定等细化工作。

不论是哪种项目，在软件构造阶段都不可避免地会涉及详细设计的调整工作。因为编程语言是软件设计的一个重要约束，随着编程工作的进行和深入，人们可能会发现与预想不一致的情况和更多的约束，这个时候就需要在软件构造阶段修改详细设计方案。

软件构造阶段详细设计使用的方法与技术与软件设计阶段是一样的，只是应用在更小的规模上。

在 MSCS 的开发中,主要的详细设计工作在软件设计阶段完成,但在软件构造阶段仍然需要根据 Java 的特点修改和调整详细设计方案。

关于重构方法的介绍见 17.3.1 节。

17.2.2 编程

编程是软件构造的核心活动,目的是生产高质量的程序代码。程序代码的典型质量包括:

- 易读性。程序代码必须是易读的,看上去"显而易见是正确的"。易读性是编程最为重要的目标,它可以使得程序更容易开发,尤其是易于调试;可以使得程序更容易维护,减少理解代码的难度和成本;可以使得程序易于复用。
- 易维护性。除了易读之外,易维护性要求程序代码易于修改。
- 可靠性。程序代码必须是可靠的,要执行正确,并妥善处理故障。
- 性能。程序代码必须是高性能的,包括时间性能和空间性能,需要进行仔细的数据结构和算法设计。
- 安全性。不要遗留程序漏洞,不要出现重要信息的泄漏(例如,内存数据区泄漏)。

编程的主要技术考虑有 [SWEBOK2004]:

1)构造可理解的源代码的技术,包括命名和空间布局。

2)使用类、枚举类型、变量、命名常量和其他类似实体。

3)使用控制结构。

4)处理错误条件——既包括预计的错误,也包括未预期的异常。

5)预防代码级的安全泄露(例如,缓冲区超限或数组下标溢出)。

6)使用资源,用互斥机制访问串行可复用资源(包括线程和数据库锁)。

7)源代码组织(组织为语句、例程、类、包或其他结构)。

8)代码文档。

9)代码调整。

下一章将会更详细地介绍编程中的代码设计方法。

17.2.3 测试

在构造阶段,程序员不仅要完成代码级别的设计工作,还要通过单元测试和集成测试验证设计的正确性。

通常来说,程序员每修改一次程序就会最少进行一次单元测试,在编写程序的过程中,前后很可能要进行多次单元测试,以证实程序达到了要求,没有程序错误。集成测试一般安排在单元测试之后,用来测试多个单元之间的接口是否编程正确。

在连锁商店管理系统的开发中,要求程序员:使用测试驱动方法,在每次开发或修改一个类的方法时就完成对该方法的单元测试;使用持续集成方法,在每次开发或修改类结构、模块结构时,就进行一次集成测试。

17.2.4 调试

通过测试发现错误之后，程序员需要进行调试，找到程序代码中的缺陷并加以修复。总的来说，调试是非常依赖于经验的工作，对经验少的程序员来说，调试可能是程序设计中最为困难的部分。

调试过程可以分为三个部分：重现问题、诊断缺陷和修复缺陷。

1. 重现问题

发现错误后先不要急于寻找缺陷，要通过重现问题来确定错误的出处。因为如果不能重现问题，就无法明确界定问题，更谈不上诊断和修复。

重现问题可以从以下两方面进行：

- 控制输入。找到相应的数据输入，能够重现绝大多数的问题。可以通过控制数据输入来重现问题，意味着缺陷就发生在对该数据的处理代码之中。寻找能够重现问题的数据输入可以使用问题回溯推理、内存数据监控、记录输入数据日志等方法。
- 控制环境。有些问题是编译器、操作系统、数据库管理系统、网络管理系统等系统软件环境造成的，通过控制数据输入无法重现问题。这时就需要通过控制环境来重现问题。一定要记住的是，如果在进行了各种手段的诊断之后确信程序代码没有缺陷，就要警惕可能是软件环境造成了问题。控制环境以重现问题经常使用替换法，例如，替换机器、操作系统、数据库管理系统等。

2. 诊断缺陷

对于重现的问题，不能靠猜测和直觉来确定缺陷所在。寻找和定位缺陷可以通过下列方法进行：

- 灵活使用编译器提示。编译器的错误与警告提示常常能够帮助准确定位缺陷所在及其类型，但是也可能会产生误导。所以要灵活使用编译器提示，利用编译器提示减少定位缺陷的精力耗费，同时又不要机械使用编译器提示。
- 持续缩小嫌疑代码的范围。最常见的是使用二分法，每次将嫌疑代码分为两个部分，并移除其中正确的部分，将嫌疑代码范围缩小到一半。
- 检查刚刚修改过的部分。实践经验表明修改可能引入新的错误，所以如果刚刚修改之后就发现了问题，尤其是遇到了难以诊断的问题，要仔细检查刚刚修改过的代码。
- 警惕已出现缺陷和常见缺陷。一个人短期内的生产力水平是比较稳定的，程序员留下的程序缺陷也是经常重复的，所以要警惕已出现缺陷和常见缺陷。
- 利用工具。程序切片等工具能够帮助程序员更容易地定位缺陷所在。

找到缺陷之后就需要分析缺陷的原因和类型。[Telles2001] 总结了以下常见的缺陷类型：

- 内存或资源泄漏。
- 逻辑错误。
- 编码错误（例如条件判断不够充分）。
- 内存溢出（超出本身限制）。
- 循环错误（死循环或数目不合适）。

- 条件错误。
- 指针错误（超出范围、未赋值）。
- 分配释放错误（分配两次、未分配即释放、释放两次、分配未释放）。
- 多线程错误（同步）。
- 定时错误（没有考虑特殊情况）。
- 存储错误（考虑磁盘已满、文件不存在等特例）。
- 集成错误（相互之间的考虑不相容）。
- 转换错误（字符转换等出现问题）。
- 硬编码长度/尺寸。
- 版本缺陷（对以前的不兼容）。
- 不恰当复用带来的缺陷。

3．修复缺陷

修复缺陷时要注意以下几点：

- 一次只修复一个缺陷。
- 修改前保留旧版本的备份，如果项目使用了配置管理系统，这个工作会由配置管理工具完成，否则就需要由程序员手动完成。
- 使用测试和评审验证修复的有效性。
- 检查和修复类似的缺陷，这可以在代码搜索、程序切片等工具的帮助下进行。

17.2.5 代码评审

代码评审是对代码的系统检查，通常是通过同行专家评审来完成的。通过评审会议可以发现并修正之前忽略的代码错误，从而提高软件的质量和开发者的技巧。

代码评审一般分为正式评审、轻量级评审和结对编程三种方式。正式评审有多个同行专家一起召开评审会议。通过对代码一行一行地审查来发现代码的缺陷。而轻量级评审则可能是通过评阅者直接阅读开发者计算机屏幕上的代码或者将代码通过电子邮件传递给别的开发人员进行检查。结对编程将在17.3.3节进行介绍。

IBM 的 SmartBear Software 团队花费了数年时间去搜索已有的代码评审研究成果，并从来自超过 100 家公司的 6000 多名程序员那里，收集了"实践经验"[Cohen2011]。下面是部分实践经验：

- 就算不能评审全部的代码，最少也要评审一部分（20% ～ 33%）代码，以促使程序员编写更好的代码。
- 一次评审少于 200 ～ 400 行的代码。
- 目标为每小时低于 300 ～ 500 LOC 的检查速率。
- 花足够的时间进行正确缓慢的评审，但是每次不要超过 60 ～ 90 分钟。
- 确定代码开发者在评审开始之前就已经注释了源代码。
- 使用检查列表，因为它可以极大地改进代码开发者和评审者的工作。
- 确认发现的缺陷确实得到了修复。
- 培养良好的代码评审文化氛围，在这样的氛围中搜索缺陷被看做是积极的活动。

- 采用轻量级、能用工具支持的代码评审。

检查列表可以提升代码评审的效果，本书推荐的代码检查列表如图 17-2 所示。

```
一、总则
    1）代码能追溯前面的设计和需求吗？
    2）代码符合代码规范吗？
二、代码组织
    1. 例程（函数 / 过程 / 方法）
    3）每个例程的名称能准确描述它是做什么的吗？
    4）每个例程都只执行一项明确任务吗？
    5）每个例程的接口明显而且清晰吗？
    6）没有不会被调用的或者无用的例程吗？
    7）测试例程或者正常例程中的测试代码都被清除了吗？
    8）有过于复杂而需要分解的例程吗？
    2. 数据
    9）数据类型的名称足以描述声明的含义吗？
    10）变量命名适当吗？
    11）变量的使用符合它们命名所指吗？
    12）有没用的变量吗？
    3. 控制结构
    13）控制结构的所有路径都能被执行到吗？
    14）每个 Case 结构都有 Default 路径吗？
    15）循环的终止条件明确而且能够满足吗？
    16）使用额外的布尔变量、布尔函数、决策表来简化复杂决策了吗？
三、可理解性与可靠性
    17）代码能自顶向下阅读吗？
    18）代码直接明确吗？有没有"隐晦"的地方？
    19）使用集合类型（数组、记录等）和读文件时验证边界了吗？
    20）输入数据和参数都验证有效性了吗？
    21）访问文件时都检验文件有效性了吗？
    22）监测数据库连接故障了吗？
    23）监测网络连接故障了吗？
    24）输出变量都赋值了吗？
    25）程序正常终结时释放文件与其他设备了吗？
    26）需求和设计的各种异常都得到处理了吗？
四、布局
    27）程序布局能显示逻辑结构吗？
    28）使用的格式一致吗？
    29）相关语句组合在一起吗？
    30）组内语句对齐了吗？
    31）使用空行分割功能、控制序列、相关代码块等代码元素了吗？
    32）代码格式易于修改吗？
    33）相邻行的缩进安排正确吗？
    34）每一行只包含一个语句吗？
五、注释
    35）注释是最新的吗？清晰、正确吗？
    36）重要数据的声明注释了吗？
    37）数据的取值范围注释了吗？
    38）对输入数据的限制与要求注释了吗？
    39）注释全局变量的声明处和使用处了吗？
    40）所有对象间不清晰的依赖都做注释了吗？
    41）源代码含有理解程序所需的足够信息吗？
    42）注释是解释代码的意图或者总结代码的作用，而不是单纯的重复代码所含信息吗？
    43）注释格式易于维护和修改吗？
    44）每个注释都是有用的吗？（即冗余、无关的注释都已删除或改写了吗？）
    45）很长或很复杂的控制结构注释了吗？
```

图 17-2　推荐的代码评审检查列表

17.2.6 集成与构建

在以分散的方式完成程序基本单位（例程、类）之后，软件构造还需要将这些分散单位集成和构建为构件、子系统和完整系统。

集成有大爆炸式集成和增量式集成两种方式。实践中增量式集成有着更好的效果。10.3 节已经详细描述了系统集成的具体方式。

在连锁商店管理系统的开发中，就使用了增量式集成的持续集成方法。

构建将可读的源代码转换为标准的能在计算机上运行的可执行文件。构建过程需要配置管理工具的帮助。

17.2.7 构造管理

构造管理主要包括构造计划、度量和配置管理三个任务。

1. 构造计划

构造计划根据整个项目的开发过程安排，定义要开发的构件与次序，选择构造方法，明确构造任务并分配给程序员。构造方法的选择是构造计划活动的关键方面，它影响着源代码的质量。

2. 度量

软件构造阶段的产品度量主要围绕源代码展开。常见的度量包括：

- 每个类或方法的复杂度，详细情况参见第 18 章。
- 每个类或方法的代码行数。
- 每个类或方法的注释行数。

IBM 的经验表明，每 10 行代码有 1 行注释时代码最清晰 [Jones2000]。当然这是一个经验数据，不能强制要求。只是在代码行数与注释行数差距较大时，值得仔细研究一下。

3. 配置管理

出于团队协作开发的要求，配置管理是软件构造非常重要的工作。因为协作开发发生在软件构造制品基线形成之前，所以与其他开发阶段不同的是，软件构造从开始就需要将程序代码纳入配置管理，不需要等代码相对固定下来。为了不破坏整个项目的配置管理规则，实践中人们会在项目的制品存储库之外，单独为软件构造建立专门的开发配置库，存储开发中的程序代码。

对开发配置库的配置管理要建立使用规则，每次完成一个代码单位的开发之后都要提交到开发配置库，每次修改都要以从开发配置库中最新调出的代码为基础。

在软件构造阶段结束之后，开发者需要向项目的制品存储库中提交的制品主要包括：

- 源代码基线。
- 程序运行需要的数据基线。
- 可执行程序。

17.3 软件构造实践方法

软件构造有很多有效的实践方法，下面着重介绍其中的三个：重构（refactoring）、测试驱动开发（Test Driven Development, TDD）和结对编程（pair programming）。

17.3.1 重构

1. 重构的原因

重构最早是用来进行软件维护的方法，它用来解决维护中的下列常见问题：①因为无法预计到后续数年的修改，导致软件开发阶段的设计方案不能满足修改要求；②随着修改次数的增多，软件设计结构的质量越来越脆弱，很难继续维持可修改性。

面对这些情况，人们需要在不改变软件系统功能的情况下，改进局部的软件设计结构，提升其质量，使其能够很好地继续演化下去。为此，重构方法被定义为 [Fowler1999]：修改软件系统的严谨方法，它在不改变代码外部表现的情况下改进其内部结构。不改变代码的外部表现，是指不改变软件系统的功能。改进代码的内部结构是指提升详细设计结构的质量，使其能够继续演化下去。

后来人们发现，在软件开发的构造阶段也需要使用重构方法。一方面对需求的理解是逐渐深入的，在软件构造阶段仍然可能变更需求及其设计，软件设计阶段结束并不是固化设计结构的理由。另一方面，在软件设计阶段很难完全考虑到各种编程细节，在软件构造阶段经常会发现未预计的情况，需要根据这些情况反馈和改进设计结构，所以相比于在软件设计阶段结束后固化设计结构，在软件构造阶段进行重构是一个更加合理的方法。

2. 重构的时机

重构通常发生在下列时机，如果在其中发现了代码的"坏味道"（bad smell）[Fowler1999]，就需要进行重构：

- 增加新的功能时。需要注意的是，重构发生在新功能增加完成之后，用来消除新功能所添加代码导致的坏味道；而不是发生在新功能添加之前，重构不改变代码外部行为，不是能够实现新功能添加的方法。
- 发现了缺陷进行修复时。诊断缺陷时如果发现代码存在坏味道或者修复代码会引入坏味道，就需要进行重构。
- 进行代码评审时。如果在评审代码时发现了坏味道，就需要进行重构。

代码的坏味道是设计结构低质量的表现，例如：

- 太长的方法，往往意味着方法完成了太多的任务，不是功能内聚的，需要被分解为多个方法。[McConnell2004] 认为如果方法代码长度超过了一个屏幕，就需要留心了。
- 太大的类，往往意味着类不是单一职责的，需要被分解为多个类。
- 太多的方法参数，往往意味着方法的任务太多或者参数的数据类型抽象层次太低，不符合接口最小化的低耦合原则，需要将其分解为多个参数少的方法或者将参数包装成对象、结构体等抽象层次更高的数据类型。
- 多处相似的复杂控制结构，例如多处相同类型的 Case 结构，往往意味着多态策略不足，需要使用继承树多态机制消除复杂控制结构。
- 重复的代码，往往意味着隐式耦合，需要将重复代码提取为独立方法。

- 一个类过多使用其他类的属性，往往意味着属性分配不正确或者协作设计不正确，需要在类间转移属性或者使用方法委托代替属性访问。
- 过多的注释，往往意味着代码的逻辑结构不清晰或者可读性不好，需要进行逻辑结构重组或者代码重组。

3. 注意事项

使用重构时要注意下列事项：

- 重构是基于已有代码的设计改进，不是开发新代码的方法。所以在应用重构之前，需要有开发新代码的方法。例如，极限编程使用简单设计（simple design）方法。
- 重构要防止副作用。重构不能改变外部行为，也不要在修改中引入新的错误，所以重构之后要及时进行测试。例如，极限编程将测试驱动开发和重构结合使用，及时进行重构的验证。
- 重构的重点是改进详细设计结构。虽然理论上重构也能改进体系结构设计和代码设计，但体系结构设计的修改影响范围非常广泛，除非非常必要，否则不要轻易修改，而代码设计对软件设计结构质量的影响有限，起不到增强软件系统可演化性的作用。

4. 示例

在 MSCS 的分层设计中，如果各层之间直接传递基本类型参数，如图 17-3 所示，那么即使方法参数不算太多，也会发生对参数封装数据类型层次不够的坏味道，因为 "String name" 和 "long point" 联合起来代表了顾客类型而不是简单的 1 个字符类型和 1 个长整型。应该将图 17-3 的代码重构为图 17-4 所示的代码。

```java
public class Member {
    private long id;
    private String name;
    private long point;
    ...
    public void update(){
        MapperService memberMapper = MemberMapper.getInstance();
        memberMapper.update(id, name, point);
    }
}
```

图 17-3　含有坏味道的代码示例

```java
public class Member {
    private long id;
    private String name;
    private long point;
    ...
    public void update(){
        MapperService memberMapper = MemberMapper.getInstance();
        MemberPO po = new MemberPO(id,name,point);
        memberMapper.update(po);
    }
}
```

图 17-4　重构后的代码

```
public class MemberPO implements Serializable {
    private long id;
    private String name;
    private long point;
    public MemberPO(long i,String n, long p){
        id = i;
        name = n;
        point = p;

    }
    ...
}
```

图 17-4 （续）

17.3.2 测试驱动开发

1. 测试驱动开发简介

测试驱动开发又称为测试优先（test first）的开发，它随着极限编程方法的普遍应用而得到发展和普及。测试驱动开发有着非常明显的好处，所以它现在经常独立于极限编程方法得到应用。

测试驱动开发要求程序员在编写一段代码之前，优先完成该段代码的测试代码。测试代码通常由测试工具自动装载执行，也可以由程序员手工执行。完成测试代码之后，程序员再编写程序代码，并在编程中重复执行测试代码，以验证程序代码的正确性。

测试驱动开发的优点是：

- 提高程序的正确性和可靠性。测试优先的方式保证了每段程序代码都会经过仔细的测试。
- 提高设计质量。定义测试用例时要求程序员从使用者的角度来看待要编写的代码，这能促使他们写出接口和外部表现更加清晰的程序。定义测试用例还要求程序员必须理解待编写代码的功能，促使他们产生功能单一、更加内聚的设计。
- 提高生产力。编写测试代码使得程序员更清晰地理解待编写代码的目标和功能，能够区分必要工作和冗余工作，避免过度设计，减少不必要的时间耗费，提高生产力。

2. 测试驱动开发过程

[Beck2003] 将测试驱动开发过程描述为如图 17-5 所示。

1）编写一段测试代码。

2）编译测试代码。这时编译无法通过，因为正常的程序代码还没有编写。

3）最小化编写正常程序代码，使测试代码能完成编译。

4）运行测试代码，看到测试用例失败。

5）最小化修改正常程序代码，使测试代码运行时恰好满足测试用例。

6）运行测试代码，看到测试用例成功通过。

7）重构正常程序代码，提高设计质量。

8）重复以上步骤，开发新的代码。

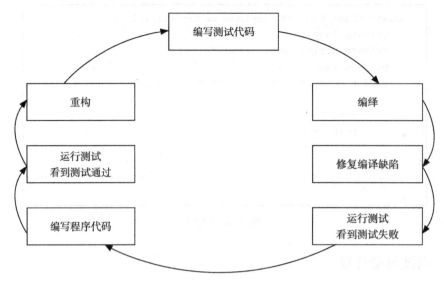

图 17-5　测试驱动开发过程

3. 示例

在连锁商店管理系统的开发中，需要开发 Sales 对象的 getChange 方法，如图 17-6 所示。

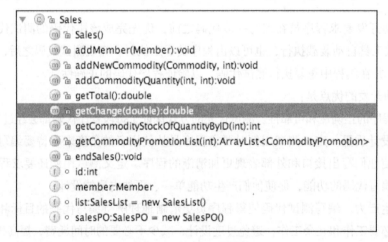

图 17-6　Sales 类结构

1）编写测试代码。在编写 getChange 方法之前，需要先编写测试代码。依据 getChange 方法的前置和后置条件（如表 17-1 所示），可以设定 getChange 方法的测试用例（如表 17-2 所示），并据此完成手动执行的测试代码如图 17-7 所示。

表 17-1　getChange 方法的前置条件和后置条件

方法声明	public double getChange(double payment)
前置条件	payment>0 payment>= Sales.total
后置条件	return= payment− Sales.total

表 17-2 getChange 方法的测试用例

ID	测 试 目 的	输　　入	预 期 输 出
1	参数不合法时异常	设置 Sales.total=90, payment=−100	异常：payment 应该大于 0；输出为 −1
2	参数不合法时异常	设置 Sales.total=90, payment=0	异常：payment 应该大于 0；输出为 −1
3	参数与 Sales 状态联合起来异常	设置 Sales.total=90, payment=50	异常：payment 应该大于 Sales.total；输出为 −2
4	正常功能	设置 Sales.total=90, payment=90	返回 0
5	正常功能	设置 Sales.total=90, payment=100	返回 10

```
public class GetChangeofSalesTester {
    public static void main(String[] args){
        Sales sale=new Sales();
        // 购买 2 个 ID=1 的商品，该商品的测试数据 Price=45
        sale.addSalesLineItem(1, 2)
        sale.total();
        double change;
        boolean passed=true;
        change= sale.getChange(-100);          // 测试用例 1
        if (change!=-1 ){
            passed=false;
            System.out.println("parameter exception not handled");
        }
        change= sale.getChange(0);             // 测试用例 2
        if (change!=-1 ){
            passed=false;
            System.out.println("parameter exception not handled");
        }
        change= sale.getChange(50);            // 测试用例 3
        if (change!=-2 ){
            passed=false;
            System.out.println("parameter&&attribute exception not handled");
        }
        change= sale.getChange(90);            // 测试用例 4
        if (change!=0 ){
            passed=false;
            System.out.println("when parameter=attribute, error");
        }
        change= sale.getChange(100);           // 测试用例 5
        if (change!=10 ){
            passed=false;
            System.out.println("when parameter>attribute,error");
        }
        if (passed==true)                      // 所有测试用例通过
            System.out.println("None error found");
    }
}
```

图 17-7 getChange 方法的测试代码

如果希望使用 JUnit 工具自动执行测试代码，就建立如图 17-8 所示的 JUnit 测试代码。

```
@RunWith (Value = Parameterized.Class)
public class SalesTester {
        private double payment;
        private double change;

        @Parameters
        public static Collection<Double[]> getTestParameters (){
                return Array.asList ( new Double [] [] {
                        //payment, change
                        {-100, -1}, // 测试用例 1
                        {0, -1}, // 测试用例 2
                        {50, -2}, // 测试用例 1
                        {90,0}, // 测试用例 1
                        {100, 10}, // 测试用例 1
                });
        }
        Public ParameterizedTest ( double payment, double change ){
            this.payment = payment;
            this.change = change;
        }

        @Test
        public void testChange (){
            Sales sale=new Sales();
            // 购买 2 个 ID=1 的商品，该商品的测试数据 Price=45
            sale.addSalesLineItem(1, 2)
            sale.total();

            assertEquals (change, sale.getChange (payment));
        }
}
```

图 17-8　getChange 方法的 JUnit 自动测试代码

2）编译测试代码。因为 Sales 对象没有 getChange 方法，所以编译无法通过。这里 Sales 的 addSalesLineItem 与 total 方法已经完成，否则应该先测试驱动开发 addSalesLineItem 方法，然后测试驱动开发 total 方法，最后才能测试驱动开发 getChange 方法。

3）最小化编写 getChange 方法。给 Sales 对象添加 getChange 方法，除方法声明符合规格外，在 getChange 内部只有一行语句：return 0。这可以让测试代码通过编译。

4）运行测试代码，看到测试用例失败。此时运行测试代码，可以发现除测试用例 4 之外的其他测试用例都失败了。稍加分析就可以发现 return 的 0 在特定场景情况下是正确的，于是就修改 getChange 的语句为：return −5，−5 足以让任何情况下的测试用例都失败。

5）修改程序代码。按照各个失败的用例，逐步在 getchange 方法的 return −5 语句之前添加下列语句：

用例 1、2：If payment<=0, return −1;

用例 3： If payment< total, return −2;

用例 4、5：return payment − total ;

6）运行测试代码，看到测试用例全部成功。

7）重构，消除无用语句。删除语句"return −5"。

17.3.3　结对编程

结对编程也是由极限编程推广的方法，现在得到了广泛的使用。结对编程的思想很简单：两个程序员挨着坐在一起（如图 17-9 所示），共同协作进行软件构造活动。

图 17-9　结对编程示意图

掌握键盘的人称为驾驶员（driver），负责输入代码。边上的程序员称为观察员（observer），对驾驶员输入的代码进行评审，发现其中的语法和拼写错误，也同时考虑工作的战略性方向，提出改进的意见或将来可能出现的问题，以便处理。

两个程序员经常互换角色。在每隔一段时间之后，两个程序员可以互换角色，防止驾驶员过于疲劳。在观察员有了比驾驶员更好的主意时，也会互换角色，由观察员来接管键盘实现自己的想法。

在实践中，关于结对编程的效果的统计数据不太一致，多数研究发现它能提高程序的质量，降低程序的缺陷率，减少返工和修复成本。也有研究认为结对编程的效果没有人们想象的那么理想。

17.4　项目实践

1. 软件构造阶段团队组织：

　　a）A、B、C、D 都扮演开发人员（程序员）角色，完成自己所分工模块的构造任务。

　　b）A 扮演文档人员。

　　c）B 扮演项目管理人员。

　　d）D 扮演质量保障人员。

2. 项目管理人员：

      a）召集和主持团队交流例会。

      b）控制项目的任务分配与进度安排。

      c）组织讨论明确需要较高可靠性的代码部分。

      d）监控各项任务的执行情况。

      e）审核开发结束后提交到项目配置库的构造制品。

      f）监控软件开发是否反映了前期的需求和设计。

3. 开发人员：

      a）在开发配置库中管理源代码的开发。

      b）结合使用 JUnit 和 Ant 进行测试驱动开发，在每次开发或修改一个类的方法时就进行该方法的单元测试。

      c）结合使用 JUnit、Ant 和 Hudson 进行持续集成与构建，在每次开发或修改类结构、模块结构时，就进行一次集成测试。

      d）尝试使用重构和结对编程方法。

      e）使用图 7-2 推荐的代码评审检查列表，进行源程序的代码评审。如果时间较为紧张，至少要完成关键代码的评审。

      f）按照 17.2.7 节的要求，将软件构造制品提交到项目配置库。

      g）使用 Java 语言工具（例如 JCSC、CheckStyle、JavaNCSC、JMT、Eclipse 插件），按照 17.2.7 节的要求完成代码度量。

4. 文档编写人员：

      a）组织讨论制定代码规范。

      b）给出文档注释的规范，并监控各程序员的实现情况。

5. 质量保障人员：

      a）搭建和维护测试驱动与持续集成环境。

      b）监控测试驱动和集成测试的执行情况。

      c）组织开发人员参与代码评审。

      d）分析开发人员上交的代码度量数据。

17.5 习题

1. 软件构造与软件实现有什么不同？

2. 为什么软件构造要执行详细设计、代码设计、单元测试、集成测试？

3. 软件构造的主要活动有哪些？

4. 实践经验表明调试比较依赖于程序员的经验，分析一下为什么？

5. 除了 17.2.5 节提供的代码评审检查列表之外，你认为还有哪些条目是可以纳入代码评审检查列表的？你的开发经验支持自己的看法吗？

6. 重构是在已有代码的基础上进行详细设计，它与在软件设计阶段进行的事先设计有什么不同？各自的优缺点是什么？收集资料证明你的观点。

7. 实践调查显示，相较于新手，结对编程更适用于熟练程序员，你认为原因是什么？收集资料证明你的观点。

8. 假设在 17.3.2 节的示例中，Sales 对象的所有代码都没有完成，你打算如何进行测试驱动开发？给出 addSalesLineItem 方法与 total 方法的测试代码和测试驱动开发详细过程。

9. 你认为应该如何提高程序的易读性、易维护性、可靠性、性能和安全性？

第 18 章

代码设计

代码设计的目标是编写高质量的代码。如 17.2.2 节所述，常见的代码质量包括易读性、易维护性、可靠性、性能、安全性等。本章只介绍在易读性、易维护性和可靠性方面的最基本的代码设计方法，需要了解更多知识的读者可以参考专门著作。

18.1　设计易读的代码

在代码质量方面，20 世纪 50 年代至 60 年代追求性能的最大化，20 世纪 60 年代至 70 年代着力保证程序正确性和可靠性，20 世纪 80 年代要求生产效率优先，20 世纪 90 年代至今则将易读性置于首要地位。因为 20 世纪 90 年代至今，软件维护的工作量已经超过了软件开发，所以程序代码在软件开发阶段被一次编写完成之后，往往会在软件维护阶段被多次阅读。如果编写的代码易读性不好，将会耗费维护人员大量的精力。实践经验表明，维护时间的 50% ~ 90% 都被消耗在了程序阅读和理解上 [Corbi1989,Livadas1994]。所以，不论是出于团队协作的需要，还是出于维护的需要，程序代码都应该将易读性作为首要质量标准。

为了提高代码的易读性，很多组织机构会制定相应的代码规范，促进组织机构成员共享对代码的清晰理解。代码规范常见的内容包括：格式、命名和注释。

18.1.1　格式

对代码格式的最基本要求是代码的布局能够清晰地体现程序的逻辑结构，具体包括以下内容。

1. 使用缩进与对齐表达逻辑结构

相邻行的程序代码有两种基本的结构关系：（顺序）并列与嵌套。并列代码应该相互对齐以表明处于同样的层级，嵌套代码应该缩进以表明被缩进行是另一行的子部分，这样可以清晰地体现程序的逻辑结构。

缩进有两种常见的方式，如图 18-1 所示，易读性都不错。有的时候代码规范并不一定有绝对的好坏之分，只要符合整个团队的习惯就可以。

图 18-2 显示了按照缩进方式二组织的程序代码，其逻辑结构非常清晰。尤其要注意的是，如果一个文件内有多个平级的类，那么它们的声明代码应该对齐，如果一个类使用了内联类或者临时类，那么内联类与临时类的声明应该缩进。

```
// 缩进方式一:
if (…)
{
    return true;
}
else
{
    return false;
}
// 缩进方式二:
if (…){
    return true;
} else {
    return false;
}
```

图 18-1　常见的两种缩进方式

```
public class SalesList extends DomainObject{
    …
    public double getTotal(){
        Iterator iter = salesLineItemMap.entrySet().iterator();
        while (iter.hasNext()){
            Map.Entry entry = (Map.Entry) iter.next();
            Object val = entry.getValue();
            total+= ((SalesLineItem)val).getSubTotal();
        }
        return total;
    }

    public void addSalesLineItem(long commodityID, long quantity){
        SalesLineItem item = new SalesLineItem(commodityID,quantity);
        salesLineItemMap.put(commodityID, item);
    }
}
```

图 18-2　缩进与对齐格式示例

2. 将相关逻辑组织在一起

将相关的代码组织在一起，可以让程序的逻辑更清晰，比较图 18-3 与图 18-4 的 endSales 方法的程序代码可以清楚地看到这一点。

在编写类定义代码时，通常需要将下列的不同逻辑分开组织：

● 成员变量声明；

- 构造方法与析构方法；
- public 方法；
- protected 方法；
- private 方法。

如果类的成员变量和方法体现了不同的功能逻辑，也应该进一步细分进行组织。如图 18-4 所示的 endSales 方法就在编写函数（过程 / 方法）代码时，将不同的功能逻辑进行了分开组织。

```java
public void endSales(){
    Iterator iter = salesLineItemMap.entrySet().iterator();
    member.update();
    this.update();
    while (iter.hasNext()){
        Map.Entry entry = (Map.Entry)iter.next();
        Object val = entry.getValue();
        ((SalesLineItem)val).update();
    }
    payment.update();
}
```

图 18-3 相关逻辑组织混乱的代码

3. 使用空行分割逻辑

将不同的逻辑独立组织之后，还可以使用空行进行分割，表明不同代码部分的相互独立性。

不同的代码块、不同的功能都应该使用空行进行分割，如图 18-4 所示。对于复杂的控制结构，为了突显它的不同逻辑路径，也可以使用空行进行分割，如图 18-5 所示。

```java
                public class Sales extends DomainObject{
成员变量          Member member;
                Payment payment;
                HashMap<Long,SalesLineItem> salesLineItemMap;
                Double total=0.0;
                // 空行分割不同代码块
                public Sales (){
                 ...
                }
                // 空行分割不同功能
                public Sales(SalesLineItem item){
                ...
                }
构造方法         // 空行分割不同功能
                public Sales(long commodityID, long quantity){
                ...
                }
                // 空行分割不同代码块
```

图 18-4 相关逻辑组织清晰的代码

```
public void addMember(long memID){
    ...
}
// 空行分割不同功能
...
// 空行分割不同功能
public void endSales(){
    member.update();                                   更新 Member
    // 空行分割不同功能
    Iterator iter = salesLineItemMap.entrySet().iterator();   更新 SalesLineItem
    while (iter.hasNext()){
        Map.Entry entry = (Map.Entry)iter.next();
        Object val = entry.getValue();
        ((SalesLineItem)val).update();
    }
    // 空行分割不同功能
    payment.update();                                  更新 Payment
    this.update();                                     更新 Sales
}
```

public 方法

图 18-4 （续）

```
switch (type){
    case 1:
        ...
        break;
    // 空行分割
    case 2:
        ...
        break;
    // 空行分割
    default:
        ...
        break;
}
```

图 18-5　使用空行分割复杂控制结构

4．语句分行

不要把多个语句放到同一行里，既不利于理解，又会导致代码太长无法在屏幕或打印纸上清楚地显现。

有些语句虽然只是一条，但也会太长，超出屏幕或打印的范围，这时需要将其断为多行，如图 18-6 所示。

```
return this==obj
    || (this.obj instanceof Myclass
        && this.field == obj.field);
```

图 18-6　长句断行示例

18.1.2 命名

程序中的命名也会影响程序的易读性,常见的命名规则有:

1)使用有意义的名称进行命名。例如,对"销售信息"类,命名为 Sales 而不是 ClassA。

- 使用名词命名类、属性和数据;
- 使用名词或者形容词命名接口;
- 使用动词或者"动词 + 名词"命名函数和方法;
- 使用合适的命名将函数和方法定义得明显、清晰,包括返回值、参数、异常等。

2)名称要与实际内容相符。例如,使用 Payment 命名"账单"类明显比使用"Change"更相符,因为"账单"类的职责不仅仅是计算"Change",还要维护账单数据。

3)如果存在惯例,命名时要遵守惯例。例如,Java 语言的命名惯例是:使用小写词命名包;类、接口名称中每个单词的首字母大写;变量、方法名称的第一个单词小写,后续单词的首字母大写;常量的每个单词大写,单词间使用"_"连接。

4)临时变量命名要符合常规。像 for 循环计数器、键盘输入字符等临时变量一般不要求使用有意义的名称,但是要使用符合常规的名称,例如,使用 i、j 命名整数而不是字符,使用 c、s 命名字符而不是整数。

5)不要使用太长的名称,不利于拼写和记忆。

6)不要使用易混字符进行命名,常见的易混字符例如"I"(大写 i)、"1"(数字 1)与"l"(小写 L)、0(数字零)与 O(字母)等。使用易混字符的命名,例如 D0Calc 与 DOCalc。

7)不要仅仅使用不易区分的多个名称,例如 Sales 与 Sale,SalesLineItem 与 SalesLineitem。

8)不要使用没有任何逻辑的字母缩写进行命名,例如 wrttn、wtht、vwls、smch、trsr……

18.1.3 注释

1. 文档注释

(1)注释类型

如果组织得当,代码注释本身就是一份非常好的代码文档。所以 Java 提供了三种注释方式:①以"//"开始的语句注释;②以"/*"开始,以"*/"结束的标准注释;③以"/**"开始,以"*/"结束的文档注释。

(2)文档注释的内容与格式

文档注释是专门用来文档化代码的注释,专门注释:

- 包的总结和概述(每个包都要有概述);
- 类和接口的描述(每个类和接口都要有概述);
- 类方法的描述(每个方法都要有功能概述,都要定义完整的接口描述);
- 字段的描述(重要字段含义、用法与约束的描述)。

附录 B 给出了一个文档注释的详细参考格式,包括文档注释的内容(模块注释、类注释、方法注释、成员变量注释)、逻辑分组(逻辑块组织、构造方法、public 方法、protected 方法、private 方法、protected 成员变量、private 成员变量)和逻辑分割(注释与空行)。

（3）Javadoc

为了方便使用注释文档化程序代码，人们还为 Java 程序提供了 Javadoc 工具。只要程序员注释程序时使用特定的标签，Javadoc 就能从代码中抽取出注释形成一个 HTML 格式的代码文档。

因为目标是文档注释，所以 Javadoc 只识别那些类、接口、构造函数、方法或者字段的声明之前与之紧密相邻的文档注释，会忽略内部注释。

在描述类与接口时，Javadoc 常用的标签是：

- @author：作者名。
- @version：版本号。
- @see：引用。
- @since：最早使用该方法 / 类 / 接口的 JDK 版本。
- @deprecated：引起不推荐使用的警告。

在描述方法时，Javadoc 常用的标签是：

- @param：参数及其意义。
- @return：返回值。
- @throws：异常类及抛出条件。
- @see：引用。
- @since：最早使用该方法 / 类 / 接口的 JDK 版本。
- @deprecated：引起不推荐使用的警告。

一个 Javadoc 的代码示例如图 18-7 所示。更详细的 Javadoc 内容请参考 Oracle 官方网站的 Javadoc 描述。

```
/**
 * LoginController 的职责是将登录界面（LoginDialog）发来的请求
 * 转发给后台逻辑（User）处理
 * LoginController 接收界面传递的用户 ID 和密码
 * 经 User 验证后，返回登录成功 true 或者失败 false
 * @author ×××.
 * @version 1.0
 * @see presentation.LoginDialog
 */
public class LoginController {

    /**
     * 验证登录是否有效
     *
     * @param id long 型，界面传递来的用户标识
     * @param password   String 型，界面传递来的用户密码
     * @return 成功返回 true, 失败返回 false
     * @throws DBException   数据连接失败
     * @see businesslogic.domain.User
     */
    public boolean login(long id, String password) throw DBException{
        User user;
        user = new User(id) ;
        return user.login(password) ;

    }
}
```

图 18-7　Javadoc 示例

2. 内部注释

除了文档注释之外，语句注释和标准注释也很重要，它们通常被称为内部注释。如图 18-8 所示即为内部注释的示例。

在内部注释的使用上，要注意下列事项：

1）注释要有意义，不要简单重复代码的含义。

内部注释是用来增强代码易读性的，不是用来替代代码的，所以注释要能够表达代码自身没有的信息。好的注释要概括代码的意图，以方便阅读者从整体上理解代码。

2）重视对数据类型的注释。

内部注释的一个常见误区是忽略数据类型。事实上数据类型的自我解释能力非常弱，无法说明有效取值范围、使用假设与依赖等重要信息，这就需要注释的帮助。因此，对于程序代码中比较重要的数据，要注重对它们的注释说明。

3）重视对复杂控制结构的注释。

复杂控制结构的复杂决策通常包含有重要的业务信息，对程序阅读者来说非常重要，因此要对程序的复杂决策代码进行业务信息的注释。

```
public class Sales extends DomainObject{
    // 为了快速存取，使用 HashMap 组织销售商品项列表          ◀——— 注释数据类型
    //Key 是商品 ID，取值范围是 1..MAXID
    HashMap<Long,SalesLineItem> salesLineItemMap;
    ...

    public void endSales(){
        // 更新 Member 信息      ◀——— 没有意义的注释
        member.update();

        // 更新 salesLineItem 信息
        Iterator iter = salesLineItemMap.entrySet().iterator();
        while (iter.hasNext()){// 逐一遍历销售商品项    ◀——— 注释控制结构
            Map.Entry entry = (Map.Entry)iter.next();
            Object val = entry.getValue();
            ((SalesLineItem)val).update();
        }

        payment.update();

        this.update();
    }
}
```

图 18-8　内部注释示例

18.2　设计易维护的代码

易读是易维护的必要前提，只有理解了程序代码，才能正确地修改程序代码。但是易读并不是易维护的充分条件，除了易读性之外，还有其他事项需要处理。

18.2.1 小型任务

要让程序代码可修改，就要控制代码的复杂度。这首先要求每个函数或方法的代码应该是内聚的，恰好完成一个功能与目标。

如果内聚的代码本身比较简单，复杂性可控，那么它就具有比较好的可维护性。反之，内聚的代码也可以比较复杂，典型表现是完成一个功能需要多个步骤、代码比较长，那么就需要将其进一步分解为多个高内聚、低耦合的小型任务。

例如，图 18-9 所示的 endSales 方法就是复杂方法，应该进行小型任务分解，建立如图 18-8 所示的 endSales 方法。

```java
public class Sales extends DomainObject{
    ...

    public void endSales(){
        MapperManager mapperManager = MapperManager.getInstance();

        // 更新 Member 信息
        MapperService memberMapper = mapperManager.getMemberMapper ();
        MemberPO memberPO = member.getPO();
        memberMapper.update(memberPO);
        memberMapper.save();

        // 更新 SalesLineItem 与商品库存信息
        MapperService salesLineItemMapper =
                            mapperManager.getSalesLineItemMapper();
        MapperService stockMapper = mapperManager.getStockMapper();
        Iterator iter = salesLineItemMap.entrySet().iterator();
        while (iter.hasNext()){// 逐一遍历销售商品项
            Map.Entry entry = (Map.Entry)iter.next();
            Object val = entry.getValue();
            sliPO=((SalesLineItem)val).getPO();
            salesLineItemMapper.insert(sliPO);
            // 更新商品库存
            (StockMapper(stockMapper)).saled(sliPO);
        }
        salesLineItemMapper.save();
        stockMapper.save();

        // 更新 Payment 信息
        MapperService paymentMapper = mapperManager.getPaymentMapper();
        PaymentPO paymentPO = payment.getPO();
        paymentMapper.insert(paymentPO);
        paymentMapper.save();

        // 更新 Sales 信息
        MapperService salesMapper = mapperManager.getSalesMapper();
        SalesPO salesPO = this.getPO();
        salesMapper.insert(salesPO);
        salesMapper.save();
    }
}
```

图 18-9　复杂方法示例

究其根本，小型任务具有更好可维护性的原因是：通过将不同的代码片段抽象为不同的任务接口，可以解决复杂代码的几种不理想但无法回避的内聚——时间内聚、过程内聚和通信内聚。图 18-9 的 endSales 方法就是典型的过程内聚，需要先后执行更新会员（Member）信息、更新商品销售情况（SalesLineItem 与 Stock）、更新账单（Payment）信息和更新销售（Sales）信息 4 个任务来保存一次销售任务。4 个不同的代码片段都可能发生修改，一旦修改不慎（例如，改变了 mapperManger 引用）就会影响到其他部分。但是如果按照图 18-8 所示组织 endSales 方法，那么过程内聚的只是 4 个小型任务的接口，它们之间修改时互相影响的可能性很小。

小型任务还分解了阅读者同一时间需要阅读的代码数量，将一次长代码阅读调整为多次短代码阅读，提高了代码的易读性。

18.2.2 复杂决策

实践经验表明，代码中的业务规则是最容易发生修改的地方之一，表现为对代码中复杂决策（布尔表达式）的修改。所以，在编程中要注意对复杂决策的处理。

1. 使用新的布尔变量简化复杂决策

人对复杂性的理解和控制是有限的，如果一个复杂决策的内容过于复杂，就应该引入新的布尔变量进行简化。例如，图 18-10 所示的代码可以简化为如图 18-11 所示的代码。

```
If ( (atEndofStream)&&(error!= inputError ))&&
    ( ( MIN_LINES<=lineCount)&& lineCount<= MAX_LINES))&&
    ( ! errorProcessing(error)){
    ...
}
```

图 18-10　复杂决策示例

```
boolean allDataReaded=  ( (atEndofStream)&&(error!= inputError ));
boolean validLineCount =( MIN_LINES<=lineCount)&& lineCount<= MAX_LINES);

If ( allDataReaded && validLineCount && ( ! errorProcessing(error))){
    ...
}
```

图 18-11　使用新的布尔变量简化复杂决策示例

2. 使用有意义的名称封装复杂决策

有些决策含有业务背景信息，会给不掌握这些背景信息的维护人员带来困难，自然也就不利于修改。

例如，对于决策" If((id>0)&& (id<=MAX_ID))"，可以封装为" If (isIdValid(id))"，方法 isIdValid(id) 的内容为" return ((id>0)&& (id<=MAX_ID))"。虽然只是一次简单的语句转移，但是 If 语句变得易读了，而且修改 id 有效的判断条件也变得更容易，不会对主体程序中的 If 语句造成影响。

3．表驱动编程

对于特别复杂的决策，可以将其包装为决策表，然后使用表驱动编程 [Thomas2005] 的方式加以解决。例如，图 18-12 的代码是更新会员积分时判断是否需要生成礼品赠送事件。

```
/* 各个不同级别的赠送事件可以同时触发，例如新会员一次性购
* 买产生了 6000 积分，就同时触发 1 级、2 级与 3 级三个事件
*/

//prePoint 是增加之前的积分额度；
//postPoint 是增加之后的积分额度；

// 如果首次积分超过 1000，触发 1 级礼品赠送事件
If ( (prePoint <1000)&& (postPoint>=1000)){
    triggerGiftEvent (1);
}

// 如果首次积分超过 2000，触发 2 级礼品赠送事件
If ( (prePoint <2000)&& (postPoint>=2000)){
    triggerGiftEvent (2);
}

// 如果首次积分超过 5000，触发 3 级礼品赠送事件
If ( (prePoint <5000)&& (postPoint>=5000)){
    triggerGiftEvent (3);
}
```

图 18-12　礼品赠送事件触发决策

可以给图 18-12 的复杂决策建立如表 18-1 所示的表格。

表 18-1　礼品赠送事件

prePoint（小于）	postPoint（大于等于）	Event Level
1000	1000	1
2000	2000	2
5000	5000	3

依据表 18-1，使用表驱动编程可以建立如图 18-13 所示的代码，它既使得程序变得清晰、简洁，又提高了代码的可修改性，每次修改只需要维护表数据 prePointArray、postPointArray、levelArray 即可。

```
prePointArray = { 1000, 2000, 5000 };
postPointArray = { 1000, 2000, 5000 };
levelArray = { 1, 2, 3 };
for (int i=0;i<=2; i++){
    if ( (prePoint< prePointArray[i])&& (postPoint>= postPointArray[i])){
            triggerGiftEvent (levelArray[i]);
    }
}
```

图 18-13　表驱动编程示例

18.2.3 数据使用

在代码中使用数据时，注意以下事项可以提高可修改性：

1）不要将变量应用于与命名不相符的目的。例如，使用变量 total 表示销售的总价，而不是临时客串 for 循环的计数器。

2）不要将单个变量用于多个目的。在代码的前半部分使用 total 表示销售总价，在代码后半部分不再需要"销售总价"信息时，再用 total 客串 for 循环的计数器也是不允许的。

3）限制全局变量的使用，如果不得不使用全局变量，就明确注释全局变量的声明和使用处。

4）不要使用突兀的数字与字符，例如 15（天）、"MALE"等，要将它们定义为常量或变量后使用。

18.2.4 明确依赖关系

类之间模糊的依赖关系会影响到代码的理解与修改，非常容易导致修改时产生未预期的连锁反应。

例如，在图 18-7 所示的代码中，类 LoginController 在 login 方法内部使用了 User 类，这就属于模糊的依赖关系。如果单纯查看 LoginController 类的接口，无法发现它与 User 类之间的关系。所以在维护人员修改 LoginController 类时，需要通读 LoginController 类的所有代码，才能发现它与 User 类之间的交互。更糟糕的是，维护人员需要修改 User 类时，只查看其他类的接口无法确定它们是否使用了 User 类，难道需要维护人员通读所有类的所有代码吗？

为了维护方便，对于这些模糊的依赖关系，需要进行明确的注释（使用 Javadoc 中的 @see，如图 18-7 所示）。这样，维护人员不再需要通读所有代码就能够意识到代码修改是否会产生副作用，能明确代码修改后的测试范围。

18.3 设计可靠的代码

提高代码可靠性的方法往往会降低代码的易读性和性能，也可能牺牲易维护性，所以只有针对那些对可靠性比较重要的代码，才会使用提高可靠性的设计方法。

18.3.1 契约式设计

契约式设计（design by contract）[Meyer1986, Meyer1992] 又称为断言式设计，它的基本思想是：如果一个函数或方法，在前置条件满足的情况下开始执行，完成后能够满足后置条件，那么这个函数或方法就是正确、可靠的。

契约式设计有两种常见的编程方式：异常与断言。

1. 异常方式

契约式设计的异常方式就是在代码开始执行时，检查前置条件是否满足，如果不满足就抛出异常。在代码执行完之后，再检查后置条件是否满足，不满足也抛出异常。

例如，对 Sales 类的 getChange 方法，前面已知其前置条件与后置条件如表 17-1 所示。则其代码如图 18-14 所示。

```
public class Sales extends DomainObject{
    ...
    public double getChange(double payment)throws PreException,
                                        PostException {
        // 前置条件检查
        If ( payment<=0)|| (payment <total){
            throw new PreException("Sales.getChange：Payment"+
                                String.valueOf(payment)+
                                "; Total "+String.valueOf(total));
        }
        ...
        // 返回result之前进行后置条件检查
        If (result!= (payment-total)){
            throw new PostException("Sales.getChange：Payment"+
                                String.valueOf(payment)+
                                "; Total "+String.valueOf(total));
        }
        return result;
    }
}
```

图 18-14　异常方式的契约式设计示例

其实，测试驱动开发也是一种契约式设计，只是它将契约转换为测试代码单独存放。

2．断言方式

为了方便实现契约式设计，Java 提供了断言语句："assert Expression1（：Expression2）;"。

- Expression1 是一个布尔表达式，在契约式设计中可以将其设置为前置条件或者后置条件；
- Expression2 是一个值，各种常见类型都可以；
- 如果 Expression1 为 true，断言不影响程序执行；
- 如果 Expression1 为 false，断言抛出 AssertionError 异常，如果存在 Expression2 就使用它作为参数构造 AssertionError。

使用断言语句，可以实现 Sales.getChange( ) 方法，如图 18-15 所示。

```
public class Sales extends DomainObject{
    ...
    public double getChange(double payment)throws AssertionError {
        // 前置条件检查
        assert ( ( payment>0)&& (payment >= total)):
                ("Sales.getChange：Payment"+String.valueOf(payment)+
                "; Total "+String.valueOf(total));
        ...
        // 返回result之前进行后置条件检查
        assert  (result== (payment-total)):
                ("Sales.getChange：Payment"+String.valueOf(payment)+
                "; Total "+String.valueOf(total));
        return result;
    }
}
```

图 18-15　断言方式的契约式设计示例

3．比较

虽然断言方式实现起来更简单，但是不推荐在复杂系统中使用断言方式，因为断言方式只能抛出 AssertionError 异常，这个不利于故障诊断。而异常方式就灵活得多，可以使用 Java 语言的各种异常和自定义异常，来表达不同的情景。Java 语言的提供者 Oracle 认为最好在 Public 方法中使用异常方式，在 Protected、Private 方法中使用断言方式。

18.3.2　防御式编程

防御式编程的基本思想是：在一个方法与其他方法、操作系统、硬件等外界环境交互时，不能确保外界都是正确的，所以要在外界发生错误时，保护方法内部不受损害。

防御式编程与契约式设计有一些共同点，但又有比较大的差异。共同点是，它们都要检查输入参数的有效性。差异点是，防御式编程将所有与外界的交互（不仅仅是前置条件所包含的）都纳入防御范围，例如用户输入的有效性、待读写文件的有效性、调用的其他方法返回值的有效性……防御式编程不检查输出和后置条件，因为它们的使用者会自行检查。

防御式编程往往会产生非常复杂的代码，因为它要检查很多外来信息的有效性，常见的包括：

- 输入参数是否合法？
- 用户输入是否有效？
- 外部文件是否存在？
- 对其他对象的引用是否为 NULL ？
- 其他对象是否已初始化？
- 其他对象的某个方法是否已执行？
- 其他对象的返回值是否正确？
- 数据库系统连接是否正常？
- 网络连接是否正常？
- 网络接收的信息是否有效？

异常和断言都可以用来实现防御式编程，两种实现方式的差异与契约式设计的实现一样。

虽然防御代码会增加整体代码的复杂度，降低易读性和性能，但是它可以显著提高程序的可靠性，不仅能够快速发现错误和诊断错误，而且防御思想使得程序碰到故障时抛出异常而不是崩溃，这一点对于人机交互而言是非常重要的。

18.4　使用模型辅助设计复杂代码

需求开发可以使用分析模型建模复杂业务与需求，软件设计可以使用设计模型分析与验证复杂设计方案，编程也可以使用一些模型方法帮助设计复杂代码。

代码设计常用的模型手段包括：决策表（decision table）、伪代码和程序流程图（program flow chart）。

18.4.1 决策表

决策表是一种决策逻辑的表示方法，用于描述复杂决策逻辑，其基本结构如表 18-2 所示。

表 18-2 决策表的基本结构

条件和行动	规　则
条件声明（condition statement）	条件选项（condition entry）
行动声明（action statement）	行动选项（action entry）

条件声明是进行决策时需要参考的变量列表。条件选项是那些变量可能的取值。动作声明是决策后可能采取的动作。动作选项表明那些动作会在怎样的条件下发生。

例如，图 18-12 所描述的复杂决策可以建立正式的决策表（如表 18-3），表 18-1 其实不是一个严谨的决策表。

表 18-3 决策表示例

条件和行动	规　则		
prePoint	<1000	<2000	<5000
postPoint	>=1000	>=2000	>=5000
Gift Event Level 1	√		
Gift Event Level 2		√	
Gift Event Level 3			√

使用决策表描述复杂决策能够保证决策分析的完备性。决策表列举了所有可能出现的决策规则和行动，基于决策表的描述通常很少会发生规则遗漏和考虑不周的情况。

使用决策表，还能方便表驱动编程的使用，以将复杂决策代码简单化处理，就像图 18-13 所示的那样。

18.4.2 伪代码

伪代码结合了编程语言和自然语言的特点，结合使用程序语言的逻辑结构和自然语言的表达能力描述程序逻辑：

- 叙述上采用了编程语言的三种控制结构：顺序、条件决策和循环。
- 使用了一些类似于编程语言关键字的词语来表明叙述的逻辑，例如，IF、THEN、ELSE、DO、DO WHILE、DO UNTIL 等。
- 在格式上，使用和编程语言相同的缩进方式来表明程序逻辑结构。
- 尽量使用简短语句以利于理解，只使用名词和动词，避免使用容易产生歧义的形容词和副词。

伪代码的优点是，它不是编程语言，不存在语法问题，不需要担心意思表达是否符合语言规范，可以非常容易地反复修改。所以在编写复杂代码之前，使用伪代码进行代码设计可以帮助程序员从编程语言的细节中脱离出来，专心考虑程序逻辑，反复推敲程序的质量。

例如，在编写 Sales 类的 endSale 方法时，可以先建立下面的伪代码描述整体逻辑，如图 18-16 所示。

进一步考虑更新细节，发现它们有共同的思路，如图 18-17 所示为该方法中信息更新过程的伪代码描述。

```
更新 Member;
更新 SalesLineItem;
更新 Payment;
更新 Sales;
```

图 18-16　endSale 方法整体
逻辑的伪代码描述

```
得到相应的 Mapper;
将自己的信息转变为层间传递的 PO 对象;
将 PO 对象交给 Mapper;
Mapper 完成更新;
```

图 18-17　endSale 方法中信息更新过程的伪代码描述

在寻找更新主体时发现，Member、Payment 和 Sales 的对象都非常明确，但是 SalesLineItem 却是集合类型，需要使用迭代器进行遍历，于是将 SalesLineItem 的主体确认代码设计为如图 18-18 所示。

```
得到 SalesLineItem 的迭代器;
While 迭代器 hasNext (){ //逐一遍历，遍历中:
    找到 SalesLineItem 对象;
    按照更新步骤进行更新: 得到相应的 Mapper;
                      将自己的信息转变为层间传递的 PO 对象;
                      将 PO 对象交给 Mapper;
                      Mapper 完成更新;
}
```

图 18-18　endSale 方法中 SalesLineItem 更新过程的伪代码描述

可以发现图 18-18 的步骤中，在每个循环中都重复得到 Mapper 并进行更新是不必要的，可以将 Mapper 的获得与更新置于循环之外。另外，仔细分析需求可以发现，SalesLineItem 更新时还需要连带更新库存信息 Stock。这样，就需要将 SalesLineItem 的更新修正为如图 18-19 所示。

```
得到 SalesLineItem 的迭代器;
得到 SalesLineItem 的 Mapper;
得到 Stock 的 Mapper;
While 迭代器 hasNext (){// 逐一遍历，遍历中:
    找到 SalesLineItem 对象;
    按照更新步骤进行更新: 将自己的信息转变为层间传递的 PO 对象;
                      将 PO 对象交给 SalesLineItemMapper;
                      将 PO 对象交给 StockMapper;
}
SalesLineItemMapper 完成更新;
StockMapper 完成更新;
```

图 18-19　endSale 方法中 SalesLineItem 细化后的更新过程伪代码描述

组合图 18-16、图 18-17 和图 18-18 的思路，就可以产生最后的伪代码描述，使用编程语言实现之后就如图 18-9 所示。

如果你不能用伪代码描述清楚某个方法的代码结构，用编程语言来实现估计会更难。在代码非常复杂、晦涩的时候，将其伪代码作为注释解释其思路是一个提高可读性的有效办法。

18.4.3　程序流程图

程序流程图是很早就在结构化编程中使用的模型手段，现在也经常被用来表现和分析程序结构。

程序流程图非常简单，圆角矩形表示开始和结束；倾斜矩形表示输入和输出；矩形表示顺序处理步骤；菱形表示控制结构的决策分支，如图 18-20 所示。

现在使用程序流程图，很少会严谨地描述整个代码过程，主要是充分利用它能够清晰表现程序逻辑结构的特点，使用简化的程序流程图：重点描述分支，因为体现程序逻辑结构主要靠它；不同分支之间的顺序执行都概括为一个矩形，描述一条路径而不是一条语句。

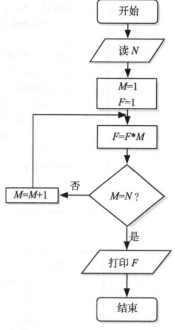

18.5　为代码开发单元测试用例

18.5.1　为方法开发测试用例

如果完全按照测试驱动的方式开发代码，那么编写完成的每个方法都是已经通过测试的了，也就不需要再行开发测试用例供后续测试阶段执行。

图 18-20　程序流程图示例

但如果没有使用测试驱动的开发方式，那么代码编写完成之后，就需要考虑方法的测试问题，为代码开发单元测试用例。在特殊情况下，即使使用了测试驱动的开发方式，只要项目认为有特殊需要，也会为方法开发单元测试用例，由独立测试人员在测试阶段执行。

为方法开发测试用例主要使用两种线索：方法的规格；方法代码的逻辑结构。

根据第一种线索，可以使用基于规格的测试技术开发测试用例。等价类划分和边界值分析是开发单元测试用例常用的黑盒测试方法。

根据第二种线索，可以使用基于代码的测试技术开发测试用例。对关键、复杂的代码使用路径覆盖，对复杂代码使用分支覆盖，简单情况使用语句覆盖。

18.5.2　使用 Mock Object 测试类方法

有些类方法调用了其他类的方法，这时的测试工作就需要创建桩程序，以将被测试方法独立出来。使用 Mock Object 可以创建桩程序，完成测试工作。

例如，在 MSCS 中，测试图 18-21 所示的 SalesList.total() 方法时，就需要建立代替 SalesLineItem 对象的桩程序——MockSalesLineItem（如图 18-22 所示），测试 SalesList.total() 的代码如图 18-23 所示。

```
public class SalesList extends DomainObject{
    ...
    List<SalesLineItem> salesL = new List<SalesLineItem>();
    public void addSalesLineItem(SalesLineItem item){
        salesL.add(item);
    }
    public double total(){
        Double total=0.0;
        Iterator iter = salesL.iterator();
        while (iter.hasNext()){
            Object val = iter.next();
            total+= ((SalesLineItem)val).subTotal();
        }
    return total;
    }
}
```

图 18-21　SalesList.total() 方法代码

```
public class MockSalesLineItem extends SalesLineItem{
    double price;
    double quantity;
    ...
    public MockSalesLineItem(double p, int q ){
        price=p;
        quantity=q;
    }
    Public double subTotal (){
        return price*quantity;
    }
}
```

图 18-22　SalesLineItem 类的 Mock Object

```
public class TotalTester {
    @Test
    public void testTotal (){
        MockSalesLineItem mockSalesLineItem1
                        = new MockSalesLineItem (50, 2);
        MockSalesLineItem mockSalesLineItem2
                        = new MockSalesLineItem (40, 3);
        Sales sale=new Sales();
        sale.addSalesLineItem(mockSalesLineItem1);
        sale.addSalesLineItem(mockSalesLineItem2);

        assertEquals (220, sale.total ());
    }
}
```

图 18-23　SalesList.total() 的 JUnit 测试代码

18.5.3 为类开发测试用例

在开发简单类时，每个方法都完成测试之后，就可以保证类的质量了。但是在开发复杂类时，即使每个方法都正确，也无法保证类的质量。在这种类中，常常有着多变的状态，每次一个方法的执行改变了类状态时，都会给其他方法带来影响，也就是说复杂类的多个方法间是互相依赖的。所以，除了测试类的每一个方法之外，还要测试类不同方法之间的互相影响情况。

为复杂类开发测试用例可以使用基于状态机的技术。例如，对于 MSCS 的 Sales 类，它的状态图如图 18-24 所示。

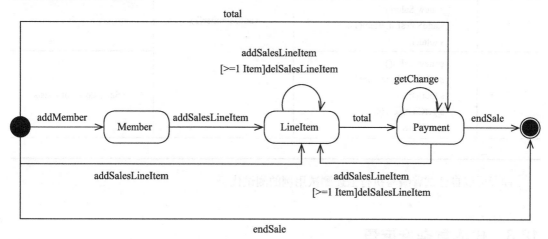

图 18-24　Sales 类的状态图

基于图 18-24，可以建立 Sales 类的测试用例线索如表 18-4 所示，并使用随机测试技术开发测试用例如表 18-5 所示。

表 18-4　类 Sales 的测试用例线索

| 输　　入 | | 预期输出状态 |
方　　法	当前状态	
addMember	Start	Member
	Member	非法
	LineItem	非法
	Payment	非法
	End	非法
addSalesLineItem	Start	LineItem
	Member	LineItem
	LineItem	LineItem
	Payment	LineItem
	End	非法
[>=1 Item]delSalesLineItem	……	……
total	……	……
getChange	……	……
endSale	……	……

表 18-5　类 Sales 的测试用例

ID	输　入		预 期 输 出
	前 置 语 句	方　　法	
1	s=new Sales();		No Exception
2	s=new Sales(); s.addMember(1);		
3	s=new Sales(); s.addSalesLineItem(1);		MemberLable Invalid Time

4	s=new Sales();
	s.addSalesLineItem(1);
	s.total();
		s.addMember(2);	

5	s=new Sales();
	s.addSalesLineItem(1);
	s.total();
	s.getChange(100);
	s.endSale();
			Sales dose not Exists

……

读者可以自己试着编写执行上述测试用例的测试代码。

18.6　代码复杂度度量

程序复杂度是造成编程困难的主要原因。[Dijkstra1972] 很早就指出："有能力的程序员会充分认识到自己的大脑容量是多么的有限，所以他会非常谦卑地处理编程任务。"

为了帮助程序员处理程序复杂度，人们提出了很多程序复杂度的度量手段，其中 McCabe 的圈复杂度 [McCabe1976] 得到了比较大的关注。

McCabe 认为应用程序的复杂度是由它的控制流来定义的，也就是说控制结构最大地影响了程序复杂度。控制结构用得不好就会增加复杂度，反之则能降低复杂度。

衡量圈复杂度的基本思路是计算程序中独立路径的最大数量。第一种计算方法是建立程序的流程图 G，假设图的节点数为 N，边数为 E，那么复杂度 $V(G)=E-N+2$。以图 18-20 为例，其节点数为 8，边数为 8，则程序的复杂度为 2。通过直接分析图 18-20 也可以发现，它的确有两条路径。

还有一种简单的算法是直接计数程序中决策点的数量：

1）从 1 开始，一直往下通过程序。

2）一旦遇到下列关键字或者同类的词，就加 1：if、while、repeat、for。

3）给 case 语句中的每一种情况都加 1。

例如，图 18-20 所描述的程序很明显只有一个 DO…While 语句，所以复杂度为 2。

基于圈复杂度，可以衡量程序代码是否需要调整。[McConnell2004] 认为：

● 0 ～ 5 个决策点：子程序可能还不错；

● 6 ～ 10 个决策点：得想办法简化子程序；

● 10+ 个决策点：把子程序的某一个部分拆分成另一个子程序并调用它。

10 个决策点的上限并不是绝对的。应该把决策点的数量当做一个警示，该警示说明某个子程序可能需要重新设计了。

[Chidamber1994] 基于所拥有方法的代码复杂度定义了类的复杂度：

$$类的加权方法 = \sum_{i=1}^{n} C_i$$

其中，n 为一个类的方法数量，C_i 是第 i 个方法的代码复杂度。

18.7　问题代码

[Green1997] 从另一个角度分析了好的代码应该注意哪些问题。[Green1997] 的出发点是给一个居心叵测的程序员提供建议，假设他处心积虑地要将程序写成无法维护的结果。反过来说，如果你将程序写成了 [Green1997] 所说的样子，那么你就无意之间促成了一个"坏人"所希望的结果。

下面是从 [Green1997] 中摘选并稍加调整的部分建议（需要的读者可以自行阅读 [Green1997] 的全部内容）：

1）在注释中"说谎"。甚至于你并不需要编谎，只要不让代码和注释保持同步就可以。

2）到处都使用"/*add 1 to i*/"这样的注释，从不注释包、类或者方法的整体意图。

3）让每个方法都比它的名字多做点事。比如 isValid(x) 还将 x 转换为二进制存储在数据库中。

4）以简洁的名义，大量使用首字母缩写。声称"好汉"是天生就能理解各种缩写词的。

5）以效率的名义，避免使用封装。声称调用者可以知道被调用方法的内部实现。

6）如果你在写一个飞机订票系统，当要增加一条航线的时候，确保至少要修改 25 个地方。而且不要记录这 25 个地方在哪里，让那个维护你代码的家伙通读你的每一行代码去吧。

7）以效率的名义，使用复制、粘贴、克隆（clone）、修改等手段，毕竟这比复用很多小的模块要快得多。

8）从来不对变量注释。要将关于变量用法、边界、有效值、精度、单位、显示格式、输入规则之类的信息散落到整个程序代码中。如果老板强制要求你写注释，就写满重复方法正文的注释，但绝不注释变量，连临时变量都不！

9）在一行中写尽可能多的代码，名义上是为了使代码行数最少。不要忘了顺便把所有操作符周围的空白全部删除，并尽量让代码达到编辑器限制的 255 个字符长度。

10）在使用缩写词命名方法与变量时，为了避免无聊，为一个单词定义多种不同的缩写，可以考虑在拼写上做点文章，最好把多个名字拼写得看不出差异。千万不要给出单词的全部字符，因为这不仅只能有一种写法，而且太容易被维护的程序员理解了。

11）不要使用任何代码格式整理工具，不要将代码自动对齐。这样，你就可以"无意间"错误对齐控制结构，以产生误解了。例如，你可以将代码写成这样：

```
        if(a)
if(b) x = y;
        else x = z;
```

12）除非有强制要求，绝不使用"{ }"界定 if…else 的代码块。如果你有一个嵌套很深的

if…else 结构，再加上对齐的误导，你都能骗倒一个专家级维护程序员了。

13）使用多个很长的变量名或者类名，而且它们的名字之间只有一个字母不同甚至只是大小写不一样。就像 swimmer 与 swimner、HashTable 与 Hashtable。可以利用常见的字体显示问题，使用 ilI1 或者 oO08 这样难以分辨的字符。

14）只要生命周期范围许可，就重用那些无关的变量。可以将同一个临时变量用于两种完全无关的用途。例如，在一个长方法的顶部给变量赋一个值，然后在中间的某个地方巧妙地改变变量的含义，例如，将从 0 开始的数组坐标改为从 1 开始的数组坐标。需要确认的是不要记录这些改变。

15）永远不要使用 i 作为循环的计数变量，哪怕使用 c、s 都可以。i 就用来表示字符串吧。

16）永远不要使用局部变量，需要临时使用数据的时候，就让其成为成员变量或者静态变量，而且要非常无私地与类的其他方法共享。

17）为了防止无聊，从同义词词典中找出那些近义词，例如 display、show、present，用它们命名相同的行为。这样，不同命名的行为粗看上去似乎很不相同，但其实完全一样。反过来，对于那些区别很大的行为，你可以使用相同的名字，例如使用 print 同时指代写文件、打印机打印和屏幕显示。在任何情况下，都不要定义能够消除项目词汇歧义的词汇表，要声称这是违反信息隐藏法则的不专业行为。

18）给方法命名时，经常使用抽象意义的单词。比如 routineX48、PerformDataFunction、DoIt、HandleStuff 和 do_args_method 等。

19）不要注释是否修改了"引用"传递来的参数。如果方法修改了"引用"传递来的参数，那么就将这个方法命名为看上去只是查询的样子。

20）从来不处理异常，名义上是因为好的代码不会失败，所以异常不会出现。

21）如果数组有 100 个元素，就在代码中到处使用硬编码"100"，而不是使用常量或者变量来指代 100。为了给修改增加难度，在需要使用 100/2 的地方直接使用 50，在需要使用 100−1 的地方直接使用 99，如此之类。

22）在代码中到处都保留那些已经不再使用、过期的变量或者方法。要对外声称，谁知道什么时候就需要改回来呢？自己可不想在改回来的时候重新写一次这些代码。如果你再能在这些代码上留下令人一头雾水的注释，就可以确保没有哪个维护程序员敢动这些代码了。

23）把所有的成员方法和成员变量都声明为 public。这在增加将来修改难度的同时，还可以在大量的 public 方法中混淆类的真正职责。如果老板责备你太不小心了，你就告诉他你在按照接口透明的原则编程。

18.8 项目实践

1. 组内的每个成员查看一下自己写的代码，需要改进易读性吗？如果是，请进行改进。

　　a）整体结构清晰吗？

　　b）布局规范吗？包括对齐、缩进、分组和分割。

　　c）命名合适吗？

　　d）内部注释需要改进吗？

2．学习 Javadoc 的使用，为你们小组讨论决定的重要 package、类、接口以及方法编写文档注释，并使用 Javadoc 工具生成代码文档。

3．组内的每个成员查看一下自己写的代码，需要改进易维护性吗？如果是，请进行改进。

　　a）有长代码吗？尤其要注意那些超过 200 行的代码！

　　b）有需要处理的复杂决策吗？能否尝试一下表驱动编程？

　　c）数据使用符合规范吗？

　　d）类间依赖关系都注释了吗？

4．小组讨论，明确系统中哪些部分是比较重视可靠性的，然后评价一下现在的代码需要改进吗。如果是，请进行改进。

　　a）为重要方法使用契约式设计；

　　b）为对外交互比较重要的类及方式进行防御式编程；

　　c）组内讨论，决定使用异常方式还是断言方式。

5．使用工具软件度量自己编写的程序的复杂度，有没有超出警示的？如果有，分析一下是否能够改进？

6．了解一些代码风格检查工具，试着使用这些工具对自己的代码进行风格检查，看看是否有帮助。

18.9　习题

1．为什么要重视代码的易读性？

2．代码规范的作用是什么？如果一个程序员不了解编程规范，那么他写的程序可能会有哪些不好的表现？

3．怎样布局能够清晰地体现代码的逻辑结构？

4．文档注释与内部注释有什么不同？各自的重点、要点是什么？

5．为什么要重视代码的易维护性？

6．小型任务为什么能够提高代码的可维护性？

7．为什么要处理复杂决策？有哪些处理方法？

8．有哪些常见的数据使用不当会降低代码的可维护性？请举例说明。

9．类之间存在哪些模糊的依赖关系？如何将它们变得明显、清晰？

10．哪些代码需要重视可靠性？试着举例说明。

11．契约式设计与防御式编程有哪些异同？

12．异常方式与断言方式各自的优缺点是什么？

13．为什么需要使用模型方法辅助进行复杂代码的设计？有哪些常用的代码设计模型方法？

14．小组讨论一下，为什么控制流最能体现代码的复杂度？分析一下，有哪些手段可以据此降低代码的复杂度？

15．使用表驱动编程方法编写打印万年历的程序。

16．逐一对照 18.7 节的各项，看看你以前有没有无意间写过不可维护的代码？请一一列举。

第 19 章

软件测试

19.1 引言

19.1.1 验证与确认

软件测试是软件质量保障的方法之一，是广泛意义上"验证与确认"[IEEE1012-2004] 的一部分。验证与确认常被简称为"V&V"，其目的如下：

- 验证（Verification），检查开发者是否正确地使用技术建立系统，确保系统能够在预期的环境中按照技术要求正确地运行。例如，"检查需求文档中的书写错误"、"发现设计思路的不完备"、"审查代码中的编程错误"等就属于验证活动。
- 确认（Validation），检查开发者是否建立了正确的系统，确保最终产品符合规格。例如，对"需求文档内容是否反映用户真实意图"、"设计能否跟踪到需求"、"测试是否覆盖需求"、"代码是否按照需求与设计的要求编写"等事宜的检查属于确认活动。

软件开发的验证与确认主要有两种手段：静态分析与动态测试，具体活动如图 19-1 所示。静态分析是在软件能够运行之前，依据开发文档、模型或者其他各种可用制品（例如原型），完成验证与确认任务的方法。评审是最为常用的静态分析手段。

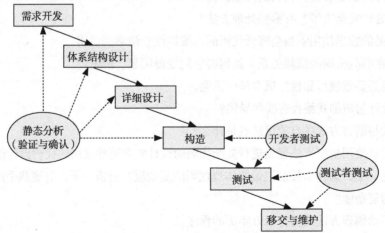

图 19-1　软件开发中的验证与确认活动

动态测试就是软件测试，它在软件能够运行时，考察软件的运行时表现（例如，输入 / 输出、性能、可靠性等），完成验证与确认任务的方法。因为只有在软件开发后期阶段才可能产生可运行的系统，所以从时间上来看，将系统质量保障完全依赖于软件测试并不合理。

19.1.2 软件测试的目标

软件测试有两个不同的目标：①向开发者和用户展示软件满足了需求，表明软件产品是一个合格的产品；②找出软件中的缺陷和不足。[SWEBOK2004] 总结性地描述为"软件测试是为评价与改进产品质量、标识产品缺陷和问题而进行的活动"。

为目标①而进行的测试是有效性测试，它使用用户希望的方式来测试软件系统，发现系统的缺陷并进行改进。

为目标②而进行的测试是缺陷测试，它在软件测试中具有更大的重要性，目标是发现缺陷，只有发现了缺陷的测试才是成功的测试。

要准确理解"缺陷测试的目标是发现缺陷"这一点，还需要进一步的解释。一个基本认知是：在短期内，生产者的生产水平是稳定的，因此，短期内的不同产品应该是质量相似的，存在的缺陷也应该是相似的。除非一个产品与历史产品有着很大的特征差异，否则它的缺陷数量应该接近于历史产品的缺陷数量。缺陷测试的目标就是把产品中存在的这些缺陷找出来并加以修复。如果缺陷测试没有发现缺陷或者数量远远少于历史数据，并不一定就能说明产品质量较高，也有可能是因为测试活动不合格，需要进一步的核实才能知道准确结果。反之，如果缺陷测试发现远多于历史数据的缺陷，那么有可能是因为产品质量较差，也有可能是测试活动表现出了较高的水平。总之，"发现尽可能多的缺陷的测试才是成功的"这一点是毋庸置疑的。

19.1.3 测试用例

软件测试使用测试用例进行测试。每个测试用例是一组输入数据与预期结果的组合，如图 19-2 所示。

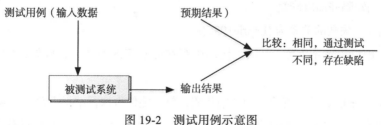

图 19-2 测试用例示意图

输入数据可以是被测试系统从外界接收的数据，也可以是被测试系统内部的状态数据。预期结果可以是被测试系统提供给外界的数据输出，也可以是被测试系统的运行表现（例如，成功与失败、性能等）。

19.1.4 桩与驱动

软件系统内部的部件之间是互相联系的，共同构成完整系统。但是在测试时，常常需要将系统的单个部件独立出来执行，单独测试该部件的质量。这时就需要为该部件创建局部的可执行环境和执行过程，具体工作是创建桩程序和驱动程序，桩与驱动的使用如图 19-3 所示。

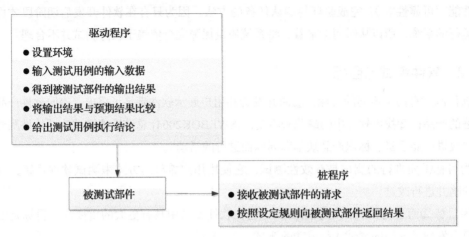

图 19-3　桩与驱动的使用

桩程序是被测试部件的交互环境，它扮演被测试部件需要调用的其他系统部件。桩程序只是在规格上与其他系统部件相同，内部实现代码要简单地多，通常是直接返回固定数据或者按照固定规则返回数据。

驱动程序负责创建被测试部件的执行环境，并驱动和监控被测试部件执行测试用例的过程，判定测试用例的执行结果。

集成测试和单元测试都是对软件系统中特定部件的测试，都需要使用桩程序和驱动程序，这一点前面已有介绍。

19.1.5　缺陷、错误与失败

软件测试的目标是发现缺陷，但是实际上发现的是失败。只有对失败进行分析、调试之后，才能寻找到缺陷并加以修复。

缺陷、错误、失败的关系为 [Laprie1995]:

- 缺陷（defect/fault 故障）：系统代码中存在的不正确的地方，例如，计算时存在除 0 可能。
- 错误（error）：如果系统执行到缺陷代码，就可能使得执行结果不符合预期且无法预测，表现出来的不稳定状态就称为错误。例如，对计算时存在除 0 可能的代码，一旦执行了除 0 操作，就会发生错误。
- 失败（failure）：错误的发生会使得软件的功能失效，比如，系统某个功能输出不正确、异常终止、不符合时间或者空间的限制等。

通常来说缺陷如果不检测，是会长期存在的。直到触发了特定条件被激活，这时就会出现错误，显示在终端输出上，并最终导致系统功能失效的失败现象。所以，会形成"缺陷→错误→失败"这样的链。

19.2 测试层次

19.2.1 测试层次的划分

针对不同的测试内容，测试的执行也不相同，表现为不同的测试层次。[SWEBOK2004]将测试层次划分为如表 19-1 所示的类别。

表 19-1 测试层次

分类标准	类 别	描 述
测试对象	单元测试	验证独立软件片段的功能，软件片段可以是单个的子程序或者是由紧密联系的单元组成的较大的组件
	集成测试	验证软件组件之间的交互
	系统测试	关注整个系统的行为，评价系统功能性需求和非功能性需求，也评价系统与外界环境（例如，其他应用、硬件设备等）的交互
测试目标	功能测试	确认观察到的被测试软件的行为是否遵从软件需求规格说明
	验收测试	按照客户的需求检查系统。这个测试活动可能需要开发人员的参与，也可能不需要他们的参与
	安装测试	在目标环境中通过安装来验证软件
	α 与 β 测试	在软件发布前，让小规模、有代表性的潜在用户试用，可以在开发机构中进行（α 测试），也可以在用户处进行（β 测试）。通常，α 与 β 测试不需要控制
	性能测试	特别针对性能需求验证软件
	易用性测试	评价终端用户学习和使用软件（包括用户文档）的难易程度、软件功能支持用户任务的有效程度、从用户的错误中恢复的能力
	可靠性测试	验证和评价系统可靠性的测试
	安全测试	验证系统内的安全机制保护系统不受非法入侵的能力
	恢复测试	验证软件在"灾难"后的重启动能力
	压力测试	以设计的最大负载运行软件，并超过最大负载运行软件，验证软件的负载能力
	配置测试	分析软件在规格说明的不同配置下的行为
	回归测试	在变更系统后进行，重新执行已经测试过的测试用例子集，以确保变更没有造成未预期的副作用。每个测试级别的测试（不论何种测试对象，功能性还是非功能性需求）都可以进行回归测试
	其他暂未列举的测试类型	

两种不同的测试层次划分方式有些交集，本书使用依据测试对象的软件测试层次划分方式。

19.2.2 单元测试

单元测试（又称为模块测试）是对程序单元（软件设计的最小单位）进行正确性检验的测试工作。程序单元是应用的最小可测试部件。在过程化编程中，一个单元就是一个函数与过程；在面向对象编程中，一个单元就是类的一个方法。

通常来说，程序员每修改一次程序就会进行最少一次单元测试，在编写程序的过程中，很可能要进行多次单元测试，以证实程序达到程序规格（需求与设计规范）要求的工作目标，没有程序错误。

如图 19-4 所示，测试一个程序单元时，需要构建桩程序和驱动程序，将其与其他程序单元隔离。简单的程序单元通常使用随机测试技术设计测试用例，复杂的程序单元通常使用基于规格的测试技术和基于代码的测试技术设计测试用例。如果程序单元使用了特定技术，那么特定测试技术也经常被用来设计程序单元的测试用例。

17.3.2 节和 18.5 节详细介绍了对 MSCS 进行单元测试的情况。

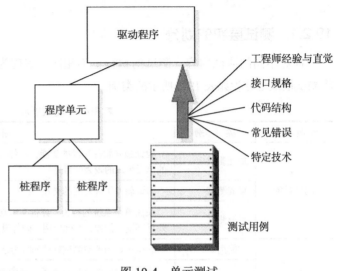

图 19-4　单元测试

19.2.3　集成测试

集成测试又被称为组装测试，即对程序模块一次性或采用增量方式组装起来，对系统的接口进行正确性检验的测试工作。集成测试一般在单元测试之后、系统测试之前进行。

集成测试非常依赖于桩程序和驱动程序，桩程序和驱动程序的使用又依赖于系统的集成策略，如图 19-5 和图 19-6 所示。常见的集成策略包括大爆炸集成和增量集成，增量集成有自顶向下、自底向上、持续集成等多种方式。10.3 节对各种集成策略有详细的描述。

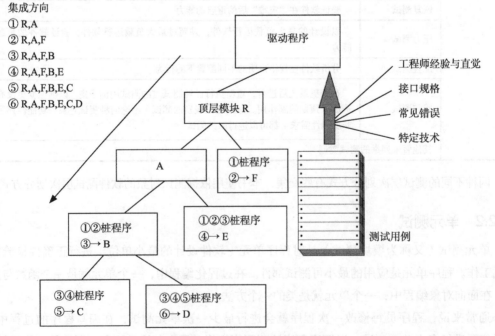

图 19-5　自顶向下的集成测试

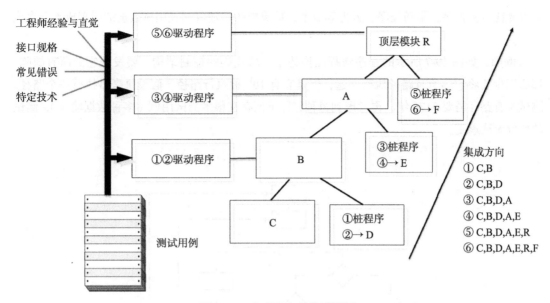

图 19-6　自底向上的集成测试

交互简单的集成通常使用随机测试技术设计测试用例，交互复杂的集成通常使用基于规格的测试技术设计测试用例。如果交互涉及特定技术，那么特定测试技术也经常被用来设计集成测试用例。

10.3 节和 12.4 节介绍了为 MSCS 计划集成测试的情况。

19.2.4　系统测试

单元测试、集成测试更加关注技术上的正确性，重在发现设计缺陷和代码缺陷。系统测试则不同，它更关注不符合需求的缺陷和需求自身的内在缺陷。

根据测试目标的不同，系统测试分为功能测试、非功能性测试、验收测试、安装测试等。但是发生在软件测试阶段，完全由软件测试人员控制和执行的主要是功能测试和非功能性测试。

系统测试关注整个系统的行为，所以不依赖于桩程序和驱动程序。但是，使用一些测试工具可以让系统测试过程更加自动化。

系统测试的功能测试计划以需求规格说明文档或用例文档为基础，主要使用随机测试和基于规格的测试技术设计功能测试用例。在测试非功能性需求时需要使用针对非功能需求的特定测试技术进行测试计划和测试用例设计。

7.5 节详细介绍了为 MSCS 计划功能测试的情况。

19.3　测试技术

19.3.1　测试用例的选择

测试的目标是发现尽可能多的缺陷，并不绝对要求发现所有缺陷。因为测试是有代价的，不仅要耗费桩程序、驱动程序、人力等成本，更重要的是随着测试用例数量的增多成本会直线上升。

例如，如图 19-7 所示的程序流程图描述了一段代码的控制结构。要发现它的所有缺陷，那么至少要将它的所有路径执行一遍，但是它有 10^{14} 种执行路径。假设每毫秒执行一个路径，测试所有路径需要 3170 年。再考虑到每种路径下面存在很多测试用例（多种数据输入），测试的代价无法承受。

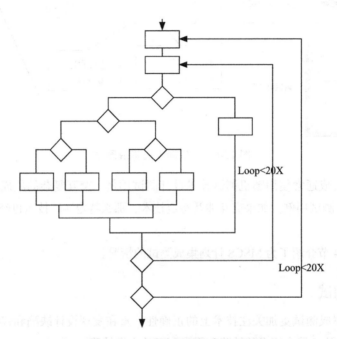

图 19-7　一段代码的程序流程图

绝对意义上的充分测试和发现所有缺陷是不符合工程原则的，结果虽然完美但是代价过高。工程追求足够好，而不是最好。

所以，软件测试人员需要仔细地选择测试用例，以在代价尽可能小的情况下发现足够多的缺陷 [Zhu1997]。测试技术就是帮助软件测试人员设计和选择测试用例的技术。

19.3.2　随机测试

随机测试 (ad hoc testing) 是一种基于软件工程师直觉和经验的技术，也是实践中使用最为广泛的测试技术 [SWEBOK2004]。

随机测试根据软件工程师的技能、直觉和对类似程序的经验 [Myers1979]，从所有可能的输入值中选择输入子集，建立测试用例。

例如，在测试求和函数 int add(int x, int y) 时，有经验的软件工程师都会反映出两种输入数据：普通输入、求和后超出 int 型范围的输入。在随机选择数据之后，就可以产生两个测试用例，如表 19-2 所示。

表 19-2　函数 int add(int x, int y）的测试用例

ID	输　　入		预 期 输 出
1	x=100	y=20	120
2	x= 2147483640	y=100	超出最大值异常

再例如，在测试 MSCS 的 Sales 类 getChange(double payment）方法时，表 17-2 就是软件工程师参照表 17-1 的规格说明基于经验和直觉设计的测试用例。

如果软件工程师的经验认为没有特殊情况需要考虑，随机测试就会直接从所有输入值中随机选择一组，建立测试用例。

随机测试不是一种最优的测试技术，因为它测试到缺陷的几率比其他技术要小得多。但是有时它能发现一些其他测试技术不能发现的缺陷。

19.3.3　基于规格的技术——黑盒测试方法

顾名思义，黑盒测试（black-box testing）是把测试对象看做一个黑盒子，完全基于输入和输出数据来判定测试对象的正确性。测试使用测试对象的规格说明来设计输入和输出数据。

早期的黑盒测试主要使用等价类划分、边界值分析等简单方法 [Myers1979]，后来人们为形式化模型、UML 等各种规格手段都建立了相应的测试方法 [Bochmann1994, Bertolino2003]。

1.　等价类划分

等价类划分是把所有可能的输入数据，即程序的输入域划分成若干部分（子集），然后从每一个子集中选取少数具有代表性的数据作为测试用例。该方法是一种重要的、常用的黑盒测试用例设计方法。

如图 19-8 所示，等价类是指某个输入域的子集合。在该子集合中，各个输入数据对于揭露程序中的错误都是等效的，并合理地假定：测试某等价类的代表值就等于对这一类其他值的测试。因此，可以把全部输入数据合理划分为若干等价类，在每一个等价类中取一个数据作为测试的输入条件，就可以用少量有代表性的测试数据取得较好的测试结果。

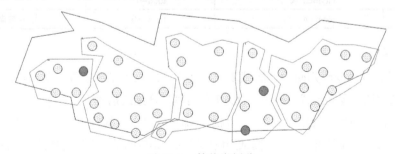

图 19-8　等价类划分

等价类划分可以有两种不同的情况：

- 有效等价类：是指对于程序的规格说明来说是合理的、有意义的输入数据构成的集合。利用有效等价类可检验程序是否实现了规格说明中所规定的功能和性能。
- 无效等价类：与有效等价类的定义恰好相反。

设计测试用例时，要同时考虑这两种等价类。因为软件不仅要能接收合理的数据，也要

能经受意外的考验。这样的测试才能确保软件具有更高的可靠性。

例如，在测试 MSCS 的 Sales 类 getChange(double payment) 方法时，依据如表 17-1 所示的规格说明，可以将其输入数据划分为三类：①有效数据；②无效数据，payment<=0；③无效数据，payment<total。这样就可以依据等价类划分方法设计 Sales 类 getChange(double payment) 方法的测试用例如表 19-3 所示。

表 19-3　Sales 类 getChange(double payment）方法的等价类划分测试用例

ID	输　　入		预 期 输 出
1	payment=100	total=50	50
2	payment=-100	total=20	输入数据无效
3	payment=50	total=100	输入数据无效

2．边界值分析

边界值分析方法是对等价类划分方法的补充。因为经验表明，错误最容易发生在各等价类的边界上，而不是发生等价类内部。因此针对边界情况设计测试用例，可以发现更多的缺陷。

例如，在 Sales 类 getChange(double payment) 方法所划分的三个等价类中：

根据等价类①可以得到边界值 payment=total，payment=total+1，payment=total-1；

根据等价类②可以得到边界值 payment=-1，payment=0，payment=1；

根据等价类③可以得到边界值 payment=total，payment=total-1。

这样，建立的测试用例如表 19-4 所示。

表 19-4　Sales 类 getChange(double payment）方法的边界值分析测试用例

ID	输　　入		预 期 输 出
1	payment=50	total=50	0
2	payment=50	total=49	1
3	payment=50	total=51	输入数据无效
4	payment=1	total=1	0
5	payment=0	total=0	0
6	payment=-1	total=10	输入数据无效

3．决策表

决策表是为复杂逻辑判断设计测试用例的技术。决策表是由条件声明、行动声明、规则选项和行动选项四个象限组成的表格，18.4.1 节对其有详细的描述。

如果一个测试对象的规格是复杂逻辑判断，那么就可以为其建立决策表，并依据决策表设计测试用例：每一列规则选项为一个测试用例的输入，相应的条件选项为测试用例的预期输出。

例如，在测试 MSCS 的礼品赠送事件（参见图 18-12）时，依据其规则建立的决策表为表 18-3。从表 18-3 中可以发现三种规则选项及条件选项：

1）prePoint<1000&&postPoint>=1000 → GiftLevel=1；

2）prePoint<2000&&postPoint>=2000 → GiftLevel=2；

3）prePoint<5000&&postPoint>=5000 → GiftLevel=3。

据此可以设计测试用例，如表 19-5 所示。

表 19-5 礼品赠送事件的测试用例

ID	输 入		预 期 输 出
1	prePoint=500	postPoint=1500	GiftLevel=1
2	prePoint=500	postPoint=2500	GiftLevel=2
3	prePoint=500	postPoint=5500	GiftLevel=3

4．状态转换

状态转换测试是专门针对复杂测试对象的测试技术。该类复杂测试对象对输入数据的反应是多样的，还需要依赖自身的状态才能决定。如果测试对象的状态不同，那么即使输入数据是一样的，输出也会有所不同。

使用状态转换测试技术时，通常要先为测试对象建立状态图，描述测试对象的状态集合、输入集合和输入导致的状态转换集合。

以状态图为基础，可以建立测试对象的状态转换表。状态转换表的每一行都应该被设计为测试用例。

例如，在 18.5.2 节测试 MSCS 的 Sales 类时，就使用了状态转换测试，按照上述步骤设计了测试用例。

状态转换包括有效转换，也包括无效转换。在很多情况下，只需要为有效转换设计测试用例即可。在复杂情况或者可靠性要求较高的情况下，也会要求为无效转换设计测试用例。

19.3.4 基于代码的技术——白盒测试方法

与黑盒测试将测试对象看做黑盒进行测试不同，白盒测试将测试对象看做透明的，不关心测试对象的规格，而是按照测试对象内部的程序结构来设计测试用例进行测试工作。在 20 世纪 70 年代后期和 80 年代，白盒测试方法是被研究最多的主流方法 [Bertolino2004]。

最常用的白盒测试方法是语句覆盖、路径覆盖和分支覆盖 [Huang1975]。

1．语句覆盖

语句覆盖设计测试用例的标准是确保被测试对象的每一行程序代码都至少执行一次。

例如，对图 19-9 所示的程序代码，可以建立如图 19-10 所示的程序流程图。

```
public Class Customer {
    int bonus;// 积分额度
    ...
    // 预计算消费行为后的积分额
    int getBonus ( boolean cashPayment , int consumption , boolean vip){
        // 已有的 bonus 需要调整 getBonus，不能直接使用属性 bonus
        int preBonus=this.getBonus();
        if (cashPayment){
            preBonus+=consumption;
        }
        if (vip){
            preBonus*=1.5;
        } else {
            preBonus*=1.2;
        }
        return preBonus;
    }
}
```

图 19-9 Customer.getBonus() 示例代码

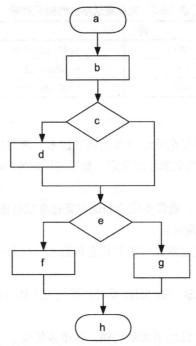

图 19-10　Customer.getBonus() 的程序流程图

为了清晰地解释对语句的覆盖，图 19-10 为各条语句都进行了编号。可以发现如果按照 a,b,c,d,e,f,h 和 a,b,c,d,e,g,h 两条路径执行，就能够覆盖所有的语句。将测试用例设计为表 19-6 所示，就能执行上述两条路径。

表 19-6　Customer.getBonus() 的语句覆盖测试用例

ID	输　入				预期输出
1	getBonus()=100	cashPayment=true	consumption=100	vip=true	300
2	getBonus()=100	cashPayment=true	consumption=100	vip=false	240

相比于条件覆盖与路径覆盖，语句覆盖是一种比较弱的代码覆盖技术，不能覆盖所有的执行路径。例如，在 Customer.getBonus() 的示例中，cashPayment 为 false 的情况就没有得到测试。

2. 条件覆盖

条件覆盖设计测试用例的标准是确保程序中每个判断的每个结果都至少满足一次。条件覆盖保证判断中的每个条件都被覆盖了，这样就可以避免测试 Customer.getBonus() 时 cashPayment 为 false 没有得到测试的情况。

使用条件覆盖测试 Customer.getBonus() 时，可以发现它有两个判断 if(cashPayment) 和 if(vip)，需要让 cashPayment 和 vip 取 true 与 false 各一次，设计测试用例如表 19-7 所示。

表 19-7　Customer.getBonus() 的条件覆盖测试用例

ID	输　入				预期输出
1	getBonus()=100	cashPayment=true	consumption=100	vip=true	300
2	getBonus()=100	cashPayment=false	consumption=100	vip=false	120

条件覆盖的覆盖程度比语句覆盖强，但是仍然不能保证覆盖所有的执行路径。例如，cashPayment=true&&vip=false 和 cashPayment=false&&vip=true 这两个条件下的路径就没有得到执行。

3. 路径覆盖

路径覆盖设计测试用例的标准是确保程序中每条独立的执行路径都至少执行一次。例如，使用路径覆盖设计 Customer.getBonus() 的测试用例如表 19-8 所示。

表 19-8 Customer.getBonus() 的路径覆盖测试用例

ID	输	入		预 期 输 出
1	getBonus()=100	cashPayment=true	consumption=100	vip=true	300
2	getBonus()=100	cashPayment=false	consumption=100	vip=false	120
	getBonus()=100	cashPayment=true	consumption=100	vip=false	240
	getBonus()=100	cashPayment=false	consumption=100	vip=true	150

19.3.5 特定测试技术

如果软件系统使用了特定的技术，那么测试时就需要使用针对性的测试技术。常见的特定技术有 [SWEBOK2004]：

1）面向对象的测试；

2）图形用户接口 GUI 测试；

3）基于 Web 的测试；

4）基于组件的测试；

5）并发程序的测试；

6）协议遵从性测试；

7）实时系统测试；

8）极端要求安全性的系统的测试。

在本书中使用了一些面向对象的测试技术：

1）使用用例和场景设计系统测试用例；

2）基于协作设计类之间的集成测试用例；

3）基于状态图设计类的单元测试用例。

19.4 测试活动

软件测试的典型活动包括：测试计划、测试设计、测试执行和测试评价。

1. 测试计划

按照工程的做法，在开始具体的软件测试活动之前，必须首先进行测试计划，以明确软件测试的工作范围、资源与成本、基本策略、进度安排等。

测试计划要明确标明测试的对象、测试的级别、测试的顺序、每个测试对象所应用的测试策略以及测试环境，包括单元测试计划、集成测试计划、系统测试计划等。测试计划出台后也需要进行评审，以保证测试计划的质量。

系统测试计划开始于需求开发结束之后。部分集成测试计划开始于软件体系结构设计之后，另一部分集成测试计划开始于详细设计之后。单元测试计划开始于编程完成之后。

2. 测试设计

软件测试的成功取决于有效设计的测试用例，所以测试设计是软件测试的关键阶段，它的目标是进一步明确需要被测试的对象，为被测对象设计测试用例集合。

测试用例的设计要综合考虑测试层次、被测对象特点和软件测试的目标，选择合适的测试技术，设计能够同时满足质量目标和项目约束的测试用例。

3. 测试执行

在执行测试之前，要选择测试工具。好的测试工具可以减少繁琐的重复性劳动，使得测试更加有效率，减少错误率。

测试执行的时候，只需要严格按照测试用例来完成，并且记录相应的测试结果，如表 19-9 所示。

表 19-9　测试用例日志

测试用例 ID	种　　类	条　　件	期 望 结 果	测 试 结 果	测试对象 ID

测试执行还要记录发现的缺陷（如表 19-10 所示），与缺陷相关的每件事都应该清楚地进行和记录，使其他人员可以重复结果。

表 19-10　缺陷报告

缺陷 ID	发现日期	测试脚本	测试用例	期望结果	实际结果	状态	严重性	优先级	缺陷类型	备注

4. 测试评价

测试执行结束之后，必须评价测试结果，以确定测试是否成功。多数情况下，"成功"表示软件按期望运行，并且没有重大的非期望结果。并非所有的非期望结果都是错误，也有可能是简单的噪声。

在消除一个缺陷前，需要进行分析和排错，以隔离、标识和描述缺陷。当测试结果特别重要时，需要召集一个正式的评审委员会来评价这些结果。

测试评价完成之后，要发布测试报告。测试报告的内容如图 19-11 和图 19-12 所示。

测试计划（如果有）、测试用例设计文档、测试用例日志、缺陷报告和测试报告都要在测试阶段结束时提交到配置管理系统中。

测试层次的测试报告

1.引言

1.1 文档标识

　　文档的唯一标识，可以包含日期、单位、作者、状态、版本等信息。

1.2 范围

　　文档的内容及组织方式。

1.3 参考资料

2.详细情况

2.1 测试结果概述

　　总结对具体测试项目的评价。

　　标明测试项目（对象），注明它们的层级，描述测试活动执行的环境和环境带来的影响。

2.2 详细测试结果

　　汇总测试的结果。

- 标明所有已解决的缺陷，并总结它们的分析辨别（resolution）。
- 标明所有未解决的缺陷。对于推迟解决的缺陷，解释后续的处理办法。
- 总结主要的测试活动和事件。总结收集的相关度量数据。
- 报告测试对象与它们的规格之间的任何差异。描述每个差异的原因。

　　如果有相应的测试计划，就依据测试计划中的综合性标准进行测试过程的综合性评价。

2.3 决策理由

　　描述影响总结决定的相关事宜。

2.4 总结与建议

　　为每一个测试对象：

- 描述整体评价，包括它的局限性。评价以测试结果和测试项目所处层次的通过/失败标准为基础。评价还可能包括对失败风险的估计。
- 如果要投入生产使用应该具备的状态和所处的环境。

3.其他

3.1 术语表

3.2 文档修改历史

图 19-11　[IEEE829-2008] 建议的具体测试层次的测试报告

总测试报告

1.引言

1.1 文档标识

　　文档的唯一标识，可以包含日期、单位、作者、状态、版本等信息。

1.2 范围

　　文档的内容及组织方式。

1.3 参考资料

2.详细情况

2.1 总测试结果概述

　　总结每一个测试层次的评价信息：

- 测试活动总结：描述所有测试活动的执行汇总情况。
- 测试任务的结果总结：描述所有的测试任务情况。
- 缺陷和辨析（resolution）总结：分类总结测试中发现的缺陷。已解决的缺陷和未解决的缺陷应该分开总结。
- 评估产品质量：对产品进行总体评价。
- 总结收集的度量数据。

2.2 决策理由

　　描述对软件作出"通过/不通过/有条件通过"决定的原因。

图 19-12　[IEEE829-2008] 建议的总测试报告

2.3 总结与建议
- 描述对产品的总体性评价。评价可能会包括对失败风险的估计。
- 如果产品要投入生产使用应该具备的状态和所处的环境。
- 提供关于产品验收的总结和建议。总结包括确定产品准备就绪需要的精力（effort）汇总。建议要标明判定产品已就绪的指示特征。
- 描述学习到的任何经验。这部分可能会包含过程改进的信息。
- 如果有缺陷被推迟处理，要解释后续处理过程。

3. 其他
3.1 术语表
3.2 文档修改历史

图 19-12 （续）

19.5 测试度量

缺陷数据和测试覆盖率都是软件测试阶段的重要度量。

缺陷度量较为简单，就是分类汇总在软件测试中发现的缺陷。分类标准是多样的，可以分为系统需求缺陷、设计缺陷和编码缺陷，也可以分析严重需求、一般缺陷和无影响缺陷。

测试覆盖率是比较困难的度量，需要相当大的工作量。常见的测试覆盖率有三种：

1）需求覆盖率 = 被测试的需求数量 / 需求总数；

2）模块覆盖率 = 被测试的模块数量 / 模块总数；

3）代码覆盖率 = 被测试的代码行 / 代码行总数。

越是复杂的系统，测试覆盖率越低，如表 19-11 所示。

表 19-11　测试覆盖率与程序规模

规模（代码行）	测试用例数量	测试覆盖率
1	1	100%
10	2	100%
100	5	95%
1000	15	75%
10 000	250	50%
100 000	4000	35%
1 000 000	50 000	25%
10 000 000	350 000	15%

注：源自 [Jones2007]。

19.6 项目实践

1. 软件测试阶段团队组织：

a）A、B、C、D 都扮演软件测试人员 / 程序员角色，共同完成软件测试工作和程序修正工作；

b）B 扮演质量保障人员（首席软件测试人员）角色，是软件测试工作的负责人和协调人；

c）A 扮演项目管理人员；

d）C 扮演文档编写人员。

2. 项目管理人员：

a）召集和主持团队交流例会；

b）控制项目的任务分配与进度安排；

c）监控各项任务的执行情况；

d）审核开发结束后提交到项目配置库的软件测试制品。

3. 软件测试人员 / 程序员：

a）复核测试驱动中的单元测试，建立单元测试用例列表；

b）复核持续集成中的集成测试用例，建立集成测试用例列表；

c）复核需求开发结束时建立的系统测试用例，建立系统测试用例列表；

d）执行系统测试，建立系统测试用例日志和缺陷报告；

e）收集测试度量数据；

f）将所有的测试用例列表、系统测试用例日志、系统测试缺陷报告提交到配置管理系统。

4. 首席软件测试人员：

a）分析测试度量数据；

b）组织小组成员进行测试评价，编写系统测试层次测试报告和总测试报告。

5. 文档编写人员：

a）组织小组讨论，确定文档规范。

19.7　习题

1. 为什么要进行验证与确认？

2. 如何判断软件测试的成功？

3. 软件测试的代价有哪些？

4. 软件测试有哪些层次？请分别加以描述。

5. 随机测试技术有什么缺点？什么情景下可以使用？

6. 比较黑盒测试和白盒测试方法，说明各自的优缺点。

7. 软件测试要执行哪些活动？请分别加以描述。

第 20 章

软件交付

软件交付是软件项目的结束阶段，标志着软件开发任务的完成。软件交付作为一个重要的分水岭，区分了软件开发与软件维护两个既连续又不同的软件产品生存状态。

因为处在项目结束阶段，所以在经过连续的辛苦工作之后，开发人员在胜利曙光之前难免会忽视软件交付阶段的一些工作。在准备庆功之余，开发人员也要认识到：只有把软件交付工作做好，才是真正地完成整个项目；而且软件交付并不仅仅局限于一个产品，更是一个组织持续发展规划中的一环，所以还要总结开发过程的经验，以在提交成功产品的同时促进开发团队及其人员的进步，促进整个组织的能力提升。

20.1　安装与部署

软件交付必然意味着软件产品的安装与部署。其实，在项目开发的早期阶段开发人员就已经开始考虑安装与部署问题了。在进行需求决策时，要考虑到最终产品的安装与部署需求（环境约束与 IEEE 的其他类别需求）。在体系结构设计时要进行产品部署（包括网络拓扑、库文件、动态链接库和配置文件等）的设计决策，要考虑涉及交付工作的有关事宜。另外，在开发过程中使用的支持软件也会影响到交付（例如，可能要求客户安装特定支撑软件或者硬件）。

20.1.1　安装

安装是软件交付的最常见形式，现在大多数的软件产品都通过安装的形式交付，它要求开发团队创建一个安装包，用户可以通过安装包的执行将软件产品部署到工作环境中。

安装包需要进行仔细的设计，并使用工具（例如 Advanced Installer、Setup Factory 等）帮助进行安装包的创建。一个好的软件产品的安装包应该简单、健壮、可靠、完全。要创建很容易使用的安装包，让用户可以无需创建安装包的人员的帮助就能使用。

具体来说，创建软件安装包有下面几个重要步骤：

1. 确定安装环境

● 确定安装包需要支持的操作系统，这既需要考虑当前用户的工作环境，又需要考虑产品未来的市场规划；

- 确定软件产品的语言支撑环境，例如，使用 Java 语言开发的软件产品就需要安装 JDK；
- 确定软件产品需要的软件支持，例如，数据库系统、网络系统等；
- 确定硬件等其他要求，例如，有些软件产品可能会要求扫描仪、视频卡、通信设备等特殊硬件。

例如，MSCS 的安装环境为：Windows XP、Windows Vista、Windows 7 三种操作系统；Java 运行环境 JDK；数据库管理系统软件（如果使用了数据库）。

2．列举安装清单

要根据软件产品的实现情况，结合所需的支撑环境，列举需要安装的文件、初始化数据、注册表等清单信息，要清楚标明它们在安装后将会出现的位置。

在考虑安装位置时要遵守一致性，标记名称的使用要意义清楚，让用户能便利地找出相应文件。

例如，MSCS 的所有可执行程序文件都是需要安装的文件，初始化数据有两处，一处是设置默认的管理员用户账号，另一处是设置数据库管理系统连接数据。

3．设计和建立安装包

安装包的详细设计包括渐进的安装步骤、各步骤的人机交互方式等。完成设计后就可以使用安装工具创建安装包。

例如，MSCS 安装包可以按照下列步骤建立：

1）检查操作系统环境；

2）检查 JDK，如果没有合适的 JDK，则提醒用户安装 JDK；

3）检查数据库管理系统软件，如果没有合适的数据库管理系统软件，则提醒用户进行安装；

4）设置数据库管理系统连接参数；

5）连接数据库管理系统，创建 MSCS 的数据库；

6）复制文件；

7）设置初始化数据，包括数据库系统连接参数和 MSCS 的默认管理账号；

8）安装成功。

4．测试安装包

安装包需要在目标环境中进行安装测试，以发现可能的问题。需要注意的是：必须以用户的工作环境为目标环境进行测试，因为用户使用的机器环境与开发者的机器环境有很大的不同（包括程序环境、操作系统版本、支撑软件版本等），在开发者机器上可以正确执行的安装包未必能够在用户的机器上运行。

20.1.2　部署

在软件产品比较复杂时，仅仅通过一个安装包无法完成软件交付任务，这时可以使用另一种常见的软件交付方式——部署。部署通常是由开发人员直接操纵软件产品的目标环境，使得软件产品能够在目标环境中正常运行。部署的过程中通常需要执行安装任务，但是还有很多比安装复杂得多的其他任务，例如：安装、设置或调整操作系统，尤其是权限管理参数；安装、设置和调整数据库系统，包括新建数据库和设置访问权限；安装和设置库文件、应用服务器等应用环境。

具体来说，进行软件部署前有下面几个重要的准备步骤：

1. 确定部署环境

和安装一样，软件部署首先需要确定部署的目标环境，当然它比安装要求得更高一些。它需要对目标环境进行调查分析，搞清楚部署前的环境细节，然后才能与软件产品需要的环境细节进行比较，才能明确需要执行的部署任务。

具体来说，软件部署需要了解服务器与网络拓扑、安全控制与权限管理、软硬件系统的配置信息等。

2. 确定部署任务

将软件产品需要的目标环境与部署前的环境进行比较，分析二者之间的差距，并将其确立为部署的任务。

确定任务之后，还需要以渐进的方式安排任务之间的执行次序。例如，先安装和配置操作系统，然后安装和配置相应的软硬件系统，最后完成软件产品的安装与配置，等等。

3. 完成部署准备

有些部署工作可以完全依靠现场执行，但多数的部署任务需要进行一定的事前准备，尤其是要综合考虑部署工作可能出现的各种情况，制定完备的应对方案。

20.2 培训与文档支持

软件交付不仅要把软件产品交给用户，还要帮助用户理解产品，并使其能够轻松地使用产品。如果仅仅是将软件产品交付给用户，却不能让用户学会使用软件产品（至少是不能高效地进行工作），那么就不能算是完成了软件交付任务。

帮助用户学会使用软件产品的两个关键任务是：培训和文档支持。

20.2.1 培训

培训主要是教会用户使用软件产品来完成其工作和任务。依据任务的不同，要为不同的用户进行不同类型的培训。

例如，对 MSCS，必须要培训收银员使用系统进行销售和退货，要培训客户经理使用系统进行库存管理和会员管理，要培训总经理使用系统制定销售策略和进行库存分析，要培训系统管理员进行用户管理。

尤其不能忽略的是对系统管理员进行培训。要培训系统管理员如何启动和运行新系统、如何配置系统、如何授权或拒绝对系统的访问、如何支持用户、如何处理异常等。

在培训中，只介绍能够帮助用户完成主要工作和任务的功能，不要把培训当做软件产品所有功能的展示会。对于一些很少会被使用并且不太重要的功能，即使培训也会很快被用户忘记，可以让用户使用文档支持来学会使用。

培训时，要关注用户的工作和任务，不必涉及系统的内部操作，不必知道系统的存储方式、访问方式和权限控制方式。

20.2.2　文档支持

文档是软件交付的重要部分，不仅培训时可以作为参考材料，而且能够在完成交付之后继续帮助用户使用系统。

除了较为简单的系统只有用户文档之外，绝大多数系统都有用户文档和系统管理员文档两个文档。

1．用户文档

用户文档是指为用户编写参考指南或者操作教程，常见的有用户使用手册、联机帮助文档等。

用户文档可以是纸质的，也可以是电子的，可以只有一份文档，也可以是由多份文档组成的集合，具体情况要视用户的特点而定。

文档内容的组织应当支持其使用模式，常见的是指导模式和参考模式两种。指导模式根据用户的任务组织程序规程，相关的软件任务组织在相同的章节或主题。指导模式要先描述简单的、共性的任务，然后再以其为基础组织描述更加复杂的任务。

参考模式按照方便随机访问独立信息单元的方式组织内容。例如，按字母顺序排列软件的命令或错误消息列表。如果文档需要同时包含两种模式，就需要将其清楚地区分成不同的章节或主题，或者在同一个章节或主题内区分为不同的格式。

用户文档的写作要考虑用户群体的特点，最好是图文结合的方式，以方便普通用户的使用。用户文档写作应该使用逐层展开和系统化（例如，层次编码、列表）的方式描述复杂内容。

[IEEE1063-2001] 认为用户文档中应该包括的重要内容如表 20-1 所示。这些必要的部分可以被分别组织在不同的文档中，也可以被组织在同一份文档中。

（1）标识信息

标识信息应该放在包装袋或封面，用户可以不用翻阅文档就能

表 20-1　软件产品用户文档要素

章　　节	是 否 必 须
标识信息	是
目录	（正文超过 8 页时）是
图表目录	可选
引言	是
文档使用信息	是
操作模式（Concept of Operation）	是
操作规程	是（指导模式）
软件命令信息	是（参考模式）
错误信息与问题解决	是
术语表	（文档中有陌生名词时）是
相关信息源	可选
导航特征	是
索引	（文档正文超过 40 页时）是
搜索能力	（电子文档中）是

注：源自［IEEE1063-2001］。

看到。标识信息的内容包括文档标题、文档产生的版本和日期、相关的软件产品和版本。

（2）引言

引言是正文的第一部分，描述了文档的预期读者、描述范围，以及对文档目的、功能和操作环境的概要描述。

（3）文档使用信息

文档使用信息描述关于文档的使用信息，例如，解释各种图示的含义、介绍如何使用帮助等。

（4）操作模式

操作模式是使用用户文档的模式，例如对操作流程的图示或者文字性描述，再例如解释操作的理论、原因、算法或者通用概念。

（5）操作规程

指导模式文档应包括下列很多软件功能都会涉及的常见活动规程：

- 需要由用户执行的软件安装与卸载；
- 图形用户界面特性的使用指导；
- 访问、登录或者关闭软件；
- 通过软件的导航，访问和退出相关功能；
- 数据操作（输入、保存、读取、打印、更新和删除）；
- 取消、中断和重启操作的方法。

对于完成用户任务的操作规程，指导模式文档应该从基本信息、指导步骤和结束信息三个方面来描述：

1）基本信息应包括：

- 简要概述操作规程的目的，定义或解释必要的概念；
- 标明执行任务前需要完成的技术活动；
- 列举用户完成任务所需要的资源情况，例如数据、文档、密码等；
- 指出操作规程中的相关警告、提醒或注意事项。

2）指导步骤通常使用祈使语句描述用户的行为，并指出预期的结果。指导步骤要说明用户输入数据的域值范围、最大长度和格式，要说明相应的错误消息和恢复办法，要清楚地说明其他可选择的步骤和重复步骤。

3）结束信息要标明操作规程的最后步骤，让用户知道怎样判断整个操作规程的成功完成，告诉用户如何退出操作规程。

（6）软件命令信息

文档要解释用户输入命令的格式和操作规程，包括必需参数、可选参数、缺省值等，要示例说明命令的使用，说明怎样判断命令是成功完成还是异常中止。

（7）错误信息与问题解决

文档要详细描述软件使用中的已知问题，要让用户清楚如何自行解决问题或者怎样向技术支持人员报告准确的信息。

（8）导航特征

导航特征包括章节、主题、页码、链接、图标等。

2．系统管理员文档

与用户文档注重系统使用细节不同，系统管理员文档更注重系统维护方面的内容，例如，系统性能调整、访问权限控制、常见故障解决等。因此，系统管理员文档需要详细介绍软硬件的配置方式、网络连接方式、安全验证与访问授权方法、备份与容灾方法、部件替换方法等。

20.3　项目评价

20.3.1　项目评价的原因

设置"项目"是要保证项目中的各种事件与活动能够依照计划顺利进行，项目评价就是检查其事件与活动的实际执行情况。在理论上，项目评价可以发生在项目进行的任何时机，尤其是到达各个里程碑之后。但最重要的项目评价是在项目结束时进行的项目评价，这也是本章所要描述的项目评价。

虽然从单个项目看，项目已经结束，评价似乎用处不大。但是考虑到一个组织会有很多项目持续进行，那么评价一个已结束项目就可以"以史为鉴"，帮助更好地完成后续项目。而且因为项目已经完成，总结和评价就远比项目进行中更加准确。

项目评价工作也需要仔细组织，不是简单地开个总结会，否则就无法获得比较深入的信息。

20.3.2　项目评价的内容

一个已结束的项目具有各种事件和活动的信息，通过组织对项目的不同方面的内容进行评价，就可以获得各种不同方面的经验，就可以搞清楚出现了哪些问题、为什么会出现、怎样解决、有哪些偏差、最终结果与质量，以及在下个项目中有哪些需要提高（最重要的）。

常见的项目评价针对 4 个方面：

- 项目管理：可以帮助建立对项目的更准确的认知，例如，常见的管理问题与偏差、时间与成本耗费分布等。
- 产品：可以帮助开发者建立对产品的更准确认知，提高产品的开发经验。
- 团队：可以帮助开发者更好地组织分工，也可以帮助团队建立更好的沟通与交流途径。
- 个人：可以帮助开发者更准确认知自己的生产力，学习常见问题及其处理方法，了解自己的长处和不足并持续提高。

20.3.3　项目评价的方法

项目评价主要有两种方法：项目评审和度量数据分析。

1．项目评审

项目评审通过评审重要项目制品的方法来评价项目，这些重要制品包括项目计划、管理文档、会议记录、历史数据等。

成功的项目评审需要使用评审方法，而不是自由处理。检查列表是最为常用的评审方法，图 20-1 是建议的项目评审检查列表。

有关项目管理的问题：
- 项目所使用的过程是什么？
- 实际的过程与原先确定的过程有什么不同？
- 进度表是如何随着时间的变化而改变的？
- 有多少个同步点和里程碑按时达到或错失？
- 过程的哪些部分运行得好？
- 过程的哪些部分本应该能运行得更好？
- 工具支持这个过程吗？
- 从整体上讲，这个过程运行得有效吗？
- 在今后，尤其要对哪些方面进行改进？
- 在每个阶段和每项任务上花费的时间是多少？

有关产品的问题：
- 在项目的生命周期中，产品是如何变化的？
- 有没有出现重要的产品返工的情况？如果有，是在什么时候？
- 工具支持产品的制造、维护和测量吗？
- 产品最后的规模有多大？
- 产品的质量如何？

有关团队和个人的问题：
- 团队（个人）工作中哪些风险发生了，其影响又是怎样的？
- 在何时做出了哪项重要决定？
- 这个决定又是如何影响这个项目的？
- 所遇到的主要问题是什么？
- 对这些问题的解决方法产生了什么样的效果？
- 开发团队成员是如何看待自己的职责的？

图 20-1 建议的项目评审检查列表

2. 度量数据分析

度量数据可以提供丰富的信息，通过分析这些信息，开发团队可以获得正确和深入的结论。例如，通过分析项目活动的任务量，就可以了解每个人的生产力、项目的工作量分布、特殊任务的工作量耗费等。

一个项目常见的产品信息度量应该包括：

- （随着时间而变化的）产品的增长情况和变化历史。
- 产品在每个里程碑上的测量。
- 产品复杂度和内容的测量。
- 过程和工具对产品的影响。

在进行度量数据分析时可能会遇到数据贫乏的问题——这意味着没有足够的定量数据来支持项目评价，这时可以用问卷调查表和面谈来补充数据信息。也可以通过检查定性文件来建立数据信息，这些定性文件可能包括：

- 对团队会议和子团队会议所做的记录。
- 项目电子邮件的存档（来获得问题确定和决策的日期）。

- 任务列表、项目决策和行动条目中的信息。

20.3.4　注意事项

有效的项目评价要注意以下两点。

1）项目的评价需要仔细计划。

作为项目管理活动的一部分，项目评价也需要进行计划，计划的内容包括：

- 执行项目评价的时间，要在项目结束后，并且不能时间太久导致项目活动细节遗忘；
- 确定项目评价的关键主题；
- 确定参与项目评价的人员；
- 确定需要收集的数据，并将数据收集任务分配给相关人员。

2）项目的评价要客观。

对项目的评价要客观，要保持对项目和过程的关注，不要偏离目标指责和突出个人。如果不能做到客观，列举没有进行分析的测量数据或信息，而仅仅为了表明整个项目是一个巨大成功，那就无法得到有益的经验，就是浪费时间。评价不是向高级管理层夸夸其谈的文档，而是团队每个成员和组织通过一个又一个项目来不断获得提高的途径。

20.4　项目实践

1. 软件交付阶段团队组织：

　　a）A、B、C、D 都扮演开发人员角色。

　　b）D 扮演项目管理人员。

　　c）C 扮演质量保障人员。

　　d）B 扮演文档编写人员。

2. 项目管理人员：

　　a）召集和主持团队交流例会。

　　b）控制项目的任务分配与进度安排。

- 分配安装包开发任务；
- 分配培训计划制定任务；
- 分配用户文档编写任务。

　　c）分配项目总结资料收集任务。

　　d）监控各项任务的执行情况。

3. 开发人员：

　　a）开发安装包；

　　b）制定培训计划；

　　c）编写用户文档。

4. 质量保障人员：

　　a）审核交付制品的质量

- 安装包；
- 培训计划；
- 用户文档。
5. 文档编写人员：

组织讨论制定用户文档模板与规范。

20.5 习题

1. 软件交付的目标是什么？包括哪些活动？
2. 安装与部署有什么区别？什么情况下使用安装？什么情况下使用部署？
3. 培训与文档支持的作用相同吗？解释你的理由。
4. 为什么在开发结束时要进行项目评价？
5. 项目评价要注意哪些事项？

第 21 章

软件维护与演化

21.1 软件维护

21.1.1 软件可修改性与软件维护

在软件产品交付给用户并投入运营之后，接下来的工作被看做是软件维护。各个工程领域都会在将产品交付给用户之后进行维护工作，主要是为了保证产品的正常运转而进行的使用帮助、故障解决和磨损处理等工作。软件维护也需要进行这方面的工作。

因为软件不会磨损，所以与其他工程学科相比，软件维护只需要完成少量的使用帮助、故障解决等工作。但是这并不意味着软件维护是简单的工作，因为软件维护与其他工程学科的维护存在着本质的不同，人们需要经常"修改"软件。

修改软件的代价是非常高的，这使得软件维护将其工作重点放在了软件修改和变更上。IEEE 定义软件维护为 [IEEE610.12-1990]：软件维护是在交付之后修改软件系统或其部件的活动过程，以修正缺陷、提高性能或其他属性、适应变化的环境。

21.1.2 软件维护的类型

在实践中，软件最为常见而且不可避免的变更情景有：

- 问题发生了改变。软件被创建的目的在于解决用户的问题，可是随着时间的发展，形势可能会发生变化，导致用户的问题发生变化。这些使得软件的需求发生变化，出现新的需求，如果不维护，那么软件将减小甚至失去服务用户的作用。

- 环境发生了改变。软件的正常使用需要依托于一个特定的软硬件环境。随着软件产品的生命周期越来越长，在软件生存期内外界环境发生变化的可能性越来越大，因此，软件经常需要修改以适应外界环境的改变。

- 软件产品中存在缺陷。软件开发的理想结果当然是建立一个完全无缺陷的软件产品，但这是不可能达到的目标。最终的软件产品总是或多或少地会遗留下一些缺陷。当这些缺陷在使用中暴露出来时，必须予以及时的解决。

软件维护是以变更为中心工作的，所以一个被广泛接受的软件维护类型为 [Lientz1980]:

- 完善性维护（perfective maintenance）：为了满足用户新的需求、增加软件功能而进行的软件修改活动。
- 适应性维护（adaptive maintenance）：为了使软件能适应新的环境而进行的软件修改活动。
- 修正性维护（corrective maintenance）：为了排除软件产品中遗留的缺陷而进行的软件修改活动。
- 预防性维护（preventive maintenance）：为了让软件产品在将来可维护，提升可维护性的软件修改活动。

其中，完善性维护、适应性维护和修正性维护都明显是基于常见软件变更类型而存在的，唯独预防性维护根源于软件维护中的规律性。在理想的情况下，为满足一些变更而执行的维护活动应该不会降低软件产品的质量，尤其是可维护性，否则，本次的维护活动将使得未来的维护活动变得更加困难。不幸的是，实践一再表明软件维护活动的确会降低软件产品的质量，甚至导致一个软件产品在进行一系列维护活动之后会失去可维护性。[Lehman1980,1984] 将这种现象表述为：在一个程序发生变更时，它的结构倾向于变得更加复杂，因此需要投入一些额外的资源以在保持功能的同时简化程序结构。预防性维护就是为了简化维护后的软件结构以提高软件可维护性的那些额外投入。

21.1.3 软件维护的高代价性

在软件发展趋势上，人们花费在软件上的成本逐渐超过硬件并最终占有支配地位，人们在软件维护上花费的成本也已逐渐超过了软件开发（从需求到交付），如图 21-1 所示。

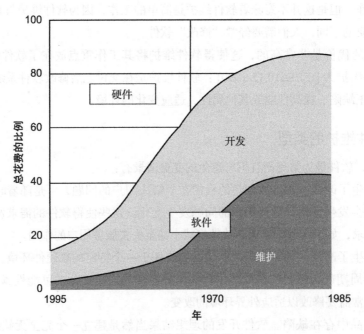

图 21-1 软件维护成本的上升

与成本花费相适应的是越来越多的开发者专职从事维护工作。[Jones2006] 在对美国的软件开发者进行调查时发现：1975 年，有不超过 75 000 人在从事维护工作，占所有开发人员的17%；1990 年，有大概 800 000 人在从事维护工作，占所有开发人员的 47%；2005 年，有2 500 000 人在从事维护工作，占所有开发人员的 76%。

软件维护的高代价性要求软件开发者必须充分尊重软件维护工作：软件工程的成功绝不仅仅是开发的成功，更要求维护工作的成功；只有降低软件维护的成本，才能降低整个软件工程的成本。软件维护的高代价性主要来源于两个方面：变更的频繁性和维护的困难性。

1. 变更的频繁性

软件不但会发生变更，而且变更的频率和幅度还相当大。在实践调查中，[Jones1996] 发现：对于管理信息系统，其需求一般每月增长 1% 左右；商业软件的增长率可以高达 3.5%；其他类型的软件介于这两者之间。如果需求每个月变更 2%，则相当于需求每年要变化 1/4，所以这是一个惊人的数字。在 [Stark1999] 的调查中，需求的可变性（可变性＝变化的需求数量÷总需求数量）也高达 48%。

[Lientz1980] 发现在各种变更中，为满足新需求而进行的完善性维护占用了最多的软件维护成本，如图 21-2 所示。[Stark1999, Nurmuliani2006] 在调查研究变更对软件的影响时也发现，新增需求是产生影响最大的变更类型，缺陷修复则是发生最为频繁的变更类型。

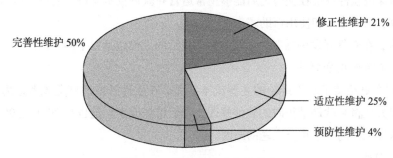

图 21-2　软件维护成本的分布

2. 维护的困难性

虽然软件维护很少涉及软件体系结构变动等根本性的软件修改，但是软件维护仍然是一项困难的任务，尤其是在以下两个方面。

（1）程序理解

维护是在现有软件产品基础上进行的程序修改，所以在维护中修改软件时，不论被修改的是哪个部分，维护人员都需要全面理解整个软件系统的结构和行为，只有这样才能确定需要修改的程序位置和修改方法。理解软件系统的结构和行为就需要准确理解程序代码，而这是一项困难的任务。实践调查表明维护时间的 50% ～ 90% 都被消耗在了程序理解上 [Corbi1989, Livadas1994]。程序理解的困难性是因为：①软件维护人员通常并不是程序代码的编写者，而不同的人有不同的思维方式，维护人员不仅要读懂程序逻辑还要理解编写者的思路；②实践中很多软件项目的文档不全或者更新不及时，维护人员无法获得足够的"地图"式的程序阅读帮助，只能单纯依赖代码片段拼接来形成对系统的整体理解。

（2）影响分析

在开发软件时，具体功能和需求并不是各自独立实现的，即不是每一个需求都被单独实现为一段代码。通常，每条需求会被实现为相互联系的多个程序代码片段，而且每个程序代码片段要同时承载多个具体需求的实现。程序代码片段与具体需求之间是多对多的复杂关系。而且软件的程序代码也是互相联系的，维护人员在修改一部分程序代码时，可能会影响到其他部分。

上述因素使得维护人员在处理具体需求的变更请求（尤其是新增需求变更与适应性变更）时，既难以准确定位需要被修改的程序代码，又难以确认在修改一段程序代码时是否会带来连锁反应，即很难确定和分析一个变更请求的影响。

21.1.4 开发可维护的软件

通过分析软件维护的高代价性可以发现，很多软件维护中的困难和问题根源于软件开发阶段。开发者需要认识到软件维护工作虽然表现在软件交付之后，但是需要在软件开发时就预备一些前期工作。

[Pigoski1997] 的维护定义虽然不像 [IEEE610.12-1990] 的定义那样被广泛接受，但是它的确更全面地反映了维护的含义："软件维护是为了以成本效益有效的方式支持软件系统运营而需要的活动的统称，这些活动包括交付之前的活动和交付之后的活动。交付之前的活动主要是进行规划，以保证软件系统在交付之后能够正常运营并获得技术支持。交付之后的活动主要是进行软件修改、用户培训和使用帮助。"

具体来说，在软件开发中需要为后期维护而执行的工作包括以下两方面。

（1）考虑软件的可变更性

既然处理变更花费了软件维护的主要成本，那么在软件开发时就应该考虑为可能的变更进行设计，以方便将来软件维护时的软件修改，降低维护成本。这也是 20 世纪 90 年代之后可修改性成为软件工程的一个重要主题的原因。

具体工作包括：

分析需求的易变性。在需求分析时，开发者需要分析需求的稳定性，尽可能地发现和预测可能的变更。

为变更进行设计。在设计时，开发者需要进行关注点的分离，使用信息隐藏、OCP 等设计思想为可能的变更进行设计，将其封装起来。

（2）为降低维护困难而开发

因为维护工作的成本大大超过了软件开发的成本，因此如果在软件开发阶段多做一些工作能够显著降低维护工作的困难从而减少维护成本，那么在总体上自然是获益的。

这些可以帮助降低维护工作困难的软件开发工作包括：

- 编写详细的技术文档并保持及时更新。需求规格说明书、软件体系结构文档、设计描述文档等技术文档在维护阶段可以起到指南的作用，可以更好地帮助维护人员理解软件结构、行为与程序片段，从而降低软件维护中理解程序这个最大的时间耗费。
- 保证代码的可读性。为了让维护人员能够更容易、更快地理解程序，程序员在编程时应该将代码的可读性置于重要地位甚至是首要地位，尤其是要遵守共同的编码规范。

- 维护需求跟踪链。需求跟踪链会从正反两个方向记录"需求←→设计←→编码←→测试"之间的跟踪与回溯关系，虽然繁琐却可以帮助维护人员准确、便捷地进行需求变更的程序定位与影响分析。
- 维护回归测试基线。回归测试基线包含了系统修改之前的有效测试用例集合，因此只需要根据修改情况对回归测试基线进行简单的修正，就可以用来测试修改之后的软件产品是否会出现连带的缺陷。

21.1.5 软件维护过程与活动

虽然软件维护的活动也包含使用帮助、技术支持等其他任务，但考虑到进行软件修改是维护的主要任务，所以在人们描述软件维护的过程时仍是围绕着软件修改工作来展开。

[IEEE1219-1998] 推荐的软件维护过程如图 21-3 所示。

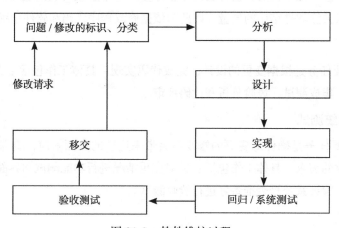

图 21-3 软件维护过程

[IEEE1219-1998] 的软件维护过程有 7 个具体步骤。

1. 问题 / 修改的标识、分类

该步骤的主要任务是进行变更管理（change management）：

1）用户、客户或其他人员提出变更请求。

2）维护人员为变更请求建立变更记录（change record），赋予标识，进行变更类别分类，确定其优先级。

3）初步评估变更的可能影响，并据此确定是否接受该变更请求。

4）如果决定执行变更，就为其安排修改时间。通常多个小的修改会安排到一个时间内批量完成。

2. 分析

该步骤的主要任务是为后续的修改（设计、实现、测试、交付发布等）确定一个基本的规划，包括以下两个阶段。

（1）可行性分析

该步骤的任务是提出候选方案，并分析方案的可行性，建立可行性报告。可行性报告的

内容包括：变更的影响范围、候选方案、需求变化分析、对安全性和保密性的影响、人的因素、短期和长期成本、修正的价值与效益等。

（2）详细分析

该步骤的任务是准确定义修改的需求，标识需要修改的元素、标识修改中的安全与保密因素、确定一个测试策略和建立一个实现计划。

3．设计

该步骤的主要任务是依据变更分析的结果和已有系统的信息，完成对系统设计的变更。具体工作包括：标识被影响的软件模型、修改软件设计文档、为新的设计创建测试用例、更新回归测试集、更新需求文档。

在进行完善性维护和适应性维护时，设计步骤要针对新的功能需求执行一个完整的详细设计过程。在进行修正性维护时，设计要防止程序修改带来连锁的负面效应。在进行预防性维护时，设计要重点关注软件结构的质量，以此为依据修改程序代码和软件系统结构。

4．实现

该步骤的主要任务是根据变更的设计，完成代码实现。具体工作包括：编码与单元测试、集成新修改代码、集成测试、风险分析和代码评审。

5．回归/系统测试

该步骤的主要任务是确保对变更的修改不会带来连锁的负面效应，要保证系统仍然能够满足其他未被修改的需求。具体工作包括：针对变更情况进行功能测试和界面测试、对整个系统进行回归测试、验证系统是否准备好进行验收测试。

6．验收测试

该步骤的主要任务是由用户、客户或客户指定的第三方来验证系统是否满足用户的变更请求。具体工作包括：针对变更请求的功能测试、针对用户使用环境的兼容性测试、对整个系统进行回归测试。

7．移交

该步骤的主要任务是将修正的系统发布用于安装和运营。具体工作包括：进行配置审计、通知用户团体、为了备份系统而开发一个阶段性版本、在客户的设施上进行安装和培训。其中配置审计是要通过配置管理系统确定一个系统的发布包，包括文档、软件程序、培训文档以及其他相关文档。

21.2　软件演化

21.2.1　演化与维护

演化与维护是等价的词汇，经常被替换使用，描述了软件交付之后的软件修改活动，如图 21-4 所示。软件交付明确地定义了软件开发与软件维护的界限。

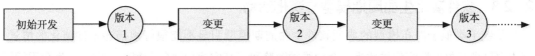

图 21-4　软件维护示意图

但是 20 世纪 90 年代之后，软件规模的日益增长导致软件开发的周期过长，因此人们开始使用分阶段交付的办法来尽快地完成产品开发与交付，如图 21-5 所示。在分阶段交付方法中，为了缩短交付时间，开发者第一次开发时只完成最基本的需求集合，把更多的需求安排到后续的阶段以增量的方式逐次开发和渐进交付。在后续的开发中，每次除了要完成计划的需求增量之外，还要根据用户的使用反馈，完成对第一次交付内容的维护。这时软件交付的准确时间点变得模糊，很难确切地界定软件开发与软件维护的分界线，这种软件产品一直被持续地开发和维护的情况更多地被称为演化。

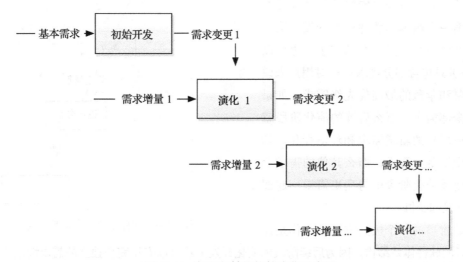

图 21-5　渐进交付的软件演化示意图

21.2.2　软件演化定律

与传统开发不同的是，演化式开发的程序需要被反复地修改，它的软件结构和程序代码要能适应需求的快速修改迭代和渐进增量扩展。因此，人们需要更多地关注程序在不停演化中会表现出哪些特性。

在 20 世纪 80 年代，Lehman 和 Belady 在 IBM 就大型软件系统的演化进行了一系列的实证研究 [Lehman1985]，这项工作一直进行到 20 世纪 90 年代 [Lehman1996]。在研究的基础上，Lehman 提出了大型软件系统演化的 8 条定律，下面是其中的 3 条：

1）持续变化：一个大型软件系统要么进行不断的变化，要么用处会越来越少。

2）不断增加的复杂度：随着软件系统的发展，它的复杂性会不断增加，除非进行一定的工作来维持或降低复杂度。

3）质量降低：系统的质量将出现下滑，除非进行一定的工作来适应环境变化。

21.2.3   软件演化生命周期模型与演化活动

传统上类似于瀑布模型的典型软件生命周期模型明显不能很好地描述软件演化的情景，因为它只是简单地把演化描述为一个"维护"阶段，其实演化要复杂得多，应该在生命周期模型中占有更重要的位置。

为此，[Bennett2000] 建立了专门描述软件演化的软件生命周期模型，如图 21-6 所示。

在 [Bennett2000] 的软件演化生命周期模型中，包括 5 个阶段。

1．初始开发

初始开发阶段按照传统的软件开发方式完成第一个版本的软件产品开发。第一版的软件产品可以实现全部需求，也可以（通常是）只包含部分需求——对用户来说非常重要和紧急的最高优先级需求。如果实现了全部需求，那么后续的演化阶段就重点关注用户的新增需求和环境变化。如果只实现了部分需求，那么其他的需求会安排到后续演化阶段中与变更需求一起逐次增量开发和交付。

初始阶段的一个极其重要的工作是建

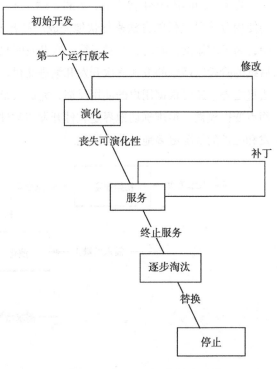

图 21-6   软件演化生命周期模型

立一个好的软件体系结构。因为后续阶段的演化开发虽然可以安排完全独立的需求增量（事实上需求的完全独立也是很难做到的），但是后续开发的体系结构却不能在第一个版本的软件体系结构上进行独立的增量，后续开发是完全使用第一个版本的软件体系结构并进行一些小的修改来容纳后续开发的增量需求及其设计。如果后续开发会大幅度修改第一版本的软件体系结构，那么软件的复杂性会急剧增加以至于很快就无法继续演化下去，因为软件体系结构的修改意味着软件设计中最重要的决策发生了变化，影响自然非常大。

初始阶段的软件体系结构必须进行仔细设计，要求：

- 具有很好的可扩展性，能够包容后续的演化增量。
- 具有很好的可修改性，能够处理后续阶段中的预期变更请求和未预期变更请求。
- 比较坚实、可靠，能够在后续演化中保持稳定的表现。

初始阶段的详细设计也要关注软件系统的可扩展性和可修改性，编程要关注程序的可读性以方便后续阶段的程序理解，技术文档的准备要充分以帮助后续阶段的程序理解。

初始阶段还有一个重要事项是整个开发团队要在该阶段建立对软件产品的整体理解，包括应用领域、用户需求、软件体系结构、重要设计因素等。要保证开发团队能够为后续阶段的演化开发做好准备。

2. 演化

在完成初始开发之后，软件产品就进入了演化阶段。该阶段可能会有预先安排的需求增量，也可能完全是对变更请求的处理，它们的共同点都是保持软件产品的持续增值，让软件产品能够满足用户越来越多的需要，实现更大的业务价值。

总的来说，该阶段可能的演化增量有：

- 预先安排的需求增量；
- 因为问题变化或者环境变化产生的变更请求；
- 修正已有的缺陷；
- 随着用户与开发者之间越来越相互熟悉对方领域而新增加的需求。

该阶段的软件产品要具备两个特征：

1）软件产品具有较好的可演化性。一个软件产品在演化过程中复杂性会逐渐增高，可演化性会逐渐降低直至无法继续演化。演化阶段的软件产品虽然其可演化性低于初始开发阶段的软件产品，但是还没有到达无法演化的地步，还具有较好的可演化性。

2）软件产品能够帮助用户实现较好的业务价值。只有这样，用户才会继续需要该产品，并持续提供资金支持。

如果在演化过程中，一个软件产品开始不满足第2）条特征，那么该产品就会提前进入停止阶段。如果软件产品满足第2）条的同时不满足第1）条特征，那么该产品就会进入服务阶段。如果开发团队因为竞争产品的出现或者其他市场考虑，也可以让同时满足上面两条特征的软件产品提前进入服务阶段。

在演化阶段，软件开发团队不需要维持初始阶段的团队规模，但是重要的团队成员还需要继续保持在团队中的作用，例如软件体系结构师、需求工程师、重要的设计人员等。

3. 服务

服务阶段的软件产品不再持续地增加自己的价值，而只是周期性地修正已有地缺陷。

一个软件产品被置于服务阶段可能是因为它的软件结构已经无法继续演化，也可能是开发团队出于市场考虑，不再重点关注该产品。

服务阶段的产品还仍然被用户使用，因为它仍然能够给用户提供一定的业务价值，所以开发团队仍然需要修正已有缺陷或者进行一些低程度的需求增量，保证用户的正常使用。

因为只是修改已有的缺陷和低程度的需求增量，所以该阶段需要的技术与方法比较简单，与前面的两个阶段大不相同，团队中也不再需要继续保持软件体系结构师、需求工程师和重要设计人员。这个阶段的维护人员不太需要理解软件的整体结构，更多的是要求了解一些局部的细节即可。

4. 逐步淘汰

在逐步淘汰阶段，开发者已经不再提供软件产品的任何服务，即不再继续维护该软件。

虽然在开发者看来软件的生命周期已经结束，但是用户可能会继续使用处于该阶段的软件产品，因为它们仍然能够帮助用户实现一定的业务价值。只是用户在使用软件时必须要容忍软件产品中的各种不便，包括仍然存在的缺陷和对新环境的不适应。

对于该阶段的产品，开发者需要考虑该产品是否可以作为有用的遗留资源用于新软件的开发，用户需要考虑如何更换新的软件产品并转移已有的业务数据。

5．停止

一个软件正式退出使用状态之后就进行停止状态。开发者不再进行维护，用户也不再使用。

现在的软件产品正是按照上述的演化方式，产生了周期性发布（一般为年度）和多版本并存的现象，如图 21-7 所示。

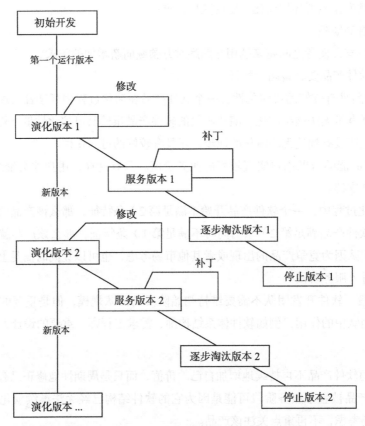

图 21-7　软件产品演化中的多版本并存示意图

21.3　软件维护与演化的常见技术

简单地说，软件维护与演化主要包含两个要点：程序理解与修改实现。在常见的情况下，程序理解要依赖于开发文档、程序源代码和程序员的理解能力，修改实现要依赖于程序员在已有软件结构上进行软件设计与编程实现的能力，这些都是在前面的软件开发部分介绍过的内容。

软件维护与演化有时也会遇到复杂的情况，例如没有开发文档和程序源代码，再例如修改实现不再基于现有的软件结构而是整体建立全新的软件结构。这时，软件维护与演化就需要一些与软件开发阶段完全不同的技术。

21.3.1　遗留软件

在过去的发展中，人们积累了大量的遗留软件，对这些遗留软件进行维护是一件非常困难的事，原因有以下几点：

- 这些软件可能非常古老，并且规模很大；
- 已经被严重修改过了；
- 基于过时的技术；
- 没有可用的文档；
- 找不到任何一个最初的开发人员；
- 拥有大量有用的数据；
- 这些软件通常是业务的核心元素，替换它们需要一大笔花费。

面向上述困难，维护遗留软件时可以考虑使用下列方法：

- 如果遗留软件已经没有使用价值，就直接丢弃该软件。
- 如果遗留软件还有使用价值，但是其维护的成本效益比低于新开发一个软件系统的成本效益比，那么冻结遗留软件，将其作为一个新的更大系统的组成部分进行使用。
- 如果遗留软件的成本效益比高于新开发一个软件系统的成本效益比，而且该遗留软件仍然具备较好的可维护性，那么就逆向工程遗留软件并继续维护一段时间；
- 如果遗留软件的成本效益比高于新开发一个软件系统的成本效益比，而且该遗留软件已经不具备可维护性，那么就修改系统使其获得新生（即再工程该系统），然后继续维护再造后的系统。

21.3.2　逆向工程

在正常的情况下，为了更好地维护软件，在软件开发阶段（正向工程）会书写清晰的文档，留下可读性较好的程序源代码。但是在处理遗留软件时，维护人员接受的维护对象有可能是一个没有任何文档甚至程序源代码都不存在的软件程序。为了解决这个困难，维护人员需要使用逆向工程技术，如图 21-8 所示。

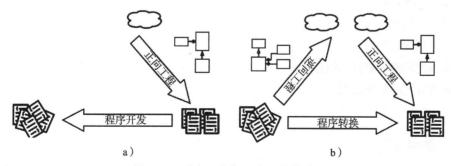

图 21-8　逆向工程与正向工程的对比

逆向工程技术是指："分析目标系统，标识系统的部件及其交互关系，并且使用其他形式或者更高层的抽象创建系统表现的过程 [Chikofsky1990] 。"逆向工程的基本原理是抽取软件系统的需求与设计而隐藏实现细节，然后在需求与设计的层次上描述软件系统，以建立对系统更加准确和清晰的理解。

逆向工程技术在实践中得到了广泛的应用，并在下列方面取得了较大的成功：

- 识别可复用资产；
- 在过程程序中寻找对象；
- 发现软件体系结构；
- 推导概念数据结构（即数据的需求分析模型和设计模型）；
- 检测重复冗余；
- 将二进制程序转换为某种源代码；
- 重写用户界面；
- 将串行化程序并行化；
- 转换、约减、移植和包装遗留软件代码。

21.3.3　再工程

逆向工程的主要关注点是理解软件，但并不修改软件。再工程恰恰相反，它主要关注如何修改软件，不会花费很大气力理解软件。所以，在处理遗留软件时，再工程之前通常都需要有一个前导的逆向工程，如图21-9所示。

再工程的目的是对遗留软件系统进行分析和重新开发，以便进一步利用新技术来改善系统或促进现存系统的再利用。[Chikofsky1990]将再工程定义为：检查和改造一个目标系统，用新的模式及其实现复原该目标系统。

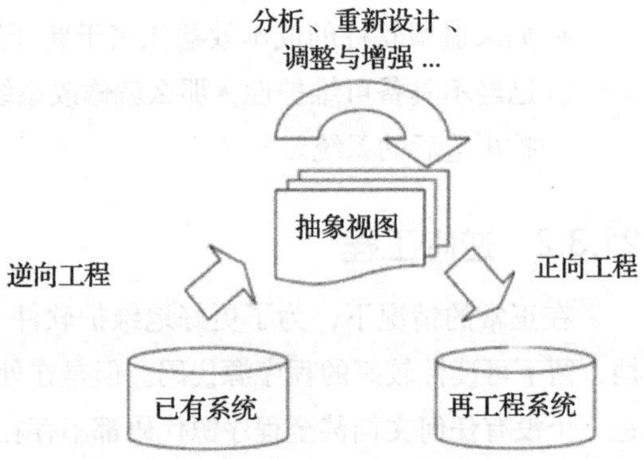

[Arnold1993]认为再工程主要是两类活动：①改进人们对软件的理解；②改进软件自身，通常是提高其可维护性、可复用性和可演化性。

常见的具体活动有：

- 重新文档化；
- 重组系统的结构；
- 将系统转换为更新的编程语言；
- 修改数据的结构组织。

图 21-9　逆向工程与再工程的关系

21.4　项目实践

1. 为你的项目设想下列维护阶段的修改场景：

    a）预期到的新增需求；

    b）未预期的新增需求；

    c）程序缺陷修改。

2．试着分析一下上述三个修改场景的工作量。

21.5　习题

1．与其他工程学科的维护工作相比，软件维护有什么特点？

2．软件维护有哪些类型？

3．为什么需要进行完善性维护？

4．为什么软件维护的代价较高？

5．分析一下，为什么在维护阶段理解程序非常困难？

6．开发阶段的哪些预备工作可以减轻维护阶段的工作？

7．描述软件维护过程。

8．描述软件演化生命周期模型。

9．如何使用演化模型组织大规模系统的开发？

10．什么是逆向工程？它有什么作用？

11．什么是再工程？它有什么作用？

第六部分

软件过程模型与职业基础

本部分是对第一部分的延续，基本目标是在读者系统地了解了整个软件开发过程之后，通过总结性回顾，进一步加深对软件工程的理解。

本部分包括 2 章，各章主要内容如下：

第 22 章 "软件开发过程模型"：总结第三部分至第五部分的软件开发活动，建立对软件开发过程的整体理解，并介绍各种常见的软件开发过程模型。

第 23 章 "软件工程职业基础"：通过介绍软件工程职业的基础知识，概括软件工程目前的行业现状。

第 22 章

软件开发过程模型

22.1 软件开发的典型阶段

本书第 7 ～ 21 章描述的软件开发使用了典型的软件开发阶段划分方法，总结这些章节的内容可以发现软件开发的典型阶段有：软件需求工程、软件设计、软件构造、软件测试、软件交付和软件维护。

这些阶段的详细描述如表 22-1 所示。

22.1.1 软件需求工程

软件需求工程的目标是建立能够妥善解决用户问题的软件系统解决方案，简单地说就是定义"软件系统要完成哪些功能"。

软件需求工程的主要任务是需求开发（包括需求获取、需求分析、需求规格说明、需求验证）和需求管理，其中需求管理在需求开发完成之后持续进行，直到软件生命终结。

执行需求开发任务的软件开发人员称为软件需求工程师或者软件需求分析师。他们需要理解软件系统的应用背景，明确软件系统所要解决的问题和所需达到的目标，定义良好的软件系统解决方案，使得将软件系统解决方案应用到应用背景之后，能够产生解决问题和满足目标的效果。

软件需求开发可以进一步划分为两个阶段：系统需求开发和软件需求开发。系统需求开发是为了获得整个系统的期望目标（即完成业务需求处理），整个系统包括软件系统、硬件系统和人力配置。为此需要判断系统的相关人员，采集他们的目标与要求，研究系统的软硬件环境，分析系统的功能概要、成本效率、组织和行业政策、环境约束等。系统需求开发阶段获得的需求将被分配到软件、硬件或人力部分，软件系统通常会承载主要的需求。软件需求开发是以承载的系统需求为出发点，建立软件系统的解决方案，使其满足系统的需求。

软件需求开发使用的建模方法与技术主要有：结构化分析方法，包括描述系统功能的数据流图 DFD 和描述系统数据的实体关系图 ERD；面向对象分析方法，包括描述系统功能的用例图及用例的详细描述、描述系统静态结构的概念类图、描述系统行为的行为模型（顺序图、状态图等）。

需求开发的首要关注点是理解现实，次要关注点是建立高质量的软件系统解决方案。

软件需求工程阶段的主要制品是需求分析模型和软件需求规格说明文档，在面向对象方法中也通常会产生用例文档，甚至以用例文档替代软件需求规格说明文档。

22.1.2 软件设计

软件设计的目标是使用各种抽象软件实体建立系统的结构，搭建系统的实现框架，简单地说就是定义软件系统要如何完成功能。

执行软件设计任务的软件开发人员称为软件设计师，他们需要以需求（软件系统解决方案）为基础，分析功能、质量、开发环境等各种设计约束，建立由抽象软件实体组成的设计结构，使其承载用户任务的同时满足设计约束。

软件设计可以进一步划分为软件体系结构设计、软件详细设计和人机交互设计三个不同的子活动。

软件体系结构设计完成系统的高层设计，通常将软件系统划分为不同的子系统和模块，界定各子系统和模块承载的功能，并明确其对外交互方式与接口，使得子系统和模块能够集成为一个高质量的设计结构，满足需求并符合重要的设计约束。在 20 世纪 90 年代产生明确的软件体系结构设计方法之前，一个和软件体系结构设计相应的子活动是概要设计。软件体系结构设计使用的设计方法与技术主要有：结构化方法，使用结构图；面向对象方法，使用 UML 的包图（package diagram）、构件图（component diagram）和部署图（deployment diagram）。软件体系结构设计的主要制品有：软件体系结构原型、软件体系结构设计模型和软件体系结构设计文档（或者概要设计文档）。完成软件体系结构设计的软件设计师称为软件体系结构师。软件体系结构设计关注系统的整体功能组织与质量特征。

软件详细设计在高层设计的基础上，使用模块、过程、类等软件抽象实体完成各个子系统或模块内部的细粒度设计，定义重要的过程、类方法、数据结构或者复杂算法，建立能够承载该模块所担负职责的高质量详细设计结构。软件详细设计使用的设计方法与技术主要有：结构化方法，使用结构图；面向对象方法，使用包图、类图、顺序图等。软件详细设计的主要制品有软件详细设计模型和软件详细设计文档。软件详细设计关注特定模块内部的结构组织与局部质量（尤其是可扩展性和可修改性）。

人机交互设计建立系统与用户之间的交互机制，使得系统具有良好的易用性。进行人机交互设计的软件设计师称为人机交互设计师。与软件体系结构设计和软件详细设计相比，人机交互设计更加关注于人机交互这一特定主题，而不是基于抽象软件实体的软件结构组织。如果一个系统的设计还有其他比较复杂而需要特别关注的主题，也会存在其他特定主题的设计，例如数据设计、安全设计等。

22.1.3 软件构造

软件构造的目标是构建软件。

程序员负责完成软件构造任务，他们需要基于程序设计语言提供的编程机制，遵循软件

表 22-1　软件开发各典型阶段描述

阶段	目标	关注点	工作基础	方法	主要任务	执行者	制品
软件需求工程	建立解决方案	理解现实；制定解决方案（成本效益比有效）	客户、用户、环境等；需求基线	结构化分析（DFD、ERD等）；面向对象分析（用例图、概念类图、顺序图、状态图等）	需求开发（系统需求开发、软件需求开发）；需求管理	需求工程师；所有开发人员	需求分析模型与需求规格说明文档
软件设计	建立由抽象软件实体（例如模块、类等）组成的软件结构	整体功能组织与质量特征（各种质量属性）	系统需求	模块结构（UML的包图、构件图、部署图）	软件体系结构设计	体系结构师	软件体系结构原型、软件体系结构设计模型和文档
		模块内部的结构及质量（易开发、可复用、可维护等）	软件体系结构、软件需求	结构化方法（结构图）；面向对象方法（包图、类图、顺序图等）	软件详细设计	设计师	软件详细设计模型和文档
		人机交互质量（易用性）	软件需求	人机交互设计方法	人机交互设计	人机交互设计师	界面原型
软件构造	构建软件	程序的质量（可读、性能、可维护等）	软件设计方案	结构化程序设计；面向对象程序设计	编程、集成、测试与调试等	程序员	源代码、可执行程序
软件测试	保障软件产品的质量	质量（程序正确性和对需求的符合度）保障	软件需求、软件设计、程序代码	黑盒、白盒等测试方法	测试执行（单元测试、集成测试、系统测试）；测试计划；测试报告	程序员或测试人员；测试人员	测试报告；通过测试的软件产品
软件交付	将软件交付给用户	交付的有效性	可执行程序		安装与部署、用户培训、文档支持	专门人员	用户使用手册、已交付软件产品
软件维护	产品终结前的正常使用	变更时控制效益和质量的综合平衡	已交付软件产品	软件演化方法（重构、逆向工程、再工程）	重复上述各阶段任务	维护人员	

设计的要求，编程实现和构建（build）高质量软件产品。

软件构造的主要任务包括编程、集成、测试与调试等子活动。

在一些特殊情况下，例如生命攸关系统和实时系统，软件实现会特别关注空间性能、时间性能、可靠性等方面的程序质量。但更多的应用更加关注可读性、可维护性等方面的程序质量。

软件构造产生的制品主要是源代码和可执行程序。

22.1.4 软件测试

软件测试的目标是保障软件产品的质量。

软件测试需要在 3 个层次上保证软件产品的质量：单元测试，验证一个系统构造单元（例如函数、类及其方法等）内部的实现质量；集成测试，验证系统各个构造单元和部件按照体系结构要求进行集成的质量；系统测试，验证系统产品符合用户及客户要求的质量。

进行软件测试的主要任务包括测试计划、测试执行和测试报告。

单元测试和少部分的集成测试可以由程序员在编程时执行，更多的测试工作主要由测试人员在测试阶段完成。在进行测试任务时，测试人员需要结合使用白盒和黑盒的各种测试方法来保障测试的有效性。

软件测试的主要制品是测试通过的高质量软件产品和测试报告。测试报告描述了测试过程中发现的错误与故障。

22.1.5 软件交付

软件交付的目标是将软件产品交付给客户和用户。

进行软件交付的主要任务包括安装与部署、用户培训、文档支持等。这三个任务可以由开发人员完成，也可以由专门人员完成（例如，安装与部署可以由售前服务、技术支持等人员完成，用户培训可以由培训人员完成，文档支持可以由文档支持人员完成）。

软件交付关注交付的有效性，这不仅仅是形式上的交付，还要考虑让客户和用户真正掌握软件产品，能够顺利使用软件产品完成工作任务。

软件交付阶段一个必须重视的任务是进行项目总结和项目评价，只有不断地总结经验，才能长期建立一个持续进步的团队和组织。

22.1.6 软件维护

软件维护的目标是保障用户从接收产品到软件生命终结之间的正常使用。

随着软件规模的日益复杂化，软件维护的主要任务已经从故障解决、技术支持等日常性维护转变为进行软件修改。软件维护包括完善性维护、适应性维护、修正性维护和预防性维护。

软件维护可以由开发人员进行，也可以由专门的维护人员进行。

软件维护阶段可能会重复开发阶段的软件需求工程、软件体系结构设计、详细设计、构造、测试和交付等任务，使用各个阶段的软件开发方法，也可能使用逆向工程、再工程、遗留资产处理等特有的方法。

软件维护关注的是软件系统如何在效益和质量的综合平衡下演化，既满足用户的利益诉求进行修改，又保障软件产品的质量在可控范围内。

22.2 软件生命周期模型

为了从宏观上清晰地描述软件开发活动，人们将软件从生产到报废的生命周期分割为不同阶段，每个阶段有明确的典型输入/输出、主要活动和执行人，各个阶段形成明确、连续的顺序过程，这些阶段划分就被称为软件生命周期模型。

一个特定软件系统的生命周期简要描述了该系统的开发活动历史。而一个软件生命周期模型则描述了新的软件系统应该如何开发，指导软件开发活动应该按照什么样的顺序进行组织和执行。

因为不同软件系统的开发活动可能是有差异的，而且对同样的开发活动也可能出现不同的阶段划分方式，所以软件生命周期模型是有差异的。本书第7～21章开发过程使用的生命周期模型是最为常见的软件生命周期模型，如图22-1所示，但是也存在着其他的生命周期模型（例如，RUP的生命周期模型）。

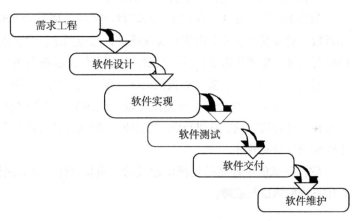

图 22-1 典型的软件生命周期模型

22.3 软件过程模型

软件生命周期模型只是界定了软件开发的不同阶段和阶段之间的顺序关系，软件过程模型则进一步详细说明各个阶段的任务、活动、对象及其组织、控制过程。与简略的软件生命周期模型不同，软件过程模型可以被看做是网络化的活动组织。

在软件过程模型中，活动被组织为相互关联的任务链，任务链描述了一系列非线性序列的活动，这些活动生产和加工软件的中间产品或最终产品。非线性意味着活动序列可以是非确定性的、迭代的、自适应的和并行的，或者是部分有序的。

如图22-2所示，它描述了本书第7～21章开发活动的过程模型，比图22-1所示的生命周期模型更加详细地描述了具体的开发活动组织。

如图22-2所示，软件开发活动在总体上遵循软件生命周期的顺次关系，但是详细任务之间的关系要复杂得多，有很多非确定和非线性的复杂关系：

- 在系统需求开发之后，就可以开始软件体系结构设计和人机交互设计任务。在产业界实践中，软件体系结构设计、人机交互设计常常与软件需求开发同时进行。
- 在需求开发完成之后，测试人员就可以基于需求开始系统测试计划任务。
- 在进行软件体系结构设计时，就需要对体系结构核心部分进行一些详细设计与构造工作以建立一个可集成的体系结构原型。
- 在软件体系结构设计完成时，测试人员就可以开始关于软件体系结构部分的集成测试计划。

- 在软件详细设计完成时，测试人员就可以开始一个模块内部不同设计元素间的集成测试计划。
- 在软件构造过程中，程序员就可以根据项目需要，同步执行部分单元测试与集成测试工作。
- 在需求产生之后，需求管理任务开始执行，并持续到产品生命终结。

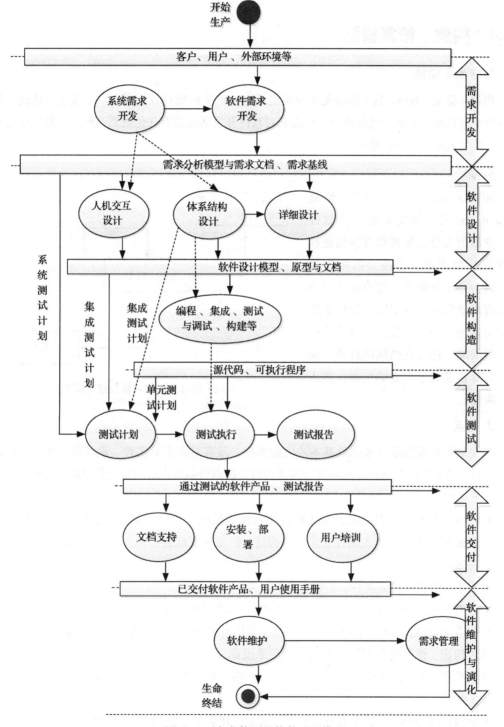

图 22-2   本书使用的软件过程模型

很显然，软件过程模型是对软件生命周期模型更详细和准确的描述。因为要在整体上遵守软件生命周期的约束，所以不同的软件生命周期模型展开后是不同的软件过程模型。另一方面，同样的活动和任务也会有不同的组织方式，所以，同一个软件生命周期可以存在不同的软件过程模型。

22.4 构建–修复模型

1. 背景与动机

构建–修复（build-fix）模型是最早也是最自然产生的软件开发模型。事实上，构建–修复模型不能算是一个软件过程模型，因为它对软件开发活动没有任何规划和组织，是完全依靠开发人员个人能力进行软件开发的方式。

2. 描述

如图 22-3 所示，在构建–修复模型中，开发人员在开始生产软件时，依靠个人分析和理解直接构建软件的第一个版本，并提交给用户使用。因为完全依靠个人能力的开发方式没有质量保证，所以第一版提交后常常会发现缺陷，开发人员就修改代码修复缺陷，把发现的缺陷都修复完成后才算是完成了有效的交付，进入维护阶段。

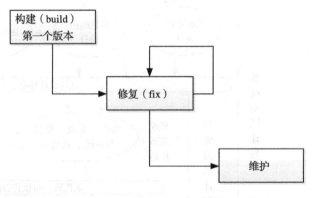

图 22-3 构建–修复过程模型

3. 特点

构建–修复模型没有考虑最基本的生命周期，没有对需求真实性、设计结构质量、代码组织质量、质量保障等软件开发的复杂因素进行关注点分解处理，所以它的缺陷非常明显，主要有以下几点：

- 在这种模型中，没有对开发工作进行规范和组织，所以随着软件系统的复杂度提升，开发活动会超出个人的控制能力，构建–修复模型就会导致开发活动无法有效进行而失败；
- 没有分析需求的真实性，给软件开发带来很大的风险；
- 没有考虑软件结构的质量，使得软件结构在不断的修改中变得越来越糟，直至无法修改；
- 没有考虑测试和程序的可维护性，也没有任何文档，软件的维护十分困难。

虽然构建–修复模型对任何规模的开发来说都是一个无法令人满意的开发方式，但它也不是完全不能使用，在遇到下述情况时，可以使用构建–修复模型（而且实际上开发人员也一直在这么做）：

- 软件规模很小，只需要几百行程序，其开发复杂度是个人能够胜任的；

- 软件对质量的要求不高，即使出错也无所谓；
- 只关注开发活动，对后期维护的要求不高，甚至不需要进行维护。

22.5　瀑布模型

1. 背景和动机

构建－修复模型不是严格意义上的软件开发过程模型，瀑布模型应该是人们对软件过程模型最早的认知。

"瀑布模型"这个名词虽然不是来自于 [Royce1970]，但是它的基本思想的确是起源于 [Royce1970]。[Royce1970] 通过分析早期（20 世纪 60 年代）的软件开发活动发现，如果将软件开发活动划分为不同的阶段，并且保障每一个阶段工作的正确性和有效性（尤其是重视分析和设计阶段），那么会取得比构建－修复模型好得多的表现，包括更高的质量、更低的成本和更小的风险。基于这一点，经典的软件生命周期模型以及以其为基础的瀑布模型就产生了。

2. 描述

如图 22-4 所示，瀑布模型按照软件生命周期模型将软件开发活动组织为需求开发、软件设计、软件实现、软件测试、软件交付和软件维护等基本活动，并且规定了它们自上而下、相互衔接的次序，按照"从一个阶段到另一个阶段的有序的转换序列"[Royce1970] 的方式来组织开发活动。

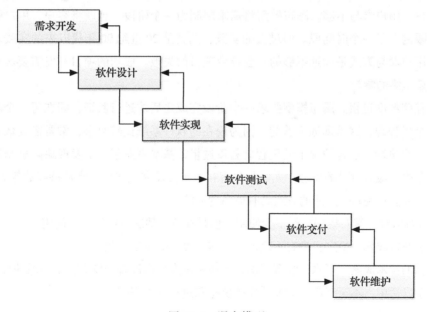

图 22-4　瀑布模型

虽然瀑布模型的活动组织看起来像是严格线性顺序关系，有些像瀑布流水逐级而下（也是因此才命名为瀑布模型），但事实上瀑布模型是允许活动出现反复和迭代的，例如，如果软件设计阶段发现了遗漏或者更多的需求，那么是可以返回到需求开发阶段进行增量需求处理的。所以严格线性顺序不是瀑布模型的主要特点，这是一个必须要澄清的理解误区。

瀑布模型真正的重点在于要求每个活动的结果必须要进行验证，并且只有在经过验证之后才能作为后续开发活动的基础。这使得瀑布模型特别重视模型与文档，因为这是在可执行代码产生之前唯一能够用来验证的东西，所以瀑布模型被看做是"文档驱动"（document-driven）的，即按照文档的划分、产生和验证来规划、组织和控制开发活动。

3. 特点

虽然从现在的角度来看，瀑布模型不能算是一个好的软件过程模型，但是考虑到它所出现的时代背景，与构建 – 修复模型相比，它还是体现出了明显的优势：为软件开发活动定义了清晰的阶段划分（包括了输入 / 输出、主要工作及其关注点），这让开发者能够以关注点分离的方式更好地进行那些复杂的软件项目的开发活动。

瀑布模型的局限性有以下几点：

- 对文档的过高期望。瀑布模型是文档驱动的，要求每个阶段都产生完备和可靠的文档，这一方面会耗费很大的工作量和成本，另一方面不切实际，因为实际开发中需求经常变化，无法建立完备可靠的文档。
- 对开发活动的线性顺序假设。瀑布模型将开发活动区分为不同阶段，要求一个阶段的工作经过验证后才能进入后续阶段，这也是不切实际的。因为在实际开发中，常常需要进行一定的后续工作才能验证当前的工作是否正确、可靠（例如，只有完成体系结构原型关键代码才能验证体系结构设计的有效性）。
- 客户、用户参与不够。瀑布模型将需求限制为一个阶段，也就将客户、用户的项目参与限制在了一个时间段。但过去的实践，尤其是 20 世纪 90 年代以来的实践表明，这种用户参与方式是远远不够的，会导致项目的失败。成功的项目开发需要客户、用户从始至终的参与。
- 里程碑粒度过粗。瀑布模型要求一个阶段完成之后才进行验证，即在每一个阶段设置一个里程碑，这是远远不够的。因为现在的软件系统比较复杂，常常需要数月才能结束一个阶段，这种情况下的里程碑粒度过粗，基本丧失了"早发现缺陷早修复"这一瀑布模型最有意义的思想。尤其是只有在所有开发完成之后（常常持续数年），客户和用户才能看到软件产品的方式具有极高的风险。

因为其局限性，瀑布模型已经很少使用，但是在特定情况下仍然可以使用：

- 需求非常成熟、稳定，没有不确定的内容，也不会发生变化；
- 所需的技术成熟、可靠，没有不确定的技术难点，也没有开发人员不熟悉的技术问题；
- 复杂度适中，不至于产生太大的文档负担和过粗的里程碑。

22.6 增量迭代模型

1. 背景和动机

20 世纪 70 年代产生的瀑布模型基于经典的软件生命周期清晰地界定和解释了软件开发活

动的任务划分与衔接，这对于人们更好地理解软件开发活动有着重要的作用。但是，正如前面所述，瀑布模型对开发活动的线性顺序假设具有局限性，实际开发中绝大多数复杂系统都是需要迭代完成的，所以，20 世纪 80 年代以后迭代式过程成为人们组织软件开发过程的基本方式。

除了对"迭代式"的认同之外，软件规模日益增长带来的挑战及其对策也促进了增量迭代模型的产生和普及，这些挑战和对策是：

1）周期过长和渐进交付。随着软件规模的增长，软件开发的周期越来越长，动辄数年时间。这一方面使得客户、用户得到软件产品的时间过长，风险过大；另一方面在数年时间内发生的变化往往使得最终的软件产品无法很好地完成最初的目标。为此，开发者开始使用渐进交付的方法，将长的开发周期分为多个迭代，每个迭代结束时提交产品的一个部分，所有迭代集成起来共同交付完整产品。例如，对于开发周期长达 5 年的项目，可以进行 5 次迭代，每年结束的时候完成一个迭代，这样就可以每年都交付部分产品给客户和用户，解决或缓解开发周期过长带来的问题。

2）时间压力和并行开发。软件规模增长和开发周期变长要求开发活动的组织者充分利用人力资源，提高工作效率，缩短开发周期和面市时间，这需要开发过程使用工程领域广泛使用的并行开发方式。软件开发的分工方式是按照生命周期阶段划分进行的，将开发人员划分为需求工程师、体系结构师、设计师、程序员、测试人员、维护人员等。如果使用串行开发方式，在每个工种工作时，其他的工种就必须等待，这自然是不利于缩减开发时间的。根据并行开发方式，可以让各个工种组成工业流水线的形式并行工作，例如，在需求工程师进行第 3 个迭代的需求工作时，设计师可能同步在进行第 2 个迭代的设计工作，程序员也在同步进行第 1 个迭代的编程工作。

总之，迭代式、渐进交付和并行开发共同促使了增量迭代模型的产生和普及。

2. 描述

如图 22-5 所示，增量迭代模型在项目开始时，通过系统需求开发和核心体系结构设计活动完成项目对前景和范围的界定，然后再将后续开发活动组织为多个迭代、并行的瀑布式开发活动。

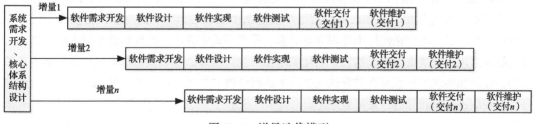

图 22-5　增量迭代模型

增量迭代模型需要在项目早期就确定项目的目标和范围，因此项目需求要比较成熟和稳定，不能出现数量太多的不确定性和影响太大的需求变更。少量的不确定性和影响不大的需求变更可以通过迭代的方式加以有效解决，即在前导迭代中明确后续迭代的不确定需求、在后续迭代中完成前导迭代的需求变更。

增量迭代模型中每个迭代的增量需求相对独立，可以被开发为产品的独立部分交付给用户。不同的增量迭代形成渐进交付和并行开发的效果。在实际开发中，第一个迭代完成的往往是产品的核心部分，满足基本需求，但是很多附带特性还需要后续迭代完成。

增量需求是增量迭代模型进行迭代规划、开发活动组织和控制的主要依据，因此它是"需求驱动"（requirement-driven）的。

3. 特点

增量迭代模型的优点是：

- 迭代式开发更加符合软件开发的实践情况，具有更好的适用性；
- 并行开发可以帮助缩短软件产品的开发时间；
- 渐进交付可以加强用户反馈，降低开发风险。

增量迭代模型的缺点是：

- 由于各个构件是逐渐并入已有的软件体系结构中的，所以加入构件必须不破坏已构造好的系统部分，这需要软件具备开放式的体系结构。
- 增量迭代模型需要一个完备、清晰的项目前景和范围以进行并行开发规划，但是在一些不稳定的领域，不确定性太多或者需求变化非常频繁，很难在项目开始就确定前景和范围。

因为能够很好地适用于大规模软件系统的开发，所以增量迭代模型在实践中有着广泛的应用，尤其是比较成熟和稳定的领域。

22.7　演化模型

1. 背景和动机

演化模型与增量迭代模型相比，相同点是它们都使用迭代式组织开发活动并且都适合大规模软件开发，不同点是增量迭代模型适用于比较成熟、稳定的领域，而演化模型主要用在需求变更比较频繁或不确定性较多的领域。

2. 描述

如图 22-6 所示，演化模型将软件开发活动组织为多个迭代、并行的瀑布式开发活动。

在初始开发迭代中，主要任务是澄清和明确系统的核心需求，建立和交付核心系统。在得到核心系统后，用户在使用中发现变更需求、澄清不确定需求，并反馈给开发人员。软件开发人员根据用户反馈规划后续迭代，精化和增强系统。所以，演化模型每次迭代的需求不是独立的，设计和实现工作也是在前导迭代基础上进行修改和扩展。演化模型的多个迭代联合起来可以实现渐进交付和并行开发的效果。

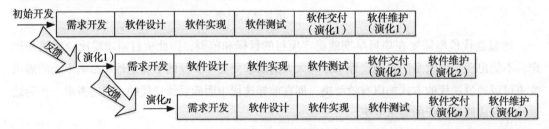

图 22-6　演化模型

对需求的反馈是演化模型进行迭代规划、开发活动组织和控制的主要依据，因此它也是"需求驱动"（requirement-driven）的。

3. 特点

演化模型的优点是：

- 使用了迭代式开发，具有更好的适用性，尤其是其演化式迭代安排能够适用于那些需求变更比较频繁或不确定性较多的软件系统的开发；
- 并行开发可以帮助缩短软件产品的开发时间；
- 渐进交付可以加强用户反馈，降低开发风险。

演化模型的缺点是：

- 无法在项目早期阶段确定项目范围，所以项目的整体计划、进度调度，尤其是商务协商事宜无法准确把握；
- 后续迭代的开发活动是在前导迭代基础上进行修改和扩展的，这容易让后续迭代忽略分析与设计工作，蜕变为构建 – 修复方式。

在实践中，不稳定领域的大规模软件系统开发适合使用演化模型进行组织。

22.8　原型模型

1. 背景和动机

原型方法是软件开发中广泛使用的方法，不论是探索需求、构建体系结构，还是试验技术细节，都会使用原型方法。但使用原型方法的软件开发活动并不就是原型模型的过程组织方式，关键要看原型方法在软件开发活动组织中的定位。

要理解原型模型就要区分原型的不同类型。[Nauman1982] 认为："原型是一个系统，它内化（capture）了一个更迟系统（later system）的本质特征。原型系统通常被构造为不完整的系统，以在将来进行改进、补充或者替代。"简单地说，原型产生于真正产品构建之前，一种情况是，它被扩展之后成为真正的产品；另一种情况是，它模拟真正产品但不会出现在真正产品中，而在真正产品中出现的是比原型质量更好的改进和替代。

第一种原型被称为演化式原型，它将成为真正产品的一部分，所以必须具有很好的质量。在迭代式开发中，通常会在第一个迭代中构建一个核心的体系结构演化式原型，并在后续迭代中不断扩充，最终成为真正的软件产品。

第二种原型被称为抛弃式原型，它存在的原因是不确定性——对未来知识的有限性。它通过模拟"未来"的产品，能够将"未来"的知识置于"现在"进行推敲，以解决不确定性。因为构建原型时面临不确定性，那么在澄清的过程中就难免会调整和修改原型，最终使得原型的质量无法保障，所以这一类原型通常不出现在真正的产品中，需要抛弃后另行开发质量更好的改进或替代。

原型模型的基本特征并不是注重使用演化式原型，而是注重使用抛弃式原型，所以原型模型适用于不确定性较多情况下的软件开发。

2. 描述

如图 22-7 所示，为了解决不确定性，原型模型将需求开发活动展开为抛弃式原型开发的迭代，充分利用抛弃式原型解决新颖领域的需求不确定问题。

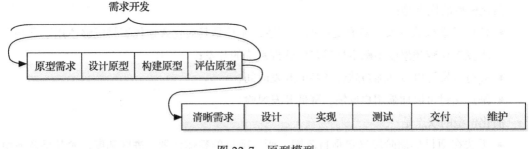

图 22-7　原型模型

在抛弃式原型的帮助下，解决了不确定性之后，可以得到清晰需求，这时再按照瀑布模型方式安排后续开发活动。

在整体开发活动组织上，可以通过多次原型开发迭代得到所有的清晰需求，这样后续的瀑布式开发活动可以按线性顺序安排。也可以安排整体迭代，每次整体迭代中通过原型开发得到部分清晰需求，并采用瀑布式完成后续开发。在整体安排迭代的情况下，原型模型就是强调"抛弃式原型方法"的演化模型。

驱动原型模型的可以是需求——按照需求的重要性进行迭代规划、开发活动组织和控制，也可以是风险——按照风险程度（因为不确定性而可能造成的损害程度）进行迭代规划、开发活动组织和控制。

3. 特点

原型模型具有演化模型的特点，所以它也具有演化模型的优点和缺点。

原型模型的优点是：

- 对原型方法的使用加强了与客户、用户的交流，可以让最终产品取得更好的满意度；
- 适用于非常新颖的领域，这些领域因为新颖所以有着大量的不确定性。

原型模型的缺点是：

- 原型方法能够解决风险，但是自身也能带来新的风险，例如原型开发的成本较高，可能会耗尽项目的费用和时间；
- 实践中，很多项目负责人不舍得抛弃"抛弃式原型"，使得质量较差的代码进入了最终产品，导致了最终产品的低质量。

实践中，原型模型主要用于在有着大量不确定性的新颖领域进行开发活动组织。

22.9　螺旋模型

1. 背景和动机

随着软件系统日益复杂，开发软件的风险也越来越高，为了解决软件开发的风险，[Boehm1988] 提出了螺旋模型。

螺旋模型的基本思想是尽早解决比较高的风险,如果有些问题实在无法解决,那么早发现比项目结束时再发现要好,至少损失要小得多。

2. 描述

螺旋模型是风险驱动(risk-driven)的,完全按照风险解决的方式组织软件开发活动。风险解决的基本思路是:确定目标、解决方案和约束→评估方案,发现风险→寻找风险解决方法→落实风险解决方案。围绕这个思路,螺旋模型将软件开发活动组织为风险解决的迭代:确定目标、解决方案和约束→评估方案,发现风险→寻找风险解决方法→落实风险解决方案→计划下一个迭代……所以,螺旋模型的 4 个象限反映了风险解决的思路,其中"评估方案,发现风险"和"寻找风险解决方法"被置于一个象限,如图 22-8 所示。

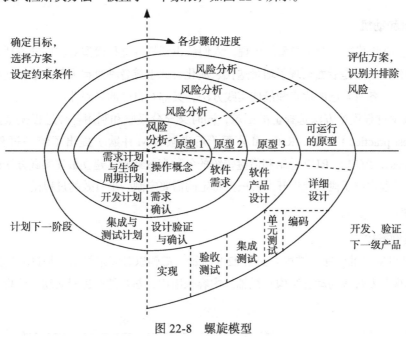

图 22-8　螺旋模型

风险是因为不确定性而可能带来的损失,所以原型自然是解决风险的有效手段,螺旋模型就是充分利用原型方法解决风险的。在原型方法的使用上,原型模型主要使用原型解决需求的不确定性,重点在于软件需求开发阶段。螺旋模型则使用原型解决项目开发中常见的各类型技术风险,包括系统需求开发、软件需求开发、软件体系结构设计、详细设计等各个阶段。

自内向外,螺旋模型有 4 次风险解决迭代,分别解决软件开发中风险较高的几个阶段:第 1 次迭代解决系统需求开发中的风险,尤其是产品概念设计风险,得到一个确定的产品前景和范围(产品操作概念与规格);第 2 次迭代解决软件需求开发中的风险,得到清晰的软件需求;第 3 次迭代解决软件体系结构设计中的技术风险,构建高质量的核心体系结构原型;第 4 次迭代解决详细设计和实现中的关键技术风险,建立一个可实现的高质量软件结构。如果需要增量迭代,那么螺旋模型还可以在第 4 次迭代之外再增加第 5 次迭代,以与第 4 次迭代相似的方式组织增量需求的后续开发活动(详细设计和实现的风险解决及实际开发)。

螺旋模型的 4 次迭代与第 4 次迭代右下象限的活动一起,构成了软件开发的瀑布模型,所以螺旋模型是风险解决迭代与瀑布模型的综合。

3. 特点

螺旋模型主要优点是可以降低风险，减少项目因风险造成的损失。

螺旋模型的缺点有：

- 风险解决需要使用原型手段，也就会存在原型自身带来的风险，这一点与原型模型相同；
- 模型过于复杂，不利于管理者依据其组织软件开发活动；

在实践中，螺旋模型在高风险的大规模软件系统开发中有着较多的应用。

22.10　Rational 统一过程

1. 背景和动机

20 世纪 70 年代随着瀑布模型的出现，人们认识到软件过程模型对软件开发活动组织有着很好的指导作用，于是后面出现了增量迭代、演化、原型等各种过程模型方法。这些过程模型方法互不相容，各有自己的优点和最佳实践方法，又都有自己的局限性。

为了减少过程模型方法选择上的困难，同时又充分吸收和利用各种过程模型方法下的最佳实践（best practice）方法，Rational 公司（后来被 IBM 并购）提出了统一过程（Rational Unified Process，RUP）。RUP 总结和借鉴传统的各种有效经验，建立最佳实践方法的集合，并提供有效的过程定制手段，允许开发者根据特定的需要定制一个有效的过程模型。

2. 描述

（1）模型概述

RUP 可以用二维坐标来描述，如图 22-9 所示。横轴以时间来组织，是过程展开的生命周期特征，体现开发过程的动态结构；纵轴以内容来组织，是自然的逻辑活动，体现开发过程的静态结构。

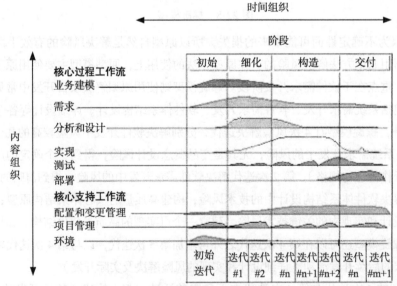

图 22-9　RUP 模型

　　RUP 没有使用经典的软件生命周期，而是把软件开发的生命周期定义为初始、细化、构造和交付 4 个阶段。初始阶段定义项目前景、范围和业务用例；细化阶段设计软件体系结构、构建核心体系结构原型；构造阶段完成软件系统的详细设计和实现；交付阶段将软件产品交付给用户。在每个生命周期阶段，都可以根据开发工作的需要安排多次迭代。每个迭代的开发活动都可能有 9 种工作流中的多数甚至全部在并发进行。RUP 的迭代规划与开发活动组织可以是风险驱动的，也可以是需求驱动的。

　　（2）核心实践方法

　　RUP 注重对最佳实践方法的吸收和应用，尤其是它提出了 6 个必须要应用的核心实践方法，它们体现了 RUP 的基础思想：

　　1）迭代式开发，这是过去被反复证明的最佳实践方法；

　　2）管理需求，重视需求工程中除了需求开发之外的需求管理活动；

　　3）使用基于组件的体系结构，它帮助建立一个可维护、易开发、易复用的软件体系结构；

　　4）可视化建模，利用 UML 进行建模；

　　5）验证软件质量，尽早和持续地开展验证，以尽早发现缺陷，降低风险和成本；

　　6）控制软件变更，适应 20 世纪 90 年代以后需求变更越来越重要的事实。

　　（3）RUP 裁剪

　　RUP 是一个通用的过程模板，非常庞大，所以在一个项目使用 RUP 指导开发活动组织时，需要对 RUP 进行裁剪和配置。

　　RUP 的裁剪和配置可以分为以下几步：

　　1）确定本项目需要哪些工作流。RUP 的 9 个核心工作流并不总是需要的，可以取舍。

　　2）确定每个工作流需要哪些制品。

　　3）确定 4 个阶段之间如何演进，决定每个阶段要哪些工作流，每个工作流执行到什么程度，制品有哪些。

　　4）确定每个阶段内的迭代计划。

　　5）规划工作流的组织，这涉及人员、任务及制品，通常用活动图的形式给出。

3. 特点

　　RUP 的优点有以下几点：

- 吸收和借鉴了传统的最佳实践方法，尤其是其核心的 6 个实践方法，能够保证软件开发过程的组织是基本有效和合理的。
- RUP 依据其定制机制的不同，可以适用于小型项目，也可以适用于大型项目的开发，适用面广泛。
- RUP 有一套软件工程工具的支持，这可以帮助 RUP 有效地实施。

　　RUP 的缺点有以下两点：

- 没有考虑交付之后的软件维护问题。
- 裁剪和配置工作不是一个简单的任务，无法保证每个项目都能定制一个有效的 RUP 过程。

　　总的来说，RUP 是重量级过程，能够胜任大型软件团队开发大型项目时的活动组织。但

RUP 经过裁剪和定制，也可以变为轻量级过程，也能够胜任小团队的开发活动组织。

22.11 敏捷过程

1. 背景和动机

20 世纪 90 年代以后，软件系统的规模日益增长，开发团队的规模也在增长，这使得规划、组织和管理软件开发活动的软件过程也日益增长，出现了过度复杂的现象。同一时期，软件工程出现了重视需求变更和用户价值的发展趋势，传统的复杂过程模型在应对这些新问题时遇到了极大的挑战。

因此，很多开发者提出传统的软件过程模型过度强调"纪律"，忽视了个人的能力，尤其是过度强调计划、文档和工具，导致项目开发失去了灵活性，不能快速地应对需求变更和用户反馈，而且用户参与的不足也无法保证项目始终将用户价值置于首要地位。

针对传统过程模型的缺陷和新的形势，人们开始总结实践中的经验和最佳实践方法，尝试建立轻量级过程方法。2001 年，企业界一些对轻量级过程方法有着共同思想的人士召开了一次会议，会议上宣布成立敏捷联盟，敏捷过程方法正式诞生。

2. 描述

（1）敏捷思想与原则

从其产生过程可以发现，敏捷过程并不是要为软件开发活动组织提供一种特定的过程模型，而是倡导一些指导性的思想和原则。

最为重要的敏捷思想是敏捷联盟宣言所声明的价值观：

- **个体和互动** 高于流程和工具。
- **工作的软件** 高于详尽的文档。
- **客户合作** 高于合同谈判。
- **响应变化** 高于遵循计划。

也就是说，尽管右项有其价值，敏捷方法更重视左项的价值。

除了上述 4 条核心价值观之外，敏捷宣言还提出了 12 条原则：

1）我们最重要的目标，是通过持续不断地及早交付有价值的软件使客户满意。

2）欣然面对需求变化，即使在开发后期也一样。为了客户的竞争优势，敏捷过程掌控变化。

3）经常地交付可工作的软件，相隔几星期或一两个月，倾向于采取较短的周期。

4）业务人员和开发人员必须相互合作，项目中的每一天都不例外。

5）激发个体的斗志，以他们为核心搭建项目，提供所需的环境和支援，辅以信任，从而达成目标。

6）不论团队内外，传递信息效果最好效率也最高的方式是面对面的交谈。

7）可工作的软件是进度的首要度量标准。

8）敏捷过程倡导可持续开发。责任人、开发人员和用户要能够共同维持其步调稳定延续。

9）坚持不懈地追求技术卓越和良好设计，敏捷能力由此增强。

10）以简洁为本，它是极力减少不必要工作量的艺术。

11）最好的架构、需求和设计出自组织团队。

12）团队定期地反思如何能提高成效，并依此调整自身的举止表现。

很多践行敏捷思想与原则的过程方法都属于敏捷过程，包括极限编程（eXtreme Programming，XP）、Scrum、特性驱动开发（Feature Driven Development，FDD）、自适应软件开发（Adaptive Software Development，ASD）、动态系统开发方法（Dynamic Systems Development Method，DSDM）等，其中极限编程和 Scrum 应用较为广泛。

（2）极限编程

极限编程的一个重要思想是极限利用简单、有效的方法解决问题（这也是它被称为极限编程的原因），例如：

- 如果单元测试好用，那么就让所有人一直做单元测试（测试驱动）；
- 如果集成测试好用，那么就一直做集成测试（持续集成）；
- 如果代码评审好用，那么就一直做评审（结对编程）；
- 如果简洁性好用，那么就只做最简洁的事情（简单设计）；
- 如果设计好用，那么就一直设计（重构）；
- 如果短迭代好用，那么就把迭代做得足够小（小版本发布）；
- 如果用户参与好用，那么就让用户始终参与（现场客户）。

根据上述思想，极限编程选择了 12 个实践方法，组织成严谨和周密的体系（如表 22-2 所示），以简洁的方式完成软件开发任务。

表 22-2　极限编程的实践方法

开发活动	实践方法	方法描述
迭代规划	规划游戏	计划是持续的、循序渐进的。每两周，开发人员就为下两周估算候选特性的成本，而客户则根据成本和商务价值来选择要实现的特性
需求开发	现场客户	用户代表作为开发团队的一分子，始终参与软件开发活动
软件设计	系统隐喻	将整个系统联系在一起的全局视图；它是系统的未来影像，是它使得所有单独模块的位置和外观变得明显直观。如果模块的外观与整个隐喻不符，那么就知道该模块是错误的
	简单设计	保持设计简洁，满足需求，但不要包含为了未来预期而进行的设计
	重构	不改变系统外部行为的情况下，改进软件内部结构的质量
软件实现	结对编程	两个人坐在一台计算机前一起编程，一个人控制计算机进行编程时，另外一个人进行代码评审。编程控制权可以互换
	编码规范	所有人都遵循一个统一的编程标准，因此，所有的代码看起来好像是一个人写的，每个程序员更容易读懂其他人写的代码
	代码集体所有权	每个人都对所有的程序负责，每个人都可以更改程序的任意部分
软件测试	测试驱动	在编程之前，先写好程序的设计用例和测试框架，然后再编写程序
	持续集成	频繁地进行系统集成，每次集成都要通过所有的单元测试；每个用户任务完成后都应该进行集成
软件交付	小版本发布	频繁地发布软件，如果有可能，应该每天都发布一个新版本；在完成任何一个改动、集成或者新需求后，就应该立即发布一个新版本
其他（项目管理）	每周 40 小时工作制	保持团队可持续开发能力，长时间加班工作会降低开发的质量和效率

3. 特点

敏捷过程包含的方法众多，各有特点，除了共同的思想和原则之外，很难准确描述它们的共同点，所以也无法确切界定它们的优缺点。从敏捷联盟声明的思想和原则来看，它们反映了 20 世纪 90 年代之后软件工程的发展趋势，所以得到了广泛的应用，尤其是能够适应于快速变化或者时间压力较大的项目。

22.12 习题

1. 如何理解软件生命周期模型？为什么在开发一个大型软件产品时遵循一个生命周期模型很重要？
2. 软件生命周期模型与软件开发过程模型有哪些区别与联系？
3. 如果一个项目在开发时没有遵循任何系统的过程，可能会发生哪些问题？
4. 描述本章介绍的每一种过程模型，包括基本活动、优缺点与适用情景。
5. 为什么抛弃式原型必须被抛弃？
6. 螺旋模型使用风险驱动的方式有哪些好处？
7. RUP 过程同时提供动态结构和静态结构的优点是什么？
8. 你认为什么情况下不应该使用敏捷过程方法？
9. 哪些模型可以适用于需求变化频繁项目的开发？为什么？
10. 哪些模型不适用于大型软件系统的开发？为什么？
11. 哪些模型的用户参与度会更高一些？为什么？
12. 为下列系统提出合适的软件过程模型，并解释你的理由：
    a）充分了解的数据处理应用程序；
    b）卫星通信软件，假设之前没有卫星通信软件的开发经验；
    c）超大型的软件，基于卫星通信、监控移动电话通信；
    d）一个新的文本编辑器；
    e）大学记账系统，准备替换一个已有的系统；
    f）大型软件产品的图形用户界面。

第 23 章

软件工程职业基础

23.1 软件工程职业

23.1.1 软件行业的发展

从 20 世纪 50 年代软件产生，到现在为止，软件行业经历了很大的发展，表 23-1 所示的软件开发人员数量的变化能够很清楚地表明这一点。

表 23-1 美国软件开发与维护人员分布

年　份	开发人员	维护人员	总　人　员
1950	1 000	100	1 100
1960	20 000	2 000	22 000
1970	125 000	25 000	150 000
1980	600 000	300 000	900 000
1990	900 000	800 000	1 700 000
2000	750 000	2 000 000	2 750 000
2005	775 000	2 500 000	3 275 000

注：源自 [Jones2006]。

在 20 世纪 50 年代，计算机还是研究性机器，只有重要的科研院所才拥有研究性计算机，与此相应，从事软件开发的人员基本都是数量较少的研究人员，他们出于研究的目的编写软件。

到了 20 世纪 60 年代，有些大型企业开始使用商业大型机，但是商业大型机的高昂费用使得其使用限制在少数企业范围内，基于商业大型机开发和维护应用软件的人员自然也数量不多。

20 世纪 70 年代的两个趋势——小型商业机和结构化编程理论，前者扩大了应用软件的需求，后者降低了开发难度、提高了开发成功率，二者联合起来，使得软件行业的公司和从业人员都出现了显著增长，一个软件行业的雏形开始显现。

20 世纪 80 年代 PC 和 GUI 的普及，急剧扩大了应用软件的需求，以至于出现了"急需提高生产力"的呼声，这使得软件行业的公司和人员数量也出现了急剧增长。

20世纪90年代至今，随着Internet和小型设备（嵌入式设备、移动设备）的发展，软件规模日益增长、领域越发广泛、作用越发凸显，使得软件深入到了人类社会的各个角落，软件行业的公司和从业人员数量也继续急剧增长。

20世纪90年代以后出现了一个新的现象：各个细分市场都已经出现了众多软件企业的身影，在新领域开疆扩土的情况只有在全新技术领域（例如移动终端）中会较多地出现，所以全新的软件开发不再像90年代之前那样快速地增长，反而是软件维护随着遗留软件越来越多而快速增长。

在一个行业中，市场的高度细分往往意味着"职业"（profession）的出现，软件行业也在20世纪90年代之后开始出现"软件工程职业"。

23.1.2 软件工程职业的出现

软件工程职业出现的讨论主要是从软件工程实践和教育领域开始的[Shaw1990, Parnas1999, McConnell1999, Seidman2008]。一个行业（occupation）成熟为职业需要具备下列几个基本特征：

- 有一批专职的从业人员；
- 界定了一个知识体系，能够明确从业人员需要具备的知识和技能；
- 建立了合格的教育体系，能够批量培养职业人员；
- 建立了严格的认证体系，能够保障从业人员的合格资质；
- 形成了职业的道德规范认同；
- 组织了指导性的行业协会。

虽然有些方面还在发展、不够成熟，但是软件工程已经在上述方面有了比较大的进步[Mok2010]。

23.1.3 软件工程师职业素质

不同于普通工作岗位上的人员，职业人员（professional）是需要资质认证的，它要求从业人员具备特定的知识和能力。这一方面是因为职业的成熟度足以明确认证的内容，更主要的原因是职业人员所从事的工作可能会有较大的社会影响，尤其明显的例子是会计、律师、医生等职业，软件工程职业也会对社会产生较大的影响，也需要认证。

认证职业人员除了主要的专业技能之外，还需要界定一个职业人员的职业素质（professionalism）。

对软件工程师的职业素质要求主要有：

- 团队工作能力；
- 交流沟通能力，包括与同事的交流，也包括与用户的交流；
- 遵守职业的道德标准和操行规范；
- 积极参与行业协会活动，遵守行业标准，推进行业发展；
- 了解软件工程对社会、经济、法律等相关领域的影响、问题和观点。

23.2　软件工程职业概况

23.2.1　知识体系

目前，SWEBOK（软件工程知识体系，www.swebok.org）是被普遍接受的软件工程知识体系，它是 IEEE-CS 组织建立的。

SWEBOK 的建设目的是：描述软件工程学科的内容；建立全球范围内一致的软件工程视角；区分软件工程相对于其他学科的位置，并定义边界；为教程制定和培训提供基础；为软件工程提供基础培训教材和课程发展；为软件工程师的认证（certification）和授权（license）提供基础。

2004 年的 SWEBOK 第二版产生了广泛的影响，它将软件工程定义为 10 个知识领域，如下所示：

- 软件需求（software requirements）。
- 软件设计（software design）。
- 软件构造（software construction）。
- 软件测试（software testing）。
- 软件维护（software maintenance）。
- 软件配置管理（software configuration management）。
- 软件工程管理（software engineering management）。
- 软件工程过程（software engineering process）。
- 软件工程工具和方法（software engineering tools and methods）。
- 软件质量（software quality）。

在本书写作时，SWEBOK 的第三版正在公开评审，它不仅更新了原有的 10 个知识领域，而且出于完整性定义了另外 5 个知识领域，如下所示：

- 软件工程职业实践（software engineering professional practice）。
- 工程经济学基础（engineering economy foundations）。
- 计算基础（computing foundations）。
- 数学基础（mathematical foundations）。
- 工程基础（engineering foundations）。

23.2.2　教育体系

基于 SWEBOK，IEEE-CS 和 ACM 成立了联合工作组，建设并发布了软件工程专业本科教程 CCSE2004，为软件工程专业本科教育计划制定和实施提供了指导规范。基于 CCSE2004，我国也建立了《中国软件工程学科教程》[CSEC2005]。2009 年，IEEE-iSSEc 又发布了软件工程专业研究生教程 GSwE2009。

CCSE2004 按照章节次序描述了以下内容：

- 软件工程学科；
- 指导原则；

- SEEK；
- SE 教程设计与实施的指导原则；
- 建议课程与课程顺序；
- 对不同环境的适应；
- 教育计划的实现与评价。

在上述内容中，CCSE2004 对软件工程专业本科教育的目标、产出、指导原则、知识体系和课程体系等给出了详细的描述。

CCSE2004 认为计算科学基础、数学与工程基础、职业实践和软件工程知识（软件建模与分析、软件设计、软件验证与确认、软件演化、软件过程、软件质量、软件管理）是软件工程本科教育的核心知识领域。

23.2.3 职业道德规范

因为软件对世界的影响力，使得软件工程师的行为会在很大程度上影响人们的财产、健康甚至生命安全，因此社会开始关注软件工程师的行为，希望他们遵从一个能够服务于社会的职业指导规范。

1999 年，ACM 和 IEEE-CS 联合指导委员会的软件工程道德和职业实践的联合工作小组提出了《软件工程道德和职业实践规范（5.2 版）》[SEEPP1999]。这个规范包含长短两个版本。其中，短版本的前言是："软件工程师应履行其实践承诺，使软件的需求分析、规范说明、设计、开发、测试和维护成为一项有益和受人尊敬的职业。为实现他们对公众健康、安全和利益的承诺，软件工程师应当坚持以下八项原则……"。八项原则的详细情况请参见附录 C。

23.2.4 认证体系

为保障受到软件影响的人们的财产、健康甚至生命安全，除了职业道德规范之外，还需要关注从业人员的资质，这需要建立严谨的认证体系 [Kruchten2008]。当然，在职业认证的问题上目前还有疑虑 [Knight2002, White2002]，但是整个认证工作正在向前推进。

软件职业认证共分为 3 类：

1）教育鉴定。教育鉴定是政府主导的，是用来确认教育机构（主要是大学的相关专业）资质的评审过程。

2）职业认证。职业认证更多的是行业主导的，用来确认从业人员所掌握的软件工程知识和技能。作为最权威的软件工程专业协会，IEEE-CS 提出了 SCP（SWEBOK Certificate Program）、CSDA（Certified Software Development Associate）和 CSDP（Certified Software Development Professional）组成的分级分阶段的软件从业人员认证。SCP 主要认证一个人（主要是在校学生）对 SWEBOK 主要内容的掌握情况。CSDA 主要认证一个人（主要是毕业生）是否准备好开始职业工作。CSDP 主要认证软件开发职业人员的技能水平。

3）从业执照。鉴定不同于认证，认证也不同于执照；鉴定针对专业，认证针对个人，而执照则表示行政或者法律允许个人从事关键软件开发的许可。执照通常由政府部门颁发，只有拥有执照的人才可以参与被认定对公共卫生、安全或者财产有重大利益影响的项目。目前，国内还没有要求软件工程师具备执照才能从事关键项目的要求。

23.2.5 行业协会

软件工程主要有两个专业协会提供支持：IEEE-CS（计算机学会）和 ACM（Association for Computing Machinery）。其中，IEEE-CS 是 IEEE（国际电子电器工程师协会）众多专业学会机构中最大的一个。IEEE-CS 致力于发展计算机和信息处理技术的理论、实践和应用。通过其会议、应用类和研究类的期刊、远程教育、技术委员会和标准制定工作组，学会在它的成员中间不断推动信息互动、思想交流和技术创新。ACM 于 1947 年创建，旨在提高世界范围内信息科技工作者和学生的技能。

软件工程的第一次国际会议（International Conference on Software Engineering，ICSE）于 1975 年举行，并且在 IEEE-CS 和 ACM-SIGSOFT 的联合赞助下成为软件工程方面的主要会议。同时，ACM-SIGSOFT 还举办软件工程创立的年会。此外，这两个专业学会还通过单独赞助或者联合赞助的形式，举办很多软件工程课题的研讨会或讨论会。

23.3 软件工程的行业标准

IEEE-CS 是软件工程行业标准的主要制定者。IEEE 的第一个软件工程标准委员会成立于 1976 年，旨在为软件质量保障提供一个规范化标准。现在，IEEE 的计算机学会有一个软件工程标准化委员会，其目标如下：将专业软件工程实践中的名词标准化；促进客户、从业者和教育人士使用标准化软件工程语言；协调国际软件工程标准化的发展。

目前，IEEE-CS 的标准覆盖了软件工程的大多数专题，常用的软件工程标准如表 23-2 所示。

表 23-2　IEEE-CS 常见软件工程标准

专　　题	对　　象	IEEE-CS 的软件工程标准
软件工程语言	名词术语	IEEE Std 610.12-1990　IEEE Standard Glossary of oftware Engineering Terminology
软件需求工程	系统需求规格说明	IEEE Std 1233-1998　IEEE Guide for Developing System Requirements Specifications
	软件需求规格说明	IEEE Std 830-1998　IEEE Recommended Practice for Software Requirements Specifications
软件设计	体系结构设计描述	IEEE Std 1471-2000　IEEE Recommended Practice for Architectural Description of Software -Intensive Systems
	软件设计描述	IEEE Std 1016-2009　IEEE Recommended Practice for Software Design Descriptions
软件测试	测试文档	IEEE Std 829-2004　IEEE Standard for Software Test Documentation
软件交付	用户文档	IEEE Std 1063-2001　IEEE Standard for Software User Documentation
软件维护	软件维护	IEEE Std 1219-1998　IEEE Standard for Software Maintenance
过程管理	软件生命周期过程	IEEE Std 12207-2008　Systems and oftware Engineering　—Software Life Cycle Processes
	生命周期过程定义	IEEE Std 1074-2006　IEEE Standard for Developing Software Life Cycle Processes
	验证与确认	IEEE Std 1012-2004　IEEE Standard for Software Verification and Validation
	评审与审计	IEEE Std 1028-2008　IEEE Standard for Software Reviews and Audits
	质量度量	IEEE Std 1061-1998　IEEE Standard for a Software Quality Metrics Methodology

23.4　习题

1. 除了软件开发技能之外，软件工程师还需要具备哪些职业素质？
2. 判断一个职业出现有哪些方面的条件？软件工程目前表现如何？
3. 为什么软件工程师要注重专业道德？
4. 为什么软件工程师要进行认证？

附录 A

软件需求规格说明文档模板

1. 引言

该部分是对整个软件需求规格说明的概览，以帮助读者更好地阅读和理解文档。内容包括文档的意图（目的）、主要内容（范围）、组织方式（文档组织）、参考文献和阅读时的注意事项（定义、首字母缩写和缩略语）。

1.1 目的

说明软件需求规格说明的主要目标；描述软件规格说明所定义的产品或某些产品部分；限定预期的读者。

1.2 范围

在这一节中：

1）根据名称确定将被开发的软件产品。

2）解释软件产品的预期功能，并在必要的时候解释没有纳入软件产品预期的功能。

3）描述软件产品的应用，包括相关的好处、目标和目的。

4）如果在此软件需求规格说明之外，还存在着一个更高层次的规格说明（例如系统需求规格说明），那么该部分的描述应该与更高层次文档的相关段落保持一致。

1.3 定义、首字母缩写和缩略语

定义了正确理解软件需求规格说明所必需的术语、首字母缩写和缩略语。这部分内容也可以通过添加附录或者引用其他文档来提供。

1.4 参考文献

在这一节中：

1）提供需求规格说明文档在别处引用的全部文档的清单列表。

2）利用标题、报告编号（如果适用）、日期和出版机构来标识文档。

3）指定可以获得参考文献的来源。

这部分内容也可以通过添加附录或者引用其他文档来提供。

1.5 文档组织

在这一节中：

1）描述软件需求规格说明余下部分所包含的内容。

2）解释软件需求规格说明的组织方式。

2. 总体描述

从总体上描述影响产品和需求的因素。这部分并不涉及那些将在文档第 3 部分（详细需求描述）中描述的具体的需求，而是为其提供背景知识，使其更加易于理解。

2.1 产品前景

该节将所定义的产品和其他相关的产品联系起来，在联系中描述产品的起源和背景，进而说明对产品的总体预期。

如果产品是一个独立的、完全自包含的系统，那么就应该在这里进行声明。

如果像常见的情况那样，产品仅仅是较大系统的一个组件，那么就应该将较大系统的需求和软件的功能联系起来进行说明，并标识它们之间的接口。如果能够开发一个能够显示较大系统的主要组件、内部连接和外部接口的框图，将会有很大的帮助。

这一节还应该描述较大系统的其他部分对软件产品的操作预期。这些部分包括：

- 系统接口：系统接口对软件产品的功能要求。
- 用户界面：软件产品和用户之间接口的逻辑特征和优化要求。
- 硬件接口：软件产品和较大系统中硬件组件之间接口的逻辑特征。
- 软件接口：其他软件系统对软件产品的要求。
- 交流接口：本地网络协议之类的交流接口要求。
- 内存：软件产品在主存储器和辅助存储器上的局限性和可适用特性。
- 操作：用户要求的正常和特殊操作。
- 地点改变需求：对指定地点、任务或者操作模式的需求，调整软件装置而需要改变的地点或者任务的相关特征。

2.2 产品功能

概述软件将要执行的主要功能。此处只需要概略地总结，其详细内容将在第 3 部分（详细需求描述）中描述。例如，一个账目管理程序的软件需求规格说明会在本节中描述顾客账目维护、顾客描述和发票处理等功能，但不会提及上述功能的大量细节。如果存在为软件产品分配功能的更高一层的规格说明，那么这个部分的功能概述应该直接从更高层次规格说明的相关部分提取。

为了清晰起见：

- 功能的组织应该能够让第一次看到文档的顾客或者其他人理解功能列表。
- 可以使用文本或者图形化的方法显示不同功能及其联系。

2.3 用户特征

描述产品预期用户的一般特征，包括受教育水平、经验和技术能力等。这些描述信息可以用来解释第 3 部分（详细需求描述）中特定需求出现的原因，但是本节并不涉及这些特定的需求。

2.4 约束

对限制开发人员开发方案选择的项目进行一般性描述。这些项目包括：

- 规章政策；
- 硬件限制；
- 和其他应用的接口；
- 并发操作；
- 审计功能；
- 控制功能；
- 高阶语言要求（即程序开发语言）；
- 信号握手协议（即信息交流的可靠性要求）；
- 应用的临界状态；
- 安全性考虑。

2.5 假设和依赖

列举并描述了那些会对文档中所述需求产生影响的因素。这些因素并不是软件的设计限制，但是这些因素的任何变化都会影响到文档中的需求。例如，有这样一个假设：软件产品的目标硬件上会有某个特定的操作系统。而在实际情况当中，这样的情况并不存在，那么文档中的需求将不得不进行相应的改变。

3. 详细需求描述

这通常是软件需求规格说明中最大和最重要的部分。它要对所有的软件需求进行充分的描述。信息的内容应该包括设计人员进行设计时所需要的所有细节，足以让设计人员设计出一个满足需求的系统。信息的内容还需要清楚地告诉测试人员需要怎样的测试才能保证得到一个满足需求的系统。

在这一部分：

- 细节需求的描述要符合优秀需求的特性要求，文档的组织和内容整合要符合优秀软件需求规格说明文档的特性要求。
- 细节需求要能够回溯到相关的前期文档，形成前后参照。
- 所有的需求都要被唯一地标识。
- 需求的组织应该尽可能地提高可读性。

该部分内容的最佳组织方式要依赖于软件产品的应用领域和特性。[IEEE830-1998] 为该部分的文档组织提供了 8 种不同的模板方式，模板 7-2 仅为其中之一。模板 7-2 是按照系统特性来进行需求组织的，除此之外也可以按照操作模式、类/对象、刺激/响应、功能分解、用户类别等方式进行组织。

[IEEE830-1998] 将需求分成 5 类，并据此进行内容的组织。这 5 类需求分别是：

- 功能需求；
- 性能需求；
- 约束；
- 质量属性；
- 对外接口。

3.1 对外接口需求

描述了设计人员正确开发软件与外部实体的接口所需要的所有信息。

对软件产品对外接口中的输入／输出项，可以参照下列方式进行描述：

- 名称；
- 目的描述；
- 输入源／输出目标；
- 有效范围，精确度和误差范围；
- 度量单位；
- 时间要求；
- 和其他输入／输出项的关系；
- 屏幕布局／组织；
- 窗口布局／组织；
- 数据格式；
- 命令格式；
- 结束消息。

3.1.1 用户界面

描述系统所需的每个用户界面的逻辑特征。本节可能包括下列内容：

- 对图形用户界面（GUI）标准的引用或者将要采用的产品系列的样式指南。
- 有关字体、图标、按钮标签、图像、颜色选择方案、组件的 tab 顺序、常用控件等的标准。
- 屏幕布局或解决方案的约束。
- 每个屏幕中将出现的标准按钮、功能或者导航链接。
- 快捷键。
- 消息显示约定。
- 便于软件定位的布局标准。
- 满足视力有问题的用户的要求。

3.1.2 硬件接口

描述系统中软件和硬件每一接口的特征。这种描述可能包括支持的硬件类型、软硬件之间交流的数据和控制信息的性质以及所使用的通信协议等。

3.1.3 软件接口

描述该产品与其他外部组件（由名字和版本识别）的连接，包括数据库、操作系统、工具、程序库和集成的商业组件等。声明在软件组件之间交换数据、消息和控制命令的目的。描述其他外部组件所需要的服务以及组件间通信的性质。确定将在组件之间共享的数据。

3.1.4 通信接口

描述与产品所使用的通信功能相关的需求，包括电子邮件、Web 浏览器、网络通信标准或协议及电子表格等。定义了相关的消息格式。规定通信安全或加密问题、数据传输速率和同步通信机制等。

3.2 功能需求

描述了软件产品在接收和处理外部输入（或者处理和产生对外输出）时发生的基本行为。需要描述的内容有：

1）对输入的验证；

2）操作的顺序；

3）对异常的响应，例如

- 数值越界；
- 通信问题；
- 错误处理与恢复。

4）参数的说明；

5）输出和输入的关系，包括：

- 输入 / 输出序列；
- 将输入转换为输出的公式和规则。

3.2.x 系统特性

系统特性是外部期望的系统服务，它接收一系列的输入，并产生外界预期的输出。

3.2.x.1 特性描述

提出了对该系统特性的简短说明。

3.2.x.2 刺激 / 响应序列

列出输入刺激序列（用户动作、来自外部设备的信号或其他触发器）和系统的响应序列。

3.2.x.3 相关功能需求

详细列出与该特性相关的功能需求。这些是必须提交给用户的软件功能，使用户可以使用所提供的特性执行服务或者使用所指定的使用实例执行任务。描述产品如何响应可预知的出错条件或者非法输入或动作。

3.2.x.3.n 功能需求 x.n

对单个需求（功能的某个步骤或者某个方面）的清晰描述，常见形式为"RID: 系统应该……"。

3.3 性能需求

阐述了不同的应用领域对产品性能的需求，并解释它们的原理以帮助开发人员做出合理的设计选择。确定相互合作的用户数或者所支持的操作、响应时间以及与实时系统的时间关系。还可以在这里定义容量需求，例如，存储器和磁盘空间的需求或者存储在数据库中表的最大行数。尽可能详细地确定性能需求。可能需要针对每个功能需求或特性分别陈述其性能需求，而不是把它们都集中在一起陈述。

3.4 约束

描述可能由法律法规、标准、规范或者硬件限制等因素带来的设计约束。

3.5 质量属性

详尽陈述对客户或开发人员至关重要的产品质量属性。这些特性必须是确定、定量的，并在可能时是可验证的。

3.6 其他需求

定义在软件需求规格说明的其他部分未出现的需求，例如，数据需求、国际化需求或法律上的需求。还可以增加有关操作、管理和维护部分来完善产品安装、配置、启动和关闭、修复和容错，以及登录和监控操作等方面的需求。

附录

附录是对软件需求规格说明正文信息的补充。虽然它并不总是必需的，但是必要的附录可以增加文档对需求的描述能力。

常见的附录内容包括：

- I/O 格式示例、成本分析研究、用户调查结果。
- 有助于阅读软件需求规格说明的背景信息，常见的有术语表、数据字典和分析模型图示。
- 需要解决但是目前还悬而未决的问题列表。
- 为了满足安全、导出、初始加载或者其他需求而对代码和数据媒体进行特殊打包处理的说明。

索引

对文档重要内容的位置引用，可以利用文档编辑工具自动生成。

```
/************************************************************************
* Copyright (c）[ 组织结构名称 ]. All rights reserved.
*************************************************************************

    $Workfile$

    Version Number - $Revision$
    Last Updated   - $Date$
    Updated By     - $Author$

简短概括模块的功能与目标

相关的设计细节、构建依赖、假设、实现细节、备注等相关信息



***********************************************************************
* 授权使用信息
***********************************************************************/

/**********************************************************************
   Package 和 import 语句部分
*/


package com.mycompany.mypackage;
```

```
import com.construx.somepackage;

/**************************************************************************
使用该分割符将模块分割为不同逻辑块
*/

/**************************************************************************
类声明
*/

/*========================================================================
=====
简单概括类的职责与目标
...............................................................

描述类的重要信息

========================================================================
====*/
public class JavaClass
    extends SuperClass
    implements SomeInterface, SomeOtherInterface
    {

    /*------------------------------------------------------------
    构造方法
    ...........................................................

    描述构造方法的重要信息

    ------------------------------------------------------------*/

    // 概述构造方法 1
    public JavaClass( )
    {

    }
```

```
// 概述构造方法 2
public JavaClass( )
{

}


/*===========================================================

  Public 方法
*/


/*-------------------------------------------------------------
简单概括公共方法的功能与目标
 .....................................................


描述该功能概要

描述异常与返回值

---------------------------------------------------------------*/
public RETURN_TYPE
SomeMethod(
    PARAM1_TYPE param1,    // 描述参数 param1
    PARAM2_TYPE param2     // 描述参数 param2
    )
    throws SomeException
    {

    }


/*===========================================================

  Protected 方法
*/
```

```
/*================================================================

    Private 方法
*/




/*================================================================

    Protected 成员变量
*/


protected boolean m_aBooleanValue;




/*================================================================

    Private 成员变量
*/


private int m_anIntValue;


}




/**************************************************************************
End - $Archive$
**************************************************************************/
```

软件工程道德和职业实践规范
（5.2 版）的八项原则

1. 公众

软件工程师应发挥其专业角色，行为上符合公众的安全、健康和财产利益，尤其应该：

1.01 承担自己所从事的专业应具备的全部职责。

1.02 不要让个人利益、雇主利益、某一客户的利益或使用者的利益凌驾于公众利益之上。

1.03 除非有坚实的证据表明一个软件是安全的、达标的，并且经过适当的测试证明不会降低生活质量或损害环境，才允许其上市。这项工作的最终效果应该是获得公众利益。

1.04 向特定人士或权威机构揭露任何对使用者、公众、第三方或环境可能造成的现实的或潜在的危险，有理由相信，他们应该与软件或相关文件有关联。

1.05 在软件，软件的安装、维护、支持及其相关文件引起的公众焦点事件上，通力协作进行处理。

1.06 所有的表述都要公正、可信，尤其是那些与软件或相关文件、方法和工具有关的公共表述。

1.07 尽可能开发体现差异性的软件。语言问题、能力差异、身体因素、精神因素、经济差异以及资源分配等都应该考虑到。

1.08 从好的原因方面鼓励志愿者学好专业技能，致力于有关伦理规范的公共教育事业。

2. 客户和雇主

在保护公众的健康、安全和财产利益的基础上，软件工程师应该表现出专业的行为，从而被他们的客户或雇主所依赖。尤其应该：

2.01 只在他们能力所及的领域提供服务。对于他们在经验和受教育程度上的限制，应该表现出诚实和直率。

2.02 禁止在知情的情况下使用非法获取或禁止的软件。

2.03 在正当授权的情况下使用其客户或雇主的财产，并得到他们的了解与同意。

2.04 确保他们所凭借的一切文件都得到授权批准。在有需要时，被授权的人应该给予批准。

2.05 对于任何通过他们的专业工作获得的机密资料予以保密，而这种保密行为与公众利益、法律允许的做法是一致的。

2.06 在他们参与的软件或相关文件中出现，或他们意识到的任何问题或社会关注点，都要识别、记录并向雇主或客户汇报。

2.07 如果认为一个项目可能会失败、支出过于庞大或是触犯知识产权（尤其是版权、专利和商标），要查明、记录、收集证据并如实告诉客户或雇主，以免出现问题。

2.08 在为主要雇主服务时，不要接受任何妨碍工作的私活。

2.09 没有雇主的具体认可，不要表现与其相反的利益，除非是为了达到一个更高的伦理要求；在这种情况下，应该向雇主或别的相关权威说明工程师的伦理问题。

3. 产品

软件工程师应尽可能确保他们开发的软件是有用的，且其质量能为公众、生产者、客户及使用者所接受；他们能及时完成，且费用合理；此外还要没有缺陷。软件工程师尤其要做到：

3.01 争取高质量，可接受的成本和合理的时间分配，确保那些重要的权衡是明确的并可由雇主和客户接受，对于用户和公众来说是可用的。

3.02 为他们从事或打算从事的项目确定正确、可行的目标。

3.03 对所从事的项目进行伦理、经济、社会、法律和环境方面的识别、定义和阐明。

3.04 确保教育和经验的双重完善，从而使其能够胜任所有正在或打算从事的项目。

3.05 为他们从事或打算从事的项目确定一个合适的策略。

3.06 以专业的标准来要求自己的工作，当伦理上和技术上都合理的时候，对手头上的项目是最合适的。

3.07 尽可能完全理解他们开发的软件的认证。

3.08 确保他们开发的软件经过系统完善的认证，能够满足使用者的需求，并得到客户的认同。

3.09 确保对他们从事或打算从事的项目进行支出、进度、人员、结果方面的实际预测，并就这些预测提供一个风险评估。

3.10 确保对他们开发的软件和相关文件进行充分检验、调试和审查。

3.11 确保为他们从事的项目提供充足的参考文件，包括其中发现的问题和采取的措施。

3.12 在从事软件和相关文件工作时，要尊重软件受试者的隐私。

3.13 注意只使用来自合法渠道的精确数据，且只使用正当授权的手段。

3.14 保持数据的完整性，对数据的超时和溢出保持敏感。

3.15 以同样专业的方式来对待所有形式的软件维护。

4. 判断

软件工程师应尽可能既保持自身专业判断的独立性，同时还要保护他们做出这些判断的声誉。尤其应该做到：

4.01 在支持和维护人类价值的高度下，调整一切技术判定。

4.02 只有在自己监管之下进行，并属于自己的专业领域的情况下，才在相关文件上签字。

4.03 在需要评估任何软件或相关文件时，保持专业客观性。

4.04 不得从事诸如贿赂、双重收费，或其他不正当的欺骗性财务行为。

4.05 将那些难以避免的利益冲突告知所有涉事方，并寄望解决。

4.06 拒绝因涉及雇主或客户的商业利益，而作为一个成员或顾问，参与政府或专业组织的在软件或相关文件方面的任何决策。

5. 管理

处于管理或领导地位的软件工程师应该表现公正，并应该赋予和鼓励被领导者实现其自身及相关职责，包括受道德法则的约束。扮演领导角色的软件工程师尤其应该：

5.01 确保任何项目上，都有良好的管理，包括提高质量和降低风险的有效程序。

5.02 在招募员工之前，确保将标准告知他们。

5.03 确保员工知晓雇主为保护口令、文件和其他机密信息而制定的政策和方法。

5.04 在考虑过员工的教育、经验以及继续提高的意愿之后，才进行工作分配。

5.05 确保对他们从事或打算从事的项目进行支出、进度、人员、结果方面的实际预测，并就这些预测提供一个风险评估。

5.06 通过对雇佣条件详细、精确的描述来吸引员工。

5.07 提供公平、公正的报酬。

5.08 不要不正当地阻止下属升迁至一个足能胜任的职位。

5.09 制定一个公正的协议，解决每个员工所参与的任何程序、研究、写作等知识产权问题。

5.10 建立适当的程序，听取关于违反雇主的政策或伦理规范的指控。

5.11 不要要求员工做出任何与道德法则冲突的事情。

5.12 不惩罚任何对项目表达道德上的顾虑的员工。

6. 专业

在一切专业事务中，软件工程师应该在符合公众的健康、安全和财产利益的同时，提高他们专业的诚信与荣誉。尤其应该尽可能做到：

6.01 帮助发展一个有利于道德发展的组织环境。

6.02 提高公众对软件工程学的认知。

6.03 扩充自己在软件工程方面的知识，适当参加一些专业的组织，会议和出版物的发布会。

6.04 支持那些同样遵守伦理规范的人。

6.05 勿以专业为代价谋求自身利益。

6.06 遵守所有的法律来规范自己的工作，除非特殊情况，例如顺从这种法律不符合大众利益。

6.07 表述他们所参与的软件的特征时，用语要精确，避免错误断言，或在声明中包含虚假、误导或可疑信息。

6.08 就他们所参与的软件和相关文件，承担探查、改正和报告的责任。

6.09 确保客户、雇主和监督者了解软件工程师所遵守的伦理规范，以及应承担的责任。

6.10 只和有信誉的商业或机构合作，避免与那些与伦理规范有冲突的企业和组织进行交流。

6.11 认识到那些违反伦理规范的行为不符合一个专业的软件工程师的行为。

6.12 当探测到违反伦理规范的行为发生时，你应该给那些牵涉其中的人表达你的顾虑，除非你的表达是不可能做到的、反效果的，或是危险的。

6.13 当向那些涉及一些重大违反伦理规范的人员进行咨询是不可能的、反效果的，或是危险的时候，应当向合适的权威机构报道这些重大的违反行为。

7. 同行

软件工程师应该以公正的态度对待同行，并采取积极措施支持其专业行为。尤其应该做到：

7.01 鼓励同行去遵守伦理规范。

7.02 在专业发展上帮助同行。

7.03 充分信任他人的工作，但又不要过分的信任。

7.04 以客观、公正、正确的文件证明方式审查他人的工作。

7.05 公正听取同行的意见、关注点和批评。

7.06 帮助同行充分领会目前的标准工作实践，包括保护一般的口令、文件、安全测试及其他机密信息的政策和方法。

7.07 切勿阻碍他人的专业进展。

7.08 在自身专业领域之外，积极听取其他领域专业人士的意见。

8. 自身

软件工程师终其职业生涯，都应该极力提高自身能力，尽可能完善专业实践。尤其应该持续努力做到：

8.01 增进软件及其相关文件的研究、设计、发展、测试方面的知识，同时还要提高发展过程中的管理能力。

8.02 提高能力，尽力在费用合理、时间合理的前提下，开发安全、可靠、有用的高质量软件。

8.03 提高创建精确的、信息性与阅读性兼具的文件的能力，用以支持自己所参与的软件。

8.04 提高他们对其所从事的软件、相关文件及其使用环境的理解。

8.05 增进对自身从事的软件及其相关文件所涉及的法律法规的了解。

8.06 增进相关道德法则、解释及应用方面的知识。

8.07 不要因为一些无关的偏见来给他人不平等的对待。

8.08 切勿要求或影响他人做出违反伦理规范的举动。

8.09 认识到作为一个专业的软件工程师不应违反伦理规范。

连锁商店管理系统（MSCS）相关文档

附录 D.1　连锁商店管理系统（MSCS）用例文档

1. 引言

1.1 目的

本文档描述了商店销售系统的用户需求。

1.2 阅读说明

用例描述的约定为……。

1.3 参考文献

……

2. 用例列表

参 与 者	用 例
收银员	1. 处理销售 2. 退货
客户经理	3. 入库 4. 出库 5. 库存分析 6. 发展会员 7. 礼品赠送
总经理	5. 库存分析 8. 调整产品 9. 制定销售策略
管理员	10. 调整用户

3.详细用例描述

用例1 处理销售

ID	1		名　称	处理销售
创建者			最后一次更新者	
创建日期			最后更新日期	
参与者	收银员，目标是快速、正确地完成商品销售，尤其不要出现支付错误			
触发条件	顾客携带商品到达销售点			
前置条件	收银员必须已经被识别和授权			
后置条件	存储销售记录，包括购买记录、商品清单、赠送清单和付款信息；更新库存和会员积分；打印收据			
优先级	高			
正常流程	1.如果是会员，收银员输入客户编号 2.系统显示会员信息，包括姓名和积分 3.收银员输入商品标识 4.系统记录商品，并显示商品信息，商品信息包括商品标识、描述、数量、价格、特价（如果有商品特价策略）和本项商品总价 5.系统显示已购的商品清单，商品清单包括商品标识、描述、数量、价格、特价、各项商品总价和所有商品总价 　收银员重复3～5步，直到完成所有商品的输入 6.收银员结束输入，系统根据总额特价策略计算并显示总价 7.系统根据商品赠送策略和总额赠送策略计算并显示赠品清单，赠品清单包括各项赠品的标识、描述与数量 8.收银员请顾客支付账单 9.顾客支付，收银员输入收取的现金数额 10.系统给出应找的余额，收银员找零 11.收银员结束销售，系统记录销售信息、商品清单、赠送清单和账单信息，并更新库存 系统打印收据			
扩展流程	1a.非法客户编号： 　2.系统提示错误并拒绝输入 3a.非法标识： 　2.系统提示错误并拒绝输入 3b.有多个具有相同商品类别的商品（如5把相同的雨伞） 　3.收银员可以手工输入商品标识和数量 5-8a.顾客要求收银员从已输入的商品中去掉一个商品： 　3.收银员输入商品标识并将其删除 　　1a.非法标识 　　1.系统显示错误并拒绝输入 　4.返回正常流程第5步 5-8b.顾客要求收银员取消交易 　3.收银员在系统中取消交易 9a.会员使用积分 　5.系统显示可用的积分余额 　6.收银员输入使用的积分数额，每50个积分等价于1元人民币 　7.系统显示剩余的积分和现金数额 　8.收银员输入收取的现金数额 11a.会员 　3.系统记录销售信息、商品清单、赠送清单和账单信息，并更新库存 　4.计算并更新会员积分，将积分总额和积分余额都增加现金数额			
特殊需求	1.系统显示的信息要在1米之外能看清 2.因为在将来的一段时间内，商店都不打算使用扫描仪设备，所以为输入方便，要使用5位0～9数字的商品标识格式。将来如果商店采购了扫描仪，商品标识格式要修改为标准要求：13位0～9的数字			

用例 2 退货

......

用例 3 入库

......

用例 4 出库

......

用例 5 库存分析

ID	5		名　　称	库存分析
创建者			最后一次更新者	
创建日期			最后更新日期	
参与者	客户经理，目标是了解商品的库存情况，保证库存供应 总经理，目标是了解库存情况，分析可能的缺货、积压与报废情况			
触发条件	总经理或客户经理需要了解商品的库存情况			
前置条件	客户经理必须已经被识别和授权 总经理必须已经被识别和授权			
后置条件	无			
优先级	低			
正常流程	1. 经理查询库存可用天数 2. 系统计算并显示商品库存分析列表，包括商品标识、描述、价格、预计天数、预计报废率			
扩展流程	无			
特殊需求	1. 预计天数计算规则：对于特定商品 　　可存天数 = 最后一批入库商品的报废日期 − 当天日期 　　流通总量 = 最后一批入库商品数量 + 最后一批入库前库存 − 现在库存 　　尺度天数 = 今天距离最后一批入库商品的入库日期 　　每天流通量 = 流通总量 / 尺度天数 　　如果每天流通量 >0 　　　　预计天数 = min（库存数量 / 每天流通量，可存天数） 　　否则 　　　　预计天数无意义 　　如果预计天数有意义并且预计天数 < 可存天数 　　　　预计报废率 =0 　　如果预计天数有意义并且预计天数 > 可存天数 　　　　预计报废率 =（预计天数 − 可存天数）/ 预计天数 　　否则 　　　　预计报废率无意义 2. 预计天数和预计报废率的计算规则会经常发生修改			

用例 6 发展会员

......

用例 7 礼品赠送

ID	7	名　称	礼品赠送
创建者		最后一次更新者	
创建日期		最后更新日期	
参与者	客户经理，目标是为会员赠送合适的礼品，提高满意度		
触发条件	会员生日，或者会员积分总额超过规定数额		
前置条件	客户经理必须已经被识别和授权，并且会员还没有因为满足条件得到赠送处置		
后置条件	记录礼品赠送信息，更新库存		
优先级	低		
正常流程	1. 系统提示有会员需要得到礼品赠送处置 2. 客户经理开始礼品赠送处置 3. 系统显示需要被处置的会员列表 4. 客户经理选择一个会员的待处置事件 5. 系统显示该会员的会员信息和购买记录，会员信息包括姓名、出生日期、性别、联系方式和积分总额，购买记录是会员在 360 天内购买的商品清单，包括商品标识、描述、数量 6. 客户经理选择赠送的礼品 7. 客户经理输入赠送数量和日期 8. 系统记录礼品赠送信息，包括赠送编号、客户编号、会员姓名、礼品标识、描述、数量、日期，并更新库存数据 9. 系统打印礼品签收单据，完成礼品赠送事件处置 10. 系统显示还需要被处置的会员列表和已处置的会员列表 客户经理重复 4～10 步，直到处置完所有会员的待处置事件		
扩展流程	无		
特殊需求	1. 触发礼品赠送的积分数额档初始为 1000、2000、5000，此后每增加 5000 为一档 2. 积分数额档可能会发生变化 3. 多个条件可以同时发生，例如既是生日又超出积分数额档或一次超出多个积分数额档，得到多次赠送		

用例 8 调整产品

......

用例 9 制定销售策略

......

用例 10 调整用户

ID	10	名　称	调整用户
创建者		最后一次更新者	
创建日期		最后更新日期	
参与者	管理员，目标是适应商店的人力资源变化		
触发条件	商店员工变化：雇佣新员工；员工离职；员工职位变化		
前置条件	管理员必须已经被识别和授权		
后置条件	记录用户变更情况		
优先级	低		

（续）

正常流程	**1.0 雇佣新员工** 1. 管理员输入新员工工号、姓名和职位 2. 系统显示新用户列表 管理员重复 1 ~ 2 步，直到输入所有新员工 3. 管理员结束输入 4. 系统记录新员工的用户账号
扩展流程	**1.1 员工离职** 1. 管理员输入离职员工工号 2. 系统显示该员工信息，包括工号、姓名和职位 3. 管理员确认 　3a. 管理员取消 　　　1. 系统取消该流程 4. 系统移除离职员工的用户账号 **1.2 员工职位变化** 1. 管理员输入员工工号 2. 系统显示该员工信息，包括工号、姓名和职位 3. 管理员输入新职位 　3a. 管理员取消 　　　1. 系统取消该流程 4. 系统显示员工职位变化后的用户账号信息 5. 系统记录变化后的员工账号信息
特殊需求	无

附录 D.2　连锁商店管理系统（MSCS）软件需求规格说明文档

1. 引言

1.1 目的

本文档描述了连锁商店管理系统 MSCS 的功能需求和非功能需求。开发小组的软件系统实现与验证工作都以此文档为依据。

除特殊说明之外，本文档所包含的需求都是高优先级需求。

1.2 范围

连锁商店管理系统 MSCS 是为 ××× 连锁商店开发的业务系统，开发的目标是帮助该商店处理日常的重点业务，包括商品销售、会员发展、库存管理和商品促销。

通过连锁商店管理系统 MSCS 的应用，期望为 ××× 连锁商店提高销售员工工作效率、降低库存运营成本、减少商品报废浪费、吸引回头客并提高满意度、提高销售额和利润。

1.3 参考文献

1）IEEE 标准。

2）连锁商店管理系统 MSCS 用例文档 V1.0。

2. 总体描述

2.1 商品前景

2.1.1 背景与机遇

×××连锁商店是一家刚刚发展起来的小型连锁商店，其前身是一家独立的小百货门面店。原商店只有销售的收银部分使用软件处理，其他业务都是手工作业，这已经不能适应它的业务发展要求。首先是随着商店规模的扩大，顾客量大幅增长，手工作业销售迟缓，顾客购物排队现象严重，导致流失客源。其次是商店的商品品种增多，无法准确掌握库存，商品积压、缺货和报废的现象上升明显。再次是商店面临的竞争比以前更大，希望在降低成本、吸引顾客、增强竞争力的同时，保持盈利水平。

连锁商店管理系统MSCS就是为满足×××连锁商店新的业务发展要求而开发的，它包括一个数据集中服务器和多个客户端。数据集中服务器将所有的数据存储起来进行维护。用户通过客户端完成日常任务，客户端与数据集中服务器才是实时通信的方式完成数据交换。

2.1.2 业务需求

BR1：在系统使用6个月后，商品积压、缺货和报废的现象要减少50%。

BR2：在系统使用3个月后，销售人员工作效率提高50%。

BR3：在系统使用6个月后，运营成本要降低15%。

　　　范围：人力成本和库存成本。

　　　度量：检查平均员工数量和平均每10 000元销售额的库存成本。

BR4：在系统使用6个月后，销售额度要提高20%。

　　　最好情况：40%。

　　　最可能情况：20%。

　　　最坏情况：10%。

2.2 商品功能

SF1：分析商品库存，发现可能的商品积压、缺货和报废现象。

SF2：根据市场变化调整销售的商品。

SF3：制定促销手段，处理积压商品。

SF4：与生产厂家联合进行商品促销。

SF5：制定促销手段进行销售竞争。

SF6：掌握员工变动和授权情况。

SF7：处理商品入库与出库。

SF8：发展会员，提高顾客回头率。

SF9：允许积分兑换商品和赠送吸引会员的礼品，提高会员满意度。

SF10：帮助收银员处理销售与退货任务。

2.3 用户特征

收银员	每个分店有 4～6 个收银员，他们每天都要完成大量的销售任务，预估计在顾客流量较大的节假日，他们平均每分钟至少要销售 5 件商品。他们每天还要多次中断销售处理退货，可能一次退回单个商品，更可能一次退回多个商品。因为任务较为频繁，而且涉及钱财事宜，所以他们对软件系统的依赖很大。收银员的计算机操作技能一般，既无法快速熟练地使用鼠标的定位和拖曳等功能，也无法以盲打整个键盘的方式工作。尤其是对新雇佣的收银员来说，他们经常因为业务不熟练而出现错误或不知所措，希望新系统尽可能帮他们解决这些问题
客户经理	每个分店有 1～2 个客户经理。他们每天都要进行一次分店店铺的商品库存分析，3～4 天进行一次新购入商品十几种到几十种的入库，每周 1～2 次淘汰报废商品，每月多次将损坏或者劣质商品的销库。他们每天还要处理多次发展新会员的业务，每周要多次进行会员礼品赠送业务。客户经理的计算机操作技能较好
总经理	商店总店有 1～2 个总经理。他们通常每个季度调整一次商品，包括加入几十个新商品、淘汰几十个旧商品和调整几十个商品的价格。在极少数的情况下，会有商品调整名称描述。每个月都会有几个生产厂家针对自己的商品提出赠送或特价促销请求。每次换季时节，都会有几十种商品有积压风险，总经理要通过为这些商品制定赠送或特价促销策略，来及时处理这些商品。每个月也会有几个销售不佳的商品会存在过期危险，所以总经理也要为它们制定促销策略。在每年的几个重要节日，总经理要制定促进策略，以与其他商家竞争，通常使用总额特价策略和总额赠送策略。总经理要管理店内所有的商品，同时还要负责店内的各种日常管理事务，所以工作繁忙，希望新系统不要太多地浪费他们的时间。总经理的计算机操作技能较好
管理员	整个系统有 1 个系统管理员，他的工作是每月几次处理员工雇佣、离职与职位变换。离职和职位变换通常是单个员工行为。系统管理员是计算机专业维护人员，计算机技能很好

2.4 约束

CON1：系统将运行在 Window Xp 操作系统上。

CON2：系统不使用 Web 界面，而是图形界面。

CON3：项目要使用持续集成方法进行开发。

CON4：在开发中，开发者要提交软件需求规格说明文档、设计描述文档和测试报告。

2.5 假设和依赖

AE1：在将上一批入库商品出库 90% 之前，下一批商品不会被入库。

AE2：新一批商品的每天出库量与上一批商品的每天出库量基本相同，商品出库情况比较稳定。

AE3：一个额度的赠送促销会自动包含所有比它小的额度的促销赠送商品。

3. 详细需求描述

3.1 对外接口需求

3.1.1 用户界面

UI1 销售处理：系统应该使用 Form 风格的界面，帮助收银员使用销售处理界面完成商品销售任务。

界面图示为……（界面表现可以自行定制）

　　UI1.1 在收银员输入开始销售（快捷键 ××）命令时，系统应该展开销售列表界面，如图……

　　　　UI1.1.1 在销售列表为空时，如果收银员输入会员识别（快捷键 ××）命令，系统显示会员识别界面，如图……

UI1.1.1.1 在收银员完成输入（快捷键 Enter）时，如果系统无法识别会员，显示错误信息，如图……

UI2……

3.1.2 通信接口

CI：客户端与服务器使用 RMI 的方式进行通信。

3.2 功能需求

3.2.1 处理销售

3.2.1.1 特性描述

在顾客携带购买商品到达收银台时，一个经过验证的收银员开始处理销售，完成商品录入、账单计算与找零、赠品计算、积分计算、库存更新和打印收据。

优先级 = 高

3.2.1.2 刺激 / 响应序列

刺激：收银员输入会员的客户编号。

响应：系统标记销售任务的会员。

刺激：收银员输入商品标识和数量。

响应：系统显示商品信息，计算价格。

刺激：收银员取消销售任务。

响应：系统关闭销售任务。

刺激：收银员删除已输入商品。

响应：系统在商品列表中删除该商品。

刺激：收银员要求结账，输入付款信息。

响应：系统计算账款，显示赠品、找零，更新数据，打印收据，关闭当前销售任务，开始下一次销售。

3.2.1.3 相关功能需求

Sale.Input	系统应该允许收银员在销售任务中进行键盘输入
Sale.Input.Member	在收银员请求输入会员客户编号时，系统要标记会员，参见 Sale.Member
Sale.Input.Payment	在收银员输入结束商品输入命令时，系统要执行结账任务，参见 Sale.Payment
Sale.Input.Cancle	在收银员输入取消命令时，系统关闭当前销售任务，开始一个新的销售任务
Sale.Input.Del	在收银员输入删除已输入商品命令时，执行删除已输入商品命令，参见 Sale.Del
Sale.Input.Goods	在收银员输入商品目录中存在的商品标识时，系统执行商品输入任务，参见 Sale.Goods
Sale.Input.Invalid	在收银员输入其他标识时，系统显示输入无效
Sale.Member.Start	在销售任务最开始时请求标记会员，系统要允许收银员进行输入
Sale.Member.Notstart	不是在销售任务最开始时请求标记会员，系统不予处理
Sale.Member.Cancle	在收银员取消会员输入时，系统关闭会员输入任务，返回销售任务，参见 Sale.Input
Sale.Member.Valid	在收银员输入已有会员的客户编号时，系统显示该会员的信息
Sale.Member.Valid.List	显示会员信息 0.5 秒之后，系统返回销售任务，并标记其会员信息
Sale.Member.Invalid	在收银员输入其他输入时，系统提示输入无效

（续）

Sale.Payment.Null	在收银员未输入任何商品就结束商品输入时，系统不做任何处理
Sale.Payment.Goods	在收银员输入一系列商品之后结束商品输入时，系统要执行结账任务
Sale. Payment.Gift	系统要处理赠品任务，参见 Sale.Gift
Sale. Payment.Check	系统要计算总价，显示账单信息，执行结账任务，参见 Sale.Check
Sale. Payment.End	系统成功完成结账任务后，收银员可以请求结束销售任务，系统执行结束销售任务处理，参见 Sale.End
Sale.Del.Null	在收银员未输入任何商品就输入删除已输入商品命令时，系统不予响应
Sale.Del.Goods	在收银员从商品列表中选中待删除商品时，系统在商品列表中删除该商品
Sale.Goods	系统显示输入商品的信息
Sale.Goods.Num	如果收银员同时输入了大于等于 1 的整数商品数量，系统修改商品的数量为输入值，否则系统设置商品数量为 1
Sale.Goods.Subtotal.Special	如果存在适用（商品标识、今天）的商品特价策略（参见 BR3），系统将该商品的特价设为特价策略的特价，并计算分项总价为（特价 × 数量）
Sale.Goods.Subtotal.Common	在商品是普通商品时，系统计算该商品分项总价为（商品的价格 × 商品的数量）
Sale.Goods.List	在显示商品信息 0.5 秒之后，系统显示已输入商品列表，并将新输入商品信息添加到列表中
Sale.Goods.List.Calculate	系统计算商品列表的总价，参见 Sale.Calculate
Sale.Gift	系统显示赠品列表
Sale.Gift.Goods	对于每一个销售任务商品列表中的商品，如果有适用（商品标识、今天）的商品赠送策略（参见 BR1），系统将商品赠送策略的赠送商品信息添加到赠品列表，赠送策略中的赠送数量 × 商品列表中的商品数量为赠品数量
Sale.Gift.Amount	对于销售任务的普通商品总价，如果有适用（普通商品总价、今天）的总额赠送策略（参见 BR2），系统将所有适用总额赠送策略的赠品信息和数量添加到赠品列表
Sale.Calculate	系统逐一处理销售任务的商品列表，计算购买商品的总价
Sale.Calculate.Null	在销售任务中没有购买商品时，系统计算总价为 0
Sale.Calculate.Amount	如果存在适用（普通商品总价、今天）的总额特价策略（参见 BR4），系统计算销售总价为（普通商品总价 × 折扣率 + 特价商品总价）
Sale.Calculate.Amount.Null	在没有符合上述条件的总额特价策略时，系统计算销售总价为（普通商品总价 + 特价商品总价）
Sale.Check	系统计算并显示销售的账单信息（参见 Usability1）
Sale.Check.Cancle	在收银员输入取消命令时，系统回到销售任务，不做任何处理，参见 Sale.Input
Sale.Check.Cash	系统允许收银员输入支付现金数额
Sale.Check. Member	如果销售任务标记了会员，系统允许收银员输入使用积分兑换数额
Sale.Check. Member.Valid	在收银员输入有效数额时：（大于等于 0）并且（小于等于可用积分总额）并且（按 BR5 兑换数额小于等于总价），系统更新账单的积分数额及其显示
Sale.Check. Member.Invalid	在收银员输入其他内容时，系统提示输入无效
Sale.Check.End	在收银员请求结束账单输入时，系统计算账单
Sale.Check.End.Invalid	在（现金数额 + 按 BR5 兑换的积分额度）< 总价时，系统提示费用不足
Sale.Check.End.Valid	在（现金数额 + 按 BR5 兑换的积分额度）>= 总价时，系统显示应找零数额
Sale.End	系统应该允许收银员要求结束销售任务
Sale. End.Timeout	在销售开始 2 个小时后还没有接到收银员请求时，系统取消销售任务

（续）

Sale. End.Update	在收银员要求结束销售任务时，系统更新数据，参见 Sale.Update
Sale. End.Close	在收银员确认销售任务完成时，系统关闭销售任务，参见 Sale.Close
Sale.Update	系统更新重要数据，整个更新过程组成一个事务，要么全部更新，要么全部不更新
Sale.Update.Sale	系统更新销售信息
Sale.Update.SaleItems	系统更新商品清单
Sale.Update.GiftItems	系统更新赠品清单
Sale.Update.Catalog	系统更新库存信息
Sale.Update.Payment	系统更新账单信息
Sale.Update.Member	如果销售系统标记了会员，系统更新会员信息
Sale.Close.Print	系统打印销售收据，参见 IC1
Sale.Close.Next	系统关闭本次销售任务，开始新的销售任务

其他功能需求略。

3.3 非功能需求

3.3.1 安全性

Safety1：系统应该只允许经过验证和授权的用户访问。

Safety2：系统应该按照用户身份验证用户的访问权限：

收银员、客户经理、总经理和管理员的身份授权参见功能需求 3.2.11；

其他身份的用户没有访问权限。

Safety3：系统中有一个默认的管理员账户，该账户只允许管理员用户修改口令。

3.3.2 可维护性

Modifiability1：在系统的商品标识数据格式发生变化时（见 Format1），系统要能够在 3 人 1 天内完成。

Modifiability2：如果系统要增加新的特价和赠送类型（例如每天分时段、购买计数等），要能够在 0.25 个人月内完成。

Modifiability3：如果系统要增加新的会员服务，要能够在 0.25 个人月内完成。

3.3.3 易用性

Usability1：销售处理和退货的账单信息显示要在 1 米之外能看清。

Usability2：使用系统 1 个月的收银员进行销售处理的效率要达到 10 件商品 / 分钟。

3.3.4 可靠性

Reliability6：在客户端与服务器通信时，如果网络故障，系统不能出现故障。

Reliability6.1：客户端应该检测到故障，并尝试重新连接网络 3 次，每次 15 秒。

Reliability6.1.1：重新连接后，客户端应该继续之前的工作。

Reliability6.1.2：如果重新连接不成功，客户端应该等待 5 分钟后再次尝试重新连接。

Reliability6.1.2.1：重新连接后，客户端应该继续之前的工作。

Reliability6.1.2.2：如果重新连接仍然不成功，客户端报警。

3.3.5 业务规则

BR1：适用（商品标识，参照日期）的商品赠送促销策略。

（促销商品标识＝商品标识）而且（（开始日期早于等于参照日期）并且（结束日期
晚于等于参照日期））

BR2：适用（额度，参照日期）的总额赠送促销策略。

（促销额度 <= 额度）而且（（开始日期早于等于参照日期）并且（结束日期晚于等
于参照日期））

BR3：适用（商品标识，参照日期）的商品特价促销策略。

（促销商品标识＝商品标识）而且（（开始日期早于晚于参照日期）并且（结束日期
晚于等于参照日期））

BR4：适用（额度，参照日期）的总额特价促销策略。

（促销额度 <= 额度）而且（不存在：本促销额度 < 另一个促销额度 <= 额度）而且
（（开始日期早于等于参照日期）并且（结束日期晚于等于参照日期））

BR5：积分兑换规则，该规则可能变化。

50 积分 =1 元人民币

……

3.3.6 约束

IC1：在开发过程中缺少可用的打印机，需要使用文件系统模拟打印机。

IC2：系统要在网络上分布为一个服务器和多个客户端。

3.4 数据需求

3.4.1 数据定义

DR1：系统需要存储的数据实体及其关系参见附图……

DR2：系统需要存储 1 年内的销售记录和退货记录。

DR3：系统删除之后的商品目录数据和用户数据仍然要继续存储 3 个月的时间，以保证历
史数据显示的正确性。

3.4.2 默认数据

默认数据用于以下两种情况：

- 系统中新增加数据时。

- 编辑数据时不小心将相关内容清空时。

Default1：商品的数量默认为 1。

Default2：费用或价格的数据默认为 0。

Default3：积分数据默认为 0。

Default4：用户的默认身份为收银员。

Default5：时间默认为当天。

Default6：操作人员工号默认为当前登录用户。

Default8：商品出库原因默认为到期报废。

3.4.3 数据格式要求

Format1：因为在将来的一段时间内，商店都不打算使用扫描仪设备，所以为输入方便，

要使用 5 位 0 ～ 9 数字的商品标识格式。将来如果商店采购了扫描仪，商品标识格式要修改为标准要求：13 位 0 ～ 9 的数字。参见 Modifiability1。

Fromat2：商品出库的原因必须为到期报废、个别残次品、批次质量缺陷和其他。

Format3：价格和费用的格式必须是大于等于 0、精确到小数点后 2 位的浮点数，单位为元。

Format4：日期的格式必须是 yyyy-mm-dd。

Format5：数量的格式必须是正整数。

3.5 其他需求

安装需求

Install1：在安装系统时，要初始化用户、商品库存等重要数据。

Install2：系统投入使用时，需要对用户进行 1 个星期的集中培训。

附录

各种分析模型略。

附录 D.3　连锁商店管理系统（MSCS）软件体系结构描述文档

1. 引言

1.1 编制目的

本报告详细完成对连锁商店管理系统的概要设计，达到指导详细设计和开发的目的，同时实现和测试人员及用户的沟通。

本报告面向开发人员、测试人员及最终用户而编写，是了解系统的导航。

1.2 词汇表

词汇名称	词汇含义	备注
MSCS	连锁商店管理系统	……
……	……	……

1.3 参考资料

2. 产品概述

参考连锁商店管理系统用例文档和连锁商店管理系统软件需求规格说明中对产品的概括描述。

3. 逻辑视角

连锁商店管理系统中，选择了分层体系结构风格，将系统分为 3 层（展示层、业务逻辑层、数据层）能够很好地示意整个高层抽象。展示层包含 GUI 页面的实现，业务逻辑层包含业务逻辑处理的实现，数据层负责数据的持久化和访问。分层体系结构的逻辑视角和逻辑设计方案如图 1 和图 2 所示。

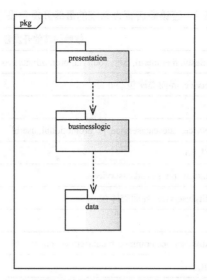

图 1 参照体系结构风格的包图表达逻辑视角

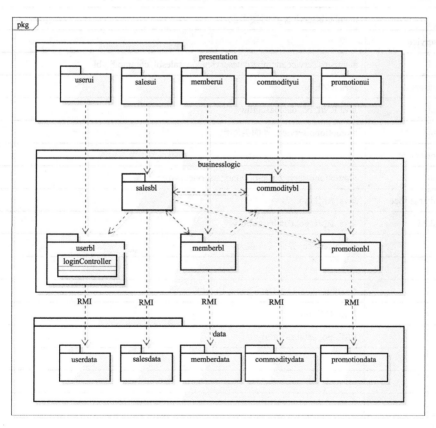

图 2 软件体系结构逻辑设计方案

4. 组合视角

4.1 开发包图

连锁商店管理系统的最终开发包设计如表 1 所示。

表 1　连锁商店管理系统的最终开发包设计

开发（物理）包	依赖的其他开发包
mainui	userui, salesui, memberui, commodityui, promotionui, vo
salesui	salesblservice, 界面类库包 , vo
salesblservice	
salesbl	salesblservice, salesdataservice, po,promotionbl, userbl
salesdataservice	Java RMI, po
salesdata	databaseutility, po, salesdataservice
commodityui	commodityblservice, 界面类库包
commodityblservice	
commoditybl	commodityblservice,commoditydataservice, po, salesbl
commoditydataservice	Java RMI, po
commoditydata	Java RMI, po, databaseutility
memberui	memberblservice, 界面类库包
memberblservice	
memberbl	memberblservice,memberdataservice, po, salesbl, commoditybl
memberdataservice	Java RMI, po
memberdata	Java RMI, po, databaseutility
promotionui	promotionblservice, 界面类库包
promotionblservice	
promotionbl	promotionblservice,promotiondataservice, vo
promotiondataservice	Java RMI, po
promotiondata	Java RMI, po, databaseutility
userui	userblservice, 界面类库包
userblservice	
userbl	UserInterface, UserDataClient, UserPO
userdataservice	Java RMI, po
userdata	RMI, po, databaseutility
vo	
po	
utilitybl	
界面类库包	
Java RMI	
databaseutility	JDBC

连锁商店管理系统客户端开发包图如图 3 所示，服务器端开发包图如图 4 所示。

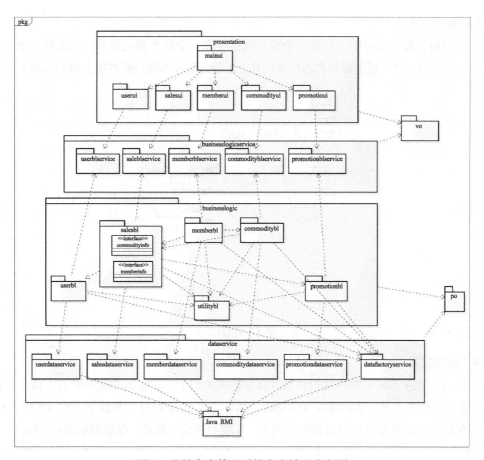

图 3　连锁商店管理系统客户端开发包图

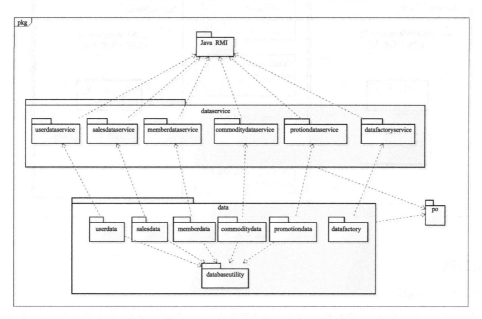

图 4　连锁商店管理系统服务器端开发包图

4.2 运行时进程

在连锁商店管理系统中，会有多个客户端进程和一个服务器端进程，其进程图如图 5 所示。结合部署图，客户端进程是在客户端机器上运行，服务器端进程在服务器端机器上运行。

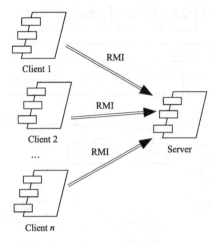

图 5　进程图

4.3 物理部署

连锁商店管理系统中客户端构件是放在客户端机器上，服务器端构件是放在服务器端机器上。在客户端节点上，还要部署 RMIStub 构件。由于 Java RMI 构件属于 JDK 6.0 的一部分。所以，在系统 JDK 环境已经设置好的情况下，不需要再独立部署。部署图如图 6 所示。

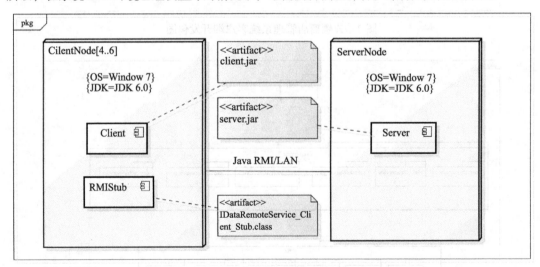

图 6　部署图

5. 接口视角

5.1 模块的职责

客户端模块和服务器端模块视图分别如图 7 和图 8 所示。客户端各层和服务器端各层的职责分别如表 2 和表 3 所示。

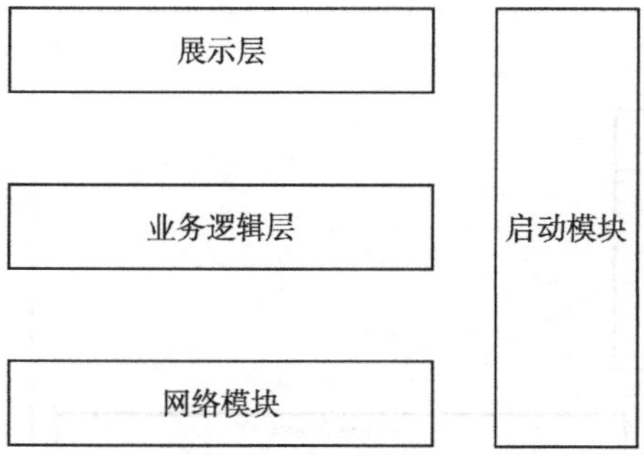

图 7　客户端模块视图 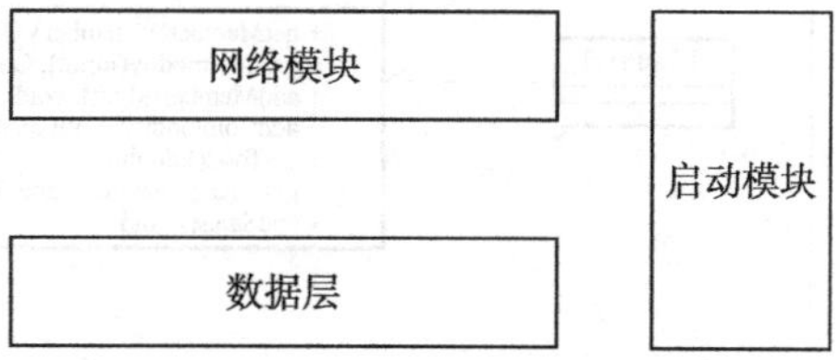　　　　　　　　　图 8　服务器端模块视图

表 2　客户端各层的职责

层	职　责
启动模块	负责初始化网络通信机制，启动用户界面
用户界面层	基于窗口的连锁商店客户端用户界面
业务逻辑层	对于用户界面的输入进行响应并进行业务处理逻辑
客户端网络模块	利用 Java RMI 机制查找 RMI 服务

表 3　服务器端各层的职责

层	职　责
启动模块	负责初始化网络通信机制，启动用户界面
数据层	负责数据的持久化及数据访问接口
服务器端网络模块	利用 Java RMI 机制开启 RMI 服务，注册 RMI 服务

每一层只是使用下方直接接触的层。层与层之间仅仅是通过接口的调用来完成的。层之间调用的接口如表 4 所示。

表 4　层之间调用的接口

接　口	服务调用方	服务提供方
CommodityBLService LoginBLService SalesBLService MemberBLService PromotionBLService	客户端展示层	客户端业务逻辑层
SalesDataService UserDataService MemberDataService CommodityDataService PromotionDataService DatabaseFactory	客户端业务逻辑层	服务器端数据层

借用销售用例来说明层之间的调用，如图 9 所示。每一层之间都是由上层依赖了一个接口（需接口），而下层实现这个接口（供接口）。SalesBLService 提供了 Sales 界面所需要的所有业务逻辑功能。SalesDataService 提供了对数据库的增、删、改、查等操作。这样的实现就大大降低了层与层之间的耦合。

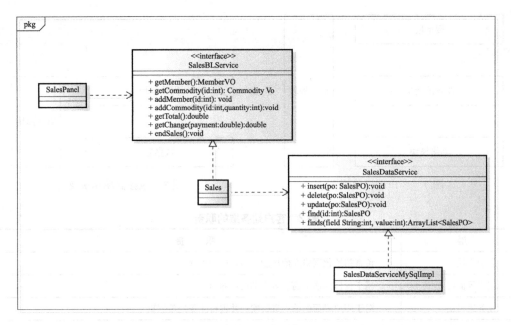

图9　销售用例层之间调用的接口

5.2 用户界面层的分解

根据需求，系统存在17个用户界面：登录界面、收银员主界面、分店经理主界面、总店经理主界面、管理员主界面、销售界面、退货界面、入库界面、出库界面、库存分析界面、发展会员界面、礼品赠送界面、数据同步界面、调整产品界面、制定销售策略界面、调整用户界面。界面跳转如图10所示。

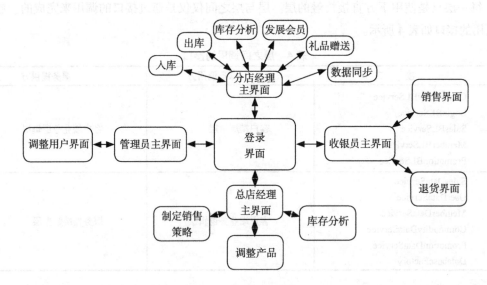

图10　用户界面跳转

服务器端和客户端的用户界面设计接口是一致的，只是具体的页面不一样。用户界面类如图11所示。

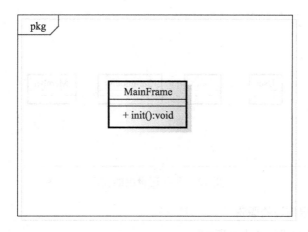

图 11 用户界面类

5.2.1 用户界面层模块的职责

如表 5 所示为用户界面层模块的职责。

表 5 用户界面层模块的职责

模　　块	职　　责
MainFrame	界面 Frame，负责界面的显示和界面的跳转

5.2.2 用户界面层模块的接口规范

用户界面层模块的接口规范如表 6 所示。

表 6 用户界面层模块的接口规范

	语法	init(args:String[])
MainFrame	前置条件	无
	后置条件	显示 Frame 以及 LoginPanel

用户界面层需要的服务接口如表 7 所示。

表 7 用户界面层模块需要的服务接口

服　务　名	服　　务
businesslogicservice.LoginBLService	登录界面的业务逻辑接口
businesslogicservice.*BLService	每个界面都有一个相应的业务逻辑接口

5.2.3 用户界面模块设计原理

用户界面利用 Java 的 Swing 和 AWT 库来实现。

5.3 业务逻辑层的分解

业务逻辑层包括多个针对界面的业务逻辑处理对象。例如，User 对象负责处理登录界面的业务逻辑；Sales 对象负责销售界面的业务逻辑。业务逻辑层的设计如图 12 所示。

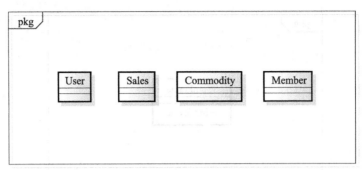

图 12　业务逻辑层的设计

5.3.1 业务逻辑层模块的职责

业务逻辑层模块的职责如表 8 所示。

表 8　业务逻辑层模块的职责

模　　块	职　　责
userbl	负责实现对应与登录界面所需要的服务
salesbl	负责实现销售界面所需要的服务
...	...

5.3.2 业务逻辑层模块的接口规范

userbl 和 salesbl 模块的接口规范分别如表 9 和表 10 所示。

表 9　userbl 模块的接口规范

提供的服务（供接口）		
User.login	语法	public ResultMessage login(long id, String password);
	前置条件	password 符合输入规则
	后置条件	查找是否存在相应的 User，根据输入的 password 返回登录验证的结果

需要的服务（需接口）	
服务名	服务
DatabaseFacory.getUserDatabase	得到 User 数据库的服务的引用
UserDataService.insert(UserPO po)	在数据库中插入 UserPO 对象
...	...

表 10　salesbl 模块的接口规范

提供的服务（供接口）		
Sales.addMember	语法	public ResultMessage addMember(long id)
	前置条件	启动一个销售回合
	后置条件	在一个销售回合中，增加购物的会员信息
Sales.addCommodity	语法	public ResultMessage addCommodity(long id, long quantity)
	前置条件	启动一个销售回合
	后置条件	在一个销售回合中，增加购买的商品信息和购买数量

（续）

提供的服务（供接口）		
Sales.getTotal	语法	public ResultMessage getTotal(long id, long quantity)
	前置条件	已添加买家信息、购买商品信息和购买数量信息
	后置条件	返回此销售回合中需要支付的总额
Sales.getChange	语法	public double getChange(double payment)
	前置条件	已计算总额
	后置条件	根据支付的金额，计算找零的金额
Sales.endSales	语法	public void endSales()
	前置条件	已支付
	后置条件	结束此次销售回合，持久化更新涉及的领域对象的数据
需要的服务（需接口）		
服务名	服务	
SalesDataService.find(int id)	根据 ID 进行查找单一持久化对象	
SalesDataService.finds(String field, int value)	根据字段名和值进行查找多个持久化对象	
SalesDataService.insert(SalesPO po)	插入单一持久化对象	
SalesDataService.delete(SalesPO po)	删除单一持久化对象	
SalesDataService.update(SalesPO po)	更新单一持久化对象	
DatabaseFacory.getSalesDatabase	得到 Sales 数据库的服务的引用	
SalesDataService.insert(SalesPO po)	在数据库中插入 SalesPO 对象	
…	….	

5.4 数据层的分解

数据层主要给业务逻辑层提供数据访问服务，包括对于持久化数据的增、删、改、查。Sales 业务逻辑需要的服务由 SalesDataService 接口提供。由于持久化数据的保存可能存在多种形式：Txt 文件、序列化文件、数据库等，所示抽象了数据服务。数据层模块的描述具体如图 13 所示。

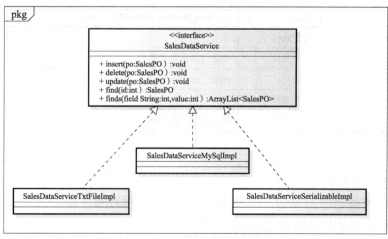

图 13　数据层模块的描述

5.4.1 数据层模块的职责

数据层模块的职责如表 11 所示。

表 11 数据层模块的职责

模 块	职 责
SalesDataService	持久化数据库的接口，提供集体载入、集体保存、增、删、改、查服务
SalesDataServiceTxtFileImpl	基于 Txt 文件的持久化数据库的接口，提供集体载入、集体保存、增、删、改、查服务
SalesDataServiceSerializableFileImpl	基于序列化文件的持久化数据库的接口，提供集体载入、集体保存、增、删、改、查服务
SalesDataServiceMySqlImpl	基于 MySql 数据库的持久化数据库的接口，提供集体载入、集体保存、增、删、改、查服务

5.4.2 数据层模块的接口规范

数据层模块的接口规范如表 12 所示。

表 12 数据层模块的接口规范

提供的服务（供接口）		
SalesDataService.find	语法	public SalesPO find(long id) throws RemoteException;
	前置条件	无
	后置条件	按 ID 进行查找返回相应的 SalesPO 结果
SalesDataService.insert	语法	public void insert(SalesPO po) throws RemoteException;
	前置条件	同样 ID 的 po 在 Mapper 中不存在
	后置条件	在数据库中增加一个 po 记录
SalesDataService.delete	语法	public void delete(SalesPO po) throws RemoteException;
	前置条件	在数据库中存在同样 ID 的 po
	后置条件	删除一个 po
SalesDataService.update	语法	public void update(SalesPO po) throws RemoteException;
	前置条件	在数据库中存在同样 ID 的 po
	后置条件	更新一个 po
SalesDataService.init	语法	public void init() throws RemoteException;
	前置条件	无
	后置条件	初始化持久化数据库
SalesDataService.finish	语法	public void finish() throws RemoteException;
	前置条件	无
	后置条件	结束持久化数据库的使用

6. 信息视角

6.1 数据持久化对象

系统的 PO 类就是对应的相关的实体类，在此只做简单的介绍。

- UserPO 类包含用户的用户名、密码属性。
- CommodityPO 类是包含商品的编号、价格、数量和名字属性。
- MemberPO 类包含会员的编号、姓名、生日、性别、电话、积分属性。
- SalesPO 类是保存销售时的数据的类，包含编号、会员编号、商品列表、总价、折扣、客户支付金额、找零金额等属性。

- SalesLineItemPO 是保持销售记录中一行的信息的类，包含商品编号、数量、小计。
- CommodityGiftPromotionPO 包含商品 ID、促销起始日、促销结束日、礼品编号、礼品数量。

持久化用户对象 UserPO 的定义如图 14 所示。

```java
public class UserPO implements Serializable {
    int id;
    String name;
    String password;
    UserRole role;

    public UserPO(int i, String n, String p, UserRole r){
        id = i;
        name = n;
        password = p;
        role = r;
    }
    public String getName(){
        return name;
    }
    public int getID(){
        return id;
    }
    public String getPassword(){
        return password;
    }
    public UserRole getRole(){
        return role;
    }
}
```

图 14　持久化用户对象 UserPO 的定义

6.2 Txt 持久化格式

Txt 数据保持格式以 Commodity.txt 为例。每行分别对应货号、商品名称、价格、数量。中间用 "：" 隔开。如下所示：

123: 杯子 :10:32

456: 桌子 :20:22

6.3 数据库表

数据库中包含 User 表、Commodity 表、Member 表、Sales 表、SalesLineItem 表、Commodity-GiftPromotion 表、CommdoityPricePromotion 表、GiftLineItem 表。

附录 D.4　连锁商店管理系统（MSCS）软件详细设计描述文档

1. 引言

1.1 编制目的

本报告详细完成对连锁商店管理系统的详细设计，达到指导后续软件构造的目的，同时实现和测试人员及用户的沟通。

本报告面向开发人员、测试人员及最终用户而编写，是了解系统的导航。

1.2 词汇表

词 汇 名 称	词 汇 含 义	备　　注
MSCS	连锁商店管理系统	……
……	……	……

1.3 参考资料

2. 产品概述

参考连锁商店管理系统用例文档和连锁商店管理系统软件需求规格说明文档中对产品的概括描述。

3. 体系结构设计概述

参考连锁商店管理系统概要设计文档中对体系结构设计的概述。

4. 结构视角

4.1 业务逻辑层的分解

业务逻辑层的开发包图参见软件体系结构文档图 3。

4.1.1 salesbl 模块

（1）模块概述

salesbl 模块承担的需求参见需求规格说明文档功能需求及相关非功能需求。

Salesbl 模块的职责及接口参见软件系统结构描述文档表 10。

（2）整体结构

根据体系结构的设计，我们将系统分为展示层、业务逻辑层、数据层。每一层之间为了增加灵活性，我们会添加接口。比如展示层和业务逻辑层之间，我们添加 businesslogicservice.saleblservice.SalesBLService 接口。业务逻辑层和数据层之间添加 dataservice.salesdataservice.SalesDataService 接口。为了隔离业务逻辑职责和逻辑控制职责，我们增加了 SalesController，这样 SalesController 会将对销售的业务逻辑处理委托给 Sales 对象。SalesPO 是作为销售记录的持久化对象被添加到设计模型中去的。而 SalesList 和 SalesLineItem 的添加是 CommodityInfo 的容器类。SalesLineItem 保有销售商品和购买数量的数据，及相应的计算小计的职责。而 SalesList 封装了关于 SalesLineItem 的数据集合的数据结构的秘密和计算总价的职责。CommodityInfo 和 MemberInfo 都是根据依赖倒置原则，为了消除循环依赖而产生的接口。

salesbl 模块的设计如图 15 所示。

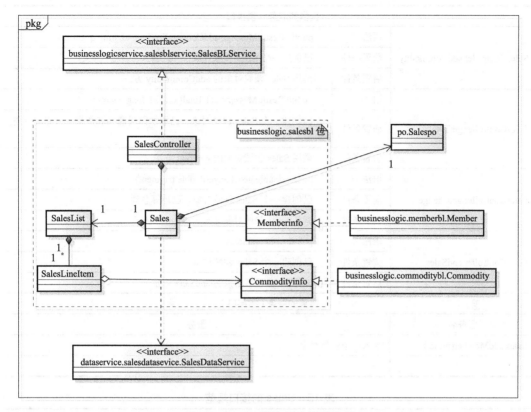

图 15　salesbl 模块各个类的设计

salesbl 模块各个类的职责如表 13 所示。

表 13　salesbl 模块各个类的职责

模　　块	职　　责
LoginController	负责实现对应于登录界面所需要的服务
SalesController	负责实现销售界面所需要的服务
User	系统用户的领域模型对象，拥有用户数据的姓名和密码，可以解决登录问题
Sales	销售的领域模型对象，拥有一次销售所持有的会员、购买商品、总价、销售记录等信息，可以帮助完成销售界面所需要的服务

（3）模块内部类的接口规范

SalesController 和 Sales 的接口规范如表 14 和表 15 所示。

表 14　SalesController 的接口规范

提供的服务（供接口）		
SalesController.addMember	语法	public ResultMessage addMember(long id)
	前置条件	已创建一个 Sales 领域对象，并且输入符合输入规则
	后置条件	调用 Sales 领域对象的 addMember 方法

（续）

		提供的服务（供接口）	
SalesController.addCommodity	语法	public ResultMessage addCommodity(long id, long quantity)	
	前置条件	已创建一个 Sales 领域对象，并且输入符合输入规则	
	后置条件	调用 Sales 领域对象的 addCommodity 方法	
SalesController.getTotal	语法	public ResultMessage get Total(long id, long quantity)	
	前置条件	已创建一个 Sales 领域对象，已添加购买商品和数量，并且输入符合输入规则	
	后置条件	调用 Sales 领域对象的 getTotal 方法	
SalesController.getChange	语法	public double getChange(double payment)	
	前置条件	已创建一个 Sales 领域对象。已计算总额	
	后置条件	调用 Sales 领域对象的 getChange 方法	
SalesController.endSales	语法	public void endSales()	
	前置条件	已创建一个 Sales 领域对象	
	后置条件	调用 Sales 领域对象的 endSales 方法	

	需要的服务（需接口）
服务名	服务
Sales.addMember(int id)	加入一个会员对象
…	…

表 15　Sales 的接口规范

		提供的服务（供接口）
Sales.addMember	语法	public ResultMessage addMember(long id)
	前置条件	启动一个销售回合
	后置条件	在一个销售回合中，增加购物的会员信息
Sales.addCommodity	语法	public ResultMessage addCommodity(long id, long quantity)
	前置条件	启动一个销售回合
	后置条件	在一个销售回合中，增加购买的商品信息和购买数量
Sales.getTotal	语法	public ResultMessage getTotal(long id, long quantity)
	前置条件	已添加买家信息、购买商品信息和购买数量信息
	后置条件	返回此销售回合中需要支付的总额
Sales.getChange	语法	public double getChange(double payment)
	前置条件	已计算总额
	后置条件	根据支付的金额，计算找零的金额
Sales.endSales	语法	public void endSales()
	前置条件	已支付
	后置条件	结束此次销售回合，持久化更新涉及的领域对象的数据

（续）

需要的服务（需接口）	
服务名	服务
SalesDataService.find(int id)	根据 ID 进行查找单一持久化对象
SalesDataService.finds(String field, int value)	根据字段名和值进行查找多个持久化对象
SalesDataService.insert(SalesPO po)	插入单一持久化对象
SalesDataService.delete(SalesPO po)	删除单一持久化对象
SalesDataService.update(SalesPO po)	更新单一持久化对象
DatabaseFacory.getSalesDatabase	得到 Sales 数据库的服务的引用
…	…

（4）业务逻辑层的动态模型

图 16 表明了连锁商店管理系统中，当用户输入购买的商品和数量之后，销售业务逻辑处理的相关对象之间的协作。

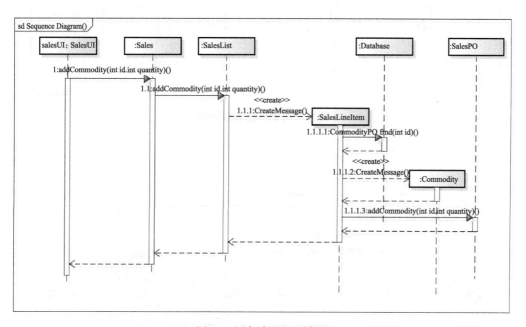

图 16　添加商品的顺序图

图 17 为 Sales 领域对象想要获知商品价格时候的顺序图。

如图 18 所示的状态图描述了 Sales 对象的生存期间的状态序列、引起转移的事件，以及因状态转移而伴随的动作。随着 addMember 方法被 UI 调用，Sales 进入 Member 状态；之后通过添加货物进入 LineItem 状态。UI 也可以不输入会员账号，直接添加货物进入 LineItem 状态。

（5）业务逻辑层的设计原理

利用委托式控制风格，每个界面需要访问的业务逻辑由各自的控制器委托给不同的领域对象。

其他略。

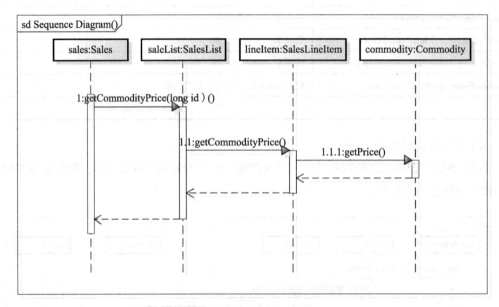

图 17　得到价格的顺序图

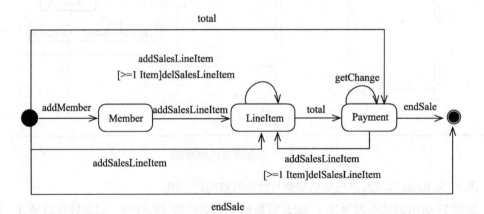

图 18　Sales 对象状态图

5. 依赖视角

图 19 和图 20 是客户端和服务器端各自的包之间的依赖关系。

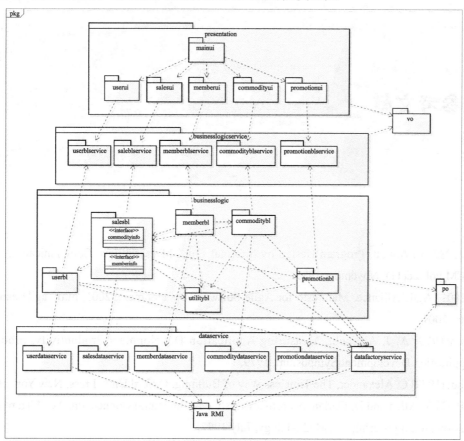

图 19 客户端包图

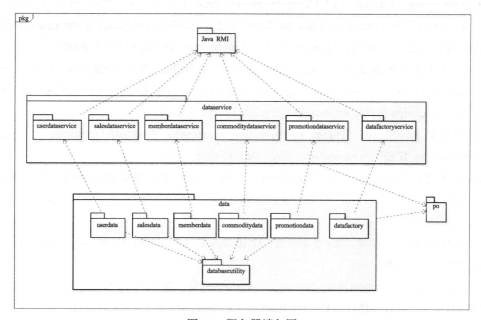

图 20 服务器端包图

参考文献

[Abbott1983] R. Abbott, Program Design by Informal EnglishDescriptions. Communications of the ACM vol. 26(11), November 1983.

[Agile2001] Agile Alliance, Manifesto for Agile Software Development, 2001, http://agilemanifesto. org/, 2001.

[Albrecht1979] A. J. Albrecht, Measuring Application Development Productivity, proc. IBM Application Development Symposium, 1979.

[Alexander1979] C. Alexander, The Timeless Way of Building, Oxford Univ, Press, New York, 1979.

[Allen1997] R. Allen and D. Garlan. A Fromal Basis for Architectural Connection. ACM Transactions on oftware Engineering and Methodology, July 1997.

[Arnold1993] R. S. Arnold, A Road Map to Software Re-engineering Technology, Software Reengineering- a tutorial, IEEE Computer Society Press, Los Alamitos, CA, 1993, pp. 3-22.

[Bachmann2005] F. Bachmann, L. Bass, M. Klein, and C. Shelton. Designing software architectures to achieve quality attribute requirements. IEE Proceedings, 152(4):153-165, 2005.

[Barlow2011] J. B. Barlow, J. S. Giboney, M. J. Keith, D. W. Wilson, R. M. Schuetzler, P. B. Lowry, A. Vance, Overview and Guidance on Agile Development in Large Organizations, Communications of the Association for Information Systems 29 (1): 25-44, 2011.

[Basili1975] V. Basili and J. Turner, Iterative Enhancement: A Practical Technique for Software Development, IEEE Trans. Software Eng., Dec. 1975, pp. 390-396.

[Bass1991] L. Bass, J. Coutaz, Developing Software for the User Interface, Addison Wesley, 1991.

[Bass1998] L. Bass, P. Clements, R. Kazman, Software Architecture in Practice(1st edition.), Addison-Wesley, 1998.

[Beck1989] K. Beck, W. Cunningham, A Laboratory For Teaching Object-Oriented Thinking, OOPSLA'89, 1989.

[Beck2001] K. Beck, Extreme Programming, Computerworld , December 2001.

[Beck2003] K. Beck, Test-Driven Development by Example, Addison Wesley, 2003.

[Bennett2000] K. H. Bennett and V. T. Rajlich, Software maintenance and evolution: a roadmap, Proceedings of the Conference on The Future of oftware Engineering, ACM Press, Limerick, Ireland, pp. 73–87, 2000.

[Bergland1981] G.D. Bergland, A Guided Tour of Program DesignMethodologies, IEEE Computer, Vol. 14, No. 10,Oct. 1981, pp. 13-37.

[Berners-Lee1989] T. Berners-Lee, Information Management: A Proposal, W3C, http://w3.org/History/1989/proposal.html, 1989.

[Bertolino2003] Software Testing Research and Practice, Invited presentation at 10th International Workshop on Abstract State Machines ASM 2003, Taormina, Italy, March 3-7, 2003, LNCS 2589, p. 1-21.

[Bertolino2004] A. Bertolino and E. Marchetti, A Brief Essay on Software Testing, Technical report, 2004.

[Bevan1991] N. Bevan, J. Kirakowski, J. Maissel, What is usability?. In: Bullinger HJ (ed): Proceedings of the 4th International Conference on Human Computer Interaction, Stuttgart, September 1991.

[Bin2009] 骆斌，丁二玉．需求工程——软件建模与分析［M］．北京：高等教育出版社，2009.

[Bochmann1994] G.V. Bochmann, and A. Petrenko,Protocol Testing: Review of Methods and Relevance for Software Testing, Proc. Int. Symp. OnSoft.Testing and Analysis (ISSTA), Seattle, pp. 109-124, 1994.

[Boehm1973] B. Boehm, Software and its impact: a quantitative assessment. Datamation, pages 48-59, May 1973.

[Boehm1976a] B. Boehm, Software engineering. IEEE Trans. Computers, 100(25):1226-1241, 1976.

[Boehm1976b] B.Boehm, J.R.Brown, M. Lipow, Quantitative evaluation of software quality, Proceedings of the 2nd international conference on Software engineering (1976), pp. 592-605.

[Boehm1981] B. Boehm, oftware Engineering Economics, Prentice-Hall, 1981.

[Boehm1988] B. Boehm, A Spiral Model of Software Development and Enhancement. IEEE Computer, 21 (5):61-72, 1988.

[Boehm2003] B. Boehm, R. Turner, G. Booch and A. Cockburn, Balancing Agility and Discipline: A Guide for the Perplexed, Addison-Wesley/Pearson Education, 2003.

[Boehm2006] B. Boehm, A View of 20th and 21st Century oftware Engineering, ICSE'06, May 20-28, 2006.

[Böhm1966] C. Böhm and G. Jacopini, Flow diagrams, Turing machines and languages with only two formation rules, CACM 9(5), 1966.

[Booch1994] G. Booch,Coming of Age in an Object-Oriented World, IEEE Software, Vol. 11, 1994 , p. 33-41.

[Booch1997] G. Booch, Object-Oriented Analysis and Design with Applications, 1st edition, Addison-Wesley, 1997.

[Booch2005] G. Booch, J. Rumbaugh, I. Jacobson, The Unified Modeling Language User Guide (2nd

Edition), Addison-Wesley Professional, May 29, 2005.

[Booch2007]G.Booch, R.A. Maksimchuk, M.W. Engle, B.J. Yound, Ph.D., J.Conallen, K.A. Houston, Object-Oriented Analysis and Design with Applications, 3rd edition, Pearson Education,2007.

[Booth1967] T. Booth, Sequential Machines and Automata Theory, John Wiley and Sons, New York, 1967.

[Bosch2004] J. Bosch, Software Architecture: The Next Step, Proc. 1st European Workshop Software Architecture (EWSA 04), LNCS 3047, Springer, 2004, pp. 194-199.

[Briand1996] L. Briand, J. Daly, J. Wust, A Unified Framework forCoupling Measurement in Object-Oriented Systems, Technical Report ISERN-96-14, 1996.

[Briand1997] L. Briand, J. Daly, J. Wust, A Unified Framework forCohesion Measurement in Object-Oriented Systems, Technical Report ISERN-97-05, 1997.

[Brooks1975] F.P. Brooks, The Mythical Man-Month: Essays on oftware Engineering ,Addison-Wesley, Reading, MA ,1975.

[Brooks1987] F. P. Brooks, No silver bullet: essence and accidents of software engineering, Computer, Apr., 10-19, 1987.

[Brooks1995] F. P. Brooks, The Mythical Man-Month: Essays on oftware Engineering, Anniversary Edition (2nd Edition), Addison-Wesley Professional,1995.

[Brooks2010]F. P. Brooks, Jr. The design of design, Pearson Education ,2010.

[Budde1984] R. Budde et al., eds., Approaches to Prototyping, Springer Verlag, 1984.

[Buschmann2002] F. Buschmann, Pattern Oriented Software Architecture. Vol 1, Wiley Student Edition, 2002.

[Buschmann2007] F. Buschmann, K. Henney, and D. C. Schmidt, Past, Present, and Future Trends in Software Patterns, IEEE Software, Vol. 24, 2007.

[Capretz2003] L. F. Capretz, A brief history of the object-oriented approach, ACM SIGSOFT oftware Engineering Notes, Vol. 28, 2003.

[Cardelli1985] L. Cardelli, and P. Wegner, On Understanding types, Data Abstraction, and Polymorphism, ACM Computing Surveys, Vol. 17, December 1985, p. 471-522.

[Carroll1990] J. M. Carroll, J.M. Olson, Mental Models In Human-Computer Interaction, Handbook of Human-Computer Interaction Ed. Helander M. Amsterdam, Netherlands: Elsevier Ltd., 1990. 135-158.

[CCSE2004] ACM/IEEE Joint Task Force on Computing Curricula. oftware Engineering 2004, Curriculum Guidelines for Undergraduate Degree Programs in oftware Engineering, http://sites. computer.org/ccse/ .

[Chen1976] P. Chen, P. Pin-Shan, The Entity-Relationship Model - Toward a Unified View of Data, ACM Transactions on Database Systems 1 (1): 9-36, March 1976.

[Cheng2007] B.H.C. Cheng, J.M. Atlee, Research Directions in Requirements Engineering, FOSE '07, 2007.

[Chidamber1994] S. R. Chidamber, C. F. Kemerer, A Metrics Suite for Object Oriented Design, IEEE

Transactions on oftware Engineering, 1994.

[Chikofsky1990] E. J. Chikofsky, J. H. Cross II, Reverse Engineering and Design Recovery: A Taxonomy , IEEE Software, 7(1):13-17, 1990.

[Churcher1995] N.I. Churcher, M.J. Shepperd, Comments on 'A Metrics Suite for Object-Oriented Design', IEEE Transactions on Software Engineering, 21 (3), 263-265, 1995.

[Clements2002] P.Clements,R. Kazman,and M.Klein,Evaluating Software Architecture, Addison-Wesley,2002.

[Clements2006] P. Clements, Best Practices in Software Architecture. Presentation given by Paul Clements,July 26,2006.

http://www.sei.cmu.edu/library/abstracts/presentations/bestpracticessoftwarearchitecture.cfm.

[CMMI] CMU SEI, CMM, http://www.sei.cmu.edu/cmmi/.

[Cockburn2001] A. Cockburn , Writing Effective Use Cases, Addison-Wesley, 2001.

[Cohen2011] J.Cohen,11 proven practices for more effective, efficient peer code review, IBM SmartBear Software Group, 2011,

http://www.ibm.com/developerworks/rational/library/11-proven-practices-for-peer-review/index.html.

[Constantine1999] L. L., Constantine, L. A. D. Lockwood, Software for Use: A Prictical Guide to the Models and Methods of Usage-Centered Design, Addison-Wesley, 1999.

[Conway1968] M.E. Conway, How do committees invent?, Datamation Magazine, 1968.

[Cooper2007] R. R.Cooper, D. Cronin, About Face 3 - The Essentials of Interaction Design, Wiley, Indianapolis: 2007.

[Corbi1989] T. A. Corbi, Program Understanding: Challenge for the 1990s, IBM System Journal, 28(2):294-306, 1989.

[Coyne1991] R. Coyne, A. Snodgrass, "Is Designing Mysterious? Challenging the dual knowledge thesis", Design Studies, vol. 12, no. 3, 124-131, 1991.

[CSEC2005] 中国软件工程学科教程课题组 . 中国软件工程学科教程 [M]. 北京 : 清华大学出版社 , 2005.

[Curtis1988] B. Curtis, H. Krasner, and N. Iscoe, A Field Study of the Software Design Process for Large Systems, Communications of the ACM, (31:11), 1988.

[DeMarco1979] T. DeMarco, Structured Analysis and System Specification, Prentice Hall, 1979.

[DeMarco1987] T. DeMarco and T. Lister, Peopleware: Productive Projects and Teams, 1st ed., New York: Dorset House, 1987.

[DeMarco1998] T. DeMarco, Controlling Software Project: Management, Measurement, and Estimation , 2nd ed., Yourdon Press, 1998.

[DeMarco1999] T. DeMarco, T. Lister, Peopleware: Productive Projects and Teams,2nd ed., Dorset House, 1999.

[Demarco2002] T.DeMarco, Structured Analysis: Beginnings of a New Discipline, sd&m Conference 2001, Software Pioneers,Springer 2002.

[DeRemer1975]F. DeRemer, H. Kron, Programming-in-the large versus programming-in-the-small,

Proceedings of the international conference on Reliable software, Pages 114-121, 1975

[Dijkstra1968] E. Dijkstra,Go To Statement Considered Harmful, Communications of the ACM 11 (3): 147-148, March 1968.

[Dijkstra1972] E. Dijkstra , The Humble Programmer, Communication of ACM , 1972.

[Dix2003] A. Dix, J. E. Finlay, G. D. Abowd, R. Beale, Human-Computer Interaction (3rd edition), Prentice Hall, 2003.

[Eder1992]J.Eder,G.Kappel,M.Schrefl,Coupling and Cohesion in Object-Oriented Systems,1992.

[Eeles2010] P. Eeles, P. Cripps, The Process of Software Architecture, Addison-Wesley,2010.

[Fagan1976] M. E. Fagan, Design and Code Inspections to Reduce Errors in Program Development. IBM Systems Journal, 15(3):182-211. 1976.

[Faste2001] R. Faste, The Human Challenge in Engineering Design, International Journal of Engineering Education, 2001, 17 (4-5): 327-331.

[Folmer2004] E. Folmer, J. Bosch, Architecting for usability: a survey, The Journal of Systems and Software, Vol.70 No.1/2 pp61-78, 2004.

[Fowler1996] M. Fowler, Analysis Patterns: Reusable Object Models. Addison-Wesley.ISBN 0-201-89542-0. 1996.

[Fowler1999] M. Fowler, Refactoring: Improving the design of existing code, Addison Wesley, 1999.

[Fowler2001] M. Fowler, Reducing coupling, IEEE Software, Volume: 18 , Issue: 4, Jul/Aug 2001, Page(s): 102-104.

[Fox2006] C. Fox, Introduction to Software Engineering Design- process, principles and pattern with UML 2, Addison-Wesley, 2006.

[Freeman1976] P. Freeman and A.I. Wasserman, Tutorial on Software Design Techniques, IEEE Computer SocietyPress, 1976.

[Freeman1980] P. Freeman, "The nature of design," in Tutorial on Software Design Techniques, P.Freeman, and A.I. Wasserman, Eds. IEEE, 1980, pp. 46-53.

[Gamma1994] E.Gamma, R.Helm, R.Johnson, J.Vlissides, Design Pattern, Addison-Wesley,1994.

[Gamma1995] E. Gamma, R. Helm, R. Johnson, J. Vlissides, Design Patterns: Elements of Reusable Object-Oriented Software, Addison-Wesley, 1995.

[Gane1977] C. Gane and T. Sarson, Structured Systems Analysis: Tools and Techniques, McDonnell Douglas Systems Integration Company, 1977.

[Garlan1993] D. Garlan and M. Shaw, An Introduction to Software Architecture, Advances in Software Engineering and Knowledge Engineering, vol. 1, World Scientific, 1993, pp. 1-39.

[Garlan1994]D. Garlan, R. Allen, and J. Ockerbloom, Exploiting Style in Architectural Design Environments, In Proceedings of SIGSOFT '94 Symposium on the Foundations of Software Engineerng, 1994.

[Gilb1981] T. Gilb, Evolutionary Development, ACM Software Eng. Notes, Apr. 1981, p. 17.

[Glass2002] R. L. Glass, Facts and Fallacies of Software Engineering, Addison-Wesley, 2002.

[Glazer2008] H. Glazer, J. Dalton, D. Anderson, M. Konrad, and S. Shrum, CMMI or Agile: Why

Not Embrace Both!, oftware Engineering Institute, Carnegie Mellon University, Pittsburgh, Pennsylvania, Technical Note CMU/SEI-2008-TN-003, 2008. http://www.sei.cmu.edu/library/abstracts/reports/08tn003.cfm.

[Graham2001] I. Graham, Object-Oriented Methods: Principles & Practice, 3rd Edition, Addison-Wesley, 2001.

[Green1997] R. Green, How to Write Unmaintainable Code, appeared in Java Developers' Journal, 1997, https://www.doc.ic.ac.uk/~susan/475/unmain.html.

[Harel1987] D. Harel, Statecharts: A visual formalism for complex systems, Science of Computer Programming, 8(3):231-274, June 1987.

[Hitz1995] M. Hitz,B. Montazeri, Measuring Coupling and Cohesion in Object-Oriented systems, inProc. Int. Symposium on Applied Corporate, Computing, Monterrey, Mexico, October 1995.

[Hofmann2001] H.F. Hofmann, F. Lehner, Requirements Engineering as a Success Factor in Software Projects, IEEE Software, vol. 18, no. 4, July/Aug. 2001, pp. 58-66.

[Hofmeister2005] C. Hofmeister, R. Nord, D. Soni, Global Analysis: Moving from Software Requirements Specification to Structural Views of the Software Architecture, IEE Proceedings, 152(4):187-197, 2005.

[Huang1975] J. C. Huang, An approach to program testing, ACM Computing Surveys, vol. 7. 3, pp. 114-128, Sept. 1975.

[Humphrey1988] W. Humphrey, Characterizing the software process: a maturity framework, IEEE Software 5 (2): 73-79, March 1988.

[Humphrey1995] W. Humphrey, A Discipline for Software Engineering, Addison-Wesley, Reading, MA, 1995.

[Humphrey1999] W. Humphrey, Introduction to the Team Software Process. Addison Wesley, 1999.

[IEEE1012-2004] IEEE Std 1012-2004, IEEE Standard for Software Verification and Validation, 2004.

[IEEE1016-1998] IEEE Std 1016-1998, IEEE Recommended Practice for Software Design Descriptions, Institute of Electrical and Electronics Engineering, Inc., 1998.

[IEEE1016-2009] IEEE Std 1016-1998, Standard for Information Technology — Systems Design — Software Design Descriptions, Institute of Electrical and Electronics Engineering, Inc., 2009.

[IEEE1061-1992] IEEE Std 1061-1992, IEEE Standard for a Software Quality Metrics Methodology, Institute of Electrical and Electronics Engineering, Inc., 1992.

[IEEE1061-1998] IEEE Std 1061-1992, IEEE Standard for a Software Quality Metrics Methodology, Institute of Electrical and Electronics Engineering, Inc., 1998.

[IEEE1063-2001] IEEE Std. 1063-2001, Standard for Software Maintenance, 2001.

[IEEE1219-1998] IEEE Std. 1219-1998, Standard for Software Maintenance, 1998.

[IEEE1471-2000] IEEE-Std-1471-2000, Recommended Practice for Architectural Description of Software-Intensive Systems. IEEE, 2000.

[IEEE610.12-1990] IEEE Std 610.12-1990, IEEE Standard Glossary of Software Engineering Terminology, Institute of Electrical and Electronics Engineering, Inc., 1990.

[IEEE829-2008] IEEE Std 829-2008 IEEE Standard for Software and System Test Documentation, 2008.

[IEEE830-1998] IEEE Std 830-1998, IEEE Recommended Practice for Software Requirements Specifications, 1998.

[ISO/IEC 9126-1] ISO/IEC 9126-1, Software Engineering - Product Quality - Part 1: Quality Model, ISO/IEC Ed., International Organization for Standardization and International Electrotechnical Commission, 2001.

[Jackson1975] M.A. Jackson, Principles of Program Design, Academic Press, 1975.

[Jackson1983] M. A. Jackson, System Development, Prentice Hall, 1983.

[Jackson1995] M. A. Jackson, The World and the Machine, a Keynote Address at ICSE-17; Proceedings of ICSE-17; ACM Press, 1995.

[Jacobson1992] I. Jacobson, Object-Oriented Software Engineering: A Use Case-Driven Approach, Addison-Wesley, 1992.

[Jacobson1999] I. Jacobson, G. Booch, and J. Rumbaugh, The Unified Software Development Process Pearson Education, 1999.

[Jansen2005] A. Jansen and J. Bosch, Software Architecture as a Set of. Architectural Design Decisions, In Proceedings of WICSA 2005, 2005.

[Jones1995] C. Jones, Patterns of Software System Failure and Success, Boston, MA: International Thomson Computer Press, 1995.

[Jones1996] C. Jones, Applied Software Measurement (Second Edition), McGraw-Hill, 1996.

[Jones2000] C. Jones, Software Assessments, Benchmarks, and Best Practices, Reading, Ma: Addison-Wesley, 2000.

[Jones2006] C. Jones, The Economics of Software Maintenance in the Twenty First Century, 2006, http://www.spr.com.

[Jones2007] C. Jones, Estimating Software Costs: Bringing Realism to Estimating (2nd Edition), McGraw-Hill, 2007.

[Katzenbach1993] J. R. Katzenbach and D. K. Smith; The Wisdom of Teams; New York: Harper Business; 1993.

[Kay1993] A. C. Kay, The Early History of Smalltalk, ACM SIGPLAN Notices (ACM)28 (3): 69-95, 1993.

[Kerzner2009] H. Kerzner, Project Management: A Systems Approach to Planning, Scheduling, and Controlling,10 edition , Wiley, 2009.

[Knight2002]J.C. Knight and N.G. Leveson, Should SoftwareEngineers Be Licensed? Comm. ACM,vol. 45, no. 11, 2002, pp. 87-90.

[Kotonya1998] Kotonya, G. and Sommerville, I., Requirements. Engineering: processes and techniques, John Wiley, 1998.

[Kruchten1995]P.Kruchten, Architectural Blueprints — The "4+1" View Model of Software Architecture. IEEE Software 12 (6), pp. 42-50.,1995.

[Kruchten2006] P. Kruchten, H. Obbink, J. Stafford, The Past, Present, and Future of Software Architecture .IEEE Software, vol. 23 (2), pp. 2-10, 2006.

[Kruchten2008] P. Kruchten, Licensing Software Engineers, IEEE Software, Vol. 25, No. 6, 2008, pp. 35-37.

[Laitenberger2002] O. Laitenberger, A Survey of Software Inspection Technologies. Handbook on Software Engineering and Knowledge Engineering, V. 2, World Scientific Publishing, pp. 517-555, Month, 2002.

[Laprie1995] J.C. Laprie, Dependability - Its Attributes, Impairments and-Means,Predictably Dependable Computing Systems, B. Randell, J.C.Laprie, H. Kopetz, B. Littlewood, eds., Springer, 1995.

[Larman2002] C.Larman, Applying UML and Patterns: An Introduction to Object-Oriented Analysis and Design and the Unified Process, 2nd edition, Prentice-Hall, 2002.

[Larman2003] C. Larman, V. R. Basili, Iterative and Incremental Development: A Brief History, IEEE Computer 36 (6): 47-56, June 2003.

[Larman2005] C. Larman, An Introduction to Object-Oriented Analysis and Design and Iterative Development, Pearson Education, 2005.

[Lawrence2001] B. Lawrence, K. Wiegers, C. Ebert, The Top Risks of Requirements Engineering, IEEE Software, 2001.

[Lee1997] J. Lee, Design Rationale Systems: Understanding the Issues, IEEE Expert, Vol. 12, No. 3, 1997, pp. 78-85.

[Lehman1980] M. M. Lehman, Lifecycles and the Laws of Software Evolution, Proceedings of the IEEE, Special Issue on Software Engineering, 19:1060-1076, 1980.

[Lehman1984] M. M. Lehman, Program Evolution, Journal of Information Processing Management, 19(1):19-36, 1984.

[Lehman1985] M. M. Lehman, L. Belady, Program Evolution: Processes of Software Change, London:Academic Press, 1985.

[Lehman1996] M. M. Lehman, Law of Software Evolution Revisited, Proc. European Workshop on Software Process Technology, 1996.

[Leonhardt2000] D. Leonhardt, "John Tukey, 85, Statistician; Coined the Word 'Software'", New York Times, 28 July 2000.

[Lethbridge2000] T. C. Lethbridge, What Knowledge Is Important to a Software Professional, Computer, vol. 33, no. 5, pp. 44-50, May 2000.

[Lewis2008] W. E. Lewis, Software Testing and Continuous Quality Improvement, 3rd Edition, Auerbach Publications, December 22, 2008.

[Lientz1980] B. P.Lientz, E. B. Swanson, Software Maintenance Management. Addison Wesley, Reading, MA, 1980.

[Liskov1974] B. Liskov, Programming with Abstract Data Types, in Proceedings of the ACM SIGPLAN Symposium on Very High Level Languages, pp. 50-59, 1974.

[Liskov1987] B. Liskov, Keynote address - data abstraction and hierarchy, Proceeding OOPSLA '87 Addendum to the proceedings on Object-oriented programming systems, languages and applications, 1987.

[Livadas1994] P. E. Livadas, D. T. Small, Understanding Code Containing Preprocessor Constructs, Proceedings of the 3rd Workshop on Program Comprehension, Washington, DC, IEEE Computer Society Press, Los Alamitos, CA, 1994, pp. 89-97.

[Lubars1993] M. Lubars, C. Potts, C. Richter, A Review of the State of the Practice in Requirements Modeling, First Int'l Symp. Requirements Eng., IEEE CS Press, Los Alamitos, Calif., 1993, pp. 2-14.

[Macedo1987] E. Macedo, README.markdown:Demeter, GitHub.Retrieved 2012-07-05.

[Marca1987] D. Marca, C. McGowan, Structured Analysis and Design Technique, McGraw-Hill, 1987.

[Martin1981] J. Martin and C. Finkelstein, Information engineering, Technical Report (2 volumes), Savant Institute, Carnforth, Lancs, UK, 1981.

[Martin1991] J. Martin, Rapid Application Development, 1st ed, New York, MacMillan Publishing Co., 1991.

[Martin1995] R. C. Martin, Object Oriented Design Quality Metrics: an analysis of dependencies, C++ Report, Sept/Oct 1995.

[Martin1996a] R. C. Martin,The Interface Segregation Principle, C++ Report, June 1996.

[Martin1996b] R. C. Martin, The Liskov Substitution Principle, C++ Report, March 1996.

[Martin1996c] R. C. Martin, The Open-Closed Principle, C++ Report, January 1996.

[Martin1996d] R. C. Martin,The Dependency Inversion Principle, C++Report,May 1996.

[Martin2002] R. C. Martin, Agile Software Development: Principles, Patterns and Practices, Pearson Education, 2002.

[McCabe1976] T. McCabe , A Complexity Measure, IEEE Transactions on oftware Engineering, 1976.

[McConnell1996a] S. McConnell, Rapid Development: Taming Wild Software Schedules, Microsoft Press Books, 1996.

[McConnell1996b] S.McConnell, Missing in Action: Information Hiding, IEEE Software, Vol. 13, No. 2, March 1996.

[McConnell1996c] S. McConnell, Who Cares About Software Construction , IEEE Software, Vol. 13, No. 1, January 1996.

[McConnell1999] S. McConnell, Update on Professional Development, IEEE Software, September/ October 1999.

[McConnell2000] S. McConnell,10 Best Influences on oftware Engineering, From the Editor, IEEE Software, January/February 2000.

[McConnell2004] S. McConnell, Code Complete: A Practical Handbook of Software Construction, 2nd edition, Microsoft Press, 2004.

[McPhee1996] McPhee, K., Design theory and software design, technical report. TR 96-26.

Department of Computer Science, University of. Alberta, Canada, 1996.

[Meyer1986] B. Meyer, Design by Contract, Technical Report TR-EI-12/CO, Interactive Software Engineering Inc., 1986.

[Meyer1988] B. Meyer, Object-Oriented Software Construction, Prentice Hall, 1988.

[Meyer1992] B. Meyer, Applying "Design by Contract", in Computer (IEEE), 25, 10, October 1992, pp. 40-51.

[Meyer1996] B. Meyer, The many faces of inheritance: a taxonomy of taxonomy, IEEE Computer, Vol. 29, 1996, p. 105-108.

[Miller 1956]G. A.Miller, The magical number seven, plus or minus two: Some limits on our capacity for processing information,Psychological Review63(2): 81-97. 1956

[Modula-3] http://en.wikipedia.org/wiki/Modula-3.

[Mok2010] H. N. Mok, A Review of the Professionalization of the Software Industry: Has it Made Software Engineering a Real Profession? International Journal of Information Technology, Vol. 16, No. 1, 2010.

[Myers1979] G.J. Myers, The Art of Software Testing, Wiley, 2ed in 2004, first published in 1979.

[Nauman1982] J.D. Nauman, M. Jenkins, Prototyping: The New Paradigm for Systems Development, MIS Quarterly, 6, 3, 29-44. 1982.

[Naur1969] P. Naur, B. Randell, editors, oftware Engineering: Report on a conference Sponsored by the NATO Science Committee, Garmisch, Germany, 7-11 Oct. 1968, Scientific Affairs Division NATO, 1969.

[Neumann1977] P. G. Neumann, Peopleware in Systems. in Peopleware in Systems. Cleveland, OH: Assoc. for Systems management, 1977, pp 15-18.

[Nielsen1993] J. Nielsen, Usability Engineering,Academic press, San Diego, CA, 1993.

[Nurmuliani2006] N. Nurmuliani, D. Zowghi, S. P. Williams, Requirements Volatility and Its Impact on Change Effort: Evidence-based Research in Software Development Projects, AWRE 2006 Adelaide, Australia, 2006.

[Nuseibeh2000] B. Nuseibeh, S. Easterbrook , Requirements engineering: A roadmap. In: Proc. of the 22nd Int'l Conf. on Software Engineering, Future of oftware Engineering Track. New York: ACM Press, 2000.

[Nygaard1978] K. Nygaard, and O.-J. Dahl, The development of the Simula Languages, History of Programming Languages Conference, Vol. 13, No. 8, ACM SIGPLAN Notices, 1978, pp 245-272.

[Olive2004] B. Olive, Outsourcing Growing, Despite Controversy, Power: 148(4), 19-20, 2004.

[Osterweil1987] L. Osterweil, Software Processes are Software Too, Proceedings, In Ninth International Conference on oftware Engineering, 1987.

[Palmer2002] S. R. Palmer, J. M. Felsing, A Practical Guide to Feature-Driven Development, Prentice Hall, 2002.

[Parnas1972] D.L. Parnas, On the Criteria To Be Used in Decomposing Systems into Modules, Comm

ACM 15 (12): 1053-8, December 1972.

[Parnas1974] D. L. Parnas. On a 'buzzword': Hierarchical Structure, IFIP Congress 1974, Stockholm, 1974, Pages: 336-339.

[Parnas1978] D. L.Parnas. Designing Software for Ease of Extension and Contraction, ICSE 1978: 264-277.

[Parnas1985] D. L.Parnas, P. Clements, D.M. Weiss , The Modular Structure of Complex Systems, TSE, 11(3):259-266, 1985.

[Parnas1986] D.L.Parnas,A rational design process: How and why to fake it, IEEE Transactions on Software Engineering, Volume(12), lssue(2), Feb, 1986, 251-257.

[Parnas1999] D. L. Parnas, Software Engineering Programs Are Not Computer Science Programs, IEEE Software, Volume 16 Issue 6, November 1999,Page 19-30.

[Perry1992] D. E. Perry and A. L. Wolf. Foundations for the study of software architecture. ACM SIGSOFT Software Engineering Notes, 17:pp. 40-52, October 1992.

[Pfleeger2009] S. L.Pfleeger, J.M. Atlee, Software Engineering: Theory and Practice, Pearson Education, 2009.

[Pigoski1997] T. M. Pigoski, Practical Software Maintenance - Best Practices for Managing Your Software Investment, John Wiley & Sons, New York, NY, 1997.

[Ralph2009] P. Ralph, Y. Wand,A proposal for a formal definition of the design concept, Design Requirements Workshop (LNBIP 14), pp. 103-136,2009.

[Raymond1999] E. S. Raymond, The Cathedral & the Bazaar, O'Reilly, 1999.

[Reeves1992] J. W. Reeves, What Is Software Design?(1992), part of Code as Design: Three Essays by Jack W. Reeves, developer., 2005.

[Riddle1980] W.E. Riddle and J.C. Wileden, Tutorial on SoftwareSystem Design: Description and Analysis, ComputerSociety Press, 1980.

[Rogers2001] W. P. Rogers, Encapsulation is not information hiding, http://www.javaworld.com/jw-05-2001/jw-0518-encapsulation.html, 2001.

[Royce1970] W. W. Royce, Managing the Development of Large Software Systems: Concepts and Techniques, Proceedings of WESCON, August 1970.

[Rumbaugh1991] J. Rumbaugh, M. Blaha, W. Premerlani, F.Eddy, W. Lorensen, Object-Oriented Modeling and Design, Prentice Hall, 1991.

[Rumbaugh2004] J. Rumbaugh, I. Jacobson, G. Booch, The Unified Modeling Language Reference Manual (2nd Edition), Addison-Wesley Professional, 2004.

[Schwaber2002] K. Schwaber, M. Beedle, Agile software development with Scrum, Prentice Hall, 2002.

[SEEPP1999] ACM/IEEE-CS Joint Task Force on Software Engineering Ethics and Professional Practices, Software Engineering Code of Ethics and Professional Practice (Version 5.2), 1999. http://www.acm.org/serving/se/code.htm.

[Seidman2008] S.B. Seidman, The Emergence of Software Engineering Professionalism,IFIP

20th World Computer Conference, September 2008, Proceedings of the Industry-Oriented Conferences, pp. 59-67.

[Shaw1989] M. Shaw, Larger Scale Systems Require Higher-Level Abstractions, Proc. Fifth Inter. Workshop onSoftware Specication and Design, Pittsburgh, PA,May 1989, appearing in ACM SIGSOFT Notes,Vol. 14, No. 3, May 1989, pp. 143-146.

[Shaw1990] M. Shaw, Prospects for an Engineering Discipline of Software, IEEE Software, vol. 7, no. 6, 1990, pp. 15-24.

[Shaw1995] M. Shaw, R. DeLine, D. V. Klein, T. L. Ross, D. M. Young and G. Zelesnik. Abstractions for Software Architecture and Tools to Support Them. IEEE Transactions on Software Engineering, April 1995.

[Shaw1996] M. Shaw and D. Garlan. Software Architecture: Perspectives on an Emerging Discipline. Prentice Hall, 1996.

[Shaw2006] M. Shaw and P. Clements. The golden age of software architecture. IEEE Software, vol 23, no 2, March/April 2006, pp. 31-19.

[Shewhart1939] W. A. Shewhart, Statistical Method from the Viewpoint of Quality Control, U. of Washington,1939.

[Shneiderman1982] B. Shneiderman, The Future of Interactive Systems and the Emergence of Direct Manipulation, Behaviour and Information Technology, 1982.

[Shneiderman2003] B. Shneiderman, Designing the User Interface: Strategies for Effective Human-Computer Interaction (3rd edition), Addison Wesley, 2003.

[Siddiqi1996] J. Siddiqi, M.C. Shekaran , Requirements Engineering: The Emerging Wisdom, IEEE Software, Mar. 1996, pp. 15-19.

[Simon1978] D.P. Simon, Information processing theory of human problem solving, In D. Estes (Ed.), Handbook of learning and cognitive process, Hiilsdale, NJ: Lawrence Erlbaum Associates,1978.

[Smith1996] G. C. Smith, P. Tabor, The Role of the Artist-Designer, in Bringing Design to Software, edited by T. Winograd, ACM Press; 1st edition ,April 12, 1996.

[Standish1995] Standish Group, CHAOS, 1995.

[Standish1999] Standish Group, CHAOS: A Recipe for Success, 1999.

[Standish2001] Standish Group, Extreme Chaos, 2001.

[Stark1999] G. Stark, P. Oman, A. Skillicorn , R. Ameele, An Examination of the Effects of Requirements Changes on Software Maintenance Releases. In Journal of Software Maintenance Research and Practice, Vol. 11, pp. 293-309, 1999 .

[Stevens1974] W. Stevens, G. Myers, L. Constantine, "Structured Design", IBM Systems Journal, 13 (2), 115-139, 1974.

[Stroustrup1986] B. Stroustrup, The C++ Programming Language, Reading, Massachusetts: Addison-Wesley, 1986.

[SWEBOK2004] ACM/IEEE Software Engineering Coordinating Committee, Guide to the Software Engineering Body of Knowledge. http://www.swebok.org/ .

[Taylor2009] R.N. Taylor, N. Medvidovic, E.M. Dashofy, Software Architecture: Foundations, Theory and Practice, Wiley, 2009.

[Telles2001] M. Telles, Y. Hsieh, M. A. Telles, The Science of Debugging, Coriolis Group Books, 2001.

[Thomas2005] D. Thomas, Agile Programming: Design to Accommodate Change, IEEE SOFTWARE, May/June 2005.

[UML] OMG, http://www.omg.org/spec/UML/.

[White2002] J. White and B. Simons, ACM's Position on the Licensing of Software Engineers,Comm. ACM, vol. 45, no. 11, 2002, p. 91.

[Wiegers2002] K. E. Wiegers, Peer Reviews in Software: A Practical Guide, Addison-Wesley, 2002.

[Wiegers2003] K. E. Wiegers, Software Requirements, 2nd edition. Redmond, WA: Microsoft Press, 2003.

[Willem1991] R.A. Willem, Varieties of design, Design Studies, vol. 12, no. 3, 132-136, 1991.

[Winn2002] T. Winn and P. Calder, Is This a Pattern?, IEEE SOFTWARE, January/February 2002.

[Winograd1996] T. Winograd, Bringing Design to Software, edited, ACM Press; 1st edition ,April 12, 1996.

[Wirfs-Brock1990] R. Wirfs-Brock, B. Wilkerson, L. Wiener , Designing Object-Oriented Software Prentice-Hall, 1990.

[Wirfs-Brock2003]R.Wirfs-Brock, A.McKean, Object Design - Roles, Responsibilities, and Collaborations, Pearson Education, 2003.

[Wirth1971] N. Wirth, Program Development by Stepwise Refinement, Communications of the ACM, Vol. 14, No. 4, April 1971.

[Wirth1976] N.Wirth, Algorithms + Data Structures = Programs. Prentice-Hall. 1976.

[Young2002] R. R. Young, Effective Requirements Practices, Boston et al. Addison-Wesley, 2002.

[Yourdon1975] E. Yourdon, L. Constantine, Structured Design, New York, NY: Prentice Hall Yourdon Press, 1975.

[Yourdon1989] E. Yourdon, Modern Structured Analysis, Yourdon Press Computing Series, 1989.

[Zave1997] P.Zave, Classification of Research Efforts in Requirements Engineering. ACM Computing Surveys, 29(4): 315-321, 1997.

[Zhu1997] H. Zhu, P. Hall, and J. May, Software Unit Testing Coverage and Adequacy, ACM Computing Surveys, 29(4):366-427, December 1997.